普通高等学校机械制造及其自动化专业"十二五"规划教材
编 委 会

丛书顾问： 杨叔子 华中科技大学　　　李培根 华中科技大学
　　　　　　李元元 华南理工大学

丛书主编： 张福润 华中科技大学　　　曾志新 华南理工大学

丛书编委（排名不分先后）

吕　明 太原理工大学	张宪民 华南理工大学
芮执元 兰州理工大学	邓星钟 华中科技大学
吴　波 华中科技大学	李蓓智 东华大学
范大鹏 国防科技大学	王艾伦 中南大学
王　杰 四川大学	何汉武 广东工业大学
何　林 贵州大学	高殿荣 燕山大学
李铁军 河北工业大学	高全杰 武汉科技大学
刘国平 南昌大学	王连弟 华中科技大学出版社
何岭松 华中科技大学	邓　华 中南大学
郭钟宁 广东工业大学	李　迪 华南理工大学
管琪明 贵州大学	轧　刚 太原理工大学
李伟光 华南理工大学	成思源 广东工业大学
蒋国璋 武汉科技大学	程宪平 华中科技大学

普通高等学校机械制造及其自动化专业"十二五"规划教材

顾　问　**杨叔子　李培根　李元元**

机械制造工程实践

范大鹏　卢耀晖　吴正洪　周继伟　王建敏　主编

中国·武汉

内 容 简 介

本书是在国防科技大学多年来建设"机械制造工程实践"国家精品课程经验的基础上,根据教育部机械基础课程教学指导委员会制定的机械制造实习教学基本要求,吸取兄弟院校实践性教学成果和经验,考虑现代制造技术的发展现状和趋势,以及军事院校工科专业的机械工程实习和训练的特点而编写的实践环节教材。

本教材主要用于工科学生的"金工实习"、"制造工程训练"等实践性课程教学。全书共分五章,包括:概述,金属材料与成形方法实践,金属切削加工实践,数控加工、测量与特种加工技术实践,机械加工工艺编制等内容。本书可作为军事院校、地方高等工科院校、高等职业学校、高等专科学校的"机械制造工程训练"类实践性课程的教材,也可作为高职、中职等院校的师生及工程技术人员的参考书。

图书在版编目(CIP)数据

机械制造工程实践/范大鹏,卢耀晖,吴正洪,周继伟,王建敏主编.—武汉:华中科技大学出版社,2011.12(2023.12重印)

ISBN 978-7-5609-7589-4

Ⅰ.①机… Ⅱ.①范… ②卢… ③吴… ④周… ⑤王… Ⅲ.①机械制造工艺-高等学校-教材 Ⅳ.①TH16

中国版本图书馆 CIP 数据核字(2011)第 271260 号

机械制造工程实践	范大鹏　卢耀晖　吴正洪　周继伟　王建敏　主编

策划编辑:俞道凯
责任编辑:吴　晗
封面设计:潘　群
责任校对:朱　霞
责任监印:周治超
出版发行:华中科技大学出版社(中国·武汉)
　　　　　武昌喻家山　邮编:430074　电话:(027)81321913
录　　排:武汉市洪山区佳年华文印部
印　　刷:武汉市洪林印务有限公司
开　　本:710mm×1000mm　1/16
印　　张:28.5　插页:2
字　　数:558 千字
版　　次:2023 年 12 月第 1 版第 14 次印刷
定　　价:49.80 元

本书若有印装质量问题,请向出版社营销中心调换
全国免费服务热线:400-6679-118　竭诚为您服务
版权所有　侵权必究

前言

"机械制造工程实践"是高等工科院校教学中的一门重要的实践性的技术基础课。它将为认识机械工程技术,学习工程材料、机械制造基础、机电一体化以及其他专业课程,开展毕业设计和从事实际工作打下重要的基础。为此,各高等工科院校都普遍重视这门课程。近几年来,提高工科院校大学生的工程实践与创新能力已成为社会各界的共同呼声。各工科院校大都增加了对工程训练设备和经费的投入,成立了各种类型的工程训练中心。

由于制造科学与技术的进步,新技术、新装备、新工艺不断发展,给金工教学既提供了新的教学内容,也提出了新的教学要求。我国也提出了依靠技术创新,转变增长模式,从制造大国向制造强国转变的发展理念。作为工科院校的一门重要的实践性技术基础课,"机械制造工程实践"课程要主动适应先进制造技术发展需要,使学生通过该课程的学习,能够较完整地掌握现代工程技术的基础知识,了解制造领域的工程文化,深化对产品制造过程的认识,并利用该门课程所提供的实践环境,在学习工程技术知识的同时,增强工程实践能力,提高工程素质,培养创新精神和创新能力。

我校从1997年开始了实习基地建设,十多年来,对"金工实习"这一门课程实施了一系列的改革措施,按教育部机械基础课程教学指导委员会"机械制造实习教学基本要求"和中国机械工程学科教程研究组提出的实践性教学环节规范性要求,对教学内容作了合理的安排,明确了本课程"传统的实习与高新技术的实习相结合、实践训练与工艺分析相结合、技能训练与创新能力培养相结合、教学认识与动手操作相结合、工程训练与军队装备制造相结合"的建设思路。教学内容、方法也做了较大的改进。通过军队、国家的多次课程教学评估,本课程实践教学的效果得到充分肯定。2010年,我校"机械制造工程实践"课程被评为国家精品课程。编写本教材,也是对十多年来课程教学工作经验的总结。

在教材内容的设计方面,以"基础性、系统性、先进性、实用性"为原则,优化教学内容,对材料特性、成形和切削加工等传统基础内容进行了充实,以便于不同专业类型的学生自学;对数控加工、三坐标测量、逆向工程和快速成形等先进制造技术内容进行了更新,以便于学生了解制造技术的发展现状和动态。为使学生了解制造技术在武器装备使用维护过程中的应用特点,还补充了武器装备战场损伤模式、刷镀喷涂抢修工艺,以及机械维修方舱等方面的内容。考虑到不同专业实习时间和内容安排的差异,便于教学过程的组织和分类实习训练,本教材还给出了机械类和非机械类专业学生实习内容和时间安排的具体建议。

本书由国防科技大学长期从事金工教学的教师和工程技术人员编写。本书由范大鹏、卢耀晖、吴正洪、周继伟、王建敏主编。参与编写工作的人员还有:文晓希、张竞、朱建能、樊明明、肖令、刘晓东、姚文杰。

本书的编写是对加强实践教学、提高实习教学质量的总结与归纳。由于编者水平所限,书中难免有不妥和错误之处,恳请广大读者批评指正。

编　　者

2011 年 10 月

目录

第1章 概述 ……………………………………………………………………………… (1)
    1.1 机械制造发展简史 ………………………………………………………………… (2)
    1.2 机械制造的过程 …………………………………………………………………… (5)
    1.3 安全生产与环境保护 ……………………………………………………………… (9)

第2章 金属材料与成形方法实践 …………………………………………………… (16)
    2.1 金属材料基础知识 ………………………………………………………………… (16)
    2.2 金属材料热处理 …………………………………………………………………… (32)
    2.3 铸造 ………………………………………………………………………………… (49)
    2.4 锻压 ………………………………………………………………………………… (81)
    2.5 焊接 ………………………………………………………………………………… (98)
    2.6 塑料成形 …………………………………………………………………………… (119)

第3章 金属切削加工实践 ……………………………………………………………… (127)
    3.1 金属切削加工基础 ………………………………………………………………… (127)
    3.2 钳工 ………………………………………………………………………………… (131)
    3.3 车削加工 …………………………………………………………………………… (158)
    3.4 铣削加工 …………………………………………………………………………… (188)
    3.5 刨削加工 …………………………………………………………………………… (212)
    3.6 磨削加工 …………………………………………………………………………… (218)
    3.7 金属切削加工新技术 ……………………………………………………………… (229)
    3.8 常用量具及使用方法 ……………………………………………………………… (236)
    3.9 机械快速抢修实践 ………………………………………………………………… (247)

第4章 数控加工、测量与特种加工技术实践 ……………………………………… (268)
    4.1 数控加工基础知识 ………………………………………………………………… (268)
    4.2 数控车削加工 ……………………………………………………………………… (287)
    4.3 数控铣削加工 ……………………………………………………………………… (312)
    4.4 快速成形加工 ……………………………………………………………………… (342)
    4.5 三坐标测量技术 …………………………………………………………………… (358)

4.6 逆向工程 …………………………………………………………… (373)
　　4.7 特种加工 …………………………………………………………… (390)
第5章　机械加工工艺编制 …………………………………………………… (431)
　　5.1 机械加工工艺过程的基本概念 …………………………………… (431)
　　5.2 制定工艺规程的步骤、方法与经济分析 ………………………… (436)
　　5.3 典型零件加工工艺分析 …………………………………………… (442)
　　5.4 机械制造综合训练 ………………………………………………… (447)
附录A　非机械专业实习安排建议 ……………………………………………… (449)
附录B　机械专业实习安排建议 ………………………………………………… (450)
参考文献 …………………………………………………………………………… (451)

第1章 概述

☆ 学习目标和要求
- 了解机械制造的基本概念。
- 了解机械制造发展的历史进程。
- 了解机械制造的一般过程。
- 认识安全生产与环境保护的重要意义。

☆ 学习方法

主要通过课堂讲授与观看教学视频的方式了解机械制造的基础知识。

"机械"一词是机构(mechanism)和机器(machine)的总称。不同时期对"机械"一词的理解与解释有所不同,基于现在的认识,"机械"可以这样来定义:机械是通过巧妙的设计实现各部分间确定的相对运动,能够代替人工完成有用的机械功或转换机械能的多个实物构件的组合体,它一般包括原动机、传动机构和工作机三个基本部分。

"制造"(manufacturing)的原意是"手工制作",即把原材料用手工方式制成有用的产品。近30年来,由于科学技术的高度发展,"制造"的含义有了很大的扩展。过去在很多情况下,制造常常被理解为原材料或半成品经加工和装配后形成最终产品的具体操作过程,包括毛坯制作、零件加工及检验、装配、包装、运输等。这是一个"小制造"的概念,是对"制造"的狭义理解,按照这种理解方式,制造过程主要考虑生产过程中物料形态的转变过程,而较少涉及生产过程中的信息因素。然而在现代的实际生产过程中,制造可以理解为一个完整的生产活动,它包括了从市场分析、经营决策、工程设计、加工装配、质量控制、销售运输、维护使用、售后服务直至产品报废处理的全过程。这是一个"大制造"的概念,是对传统"制造"内涵的扩展。特别是随着信息技术的发展,这种广义的"大制造"概念已为越来越多的人所接受。

就本课程而言,机械制造是各种机械(如机床、工具、仪器、仪表等)制造过程的总称。它是一个将制造资源(如物料、能源、设备、工具、资金、技术、信息和人力等)通过制造系统转变为可供人们使用或利用的产品的过程。

国民经济中的任何行业的发展,都必须依靠机械制造业的支持并提供装备;在我国国民经济生产力的构成中,制造技术占 60%～70%。当今,制造科学、信息科学、材料科学和生物科学这四大支柱科学相互依存,但后三种科学必须依靠制造科学才能形成产业和创造社会物质财富。而制造科学的发展也必须依靠信息、材料和生物科学的进步。因此,机械制造业是其他高新技术实现工业价值的最佳集合点。

1.1 机械制造发展简史

加工技术具有极其古老的历史,它伴随着人类的诞生而出现,伴随着人类的进步而发展。人类与猿的区别之一就在于人学会了直立行走和制造并使用工具;人类社会能够创造今天辉煌的经济成就,能够享受现代化的生活方式,能够登上月球、探索太空,能够探索和操纵微观的原子世界,从根本上讲都是由于加工技术获得重大发展的缘故。

考古学的证据表明,早在旧石器时代,距今约 170 万年的云南元谋猿人和距今 50 万～60 万年的北京猿人就开始使用带刃口的砍砸石器。到了新石器时代,工具的加工技术有了很大进步,石刀、石斧、石镰等都已制造得相当精致。已经出土的文物表明,当时人类已经能够根据不同的加工对象和需要,制造出形状和用途各异的切削工具。

金属材料的切削加工从青铜器时代就已经开始出现。我国从商代到春秋时期,就已经具有相当发达的青铜冶炼铸造业。这个时期先后出现了各种青铜工具,如商代的青铜钻,春秋时期的青铜刀、锯、锉等。这些工具的结构和形状与现代的切削工具非常类似,其加工对象已不限于非金属材料,还包括了金、银、铜等金属材料。后来,由于炼钢技术及淬火等热处理技术的发明,制造出了更为坚硬锋利的金属切削工具,这也标志着切削加工与相关技术进入了一个新的发展阶段。图 1.1.1 所示的司母戊大方鼎是商代青铜器的代表,通过对其铸造工艺进行 X 射线探伤研究发现,该鼎是由多块铸范(相当于今天的铸型型腔与型芯)组合后浇铸而成,鼎耳是在鼎体铸成以后另外安模翻范铸接而成的。

17 世纪以后,资本主义商品经济在英、法等国迅速发展,许多人致力于改进各产业所需要的工作机械和研制新的动力机械——蒸汽机。蒸汽机的发明和发展,促进了矿业、工业生产、铁路及搬运机械的动力化,几乎成了 18 世纪后期至 19 世纪唯一的动力源;19 世纪末,电力供应系统和电动机开始发展和推广,到 20 世纪初就已基

 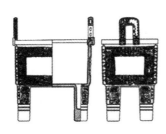 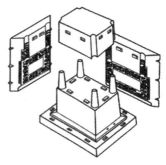

图 1.1.1　司母戊鼎及其铸模铸范装配方式

本取代了蒸汽机,成为驱动各种工作机械的基本动力;之后又相继出现了汽轮机、水轮机和质量小、效率高、易于操纵并可随时启动的内燃机,使得机器的性能与结构发生了重大变化。

机械加工技术的发展,保证了发展生产所需要的各种机械装备的供应。工业革命以前,机械大都采用手工制成的木质结构,金属(主要是钢和铁)仅用来制造仪器、钟表、锁、泵和木结构机械上的小型零件,制造的精度主要依赖匠师个人才智和手艺。图 1.1.2、图 1.1.3 所示为最早的车床雏形,它们是为了加工水车和其他精密机械中的木棒而设计发明的,由于其效率高、精度稳定,在中世纪的欧洲广为传用。第一台全金属并带有进刀装置的车床是英国著名机械师莫兹利制作的,如图 1.1.4 所示,是今天机床的鼻祖,后来人们又把这种进刀机构用到其他的机床上,继而出现了转塔车床、龙门刨床、磨床等。

 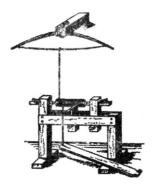

图 1.1.2　钢球车床(13 世纪)　　　图 1.1.3　弓形车床

随着各类动力机的广泛使用及随之出现的矿山、冶金机械及轮船、机车等大型机械的发展,需要加工的金属零件越来越多,所用金属材料也由铜、铁发展到以钢为主,以铸造、锻压、焊接、热处理、切削加工为主体的机床、刀具、量具等制造技术及其设备得到了迅速发展(见图 1.1.5 至图 1.1.8),从而保证了发展生产所需要的各种机械装备的供应。1865年,在巴黎举行的国际博览会上展出了各种金属切削机床,标志着金属切削技术发展到一个新的阶段。

图1.1.4　第一台全金属并带有进刀装置的车床(1780年)

图1.1.5　美国人惠特尼发明的铣床(1818年)

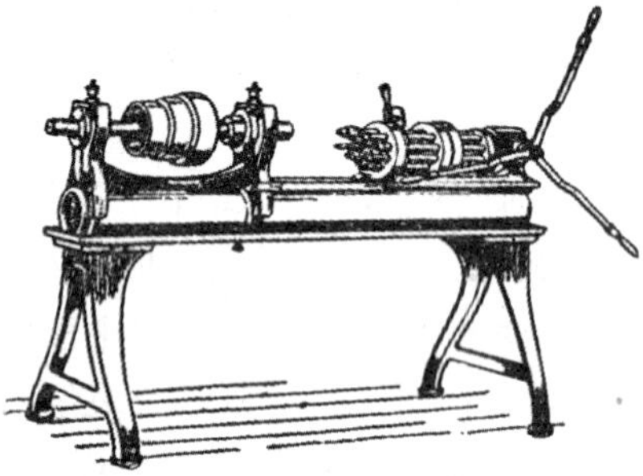

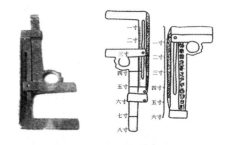

图1.1.6　能装八把车刀的转塔车床(1845年)

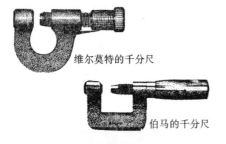

图1.1.7　法国人制造的千分尺(1848年)

图1.1.8　我国公元9年制造的铜质外卡尺

与此同时,以泰勒为代表的科学管理理论逐渐形成,互换性原理与公差制度应运而生,产量的增加和精密加工技术的发展,促进了批量生产方法的形成,如零件互换性生产、专业分工和协作,流水加工线和流水装配线等不断增多。特别是内燃机发明以后,汽车进入普通家庭,巨大的需求引发了制造业的又一次革命。自动生产线模式和管理理论的成熟标志着制造业已经进入"大批量生产"(mass production)的时代。以汽车工业为代表的大批量自动化生产方式使生产率获得极大提高,从而使制造业得到了更为迅速的发展,并开始在国民经济中占据主导地位。

第二次世界大战后,电力、石油、化工、汽车、造船、机械制造等新的重工业制造企业逐步建立起来;之后,随着通信技术的发展,电子计算机和集成电路的出现,以及运筹学、现代控制论、系统工程等软科学的产生和发展,使制造业产生了一次新的飞跃。传统的自动化生产方式只有在大批量生产的条件下才能实现,而数控机床的出现则使中小批量产品的生产自动化成为可能。科学技术的高速发展促进了生产力的极大提高和生产方式的重大变革。市场的全球化和需求的多样化,使得市场竞争日益激烈。传统的大批量生产方式已难以满足市场多变的需要,多品种、中小批量生产日渐成为制造业的主流生产方式。

20世纪80年代以来,信息产业的崛起和通信技术的发展加速了市场的全球化进程。为了适应新的形势,在制造领域提出了许多新的制造理念和生产模式,如计算机集成制造(computer integrated manufacturing system,CIMS)、精良生产(lean production,LP)、并行工程(concurrent engineering,CE)、敏捷制造(agile manufacturing,AM)等。

机械制造产业在提高人类物质文明和生活水平的同时,也对自然环境造成了破坏。20世纪中期以来,资源问题日渐突出,尤其是能源的大量消耗和对环境的污染问题。未来,机械制造及其新产品的研制将以降低资源耗费、发展纯净的再生能源、治理减少以至消除环境污染作为重要任务。

进入21世纪,机械制造业与其他高新技术更紧密地结合,并不断朝着自动化、精密化、柔性化、集成化、智能化和清洁化的方向发展。

1.2 机械制造的过程

任何机器或设备(如汽车或机床等)都是由零散的零件经装配组成的。只有制造出符合要求的零件,才能装配出合格的机器或设备。有的零件可以直接用型材经机械加工制成,如某些尺寸不大的轴、销、套类零件;一般情况下,将原材料经铸造、锻造、冲压、焊接等方法制成毛坯,然后将毛坯经机械加工后获得零件;有的零件还需在毛坯制造和加工过程中穿插不同的热处理工艺。因此,一般的机械生产过程可简要归纳为以下三个部分。

毛坯制造 ⇨ 零件加工 ⇨ 装配和调试

1.2.1 毛坯制造

常用的毛坯制造方法有铸造、锻造、冲压和焊接等。

1. 铸造

铸造是指将金属熔化后浇注到具有一定形状和尺寸的铸型中,待其凝固冷却后得到所需毛坯(铸件)的方法。

2. 锻造

锻造是指将坯料加热后,通过锻锤或压力机施加外力,使金属产生塑性变形,从而成为具有一定形状和尺寸的毛坯(锻件)的方法。

3. 冲压

冲压是指在压力机上利用冲模对板料施加压力,使其产生分离或变形,从而获得一定形状、尺寸的产品(冲压件)的方法。冲压产品具有足够的精度和表面质量,只需进行很少(甚至无需)机械加工即可直接使用。

4. 焊接

焊接是指通过加热或加压,或两者兼有,使分离的两部分金属在原子或分子间建立联系而实现结合的加工方法。

毛坯的外形与零件近似,其需要加工部分的外部尺寸应大于零件的相应尺寸,而孔腔尺寸则应小于零件的相应尺寸。毛坯尺寸与零件尺寸之差即为毛坯的加工余量。采用先进的铸造、锻造方法也可直接生产零件。

1.2.2 零件加工

要使零件有精确的尺寸和高质量的表面,应利用切削工具将毛坯上多余的材料切削掉。切削加工分为机械加工和钳工加工两大类。

机械加工(简称机加工)是利用机床在切削过程中产生的机械力对工件进行加工的方法。它一般是通过工人(或数控程序)操纵机床进行加工的,具体方法有车削、钻削、镗削、铣削、刨削、拉削、磨削、珩磨、超精加工和抛光等。

钳工加工(简称钳工)一般在钳工台上进行,是以手工工具为主对工件进行加工的各种加工方法。钳工的工作内容一般包括划线、锯削、錾削、锉削、刮削、研磨、钻孔、扩孔、铰孔、攻螺纹、套螺纹、机械装配和设备修理等。随着加工技术的发展和自动化程度的提高,目前钳工加工的部分工作已被机械加工所替代,机械装配也在一定范围内不同程度地实现机械化和自动化。尽管如此,钳工加工也不能被机械加工完全替代,因为在某些情况下,钳工加工不仅比机械加工灵活、经济、方便,而且更容易保证产品的质量。

一般情况下,毛坯要经过若干道机械加工工序才能成为成品零件。由于工艺的需要,这些工序又可分为粗加工、半精加工与精加工。在毛坯制造及机械加工过程中,为便于切削和保证零件的力学性能,还需在某些工序之前(或之后)对工件进行热处理。所谓热处理是指将金属材料(或工件)采用适当的方式进行加热、保温和冷却,以获得所需要的组织结构与性能的一种工艺方法。热处理之后的工件可能有少量变形或表面氧化,所以精加工(如磨削)常安排在最终热处理之后进行。

1.2.3 装配与调试

按机械产品的技术要求,加工完毕并检验合格的零件,按一定顺序组合、连接、固定起来,成为整台机器,这一过程称为装配。装配是机械制造的最后一道工序,也是保证机器设备达到各项技术要求的关键步骤。

装配好的机器还要经过试运转,以观察其在工作条件下的效能和整机质量。只有在检验、试车合格之后,机器才能装箱出厂。

1.2.4 切削加工的特点

金属切削加工具有如下非常鲜明的特点。

(1) 切削加工的精度和表面粗糙度的范围广泛,且可获得很高的加工精度和很低的表面粗糙度。目前,切削加工的尺寸公差一般在 IT12~IT3 等级内;表面粗糙度值为 $Ra25 \sim 0.006 \mu m$。

(2) 切削加工零件的材料、形状、尺寸和质量的范围较大。切削加工多用于金属材料的加工,如各种碳钢、合金钢、铸铁、有色金属及其合金等,也可用于某些非金属材料的加工,如石材、木材、塑料、复合材料和橡胶等。零件的形状和尺寸一般不受限制,只要能在机床上实现装夹,大都可进行切削加工,且可加工常见的各种形面,如外圆、内圆、锥面、平面、螺纹、齿形及空间曲面等。切削加工零件质量的范围很大,重的可达数百吨,如葛洲坝一号船闸的闸门,高 30 余米,重 600 吨;轻的只有几克,如微型仪表零件。

(3) 切削加工的生产率较高。在常规条件下,切削加工的生产率一般高于其他加工方法。只是在少数特殊场合,其生产率低于精密铸造、精密锻造和粉末冶金等方法。

(4) 切削过程中存在切削力,刀具和工件均须具有一定的强度和刚度,且刀具材料的硬度必须大于工件材料的硬度。

正是因为前三个特点和生产批量等因素的制约,在现代机械制造中,目前除少数采用精密铸造、精密锻造及粉末冶金和工程塑料压制成形等方法直接获得零件外,绝大多数机械零件要靠切削加工成形。因此,切削加工在机械制造业中占有十分重要的地位,目前占机械制造总工作量的40%~60%。它与国家整个工业的发展紧密相连,起着举足轻重的作用。可以说,没有切削加工,就没有机械制造业。

也正是因为上述第四个特点,限制了切削加工在细微结构和高硬高强等特殊材料加工方面的应用,从而给特种加工留下了生存和发展的空间。特种加工主要包括电火花加工、激光加工、超声波加工、电化学加工、电子束加工、离子束加工、水射流加工等。

1.2.5 典型军用装备机械装置的组成

图1.2.1所示为安装炮塔的某型步兵战车,由机械系统、电控系统、光学瞄准系统、通信系统等诸多子系统组成。就机械系统而言,其零部件的加工涉及机械制造的各个领域。

图1.2.1 某型步兵战车的外形及典型结构

1—炮管;2—车身;3—发动机;4—履带结构;5—百叶窗;6—履带节;
7—履带板;8—履带销;9—缸体;10—曲轴;11—排气管

战车的车身外壳为金属板制件,由切割(或裁剪)成形的板料连接而成,连接方式主要为铆接和焊接；壳体上设计了很多结构，不同结构所采用的加工方式不同。散热用的百叶窗5一般用冷冲模具冲压成形；还有一些结构是用焊接的方式固联在上面的；炮塔的炮管1是长径比较大的回转类零件，外圆用车削的方法加工，炮管内孔则常用深孔钻床或专用的拉刀加工成形。

发动机3是战车的核心部件，也是战车中机械结构最复杂的部分，发动机缸体、曲轴和排气管是其中非常典型的零件。缸体为多孔的箱体结构，是发动机中最复杂的零件。汽缸毛坯由优质的铸铁或有色金属铸造成形，平面加工后大量采用群钻的方式完成多孔加工，并可用高精密的镗床或加工中心提高最终的加工精度。曲轴零件受力复杂，多采用锻造毛坯，主要用到车削和磨削的方法实现加工；曲轴的轴颈是磨损失效的多发部位，出现故障以后可以采用刷镀的方法来修复。排气管零件是形状复杂的曲面，一般用铸造的方法制造毛坯，切削加工后得到零件。

履带结构4是战车和工程机械常用的轮载形式，主要由履带板、履带节、履带销和相关销套组件组成。履带对抗磨损的要求比较高，履带板与履带节一般采用含锰元素比较高的耐磨钢铸造成形，常用材料如ZG13Mn；履带销在垂直于轴线的方向承受较大的双向拉力，多采用锻压毛坯，外圆用车削或无心外圆磨的方法实现加工。

各类装备功能和外形千差万别，但组成其机械结构的最小单元都是一个个的零件。虽然机械零件的形状、尺寸和精度因为实际的需要而各不相同，但仍可按照结构来进行分类，即轴类、盘套类、箱体支架类、六面体类、机身机座类和特殊类，其中轴类零件、盘套类零件和箱体支架类零件是常见的三类。前面提到的炮管、曲轴、履带销都属于轴类零件，发动机缸体属于箱体类零件。每一类零件的加工方法都有一定的规律可循，这些经验和方法都有待于我们在实践中发掘、思考与总结。

1.3 安全生产与环境保护

1.3.1 安全生产及机械危害产生的原因

随着社会生产力的发展和科学技术水平的突飞猛进，越来越多的工业系统进入了人类生活。这些工业系统在创造满足人们物质及精神生活产品的同时，也给人们带来了巨大的安全隐患。就机械制造而言，由于制造水平的提高，生产工艺和设备变得日趋复杂，设备的安全性就显得极为重要。如何避免工作人员在操作过程中发生人机事故,保障人员生命安全成为全球共同关注的热点问题。

安全生产事故是指生产过程中发生的,由于客观因素影响造成的人员伤亡、财产损失,导致生产经营活动暂时终止或永远终止的意外事件。机械制造的危险可能来自机械自身、机械的作用对象、人对机器的操作及机械所在的场所等。

1.3.1.1 由机械产生的危险种类

1. 机械危险

由于机械设备及其附属设施的构件、零件、工具、工件或飞溅的固体和流体物质等的机械能作用,可能产生滑绊、倾倒和跌落的危险。

2. 电气危险

电气危险的主要形式是电击、燃烧和爆炸。

3. 温度危险

高温会引起燃烧或爆炸,会使人体产生烧伤、烫伤和高温生理反应;低温则使人体产生冻伤和低温生理反应等。

4. 噪声危险

噪声产生的原因主要有机械噪声、电磁噪声和空气动力噪声。噪声干扰语言交流和听觉信号,对生理和心理都有一定程度的影响。

5. 振动危险

振动对人体造成生理和心理的影响,造成损伤和病变,严重的还可能产生生理失调。

6. 材料和物质产生的危险

这主要是指因接触或吸入有害物所导致的危险、火灾和爆炸危险、生物和微生物危险等。

7. 辐射危险

辐射危险杀伤人体细胞和内部组织,轻则引起各种病变,重则导致死亡。

8. 不符合人机安全学原则要求而产生的危险

由于机械设计或环境条件不符合人机安全学原则的要求,工作环境与人的生理或心理特征不协调而产生的危险。

1.3.1.2 机械危险的主要伤害形式

机械危险伤害的实质是机械能(动能和势能)的非正常做功、流动或转换,导致对人员的接触性伤害。机械危险主要的伤害形式有以下几种。

1. 卷绕和绞缠

引起这类伤害的是作回转运动的机械部件,如联轴节、主轴、丝杠等。回转件上的凸出物和开口,例如轴上的凸出键、调整螺栓或销、圆轮形状零件(如链轮、齿轮、皮带轮等)的轮辐、手轮上的手柄等,在运动情况下,易将人的头发、饰物(如项链)、肥大衣袖或下摆卷缠引起伤害。

2. 卷入和碾压

引起这类伤害的主要是相互配合的运动副,例如相互啮合的齿轮之间、齿轮与齿条之间、皮带与皮带轮之间、链与链轮进入啮合部位的夹紧点、两个作相对运动的辊子之间的夹口等。

3. 挤压、剪切和冲撞

引起这类伤害的是作往复直线运动的零部件。例如相对运动的两部件之间、运动部件与静止部件之间由于安全距离不够产生的夹挤,作直线运动部件的冲撞等。常见的有磨床的工作台、牛头刨床的滑枕、剪切机的压料装置和刀片、压力机的滑块、大型机床的升降台等部件的运动。

4. 飞出物打击

这类伤害是指由于发生断裂、松动、脱落或弹性位能的机械能释放,使失控的物件甩出或反弹出去,对人造成伤害。例如:轴的破坏引起装配在其上的皮带轮、飞轮、齿轮或其他运动零部件坠落或飞出;螺栓的松动或脱落引起被它紧固的运动零部件脱落或飞出;高速运动的零件破裂引起碎块甩出;切削废屑的崩甩;弹簧、皮带等的断裂;在压力、真空下的液体或气体位能引起的高压流体喷射等。

5. 物体坠落打击

这类伤害是指处于高位置的物体意外坠落时造成的伤害。如高处掉下的零件与工具;悬挂物体的吊挂零件破坏或夹具夹持不牢引起物体坠落;零件由于质量分布不均衡,重心不稳而发生倾翻、滚落;运动部件超程脱轨导致的伤害等。

6. 切割和擦伤

切削刀具的刀刃、零件表面的毛刺与飞边、机械设备的利角和粗糙的表面等,无论其状态是运动的还是静止的,都可能对人构成伤害。

7. 碰撞和刮蹭

机械结构上的凸出与悬挂部分(如起重机的支腿、吊杆及机床的手柄等),过大过长工件伸出机床的部分等都很容易造成对人的碰撞与刮蹭。

8. 跌倒、坠落

地面物品堆放无序或地面凸凹不平易导致磕绊跌伤,接触面摩擦力过小(如油污、冰雪等)造成打滑、跌倒。

安全隐患可存在于机器的设计、制造、运输、安装、使用、报废、拆卸及处理等各个环节，机械事故的发生往往是多种因素综合作用的结果。从安全系统的角度来看，机械事故一般都可以从物的不安全状态、人的不安全行为和安全管理上的缺陷三个方面找到原因。为此，安全生产的每一个践行者都应从这三个方面出发，积极排查各类不安全因素，杜绝一切事故的发生。

1.3.1.3 车间安全生产的一些具体要求

人身与设备的安全问题，不论是对个人还是对企业、对家庭还是对社会，都有非常重要的意义。而对于工作、学习在机加工车间的人来说，不注意生产中的安全防护会带来严重的后果。一般来说生产车间应特别注意以下诸方面。

1. 严禁在车间里打闹

生产车间不得嬉笑打闹，一些不经意的打闹可能会给在场的同伴带来严重的伤害。

2. 了解机床的性能，按照安全操作规程要求使用机床设备

每一种机床都有其特定的运动方式和工作特点，在操作机床前应仔细阅读机床的安全操作规程，并在其指导下进行生产，确保生产安全顺利进行。

3. 按照要求着装

在机械加工车间工作时，应穿着短袖工作服，或将长袖的袖口收紧，不能系领带，应防止长条状物缠入机床；如果留有长发，一定要将头发束起，用工作帽罩住，以免头发和正在运转的零部件绞在一起，发生灾难性事故；操作机床时不要戴手表、戒指等饰物，以免开动机床时发生刮碰而造成伤害。不要赤脚或穿凉鞋、拖鞋进入车间，高温的铁屑、尖锐的切屑容易伤及脚背和脚底，特别是在焊接、热处理等热加工车间更要注意防范，应选择坚实厚底的皮鞋或专用防护鞋进入车间生产。

4. 注意眼睛的防护

应防止加工工件时产生的金属屑飞溅伤害眼睛，磨削操作时也可能有飞溅的磨削颗粒。对此，可以通过佩戴专用的防护眼镜或面罩来加以保护。

5. 注意听力的防护

机床设备工作时产生的噪声会对人体造成伤害，特别是尖利、高强度的噪音对人的耳膜造成的危害最大，一般环境噪声持续在 85 dB 或以上时，则有必要佩戴噪声防护装置。

6. 注意手部的防护

工作时，不要用手直接触及机床上的金属屑，要使用毛刷清除；用棉纱清除切屑也很危险，容易使切屑嵌入棉纱而扎伤手，如不注意还容易卷入主轴。操作机床时不要戴手套，如果手套不慎被运动零部件勾住，手也可能被带进去。各种切削液、溶剂对人的皮肤有刺激作用,应尽量避免接触。

7. 防止磨屑与有害烟尘

磨屑是砂轮机磨削工件材料过程中不断产生的,对人体危害极大。另外,焊接、热加工产生的烟尘、线切割产生的尘雾都对人体健康有不良影响,应加强通风换气来保护人体的健康。

如果参训人员在学习生产中遇到了任何的问题、伤害与事件,应尽快与指导老师联系,寻求解决措施。

1.3.2 工业污染与环境保护

1.3.2.1 工业污染对环境的危害

工业发展的历史就是环境不断恶化的历史。

在工业革命以前的漫长岁月里,机械装置基本属于手工操作,能源主要是风力、水力和畜力,燃料以木材为主。这些小规模的生产活动对人类赖以生存的自然环境影响不大,引入的"异物"基本被环境本身所"消化",可以认为人们当时是在一个比较洁净的环境中生活。工业革命以后到19世纪末,蒸汽机出现使煤的消耗量激增,工业生产中排出的废水、废气、废渣在自然环境中聚集,使城市生活环境明显恶化。1873年,在工业革命的策源地英国发生了举世闻名的烟雾事件,夺走了近万人的生命。19世纪末,日本又发生了震惊世界的足尾铜山污染事件,冶炼废气中的二氧化硫、剧毒砷化物和有色金属粉尘使得方圆400 km的山林和庄稼毁坏,很多土地寸草不生。第二次世界大战以后,新的重工业制造部门的出现,使石油等新能源被大量使用,内燃机取代了蒸汽机,环境污染也日趋严重,并逐渐由局部的点源污染扩大为区域性污染。

20世纪50年代以后,科学技术突飞猛进,工业生产以前所未有的速度发展,使资源的消耗迅速增加。特别是化学工业的发展,人工合成的许多化学物质在自然界难以降解,它们排放在自然界中成为"顽固的污染物",并通过自然循环扩散到世界各地,就连在南极的冰川和企鹅的体内都发现了人工化学合成物的踪迹,人类的生活环境确已到了不得不重视治理的程度。

1.3.2.2 机械工业的环境污染

机械工业是为国民经济各部门制造各种装备的部门,在机械工业的生产过程中不论是铸造、锻压、焊接等材料成形加工,还是车、铣、镗、刨、磨、钻等切削加工,都会排出大量污染大气的废气、污染水源土壤的废水和固体废物。

熔炼金属时会产生相应的冶炼炉渣和含有重金属的蒸气和粉尘。

铸造过程中伴随出现粉尘、烟尘、噪声、多种有害气体和各类辐射;锻锤和冲床在工作中产生噪声和振动,高温锻件还会带来热辐射;焊接加工时中产生电弧辐射、高频电磁波、放射线和噪声,药皮和焊剂在高温下分解产生含有 Fe_2O_3 和锰、氟、铜、铝的有害粉尘和气体;气焊时也因用电石制取乙炔气体而产生大量电渣。

在金属热处理中,高温炉与高温工件会产生热辐射、烟尘和炉渣,为防止金属氧化还在盐浴炉中加入二氧化钛、硅胶、硅钙铁等脱氧剂,从而产生废渣盐;表面渗氮时,用电炉加热,并通入氨气,存在氨气泄漏的可能;表面氰化时,将金属放入加热的含有氰化钠的渗氰槽中,氰化钠有剧毒,产生含氰气体和废水;表面(氧化)发黑处理时,要把零件放在氢氧化钠、碳酸和磷酸三钠的混合溶液中进行碱洗,在浓盐酸、水、尿素混合溶液中进行酸洗,这都将排出废酸液、废碱液和氯化钠气体。

为了改善金属制品的使用性能和外观,有的工件表面需要镀上一层金属保护膜,如镀铬、喷漆、喷塑等。为了去除金属材料表面的氧化物(锈蚀),先要用硫酸、硝酸、盐酸等强酸进行清洗,由此产生了含酸的废液;电镀液中除含有铬、镍、锌、铜和银等各种金属外,还要加入硫酸、氟化钠(钾)等化学药品;喷涂时也有部分油漆颗粒、苯、甲苯、二甲苯、甲酚等未熔塑料残渣被排入大气。

在车削、铣削、刨削、磨削、镗削、钻削和拉削等机械加工过程中会产生大量金属切屑和粉末等固体废物;加工时往往需要加入各种切削液进行冷却、润滑、清洗和排屑。切削液中的乳化液使用一段时间后,会变质发臭,其中大部分未经处理就直接排入下水道,甚至直接排至地表。乳化液中不仅含有油,而且还含有烧碱、油酸皂、乙醇和苯酚等。

特种加工中的电火花加工和电解加工所采用的工作介质在加工过程中也会产生污染环境的废液和废气。

1.3.2.3 机械制造业的环境保护技术

废气、废水、废渣是环境污染的三种具体形式。

对排入大气中的固态污染物可以通过各种除尘器除去其中的颗粒,如机械式除尘器、电除尘器、湿式除尘器和过滤式除尘器。对气态污染物,可以采用各种除雾器捕集悬浮在废气中的各种悬浮液滴。气态污染物的分离捕集设备主要有各种脱硫、脱氮设备,也可以采用吸收、吸附、焚烧、冷凝及化学反应等方法净化工业有害气体。机械工业废水主要包括两大类:一类是相对洁净的废水,如空调机组、高频炉的冷却水等,这种工业废水可直接排入水道,但最好采用冷却或稳定化措施处理后供循环使用;另一类是含有毒、有害物质的废水,如电镀、电解、发蓝、清洗排出的废水,这种工业废水必须经过处理,达到国家规定的允许排放标准以后才能排入水道,决不可采用稀释方法达到国家标准。机械工业废物主要包括灰渣、污泥、废油、废酸、废碱、废金属、灰尘等废物,含有七类有害物质,即汞、砷、镉、铅、6价铬、有机磷和氰。需要实行从产生到处置的全过程管理,包括污染源控制、运输管理、处理和利用、储存和处置。

机械制造业环境污染量大、面广、种类繁多、性质复杂、对人体危害大。事实证明,采取"先污染,再治理"或是"只治理,不预防"的方针都是不可取的,既会使污染的危害加重和扩大,还会使污染的治理更加困难。因此,防治工业性环境污染的有效途径是"防"和"治"结合起来,并强调以"防"为主,采取综合性的防治措施。从事本行业的每一个人都应意识到问题的严重性,尽可能将污染消灭在工业生产过程中,大力推广无废少废生产技术、绿色加工技术,大力开展废物的综合利用,使工业发展与防治污染、环境保护互相促进。

复习思考题

1. 何谓机械制造?一般机械的生产过程是怎样的?
2. 毛坯制造的方法主要有哪些?切削加工的方法具体有哪些?
3. 金属切削加工有什么特点?
4. 由机械产生的伤害形式表现为哪几类?车间安全生产有哪些具体要求?
5. 如何正确理解工业污染与环境保护的关系?

第2章 金属材料与成形方法实践

本章主要介绍金属材料的基础知识和常见的毛坯成形方法。金属材料的基础知识包括:金属材料的力学性能与工艺性能;钢材、铸铁与常用有色金属的分类与编号方法;怎样利用型材来制备毛坯;热处理的基本原理和热处理工艺、表面热处理工艺等。常见的毛坯成形方法主要有铸造、锻造、冲压、焊接、塑料成形等。毛坯制造是机械制造工程的重要组成部分,其制造精度和效果对机器制造过程有着非常重要的影响。本章为机械制造工程的基础内容之一,应加强学习,认真掌握。

2.1 金属材料基础知识

☆ 学习目标和要求
- 了解工程材料的组成,了解金属材料的类型。
- 了解金属材料的性能。
- 了解钢材的分类与编号方法。
- 了解常用铸铁、有色金属种类与编号方法。
- 了解型材的种类与切割下料制备毛坯的主要方法。
- 了解常用金属材料的用途。

☆ 学习方法

先集中讲授,再进行现场教学,通过实物与挂图相对照的方式了解各种金属材料的相关知识、型材的种类与切割下料方法。

金属材料、非金属材料和复合材料是工程材料的三大组成部分,其中金属材料作为最重要的结构与功能材料,已经有几千年的历史。金属材料分为钢铁材料、有色金属合金和新型金属材料三大类。

钢铁材料是钢和铸铁的统称,它们是含碳的铁基合金,在工业产品中有着非常广泛的应用。除了碳元素以外,实际使用的钢铁材料中还含有硅、锰、硫、磷等金属元素。其中,锰和硅是炼钢时为脱氧而加入的有益元素;硫和磷引起材料脆性,一般作为有害杂质限制其含量;为改善和提高性能,还可以特意加入铬、镍、钨、钼等合金,形成各类合金钢;超过一般含量的硅、锰也起到了合金化的作用。

钢铁材料以外的金属材料称为有色金属材料或非铁金属材料。按照性能,有色金属可分为:有色轻金属、有色重金属、贵金属、稀有金属和半金属五类。有色金属在航空航天、航海、汽车、石油化工和空间技术等领域应用广泛,据资料统计,在制造飞机用的金属材料中,轻金属占总质量的95%以上。随着科学技术的发展和制造水平的进步,铝、镁、钛、铜、镍、锌等有色金属合金将在一定程度上取代钢铁材料,得到更为广泛的应用。

2.1.1 金属材料的性能

金属材料的性能包括使用性能和工艺性能。使用性能是指金属材料在使用过程中所表现出来的性能。它包括物理性能(如密度、熔点、导电性、导热性等)、化学性能(如耐酸性、耐蚀性等)和力学性能(如强度、塑性、硬度等)。工艺性能是指金属材料在各种加工过程中表现出来的性能,按加工方法,可分为铸造性能、锻造性能、焊接性能、热处理性能和切削加工性能等。

2.1.1.1 金属材料的力学性能

金属材料的力学性能是指金属材料在外力作用下所表现出来的特性,包括强度、塑性、硬度、冲击韧度等,是金属构件选材和设计时的主要依据。

1. 强度

金属的强度是表征金属材料在载荷作用下抵抗塑性变形和破裂的能力。强度指标一般用单位面积所承受的载荷(应力)表示,单位是 MPa。工程中常用的强度指标有屈服强度和抗拉强度,它们是零件设计时的主要依据。屈服强度是指材料刚开始产生塑性变形时的最小应力值,用 σ_s 表示,对没有明显屈服现象的材料,用产生 0.2% 残余变形的应力作为条件屈服强度。抗拉强度是指材料在破坏前所能承受的最大应力值,用 σ_b 表示。

2. 塑性

金属在外力的作用下,当超过弹性极限后开始塑性变形。塑性变形是一种不可逆变形,随着外力增加其塑性变形量也增加。当达到断裂时,塑性变形量也达到最大值。通常用断裂时塑性变形极限值的相对量即最大相对塑性变形量来表示材料的塑性。工程中常用的塑性指标有断后伸长率 δ 和断面收缩率 ψ，其值越大，材料塑性越好。良好的塑性是材料进行加工的必要条件，也是保证零件工作安全、不发生突然脆断的必要条件。

3. 硬度

硬度是指材料表面抵抗硬物压入的能力。硬度的测试方法很多，生产中常用的有布氏硬度试验法和洛氏硬度试验法两种。

1）布氏硬度试验法

用一直径为 D 的淬火钢球或硬质合金球为压头，在载荷 P 的作用下压入被测试金属的表面，保持一定时间后卸载，测量金属表面形成的压痕直径 d，以压痕的单位面积所承受的平均压力作为被测金属的布氏硬度值。布氏硬度指标有 HBS 和 HBW 两种。前者压头为淬火钢球，适用于布氏硬度值低于 450 的金属材料；后者压头为硬质合金，适用于布氏硬度值为 450～650 的金属材料。布氏硬度试验法结果较精确、稳定，常用于测定退火、正火、调质钢及铸铁、有色金属的硬度，因压痕较大，故不宜测试成品或薄片金属的硬度。

2）洛氏硬度试验法

用一锥顶角为 120° 的金刚石圆锥体或直径为 1.588 mm(1/16 in) 的淬火钢球为压头，在规定载荷作用下压入被测试金属表面，根据压痕的深度直接在硬度指示盘上读出硬度值。常用的洛氏硬度指标有 HRA、HRB、HRC 三种。洛氏硬度试验法主要用于经过淬火处理的钢零件和工具表面硬度的测量。

硬度试验设备简单，操作方便，可直接在零件上测试而不破坏被测件，并可根据测得的硬度值估算出近似的强度值，从而了解材料的力学性能及工艺性能，因此，硬度试验作为一种常用的检测手段，在生产中得到了广泛的应用。

4. 冲击韧度

冲击韧度是反映材料在冲击载荷作用下抵抗断裂破坏的能力。常采用一次性冲击试验时材料吸收的冲击功 A_K 除以断口处横截面积 F 得到的冲击值（冲击韧度），a_K 表示。

2.1.1.2 金属材料的工艺性能

工艺性能是指制造过程中材料适应加工工艺要求的能力。工艺性能直接影响零件加工的质量，是选材和制定零件加工工艺时应当考虑的因素之一。

1. 铸造性能

金属材料铸造成形获得优良铸件的能力称为铸造性能，用流动性、收缩性等衡量。熔融金属的流动能力称为流动性。流动性好的金属容易充满铸型，从而获得外形完整、尺寸精确、轮廓清晰的铸件。

铸件在凝固和冷却过程中,其体积和尺寸减小的现象称为收缩性。铸件收缩不仅影响尺寸,还会使铸件产生缩孔、缩松、内应力、变形和裂纹等缺陷,故铸造用金属材料的收缩率越小越好。表 2.1.1 为几种金属材料铸造性能的比较。

表 2.1.1 几种金属材料铸造性能的比较

材　料	流动性	收　缩　性		其　他
		体收缩	线收缩	
灰铸铁	好	小	小	铸造内应力小
球墨铸铁	较好	大	小	易形成缩孔
铸钢	差	大	大	导热性差,易发生冷裂
铸造黄铜	较好	小	较小	易形成集中缩孔
铸造铝合金	好	小	小	易吸气,易氧化

2. 锻造性能

金属的锻造性能是衡量金属材料进行压力加工难易程度的工艺性能,它是塑性和变形抗力两个因素的综合结果。塑性好、变形抗力小,则锻造性好;反之,则锻造性差。

金属的锻造性能既与化学成分、组织结构有关,也与变形条件(如变形温度、受力状态)等有关。一般来说,纯金属的锻造性较合金的好,固溶体的锻造性较化合物的好,低碳钢、低合金钢的锻造性比高碳钢、高合金钢的锻造性好,细晶粒的塑性较粗晶粒的好,但变形抗力会增大。铜合金和铝合金在室温状态下就有良好的锻造性能;铸铁锻造性能差,不能锻造。

在一定的变形温度范围内,温度升高,变形抗力降低,塑性提高,从而改善了锻造性能。同一金属采用不同的变形方法,产生的应力状态不同,也会表现出不同的锻造性,例如,金属在挤压时三向受压,表现出较高的塑性和较大的变形抗力;拉拔时两向受压,一向受拉,表现出较低的塑性和较小的变形抗力,因此,塑性差的材料采用挤压的变形方法较为有利,而塑性好的材料采用拉拔的变形方法较有利。

3. 焊接性能

金属材料对焊接加工的适应性称为焊接性能,是指在一定的焊接工艺条件下,获得优质焊接接头的难易程度。

在机械工业中,焊接的主要对象是钢材。钢材碳含量是影响焊接性好坏的主要因素,碳含量和合金元素含量的总和越高,焊接性能越差。铜合金和铝合金的焊接性能都较差,灰铸铁的焊接性很差。

4. 切削加工性能

切削加工性能一般用切削后的表面质量(表面粗糙度)和刀具寿命来表示。影响切削加工的因素很多,主要有材料的化学成分、组织、硬度、韧度、导热性和形变硬化等。

金属材料具有适当的硬度(170~230 HBS)和足够的脆性时切削加工性能良好。改变钢的化学成分(如加入少量铅、磷等元素)和进行适当的热处理(如低碳钢进行正火,高碳钢进行球化退火)可提高钢的切削加工性能。表 2.1.2 是几种金属材料切削加工性能的比较。

表 2.1.2 几种金属材料切削加工性能的比较

金 属 材 料	切削加工性能	金 属 材 料	切削加工性能
铝、镁合金	很容易	85 钢(轧材)、2Cr13 钢(调质)	一般
30 钢正火	容易	1Cr18Ni9Ti、W18Cr4V 钢	难
45 钢、灰铸铁	一般	耐热合金、钴合金	难

5. 热处理工艺性能

钢的热处理工艺性能主要考虑其淬透性,即钢接受淬火的能力,含锰、铬、镍等元素的合金钢淬透性比较好,普通碳钢的淬透性较差。

2.1.2 钢的分类和编号

钢铁材料是钢与铸铁的总称,是以铁和碳为基本元素的合金。它是现代工业中应用最广的金属材料。

1. 钢的分类

钢材的分类方法很多,常用的有以下三种。

1) 按化学成分分类

(1) 碳素钢 碳素钢是指含碳量小于 2.11% 的铁碳合金。按碳质量分数的不同,碳素钢又可分为低碳钢(碳质量分数小于 0.25%)、中碳钢(碳质量分数为 0.25%~0.60%)、高碳钢(碳质量分数大于 0.60%)。

(2) 合金钢 为了提高钢的某些性能或获得某种特殊需要,炼钢时特意加入一定量的某一种或几种合金元素,这样得到的钢称为合金钢。根据合金元素质量分数总和的多少,合金钢可分为低合金钢(合金元素质量分数总和小于 5%)、中合金钢(合金元素质量分数总和为 5%~10%)、高合金钢(合金元素质量分数总和大于 10%)。

2) 按用途分类

(1) 结构钢 结构钢用于制造各种机器零件及工程结构件。制造机器零件的钢还可分为渗碳钢、调质钢、弹簧钢、滚动轴承钢等。制造工程结构的钢包括碳素结构钢和低合金结构钢等。

（2）工具钢　工具钢用于制造各种工具。根据工具的用途又可分为刃具钢、模具钢和量具钢。

（3）特殊性能钢　特殊性能钢是具有特殊物理性能或化学性能的钢，包括不锈钢、耐热钢、耐磨钢、磁钢等。

3）按品质分类

钢材品质的优劣是按钢中硫、磷质量分数的多少来区分的，可分为优质钢、高级优质钢和特级优质钢等。

2. 钢的编号

我国的钢材编号采用国际化学元素符号、汉语拼音字母和阿拉伯数字结合的方法表示。下面介绍几种常用钢材的编号及其应用举例。

1）碳素结构钢

这类钢的牌号由代表屈服强度的字母 Q＋屈服强度数值＋质量等级符号＋脱氧方法符号等四个部分按顺序组成，如：Q235、Q215-AF。钢的质量等级分为四级，用字母 A、B、C、D 表示，其中 A 级钢的硫质量分数不大于 0.050%，磷质量分数不大于 0.045%；B 级钢的硫、磷质量分数均不大于 0.045%；C 级钢的硫、磷质量分数均不大于 0.040%；D 级钢的硫、磷质量分数均不大于 0.035%。沸腾钢在钢的牌号尾部加"F"，半镇静钢在钢的牌号尾部加"B"，镇静钢不加字母。

2）优质碳素结构钢

这类钢的牌号用两位阿拉伯数字表示，如 45、60、08F、20g，这两位数字表示平均碳质量分数（以万分之几计），若平均碳质量分数小于千分之一，则数字前补零。钢中锰质量分数较高（0.70%～1.00%）时，在数字后加锰元素符号"Mn"。沸腾钢、半镇静钢及专门用途的优质碳素结构钢应在牌号中特别标出。如锅炉钢在牌号尾部加"g"，压力容器用钢在牌号尾部加"R"，焊条用钢在牌号头部加"H"。

3）碳素工具钢

在牌号头部用"T"表示碳素工具钢，其后跟以阿拉伯数字，表示平均碳质量分数（以千分之几计），如：T8、T10A。钢中锰质量分数较高时，在数字后加元素符号"Mn"，若为高级优质碳素工具钢，则在牌号尾部加"A"。

4）低合金高强度结构钢

低合金高强度结构钢牌号由代表屈服强度的字母、屈服强度数值和质量等级符号三部分组成，如 Q345A、Q420。钢的质量等级用字母 A、B、C、D、E 表示。

5) 合金结构钢

这类钢的牌号采用两位数字＋化学元素符号＋数字的方法表示，如20CrMnTi、40Cr、60Si2MnA等。牌号头部的两位数字表示平均碳质量分数（以万分之几计），元素符号表示钢中所含的合金元素，紧跟元素符号后面的数字表示该合金元素平均质量分数（以百分之几计）。若合金元素的平均质量分数小于1.50%，则含量一般不予标出；若合金元素的平均质量分数为1.50%～2.49%，2.50%～3.49%，3.50%～4.49%，…，则相应地标以2，3，4，…。若为高级优质合金结构钢，则在牌号尾部加"A"；特级优质钢在尾部加"E"，普通优质钢不标。

6) 合金工具钢

这类钢的牌号采用数字（或无数字）＋化学元素符号＋数字的方法表示，如9SiCr、W18Cr4V。牌号头部的数字表示钢中平均碳质量分数（以千分之几计），当碳质量分数大于等于1.00%时不标出。化学元素符号及随后的数字的含义和合金结构钢相同。

7) 特殊性能钢

这类钢的编号方法基本上和合金工具钢相同，牌号头部的数字表示平均碳质量分数（以千分之几计），一般用一位数字表示。若平均碳质量分数小于千分之一时，则用"0"表示；若平均碳质量分数小于等于0.08%时（铸钢除外），则用"00"表示。

部分常用钢材的牌号及其应用举例如表2.1.3所示。

表2.1.3 部分常用钢材的牌号及其应用举例

类别	牌号	解释	应用
碳素结构钢	Q215-A	屈服强度为215 MPa的A级镇静钢	螺栓、连杆、法兰盘、键、轴等
	Q235-AF	屈服强度为235 MPa的A级沸腾钢	
优质碳素结构钢	08F	平均碳质量分数为0.08%的沸腾钢	冲压件、焊接件、轴类件、齿轮类、蜗杆、弹簧等
	20g	平均碳质量分数为0.20%的锅炉钢	
	45	平均碳质量分数为0.45%的优质碳素结构钢	
碳素工具钢	T8	平均碳质量分数为0.8%的碳素工具钢	锯条、冲头、手锤、锉刀、量规等
	T10A	平均碳质量分数为1.0%的高级优质碳素工具钢	
低合金高强钢	Q345A	屈服强度为345 MPa的A级低合金高强度结构钢	桥梁、钢架、冲压件、锅炉用钢、船舶结构件等

续表

类别	牌号	解释	应用
合金结构钢	20CrMnTi	平均碳质量分数为0.20%,铬、锰和钛的平均质量分数均小于1.50%的合金结构钢	齿轮、连杆、主轴、螺栓、各种弹簧件
	40Cr	平均碳质量分数为0.40%,平均铬质量分数小于1.50%的合金结构钢	
	60Si2MnA	平均碳质量分数为0.60%,平均硅质量分数为2%,平均锰质量分数小于1.50%的高级优质合金结构钢	
合金工具钢	9SiCr	平均碳质量分数为0.9%,硅和铬的平均质量分数均小于1.50%的低合金工具钢	板牙、丝锥、量规、样板等
	W18Cr4V	平均钨质量分数为18%,平均铬质量分数为4%,平均钒质量分数小于1.50%的高速工具钢	切削刀具、模具等
特殊性能钢	2Cr13	平均碳质量分数为0.2%,平均铬质量分数为13%的铬不锈钢	医疗工具、量具、酸槽、食品设备等
	4Cr9Si2	平均碳质量分数为0.4%,平均铬质量分数9%,平均硅质量分数为2%的耐热钢	

2.1.3 常用铸铁

铸铁是碳质量分数大于2.11%的铁碳合金。工业用铸铁中还含有硅、锰、硫、磷等杂质元素。铸铁与碳素钢比较,虽然力学性能(如抗拉强度、塑性、韧度等)较差,但具有优良的减振性、耐磨性、铸造性能和切削加工性能,而且生产成本低廉,在工业生产中得到广泛应用。

根据碳在铸铁中存在形式的不同,铸铁可分为以下几种。

1. 抗磨白口铸铁

这类铸铁中的碳几乎全部以化合物(Fe_3C)状态存在,断口呈银白色,故称白口铸铁。由于这种铸铁的性能硬而脆,很难进行切削加工,所以很少直接用于制造机械零件。有时利用其硬度高、耐磨性好的特点,制造一些要求表面有高耐磨性的机件和工具,如球磨机的内衬和磨球等。

2. 灰铸铁

灰铸铁中碳主要以片状石墨的形式存在,断口呈暗灰色,故称灰铸铁。灰铸铁的铸造性能和切削加工性能很好,是工业上应用最广泛的铸铁。

灰铸铁的牌号由"HT"+三位数字组成,其中数字表示抗拉强度最低值。例如:

HT100表示抗拉强度最低值为100 MPa的灰铸铁。按国家标准GB 9439—2010《灰铸铁件》的规定,灰铸铁根据 ϕ30 mm的单铸试棒的抗拉强度分为六级,其牌号、力学性能和应用见表2.1.4。

表2.1.4 灰铸铁的牌号、力学性能和应用举例

牌 号	应 用 举 例
HT100	负荷小、不重要的零件,如防护罩、盖、手轮、支架、底板等
HT150	承受中等负荷的零件,如支柱、底座、箱体、泵体、阀体、带轮、飞轮、管路附件等
HT200	承受中等负荷的重要零件,如汽缸、齿轮、齿条、机体、机床床身、中等压力阀体等
HT250	要求较高的强度、耐磨性、减振性及一定密封性的零件,如汽缸、油缸、齿轮、衬套等;承受高负荷、高耐磨和高气密性的重要零件,如重型机床的床身、机座、主轴箱、卡盘、高压油缸、阀体、泵体、齿轮、凸轮等
HT300	
HT350	

3. 可锻铸铁

可锻铸铁中碳主要以团絮状石墨的形态存在,它是白口铸铁经退火而获得的一种铸铁。与灰铸铁相比,可锻铸铁具有较高的强度,且具有较好的塑性和韧度,故被称为"可锻"铸铁,实际上并不可锻。可锻铸铁适用于制造形状复杂、工作中承受冲击、振动、扭转载荷的薄壁零件,如汽车、拖拉机后桥壳、转向器壳和管子接头等。

4. 球墨铸铁

球墨铸铁中石墨呈球状。球墨铸铁的强度比灰铸铁高得多,并且具有一定的塑性和韧度。它主要用于制造某些受力复杂、承受载荷大的零件,如曲轴、连杆、凸轮轴、齿轮等。

球墨铸铁的牌号由"QT"+两组数字组成。前一组数字表示抗拉强度最低值,后一组数字表示伸长率最低值。如QT400-18表示抗拉强度最低值为400 MPa、伸长率最低值为18%的球墨铸铁。

2.1.4 有色金属

有色金属也称非铁金属。由于有色金属密度小、比强度高、耐热、耐蚀,并具有良好的导电性,成为现代工业中不可缺少的金属材料。机械制造业中广泛应用的有色金属有铝及铝合金、铜及铜合金等。

1. 铝及铝合金

1) 纯铝

在现代工业中铝是仅次于钢铁的一种重要金属材料。纯铝熔点为660 ℃,密度

为 2.7 g/cm³;塑性好($\psi=80\%$),抗拉强度低($\sigma_b=80\sim100$ MPa),合金化后的强度大多也不及钢,弹性模量只有钢的 1/3 左右;具有良好的导电性、导热性,仅次于金、银、铜;耐蚀性好,纯铝在空气中易氧化而使表面迅速生成一层致密稳定的 Al_2O_3 氧化膜,保护内部的材料不再受到环境侵害。

纯铝一般不用于结构材料,主要用于铝箔、导线及配制铝合金。

2)铝合金

在纯铝中加入铜、镁、锌、硅、锰、稀土等元素配制成各种铝合金,以满足工程应用。铝合金分为变形铝合金和铸造铝合金两大类,其主要牌号与应用分别如表 2.1.5 与表 2.1.6 所示。

表 2.1.5 常用变形铝合金的性能特点与应用

合金名称	牌号举例		合 金 系	性 能 特 点	应 用 举 例
	新牌号	旧牌号			
防锈铝合金	3A21 5A02 5A03 5A12	LF21 LF2 LF3 LF12	Al-Mg 和 Al-Mn	塑性及耐蚀性好,易于成形及焊接,强度低	适于制造要求抗蚀及受力不大的零部件,如油箱、油管、铆钉、日用器皿等
硬铝合金	2A02 2A06 2A010	LY2 LY6 LY10	Al-Cu-Mg	其强度高,但抗蚀性及焊接性较差	用于制造中等强度的飞行器的各种承力构件,如飞机蒙皮、壁板、桨叶、硬铆钉等
超硬铝合金	7A03 7A04 7A09	LC3 LC4 LC9	Al-Cu-Mg-Zn	硬铝中加锌、铬、锰,其强度更高,热态塑性好,但耐蚀性差	用于工作温度较低、受力较大的飞机大梁和螺旋桨叶等
锻铝合金	6A02 2A50 2B50 2A14	LD2 LD5 LD6 LD10	Al-Cu-Mg-Si 和 Al-Cu-Mg-Fe-Ni	具有良好的铸造性能、热塑性、耐蚀性及焊接性,力学性能与硬铝相似,适于锻压成形	用于制造形状复杂的锻件,如导风轮及飞机上的接头、框架、建筑用铝合金门窗型材等

表 2.1.6 常用铸造铝合金的性能特点与应用

合金代号	合金系	性 能 特 点	应 用 举 例
ZL101~ZL111	Al-Si	具有优良的铸造性能及较好的耐蚀性、耐热性及焊接性	适于制造各种形状复杂的铸铝件,如内燃机活塞、汽缸体、汽缸盖、轿车轮毂、仪表壳等

续表

合金代号	合金系	性能特点	应用举例
ZL201~ZL203	Al-Cu	高温强度较高,主要用于300 ℃以下工作的零件	内燃机汽缸盖及活塞等
ZL301、ZL302	Al-Mg	高强度和高耐蚀性,密度小,抗冲击	用于制造外形简单、承受冲击载荷、在腐蚀介质下工作的舰艇配件和化工零件等
ZL401/ZL402	Al-Zn	价格便宜,铸造性能好,强度较高,但耐蚀性较差,密度较大	用于受力较小、形状复杂的仪器仪表件及建筑装修小配件

2. 铜及铜合金

1)纯铜

纯铜颜色为玫瑰红,表面形成氧化膜后呈紫红色,故又称紫铜;因其目前是用电解法获得的,又称电解铜。纯铜密度为 8.9 g/cm³,熔点为 1 083 ℃;塑性好,易于加工;其导电性、导热性仅次于银,广泛用做电器及热交换产品;纯铜为抗磁性材料,无低温脆性,可用于深度冷冻工业产品及抗磁仪表零件中;纯铜的电极电位较高,在大气、淡水、非氧化性酸液中具有较高的化学稳定性。

纯铜抗拉强度低(退火态 $\sigma_b \approx 250$ MPa),价格也较贵,通常在纯铜中加入锌、锡、铝、锰、铁、铍、钛、铬等,配制成一系列铜合金,以达到提高力学性能及某些物理、化学性能的作用。

2)铜合金

按照化学成分的不同,铜合金可分为黄铜、青铜和白铜三大类,其主要牌号与应用见表 2.1.7。

表 2.1.7 常用铜合金的性能特点与应用

名称		牌号	合金元素	应用举例
黄铜	普通黄铜	H70 H62	Zn	冷变形零件,如弹壳、冷凝器管、仿金涂层; 受力件,如弹簧、垫圈、螺栓、导管、散热器等
	锡黄铜	HSn62-1	Sn、Zn	耐海水腐蚀性较好,广泛用于船舶零件,如螺旋桨
	铅黄铜	HPb59-1	Zn、Pb	其力学性能和切削加工性能较好,适用于切削加工及冲压加工的各种结构零件,如销子、垫片、衬套
青铜	锡青铜	QSn6.5-0.4 QSn4-0.25	Sn	良好的减摩性、抗磁性和低温韧度,耐蚀性好些,常用于制作弹簧、轴承、齿轮、电器抗磁零件、耐蚀零件及工艺品

续表

名　称	牌　号	合金元素	应用举例
青铜 铝青铜	QAl15 QAl19-2 QAl10-4-4	Al	价格较低，色泽美观，具有更高的强度、更好的耐磨性、耐蚀性和耐热性。主要用于海水或高温下工作的高强度耐磨耐蚀零件，如弹簧、船用螺旋桨、齿轮、轴承等
铍青铜	QBe2 QBe1.7 QBe1.9 QBe1.9-0.1	Be	抗拉强度远超其他所有铜合金，甚至可与高强钢相媲美。此外，还具有优异的弹性、耐磨性、耐蚀性、耐疲劳性、导电性、导热性、耐寒性，无铁磁性，撞击不产生火花，有良好的冷热加工性能。常用于制造电接触器、防爆矿用工具、电焊机电极、航海罗盘、精密弹簧、高速高压轴承等。但铍是稀有金属，价格高，并且有毒，在应用中受到限制
白铜	B19	Ni	用于制造海水和蒸汽环境中工作的精密仪器零件和热交换器等；因其不易生铜绿，也可制作仿银装饰品

3. 其他有色金属

1）钛及钛合金

钛及钛合金是 20 世纪 50 年代出现的一种新型结构材料。它密度小、比强度高、耐高温、耐腐蚀，而且资源丰富，已成为航空航天、化工等部门广泛应用的材料。按照退火组织的不同，钛合金可以分为 α、近 α、α+β、近 β、β 等五类，但习惯上将钛合金分为 α、β、α+β 三大类。其中 TA 代表 α 钛合金，TB 代表 β 钛合金，TC 代表 α+β 钛合金，三类合金符号后面的数字表示顺序号，如 TA4～TA7、TB2、TC1～TC10；工业纯钛在冶金标准中划归为 α 钛合金，如 TA1～TA3。当前应用最多的是 α+β 合金，其次是 α 合金，β 合金应用较少。α+β 钛合金可以热处理强化，常温强度高，中温耐热性也较好，但组织不够稳定，焊接性能较差。

TC4(Ti-6Al-4V)是宇航工业应用最主要的老牌钛合金，大量用作轨道宇航飞船的压力容器、后部升降舵的夹具、外部容器夹具及密封翼片等。但近年来，一些新的钛合金如 Ti-10-2-3 合金、Ti-6-22-22.5 合金、Ti-6Al-2Sn-2、Zr-2Cr-2Mo-0.15Si 合金等也在宇航工业得到了应用。当前，钛合金已扩大应用到船舶工业。美国最先将钛合金成功应用到深海潜水艇的耐压壳体上，在不大幅度增加质量的情况下增加潜水深度。目前用于深海的钛合金主要是近 α 钛合金 Ti-6Al-2Nb-1Ta-0.8Mo 和 α+β 钛合金 TC4(Ti-6Al-4V)。

2）镁及镁合金

镁的资源十分丰富，在地壳中的含量为 2.35%，总储量估计在 100 亿吨以上。镁合金以其优良的导热性、可回收性、抗电磁干扰及优良的屏蔽性能等特点，被誉为

"绿色工程材料"。

我国是按照成形工艺来划分和标记镁合金的,分为变形镁合金、铸造镁合金、压铸镁合金三类,分别用 MB、ZM、YM 表示,三类合金符号后面的数字表示顺序号。镁合金的密度仅为 $1.75 \sim 1.85 \text{ g/cm}^3$,其比强度明显高于铝合金和钢,其比刚度与铝合金和钢相当,用在汽车与航空领域能够显著减小质量、降低油耗、减少尾气排放;镁合金弹性模量低,受外力时应力分布均匀,可以避免过高的应力集中;镁合金具有良好的减振性,相同载荷下其减振性是铝的 100 倍,是钛合金的 $300 \sim 500$ 倍;镁合金切削性能优良,切削速度高,可以提高零部件的集成度,降低零部件的加工与装配成本,提高设计的灵活性;镁合金铸造性能优良,几乎所有的铸造工艺都可以成形。值得注意的是,镁特别是镁屑的燃点较低,而且耐蚀性较差,在加工与选用时应采用合适的工艺来实现。

2.1.5 型材与切割下料制备毛坯

确定了零件材料的种类以后选择零件毛坯的外形。外形简单的单件小批量机械零件可以直接用型材制备毛坯。型材有热轧型材与冷轧型材两种,一般可以根据需要在金属材料公司购买。常用的型材有板材(包括板料、带状料、条状料和金属箔等)、棒材(包括截面为圆形、六角形、方形等)、线材、管材和型钢(包括角钢、工字钢、槽钢、T形钢等)。常见的型材分别如图 2.1.1 至图 2.1.5 所示。

图 2.1.1 各类板材

(a) 板形钢材;(b) 金属卷材;(c) 金属带材

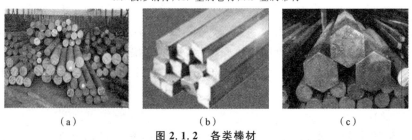

图 2.1.2 各类棒材

(a) 圆形截面棒材;(b) 方形截面棒材;(c) 六角形截面棒材

图 2.1.3 线材

图 2.1.4 管材

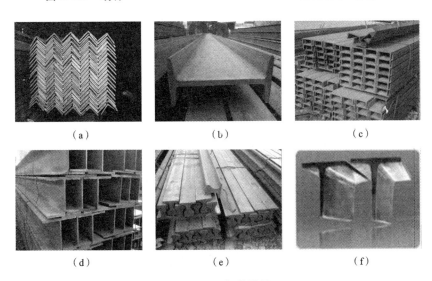

图 2.1.5 各类型钢
(a) 角钢;(b) 工字钢;(c) 槽钢;(d) H 形钢;(e) 轨道用钢;(f)T 形钢

切割下料是获得毛坯的最简单的方法。以棒料或型材为原料制造毛坯的方法主要是切割,即根据零件尺寸要求考虑必要的加工余量后从型材或棒料上切割得到一定长度的毛坯。毛坯横断面与尺寸根据零件的需要选择,一般应留出相应的加工余量;毛坯长度的确定是关键,主要应考虑零件长度、加工余量和切割料损三个方面。

切割下料的方法可采用气割、等离子弧切割、空气碳弧切割和激光切割等热切割方法,也可采用锯切、电切割和水切割等冷切割方法。气割下料简单实用,手锯或锯床切割材料损耗小,端面平整,都是车间里常用的切割下料方法,如图 2.1.6 所示。

图 2.1.6 车间常用的下料方法

(a) 锯床切割下料；(b) 气割下料

2.1.6 金属材料应用实例

工程材料的种类丰富，性能各异，材料科学的发展对机械制造业有重大影响。一般来讲，一台完整的机械(或机电设备)不会是由某一种材料组成，以汽车为例，一台汽车上一共用到了上百种不同的工程材料，有金属、非金属，还有大量的复合材料。图 2.1.7 所示为汽车中用到的一些金属材料的实例。

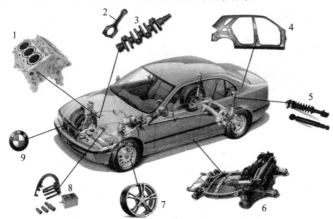

图 2.1.7 汽车上常用的金属材料的实例

1—汽缸；2—连杆；3—曲轴；4—车身；5—减震系统；6—底盘车架；7—轮毂；8—电器接头；9—车标

表 2.1.8 列出了汽车上的一些典型的金属材料，这些材料实质上也是机械零件中常用的一些材料。

在机械工程材料中，因金属材料种类繁多，并具有良好的力学性能、物理与化学性能、工艺性能，而成为机械零件最常用的材料；非金属材料近年来发展迅速，特别是高分子与陶瓷材料因具有金属不具备的性能(如耐蚀性、绝缘性等)，在很多领域已

表 2.1.8 汽车上典型金属材料的使用

编号	零件名称	所用材料	成形方法与特点
1	汽缸	合金铸铁或铸造铝合金	一般通过砂型或金属型铸造成形,再进行后续复杂的切削加工
2	连杆	一般为碳素结构钢或碳素合金钢,用钛合金和粉末冶金方法制造的连杆也已投入使用	该零件受力复杂,一般采用模型锻造成形,并经过调质处理达到设计要求
3	曲轴	锻钢、球墨铸铁	球墨铸铁质量小、无残余应力、耐磨、减振效果好,是曲轴用材的理想选择,用铸造的方法成形
4	车身	成卷的低碳钢板是制造车身的传统材料,铝合金、碳纤维、塑料、高分子复合材料是制造车身的新材料	汽车车身主要用板材通过裁剪、变形获得零件,再通过焊接得到整个车身
5	减震系统	合金结构钢	减震系统一般包括弹簧和减震器两部分,其中弹簧是标准件,一般采用含碳量为 0.60% 的合金结构钢来制造
6	底盘车架	优质碳素结构钢	汽车底盘车架起着支撑整车的重要作用,其梁架应采用优质钢材轧制而成,通过焊接连为一体
7	轮毂	主要有碳素钢、球墨铸铁、铝合金,其中铝合金逐渐成为主导,镁合金、复合材料在轮毂上也进入到试用阶段	以金属型铸造为主体的特种铸造方法占到了轮毂成形的 80% 以上,铸造锻压法、半固态模锻法是轮毂成形的先进工艺
8	电气接头	铜及其合金	压力加工成形
9	车标	轻合金或非金属材料	一般用压铸成形,经过表面处理以后可以达到非常精美的效果

成为不可替代的用材;复合材料是将两种或两种以上的材料组合在一起,使其具有单一材料不具备的特性,而成为一类新型高科技材料,广泛应用于建筑、机械与航空领域。在生产实践中,应根据零件工作的需要,合理选择材料才有可能取得最佳的效力与效益。

复习思考题

1. 衡量金属材料力学性能的指标主要有哪些?

2. 如何理解金属材料的工艺性能？工艺性能的好坏对零件的加工与成形有什么影响？
3. 钢材的分类方法有哪些？每一类钢材又分为哪些钢种？
4. 钢材是如何进行编号的？
5. 了解碳素钢与合金钢牌号的意义，了解它们主要的应用场合。
6. 铸铁与钢材的主要区别是什么？
7. 常用铸铁可分为哪几种？各应用于什么场合？
8. 试述实习基地的车床床身、铣床变速齿轮、车床主轴、螺栓、锯条、铁榔头、游标卡尺各是用什么材料制造的？
9. 什么是有色金属？常用的有色金属有哪些？
10. 简述铝、镁、铜、钛及其合金的特点与应用。
11. 常见的型材有哪些？
12. 切割下料获得毛坯应如何考虑毛坯的长度？具体有哪些切割方法？

2.2 金属材料热处理

☆ 学习目标和要求
- 了解热处理的基本原理和热处理工艺的重要意义。
- 掌握热处理工艺的定义和热处理工艺的基本过程。
- 了解常用的热处理工艺及其工作过程。

☆ 安全操作规程
- 操作者应穿好工作服，注意防火、防爆、防触电，了解有关救护知识，工作场地应配备有必要的消防器材。
- 工作前检查电器设备、仪表及工具是否完好，工作完之后应做好工作场地及设备的清扫工作。
- 使用箱式电阻炉随炉冷却时，应检查炉内是否有异物，炉底板、电阻丝是否完好。
- 工件进、出炉时应断电源操作，并注意工件及工具不得与电阻丝碰撞和接触。
- 箱式电阻炉使用温度不得超过额定值。
- 电阻炉通电前应首先合闸，再开控制柜电源，停炉则先关控制柜电源再拉闸。
- 定期清理设备各部位(包括炉底板下部)的氧化物和脏物。

☆ 学习方法

先集中讲授,再进行现场教学,按照教学大纲的要求,进行碳素工具钢的淬火、回火等操作,之后用洛氏硬度机测量材料硬度。根据课程内容的需要,也可以讲课与实操穿插进行。后阶段安排观看金属材料与热处理教学录像。

2.2.1 热处理的基本原理

热处理是将材料(主要是金属材料)在固态下通过加热、保温、冷却,使其内部组织结构发生变化,从而获得所需性能的工艺方法。热处理的目的不是为了改变材料的形状,而是通过改变金属材料的组织和性能来满足材料的工作性能和加工要求,因此,选择正确、合理的热处理工艺对于挖掘金属材料的性能潜力、提高产品质量、延长零件使用寿命具有重要意义。图 2.2.1 为热处理工艺的温度-时间坐标曲线图。

钢之所以能进行热处理,是由于钢在固态下能发生相变,通过如图 2.2.2 所示的铁碳合金状态图(Fe-Fe$_3$C 合金状态图)可以清楚地看到钢冷却时的相变过程。共析钢 I ($w_C=0.77\%$) 在凝固冷却过程中分别经历了液相→结晶为奥氏体→共析为铁素体和渗碳体,最终得到的室温组织是综合机械性能较好的珠光体组织;亚共析钢 II ($0.028\%<w_C<0.77\%$) 最终得到的室温组织是铁素体和珠光体;过共析钢 III ($0.77\%<w_C<2.11\%$) 最终得到的室温组织是珠光体和二次渗碳体。Fe-Fe$_3$C 合金状态图中各特征点和特征线的含义如表 2.2.1 所示。

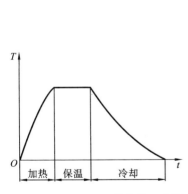

图 2.2.1 热处理工艺曲线示意图

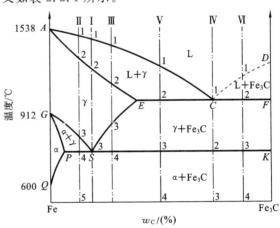

图 2.2.2 简化的 Fe-Fe$_3$C 合金状态图

铁碳合金能够呈现出不同的机械性能,是因为它们由不同的基本组织组成。铁碳合金的基本组织有:铁素体 F、奥氏体 A、渗碳体 Fe$_3$C、珠光体 P 和莱氏体 L$_d$(L$_d'$),它们的基本性能如表 2.2.2 所示。热处理就是通过对材料加热、保温、冷却过程的

表 2.2.1　Fe-Fe$_3$C 合金状态图中的特征点和特征线的含义

特征点	温度/℃	w_C/(%)	含　义	特征线	含　义
A	1 538	0	纯铁的熔点	AC	液相线,液态合金开始结晶出奥氏体
C	1 148	4.3	共晶点	CD	液相脱溶线,液相开始脱溶出 Fe$_3$C$_I$
D	1 227	6.69	渗碳体的熔点	AE	固相线,即奥氏体结晶终了线
E	1 148	2.11	碳在奥氏体中的最大溶解度	GS	奥氏体转变为铁素体开始线,即 A$_3$ 线
F	1 148	6.69	渗碳体的成分点	GP	奥氏体转变为铁素体终了线
G	912	0	α-Fe↔γ-Fe 转变点	ES	脱溶线,奥氏体脱溶出 Fe$_3$C$_I$,即 A$_{cm}$ 线
K	727	6.69	渗碳体的成分点	PQ	脱溶线,铁素体开始脱溶出 Fe$_3$C$_{II}$
P	727	0.021 8	碳在铁素体中的最大溶解度	ECF	共晶转变线 L$_c$↔γ$_e$+Fe$_3$C
S	727	0.77	共析点	PSK	共析转变线 γ$_e$↔α$_p$+Fe$_3$C
Q	600	0.005 7	碳在铁素体中的溶解度		

表 2.2.2　铁碳合金的基本组织与性能

组织名称	符号	组织特点	碳的最大溶解度	力学性能
铁素体	F	碳溶解于体心立方晶格 α-Fe 中所形成的固溶体	0.021 8%	塑性和韧度较好,d=30%～50%,σ_b=180～280 MPa
奥氏体	A	碳溶解于面心立方晶格 γ-Fe 中所形成的固溶体	2.11%	质软、塑性好,d=40%～50%,170～220HBS
渗碳体	Fe$_3$C	具有复杂斜方结构的铁与碳的间隙化合物	6.69%	塑性、韧度几乎为零;脆、硬
珠光体	P	含碳量为 0.77% 的奥氏体同时析出 F 与 Fe$_3$C 的机械混合物,即共析反应		σ_b=600～800 MPa,d=20%～25%,170～230HBS
莱氏体	L$_d$ L$_d'$	含碳量为 4.3% 的金属液体同时结晶出 A 和 Fe$_3$C 的机械混合物,即共晶反应		硬度很高,塑性很差

控制来得到所需要的组织,从而得到性能各异的金属材料。

从 Fe-Fe₃C 合金状态图中看到,对钢材($0.021\% < w_C < 2.11\%$)而言,将材料加热到奥氏体组织(A)以后进行适当保温才可进行冷却操作,钢的碳含量不同,奥氏体转换温度也不一样。在实际生产中,加热与冷却过程不可能像实验室一样做到极其缓慢,因此实际转变温度会偏离理论线,如奥氏体的冷却转变温度通常都低于临界点,即有一定的过冷度。在不同冷却速度(如炉冷、空气冷、油冷、水冷等)的冷却过程中测定奥氏体的转变过程得到的奥氏体冷却转变曲线图能够正确说明奥氏体的冷却条件与组织转变间的相互关系。

将高温奥氏体快速冷却到临界温度 A_1 以下的某一预定温度等温停留一段时间并待其完成转变后,再以一定的方式冷却,这样的冷却方式称为等温冷却。等温退火、等温淬火、分级淬火等都属于等温冷却方式。图 2.2.3 是共析钢过冷奥氏体连续等温转变示意图。钢在加热、保温以后,由于等温前的冷却速度很快,使得冷却到临界温度以后的奥氏体不会立即转变,而是要经过一个孕育期,这种在孕育期存在的、处于不稳定状态下的奥氏体称为过冷奥氏体。图中,由过冷奥氏体开始转变点连接起来的线称为转变开始线;由过冷奥氏体转变结束点连接起来的线称为转变结束线。过冷奥氏体连续等温转变示意图也称 TTT 曲线,又因其形状像英文字母"C",所以又称 C 曲线。在 C 曲线上孕育期最短的地方,表示过冷奥氏体最不稳定,它的转变速度最快,称为 C 曲线的"鼻尖"。

因为过冷奥氏体的连续冷却转变曲线测定困难,在实际应用中常用钢的 C 曲线来近似地、定性地分析钢在连续冷却时的转变过程及产物,如图 2.2.4 所示。实践证明这种方法是可行的。图中,v_1 相当于随炉冷却的速度,根据它与 C 曲线相交的位置,可估计出奥氏体将转变成珠光体。v_2 相当于在空气中冷却的速度,根据它与 C 曲线相交的位置,可估计出奥氏体将转变成索氏体[①]。v_3 相当于油冷的速度,根据它与 C 曲线相交的位置,估计一部分奥氏体将转变成托氏体[②],剩余的奥氏体冷却到 M_s 线以下开始转变成为马氏体,最终得到托氏体+马氏体[③]。v_4 相当于水冷的速度,它不与 C 曲线相交,一直过冷到 M_s 线以下才开始变为马氏体。v_k 与 C 曲线的"鼻尖"相切,为马氏体的临界冷却速度。

---

① 索氏体(S):钢经正火或等温转变所得到铁素体与渗碳体的机械混合物,属珠光体,但颗粒更细,具有良好的综合机械性能。

② 托氏体(T):托氏体也称屈氏体,是当温度降低到"鼻尖"附近(550 ℃)时由过冷奥氏体转变得到的"极细珠光体"。

③ 马氏体(M):是碳或合金元素在 α 铁中的过饱和固溶体。中高碳钢加速冷却通常可得到这种组织。高强度和硬度是钢中马氏体的主要特征之一。

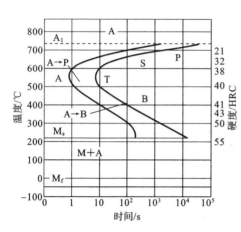
图2.2.3 共析钢过冷奥氏体等温转变示意图

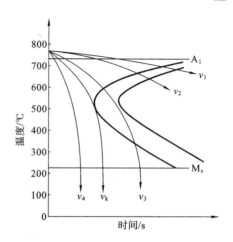
图2.2.4 奥氏体的连续冷却转变

2.2.2 常用的普通热处理

在机械制造中,热处理具有很重要的地位。例如钻头、锯条、冲模必须有高的硬度和耐磨性方能保持锋利,因此,除了选用合适的材料外,还必须进行热处理。此外,热处理还可改善坯料的工艺性能。如材料的切削加工性得到改善后,切削省力,刀具磨损小,且工件表面质量高。

热处理工艺方法很多,一般可分为普通热处理、表面热处理和化学热处理等。普通热处理主要有退火、正火、淬火、回火。在机械零件或工具的制造过程中,退火与正火常作为预备热处理。铸造、锻造和焊接后的毛坯件在热加工过程中不仅组织粗大,成分不均匀,而且存在残余应力,这些缺陷使材料力学性能变差,影响切削加工性能,易使零件产生变形。经过退火或正火后,可以使毛坯件组织细化,成分均匀,消除内应力,改善力学性能和切削加工性能、减少零件产生变形和裂纹的倾向。对于一些不重要或受力不大的零件,退火和正火也可作为最终热处理。

淬火和回火通常作为零件的最终热处理工序。淬火可以提高材料的力学性能,如材料的硬度和耐磨性。回火的目的是降低淬火时产生的脆性,消除或减少内应力,稳定组织和尺寸,以获得工件所要求的性能。

1. 退火

退火是指将钢加热到适当温度,保温一段时间,然后缓慢地随炉冷却的热处理工艺。常用的退火方法有消除中碳钢与铸件等缺陷的完全退火,改善高碳钢(如刀具、量具、模具等)切削加工性能的球化退火和去除大型铸、锻件应力的去应力退火等。

退火的目的如下。
(1) 降低硬度,改善切削加工性能。
(2) 消除残余应力,稳定尺寸,减少变形与开裂倾向。
(3) 细化晶粒,调整组织,消除组织缺陷。

2. 正火

正火是指将钢加热到适当温度,保温一定的时间后,在空气中冷却的热处理工艺。钢正火的目的是细化组织,消除组织缺陷和内应力,也可用正火工艺改善低碳钢的切削加工性。

正火的冷却速度较快,得到的铁素体和渗碳体较细,强度和硬度也较高。正火常用做中、低碳钢的预备热处理,有时也用做普通结构件的最终热处理。

3. 淬火

淬火是指将工件加热至临界温度以上某一个温度,保温一定时间,然后以较快速度冷却的热处理工艺。淬火的目的是提高钢的强度和硬度,增加耐磨性,并在回火后获得高强度与一定韧性相配合的性能。

淬火时的冷却介质称为淬火剂。常用的淬火剂有油、水、盐水,其冷却能力依次增强。

为使钢获得优良的淬火质量,钢件淬入淬火剂时应遵守以下原则。
(1) 厚薄不均匀的零件,应将厚的部分先淬入。
(2) 细长轴类零件、薄而平的零件,应垂直淬入。
(3) 薄壁环状零件,应沿轴线方向垂直淬入。
(4) 具有凹槽或不通孔的零件,应使凹面或不通孔部分朝上淬入。

各种零件淬入淬火剂的方式如图 2.2.5 所示。

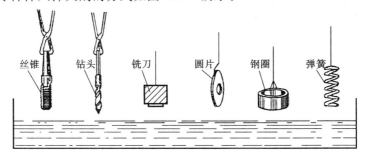

图 2.2.5　各种零件淬入淬火剂的方式

4. 回火

钢件淬硬后,再加热到某一较低的温度,保温一定时间,然后冷却至室温的热处理工艺称为回火。钢回火后的性能取决于回火加热温度。根据加热温度的不同,回火分为低温回火、中温回火和高温回火三种。

（1）低温回火　淬火钢件在250 ℃以下的回火称为低温回火。低温回火使钢的内应力和脆性降低，保持了淬火钢的高硬度和高耐磨性。各种工具、模具淬火后，常进行低温回火。

（2）中温回火　淬火钢件在250～500 ℃之间的回火称中温回火。中温回火能使钢中的内应力大部分消除，使其具有一定的韧度和高弹性，硬度达35～45 HRC。各种弹簧常进行中温回火。

（3）高温回火　淬火钢件在500 ℃以上的回火称高温回火。通常将淬火及高温回火的复合热处理工艺称为调质。钢经调质后具有强度、硬度、塑性都较好的综合力学性能，回火后硬度一般为200～220 HBS。如连杆、螺栓、齿轮及轴类等各种重要零件常进行调质处理。

5．常用的热处理设备

1）箱式电阻炉

箱式电阻炉根据使用温度不同分为高温箱式电阻炉、中温箱式电阻炉、低温箱式电阻炉等。箱式电阻炉适用于中、小型零件的整体热处理及固体渗碳处理。图2.2.6是中温箱式电阻炉的示意图。

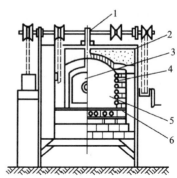

图 2.2.6　中温箱式电阻炉及其基本结构

1—热电偶；2—炉壳；3—炉门；4—电热元件；5—炉膛；6—耐火砖

2）井式电阻炉

井式电阻炉适用于长轴工件的垂直悬挂加热，可以减少弯曲变形。因炉口向上，可用吊车起吊工件，故能大大减轻劳动强度，应用较广。图2.2.7是井式电阻炉的示意图。

3）盐浴炉

采用液态的熔盐作为加热介质的热处理设备称为盐浴炉，如图2.2.8所示。盐浴炉结构简单，制造容易，加热速度快而均匀，工件氧化、脱碳少，便于细长工件悬挂

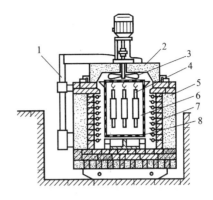

图 2.2.7　井式电阻炉及其基本结构

1—升降机构；2—炉盖；3—风扇；4—工件；5—炉体；6—炉膛；7—电热元件；8—装料框

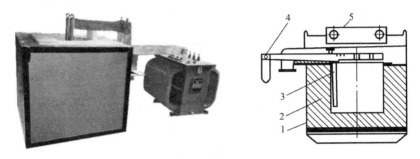

图 2.2.8　盐浴炉及其基本结构

1—炉壳；2—炉衬；3—电极；4—连接变压器的铜排；5—炉盖

加热或局部加热,可以减少变形,多用于小型零件及工具、模具的淬火、正火等加热。

除了加热炉外,热处理设备还有控温仪表(如热电偶、温控仪表等)、冷却设备(如水槽、油槽、缓冷坑等)和质检设备(如硬度试验机、金相显微镜、量具、无损检测或探伤设备等)。

【实践操作】

(1) 用箱式电阻炉和普通工作液槽完成 45 号钢的调质处理,材料尺寸 $\phi 20 \times 60$。

(2) 用箱式电阻炉和普通工作液槽完成 T10A 号钢的淬火处理,材料尺寸 $\phi 20 \times 60$。

(3) 利用洛氏硬度机测量淬火前后零件材料的硬度,分析测值不同的原因。

【操作要点】

箱式电阻炉是热处理车间应用最广泛的一种电阻炉,其安全操作要点如下。

(1) 炉膛、炉底板、热电偶等是否正常,炉门开闭机构是否灵活等。

（2）工件的装炉和出炉要断电操作。装炉时，不得用力抛扔工件，以免砸坏电热元件、炉底板等；严禁把潮湿工件装入炉内，以免损坏炉墙的耐火砖；炉内加热的工件和电热元件应保持 50～70 mm 的距离；工件应放置整齐，不得堆放过高，以避免碰坏热电偶套管。

（3）工作中对自动控制仪表要注意察看，避免因仪表失灵造成超温；发现仪表、电器失灵应立即停炉，请有关人员检修。

（4）炉子使用温度不得超过规定的最高值。炉温在 700 ℃ 以上时，不准打开炉门降温或出炉，以免因骤冷而缩短炉子寿命。

（5）定期清理炉内氧化物及杂物，防止其落至底板下的电热元件上引起短路等事故。

（6）工作完毕应切断全部电源。

2.2.3 表面热处理与表面化学热处理

1. 表面热处理

表面热处理是指仅对工件表面进行热处理以改变其表面组织和性能的工艺。表面热处理只对工件一定深度的表层进行强化，而心部基本上保持处理前的组织和性能，因而可获得高强度、高耐磨性和高韧度三者比较满意的结合。同时由于表面热处理是局部加热，所以能显著减少淬火变形，降低能耗。

1）感应加热表面热处理

利用感应电流通过工件所产生的热效应，使工件表面加热并进行快速冷却的淬火工艺称为感应加热表面热处理。它适用于大批量生产，目前应用较广，但其设备复杂。图 2.2.9 为感应加热齿轮外表面与孔内表面的工作图。

图 2.2.9　感应加热齿轮外表面与孔内表面

2）火焰加热表面热处理

应用氧-乙炔或其他燃气火焰对零件表面进行加热，随之淬火冷却的工艺称为火焰加热淬火。这种方法设备简单,成本低,但其生产率低,工艺质量较难控制,因此只适用于单件、小批生产或大型零件如大型齿轮、轴等的表面淬火。

3) 激光加热表面淬火

激光加热表面淬火是一种新型的高能量密度的强化方法。它得用激光束扫描工件表面,使工件表面迅速加热到钢的临界温度以上,当激光束离开工件表面时,由于基体金属大量吸热而表面迅速冷却,因此不需要冷却介质。激光加热表面淬火可对拐角、沟槽、盲孔底部、深孔内壁等进行强化,解决了一般热处理工艺难以解决的问题。

2. 表面化学热处理

表面化学热处理是指将工件置于特定的介质中加热和保温,使一种或几种元素的原子渗入工件表面,以改变表层的化学成分和组织,从而获得所需性能的热处理工艺。零件通过表面热处理,可以使表面具有高强度、高硬度、高耐磨性和抗疲劳的性能。常用的化学热处理有渗碳、渗氮、渗硼、渗铝、渗铬及几种元素共渗(如硼、氮共渗等)。

1) 渗碳

渗碳是指为了增加钢件表层的含碳量和获得一定的碳浓度梯度,将钢件在渗碳介质中加热并保温使碳原子深入表层的化学热处理工艺。渗碳用于低碳钢和低碳合金结构钢,如 20、20Cr、20CrMnTi 等。零件渗碳后获得 0.5～2 mm 的高碳表层,再经淬火、低温回火,表面具有高硬度、高耐磨性,而心部具有良好的塑性和韧度,既耐磨,又抗冲击。渗碳用于在摩擦冲击条件下工作的零件,如汽车齿轮、活塞销等。

2) 渗氮

渗氮是指将工件放在渗氮介质中加热、保温,使氮原子渗入工件表层的工艺。零件渗氮后表面形成 0.1～0.6 mm 的氮化层,不需淬火就具有高的硬度、耐磨性、抗疲劳性和一定的耐蚀性,而且变形很小。但渗氮处理的时间长、成本高,目前主要用于 38CrMoAlA 钢制造的精密丝杠、高精度机床主轴等精密零件。

3) 渗铝

渗铝是指向工件表面渗入铝原子的工艺。渗铝件具有良好的高温抗氧化性能,主要适用于石油、化工、冶金等方面的管道和容器。

4) 渗铬

渗铬是指向工件表面渗入铬原子的工艺。渗铬零件具有较好的耐蚀、抗氧化、耐磨和抗疲劳性能,并兼有渗碳、渗氮和渗铝的优点。

5) 渗硼

渗硼是指向工件表面渗入硼原子的工艺。渗硼零件具有高硬度、高耐磨性,热硬性好(可达 800℃),在盐酸、硫酸和碱的介质中具有耐蚀性。泥浆泵衬套、挤压螺杆、冷冲模及排污阀等零件渗硼后,使用寿命显著提高。

2.2.4 常用热处理质量的检验方法

常用热处理质量检验的方法主要有:化学成分检验、金属材料宏观组织检验、硬度检验、金相检验、无损检验、裂纹分析等。

1. 化学成分检验

零件的化学成分是制定热处理工艺的基本依据,是决定零件经热处理后能否达到技术要求的根本条件。当零件热处理后的性能达不到要求或发生早期失效时,首先要检测零件的化学成分。

在实验室的条件下,可以采用化学分析、光谱分析、电子探针分析、离子探针分析等方法准确地测定零件材料的化学成分;在生产现场中,则常使用光谱分析和火花鉴别的方法,能较为快速地测定材料化学成分。

2. 金属材料宏观组织检验

宏观检验是用肉眼或放大镜检查材料或零件在冶炼、轧制及各种加工过程中带来的化学成分及组织的不均匀性或缺陷的一种方法。为了确保产品尤其是重要零件的质量和合理使用钢材,钢材进厂后,在使用前需进行缺陷检查。宏观检查的项目包括疏松、缩孔、偏析、夹杂、白点和裂纹等。

3. 硬度检验

硬度表示金属材料表面局部区域内抵抗塑性变形的能力。硬度检验的主要方法有布氏硬度测定法、洛氏硬度测定法、维氏硬度测定法、显微维氏硬度试验、肖氏硬度试验、理氏硬度试验等。

4. 金相检验

金相组织分析是识别金属组成相或组织的分析。检验是检查钢材的奥氏体本质晶粒度、非金属夹杂物、石墨的形态与大小、原材料金相组织、碳化物偏析、球化组织和脱碳层的要求等,以及工件经热处理后的内部组织是否符合金相标准的要求。此外,通过金相分析还可查明成品或半成品出现废品的原因,以便采取必要的措施予以防止。

金相检验的工艺规程一般如下:取样→粗磨→磨光→抛光→冲洗→侵蚀→冲洗→吹干→金相观察→分析讨论→发检验报告。

5. 无损检验

无损检验的方法很多,最常规的五种检验方法是射线检验法、超声检验法、磁粉检验法、渗透检验法和涡流检验法,除此之外还可用红外、激光、声发射、工业 CT 等

6. 裂纹分析

金属局部破断称为裂缝,也称裂纹,它是在应力的作用下某些薄弱部分发生局部破断而形成的一种极不稳定的缺陷。在光学显微镜下观察,裂纹两侧凹凸不平,而且多数尾部是尖锐的。

裂纹分析的目的是根据裂纹的形态特征判断裂纹产生的时机、原因和危险性。判断方法主要有低倍观察、低倍侵蚀、磁力探伤、超声波探伤、荧光探伤和金相检验等。另外,也可用敲击听声法进行判断。

因裂纹的形态和形成因素都很复杂,因此很难区别裂纹的类属,一般是按形态特征产生的原因对其进行分类。

【实践操作】

使用普通洛氏硬度计测量热处理前后零件的硬度,并作出比较。

【操作要点】

洛氏硬度计是硬度测量的重要方法之一。如图 2.2.10 所示,洛氏硬度(HR)是以规定的钢球或锥顶角为 120°的金刚石圆锥为压头,先施加预载荷 P_0,再施加不同等级的主载荷 P_1,使压头垂直地压入试样表面,然后去除 P_1,在保持 P_0 的情况下测出由 P_1 产生的残余压入深度,并以测定的压入深度作为洛氏硬度值。

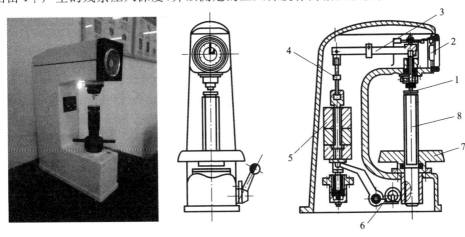

图 2.2.10 洛氏硬度计的外形及基本结构

1—压头;2—指示器;3—杠杆;4—纵杆;5—重锤;6—转盘;7—手轮;8—螺杆

洛氏硬度测试时压痕与试件边缘之间的距离,不得小于 3 mm。一般来讲,加载速度越快,高硬度材料的硬度值越低,而较低硬度材料的硬度值会增高。因此,当施加主载荷以后,指针开始转动至指针基本停止的时间为 4~6 s 为宜。试验证明,总负荷保持时间在 10 s 以前,洛氏硬度值随时间延长的变化较大;10～30 s 内的变化很小。总负荷保持时间对高硬度值的影响小,对低硬度值的影响极大。试样表面粗糙度对高硬度材料的影响较小,对低硬度材料影响较大,硬度值一般随粗糙度的增加明显降低。

在更换工作台或压头后所测得的第一点不予计算,而且每件至少测定三点取其平均值。此外为了保持测定值的准确性,应定期用标准硬度块校对。

洛氏硬度常用的有三种,分别以 HRA、HRB、HRC 来表示。洛氏硬度符号、试验条件和应用举例见表 2.2.3。

表 2.2.3 洛氏硬度符号、实验条件和应用举例

符号	压 头	载荷/N	测量范围	应 用 范 围
HRA	120°的金刚石圆锥体	600	60～85	硬质合金、表面淬火钢、淬火工具钢
HRB	1/16 in 钢球	1 000	25～100	有色金属、可锻铸铁、退火或正火钢
HRC	120°的金刚石圆锥体	1 500	26～67	淬火钢、调质钢

以上三种洛氏硬度中,以 HRC 应用最多,一般经淬火处理的钢或工具都用它来表示硬度。洛氏硬度 HRC 与布氏硬度 HBS 之间关系约为 1∶10,如 40 HRC 大约相当于 400 HBS 左右。

2.2.5 钢的热处理操作实例

【实例一】 45 号钢调质处理与硬度检验

45 钢是碳含量为 0.45% 的优质碳素结构钢。该材料强度、硬度、韧度、塑性都比较好,具有较好的综合机械性能,通常用来制造曲轴、传动轴、齿轮、连杆等重要的受力件。45 钢良好的综合机械性能必须通过调质处理以后才能得到体现。将材料淬火后高温回火称为调质处理。45 钢属于亚共析钢,淬火(加热至临界温度 A_c 以上 30～50 ℃,保温后水冷)后得到细小马氏体组织,可以提高材料硬度与耐磨性,强化钢材;为了消除淬火脆性,淬火后高温回火(加热至 500 ℃ 以上,保温后空冷),最终得到回火索氏体,材料获得良好的综合机械性能。

45 钢调质处理的具体工艺如表 2.2.4 所示。

表 2.2.4 45 钢调质处理过程

序号	内 容		设备或介质	温度/℃	时间/min	硬度
1	下料		C6132	—	—	180 HBS(约为 18 HRC)
2	淬火	加热、保温	箱式电阻炉	840	25	—
		冷却	水			

续表

序号	内容		设备或介质	温度/℃	时间/min	硬度
3	硬度测试		洛氏硬度计	—	—	约60HRC
4	高温回火	加热、保温	箱式电阻炉	550	15	
		冷却	空气(水)	—	—	
5	硬度测试		洛氏硬度计	—	—	约30HRC

【实例二】 T10A号钢淬火处理与硬度检验

T10A是碳含量为10‰的高级优质碳素工具钢。该材料硬度高、耐磨性好,还能承受一定的冲击力,是制造刨刀、钻头、锯条、丝锥及冷作模具的重要材料。T10A淬火后得到马氏体和颗粒状二次渗碳体,硬度和耐磨性明显提高;淬火后通过低温回火(加热至150~250 ℃)消除内应力,最终得到回火马氏体。

T10A号钢淬火处理的具体工艺如表2.2.5所示。

表2.2.5 T10A号钢淬火处理过程

序号	内容		设备或介质	温度/℃	时间/min	硬度
1	下料		C6132	—	—	200HBW(约为20HRC)
2	淬火	加热、保温	箱式电阻炉	790	30	—
		冷却	水			
3	硬度测试		洛氏硬度计	—	—	约58HRC
4	低温回火	加热、保温	箱式电阻炉	220	20	
		冷却	空气(水)			
5	硬度测试		洛氏硬度计	—	—	约55HRC

【操作要点】

(1)加热前要先对零件进行分类与编号,以免在工作过程中混淆。
(2)要事先测定好硬度。
(3)要按照工艺要求来加热与保温,选择合适的冷却介质。
(4)使用电炉加热要按照安全操作规程来进行。电炉要接地,取、放零件时要切断电源,夹取工件时夹钳要烘干,不得沾有油和水,炉门关闭要迅速。加热工件放入淬冷液时,应注意避免液体飞溅伤害人体。

2.2.6 热处理新技术

随着热处理技术的发展,出现了许多新的热处理工艺方法,在此仅介绍以下几种。

1. 形变热处理

形变热处理是指将材料塑性变形与热处理有机地结合起来,同时发挥材料形变强化和相变强化作用的综合热处理工艺。

根据形变与相变的相互关系,形变有相变前形变、相变中形变和相变后形变三种基本类型。现仅介绍相变前形变的高温形变热处理和低温形变热处理。

1) 高温形变热处理

高温形变热处理是指将钢材加热到奥氏体区域后进行塑性变形,然后立即进行淬火和回火的工艺,例如锻热淬火和轧热淬火。此工艺能获得较明显的强韧化效果,与普通淬火相比能提高强度 10%～30%,提高塑性 40%～50%,成倍提高韧度,而且质量稳定,简化工艺,还减少了工件的氧化、脱碳和变形,适用于形状简单的零件或工具的热处理,如连杆、曲轴、模具和刀具等。

2) 低温形变热处理

低温形变热处理是指将工件加热到奥氏体区域后急冷至珠光体与贝氏体形成温度范围内(在 450～600 ℃热浴中冷却),立即对过冷奥氏体进行塑性变形(变形量为 70%～80%),然后再进行淬火和回火的工艺。它主要用于要求高强度和高耐磨性的零件和工具,如飞机起落架、高速刀具、模具和重要的弹簧等。

2. 超细化热处理

在加热过程中,使奥氏体的晶粒度细化到 10 级以上,然后再进行淬火,可以有效地提高钢的强度、韧度和降低脆性转化温度,这种使工件得到超细化晶粒的工艺方法称为超细化热处理。奥氏体细化过程是首先将工件奥氏体化后淬火,形成马氏体组织后又以较快的速度重新加热到奥氏体化温度,经短时间保温后迅速冷却。这样反复加热、冷却循环数次,每加热一次,奥氏体晶粒就被细化一次,使下一次奥氏体化的形核率增加,而且快速加热时未溶的细小碳化物不但阻碍奥氏体晶粒长大,还成为形成奥氏体的非自发核心。用这种方法可以获得晶粒度为 13～14 级的超细晶粒,并且在奥氏体晶粒内还均匀地分布着高密度的位错,从而提高材料的力学性能。

实践表明,加热速度越快,淬火加热温度越低(在合理的限度内),细化效果越好。但加热时间不宜过长,循环次数也不应过多,一般进行 3～4 次即可。

3. 真空热处理

在环境压力低于正常大气压以下的减压空间中进行加热、保温的热处理工艺称为真空热处理。图 2.2.11 为真空炉实物,图 2.2.12 为经过真空热处理与深冷处理的小刀。

图 2.2.11 真空炉　　　　图 2.2.12 经过真空热处理与深冷处理的小刀

1) 真空热处理的特点

（1）防止金属氧化　在 10^{-1} Pa 的真空度下，金属的氧化速度就极慢，在小于 $1.33×10^{-1}$ Pa 的真空度下加热金属，也可得到无氧化的光亮表面。

（2）表面净化作用　金属表面在真空热处理时，如果炉内氧的分解压小于氧化物分解压，金属表面氧化物分解，生成的氧气被真空泵排除，如果金属表面有油污被加热分解为氢气、水蒸气和二氧化碳等，也可被真空泵排出炉外，起到脱脂净化作用。

（3）脱气作用　在真空热处理过程中，由于金属零件内外具有压差，溶解在金属中的气体会向金属表面进行扩散，并在表面脱附逸出。温度越高，脱气效果越好。

（4）加热速度缓慢　工件在真空中主要依靠辐射方式进行传热，其加热速度比盐浴和炉气中慢，所以加热时间需要适当延长，生产效率不高。但工件截面温差小，工件变形比其他加热方式小。

2) 真空热处理工艺的应用

（1）真空退火　金属在进行真空热处理时，既可避免氧化，又有脱气、脱脂等作用。所以真空退火用于钢、铜及其合金，以及与气体亲和力强的钛、钽、铌、锆等合金。

（2）真空淬火　在真空中进行加热淬火工艺已广泛应用于各种钢材和钛、镍、钴基合金等，真空淬火后钢件硬度高且均匀，表面光洁，无氧化脱碳，变形小。

（3）真空渗碳　工件在真空中加热并进行气体渗碳，称为真空渗碳。渗碳温度一般为 1 030～1 050 ℃。真空渗碳的渗碳层均匀、渗碳层碳含量变化平缓、表面光洁、无反常组织及晶界氧化物，而且渗碳速度快，工作环境好，基本上没有污染。

4. 激光热处理

激光热处理是指用激光器发射出来的激光束迅速把工件表面加热到高温，以达到局部改变表层组织和性能的热处理工艺，如图 2.2.13 所示。

激光热处理的主要特点如下。

（1）具有高达 10^5～10^6 W/cm² 的能量密度，加热速度极快，而且周围的金属对加热部分的激冷作用大，故冷却速度也很快，可以实现自激冷却淬火。

图 2.2.13 激光局部热处理

（2）由于激光加热和冷却速度快，处理零件的热影响区小，内应力和变形极小，表面光亮整洁，可不必再进行表面精加工而直接使用。

（3）激光束的扫描和穿透深度可以精确控制，故适用于复杂形状零件的热处理，能较方便地获得所需要部位的硬化处理效果和硬化深度。

（4）激光热处理可以实现局部淬火硬化或表面合金化。激光束光斑尺寸很小，可以处理零件的细小部位和狭窄表面。激光加热淬火可以应用于各种金属材料，钢材激光淬火后，硬度均比一般淬火高。

复习思考题

1. 什么叫热处理？热处理的基本过程有哪些？
2. 铁碳合金的基本组织有哪几种？各有什么性能特点？
3. 铁碳合金状态图的特征点与特征线有哪些？各代表什么含义？
4. 怎样利用C曲线来估计不同冷却速度下得到的材料组织结构与性能？
5. 常用的热处理方法有哪些？其目的是什么？
6. 什么叫调质处理？什么样的零件需要调质处理？调质处理的基本工艺过程有哪些？
7. 常用的热处理设备有哪些？适用于何种热处理工艺？
8. 什么叫表面热处理？常用的表面热处理方法有哪些？
9. 什么叫表面化学热处理？常用的表面化学热处理方法有哪些？
10. 常用热处理零件进行质量检验的方法有哪些？
11. 洛氏硬度有哪几种表示方式？HRC是如何定义测量的？
12. 谈一谈热处理的发展方向，列举几种新型的热处理工艺。

2.3 铸　　造

☆ **学习目标和要求**
- 了解铸造生产的工艺过程、特点和应用。
- 了解砂型的结构,了解零件、模样和铸件之间的关系。
- 能正确采用铸造工具进行简单的两箱手工造型。
- 了解常见铸件缺陷及其产生原因。
- 了解常见的特种铸造方法及其特点。
- 了解选择铸造工艺及方案的内容与步骤。

☆ **安全操作规程**
- 严禁将造型工具乱扔乱放,或用工具敲击砂箱和其他物品。
- 严禁在实习中嬉笑打闹。
- 开炉浇注前必须穿戴好防护用品。
- 观察开炉与浇注时,应站在一定距离外的安全位置,严禁站在浇注往返通道上,如遇火星或熔融物溅出,应保持镇静,不要乱跑,以防发生其他事故。
- 严禁和抬浇包的人员说话或并排行走。
- 浇注时,浇包内的金属液不可过满,一般不超过浇包容量的80%。
- 所有与开炉、浇注等有关的工作,未经指导人员许可,参训人员均不得自行操作。
- 浇注时使用的浇包、挡渣棒等工具必须烘干,以防操作时湿冷工具引起熔融金属爆炸伤人。
- 未经许可,不得触动刚浇注的铸件,以免烫伤或损坏铸件。
- 铸件冷却后才能用手拿取,清理铸件时,要注意周围环境,防止伤人。
- 砂箱堆放要平稳,堆放高度不得高于1.5 m,搬动砂箱要注意轻放,以防砸伤手脚。

☆ **学习方法**

先集中讲授,再进行现场教学,按照教学大纲的要求,组织参训人员进行整模、分模和挖砂造型的操作训练,参观金属溶液的浇铸过程。也可以根据课程内容的需要,讲课与训练穿插进行,后阶段安排观看特种铸造、机器造型教学录像。

要求参训人员独立完成以下内容:带孔台阶轴铸件的分模造型、手轮铸件的挖砂造型、自带模样的浇铸系统设计与型腔造型。

2.3.1 概述

熔炼金属、制造铸型,并将金属液浇入铸型型腔,待其凝固冷却后获得具有一定形状、尺寸和性能的毛坯或零件的成形方法称为铸造。用铸造方法所获得的毛坯或零件统称铸件。铸件通常都是毛坯,经切削加工后才能成为零件。

适用于铸造成形的金属材料有铸铁、钢、铝合金、铜合金、镁合金等,其中以铸铁应用最为广泛。

铸造可分砂型铸造和特种铸造两大类。砂型铸造得到的铸件如图 2.3.1 所示,特种铸造得到的铸件如图 2.3.2 所示。砂型铸造的铸型以原砂为主,加入适量黏结剂、附加物和水,按一定比例混制而成。砂型铸造成本低廉,有较大的灵活性,是目前铸造生产中应用最为广泛的一种方法。除砂型铸造外的其他铸造方法统称为特种铸造。特种铸造方法包括金属型铸造、压力铸造、熔模铸造、离心铸造等,通过采用一些特殊的工艺装备,可以获得比砂型铸造表面质量更好、尺寸更精确、力学性能更高的铸件。

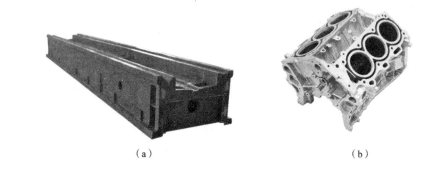

(a)   (b)

图 2.3.1 砂型铸造得到的铸件

(a) 车床的床身;(b) 发动机的汽缸零件

图 2.3.2 特种铸造得到的铸件

1. 铸造的特点

(1) 铸造能够制造出形状复杂,尤其是复杂内腔的铸件,如各种箱体、机架、床身、发动机缸体等,如图 2.3.1(b)所示。

(2) 铸造适应性广,几乎不受铸件的尺寸、质量、材料种类及生产批量的限制。

(3) 铸造不需要昂贵的设备,原材料来源广泛,成本较低。例如,一台金属切削机床的铸件约占其总质量的 75%,而其成本仅占其总成本的 15%～30%。

(4) 砂型铸造的工序多,铸件质量不稳定,废品率高,对铸件的质量较难精确控制。

(5) 铸件的力学性能一般不如锻造件的高,因此,铸件一般不用作承受动载荷或交变载荷的重要受力零件。

(6) 传统的砂型铸造生产率较低,劳动条件较差,在环境污染方面也存在一定问题。

2. 砂型铸造的工艺过程

砂型铸造的主要工序为制造模样和芯盒、制备型砂及芯砂、造型、造芯、合箱、熔炼金属及浇铸、铸件凝固后开型落砂、表面清理和质量检查。大型铸件的铸型及型芯,在合箱前还需烘干,其工艺过程如图 2.3.3 所示。

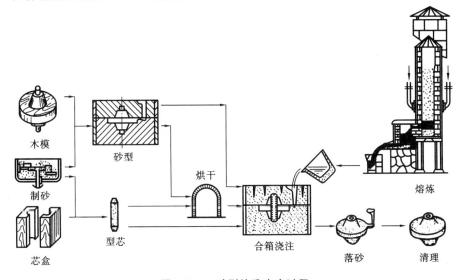

图 2.3.3　砂型铸造生产过程

3. 砂型的结构

合型后的砂型如图 2.3.4 所示,它主要由以下几部分组成。

(1) 型腔　砂型中取出模样后留下的空腔部分,也是形成铸件的主要空间。

(2) 分型面　上、下砂型之间的结合面,每一对砂型之间都有一个分型面。

(3) 浇注系统　金属液流入型腔的通道。

4. 浇铸系统

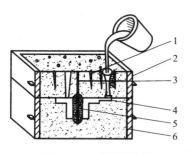

图 2.3.4 砂型的结构

1—出气眼；2—上砂箱；3—型芯排气孔；
4—型腔；5—型芯；6—下砂箱

为了浇注时能将金属液引入型腔,在铸型中开出的通道称为浇注系统。浇注系统的作用是:保证金属液平稳、连续、均匀地流入型腔,避免冲坏铸型;防止熔渣、砂粒或其他杂质进入型腔;调节铸件的凝固程序,补给铸件在冷凝收缩时所需的液态金属。浇注系统一般由浇口杯、直浇道、横浇道、内浇道、冒口与冷铁五个部分组成,如图 2.3.5(a)所示。但并不是所有铸件都需要有这五个部分,一些简单的小铸件,有时就只有直浇道与内浇道,而无横浇道,如图 2.3.5(b)所示。

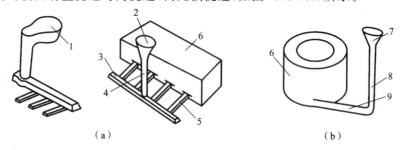

图 2.3.5 浇注系统

(a) 典型浇注系统；(b) 简单浇注系统

1—盆形浇口杯；2,7—漏斗形浇口杯；3—横浇道；4,8—直浇道；5,9—内浇道；6—铸件

1) 浇口杯

浇口杯又称外浇口,作用是承受从浇包倒出来的金属液,减少金属液对铸型的冲击,分离熔渣。因此,浇注时应随时保持充满状态,不得断流。对大、中型铸件常用盆形浇口杯,对小型铸件常用漏斗形浇口杯。

2) 直浇道

直浇道是外浇口下面的一段圆锥形的垂直通道。它可用来调节金属液流入铸型的速度,并产生一定的压力。直浇道愈高,金属液流入型腔的速度愈快,流入型腔内金属液的压力愈大,愈容易充满型腔的细薄部分。

3) 横浇道

横浇道是开设在直浇道下方、内浇道上方的水平通道,其截面形状多为梯形。它能进一步起到挡渣作用,同时减缓金属液流动速度,使其平稳地通过内浇道进入型腔。

4) 内浇道

内浇道是把金属液直接引入型腔的通道,常设置在下箱的分型面上,其截面形状多为扁梯形或三角形。内浇道的作用是控制金属液流入型腔的速度和方向,调节铸件各部分的冷却速度。为避免金属液直接冲击型芯或型腔,内浇道不能正对型芯或型壁。

5) 冒口与冷铁

对于大铸件或收缩率大的合金铸件,凝固时收缩大,如不采取措施,在最后凝固的地方(一般是铸件的厚壁部分),会形成缩孔和缩松。为使铸件在凝固的最后阶段能及时地得到金属液而增设的补缩部分称为冒口。冒口的大小、形状应保证其在铸型中最后凝固,这样才能形成由铸件至冒口的凝固顺序。

位于铸件下部的厚截面很难用冒口补缩,如果在这种厚截面处安放冷铁,由于冷铁处的金属液冷却速度较快,使厚截面处反而最先凝固,从而实现了自下而上的顺序凝固。冷铁通常用钢或铸铁制成。图 2.3.6 所示为浇注系统的实物及应用。

图 2.3.6 浇注系统实物及应用
1—冒口颈;2—冒口;3—内浇道;4—铸件;5—直浇道;6—浇口杯;7—横浇道

2.3.2 造型材料与工具

1. 造型材料

用来制造砂型与型芯的材料统称造型材料。用于制造砂型的材料称型砂,用于制造型芯的材料称芯砂。造型材料的好坏对造型工艺、铸件质量等都有很大的影响。

1) 对型砂与芯砂的要求

(1) 强度 是指铸型抵抗外力而不致破坏的能力。若型砂强度不好,则可能发生塌箱、掉砂,甚至被液体金属冲毁,造成砂眼、夹砂等缺陷。铸型的强度随黏土含量和砂型的紧实度的增加而增加。砂子粒度越细强度越高,含水量对强度也很有影响。

(2) 透气性 是指型砂由于本身各砂粒间存在着空隙,具有让气体通过的能力。当液体金属浇入铸型后,在高温作用下,铸型中的水分蒸发和有机物质分解与燃烧,产生大量气体,如果砂型的透气性不好,气体就不能顺利排出,使铸件产生气孔。型砂的大小、形状和含水量均会影响铸型的透气性。

(3) 可塑性 是指型砂在外力作用下能形成一定的形状,当外力去掉后仍能保持此形状的能力。可塑性好,可使铸型清楚地保持模型外形的轮廓。

(4) 耐火性 是指砂型在承受高温的作用下不软化、不烧结的能力。型砂耐火性不好,铸件表面易粘砂,清理困难。这一点对高熔点金属(如铸钢)尤为重要。型砂中二氧化硅含量高则耐火性好。另外,圆形大颗粒砂比多角形小颗粒的耐火性好。

(5) 退让性 是指铸件在冷却、凝固收缩时,铸型能否被压缩而不阻碍收缩的能力。退让性不好时,铸件收缩受阻,产生内应力,使铸件变形甚至出现裂纹。

2) 型砂与芯砂的组成

型砂基本组成物是原砂、黏结剂、水和附加物,如图 2.3.7 所示。

图 2.3.7 铸造用型砂

(1) 原砂 以石英砂为基础,其颗粒坚硬、耐火度高(可达 1 710 ℃)。石英砂含 SiO_2 量愈高、粒度愈大,耐火性愈好,形状为圆形、粒度均匀而大者,透气性好。形状为多角形、粒度不均匀而细者,则透气性差。

(2) 黏结剂 主要起黏结作用。加入黏结剂后,可使型砂具有一定的可塑性与强度。常用的黏结剂有黏土与特殊黏合剂两大类。黏土(包括陶土)是型砂的主要黏结剂。特殊黏结剂是芯砂的主要黏结剂。

(3) 附加物 是为使型砂具有某种特殊性能而加入的少量其他物质。例如:为提高铸制件表面质量,在湿型砂中加煤粉;为提高铸型透气性及可让性,在干型砂中加锯末等。

(4) 涂料 为提高铸件表面质量,防止型砂与高温金属液发生化学反应后形成低熔点化合物而造成粘砂,在铸型和型芯表面常涂上一层涂料。如铸铁件造湿型时,撒铅粉(石墨粉、焦炭粉);造干型时涂上一层石墨粉、黏土与水的混合涂料。铸铝件由于铝合金浇注温度较低(700~740 ℃),一般很少用涂料。

3) 型砂与芯砂的配制

根据铸造合金的种类和铸件的大小,配制型砂与芯砂时要综合考虑其成分。如铸造铝合金时,由于熔点低,所以可以选用细砂粒的石英砂,不需要加煤粉。当铸造铸铁件时,浇注温度较高,要求高的耐火性,应使用较粗的石英砂,并加入适量的煤粉,以防止铸件粘砂。浇注湿型时会产生气体,因此要严格控制型砂中水分。而对于干型来说,配砂时水分则可以相对多些,这样可增加型砂湿态强度,便于造型,由于还要烘干,因而不会降低透气性。因此,型砂与芯砂的组成成分应视具体情况的不同而变化。型砂的配制是在混砂机里进行的。配制型砂时,先将新砂、部分过筛的旧砂、黏土及附加物放入混砂机干混,然后加水和液体黏结剂(根据需要选用)湿混,再过筛后使用。

配好的型砂是否合格,最简单的检验方法是用手捏检验法,如图 2.3.8 所示,用手把型砂捏成团,然后松开,如果此时砂团不松散,且砂团上有较清晰的手纹,则可以认为型砂中的黏土与水分含量适当,型砂配制合格;成形的结构在折断时断面没有碎裂状,表明型砂有足够的强度。大量生产时可使用专门仪器检查型砂的各种性能,检查合格后便可投产使用。

(a) (b)

图 2.3.8 型砂性能手捏检查法

(a)合格的型砂;(b)不合格的型砂

2. 造型工具

造型和造芯是铸造生产中最主要的工序,对于保证铸件尺寸精度和提高铸件质量有着重要的影响。

手工造型常用的砂箱和造型工具如图 2.3.9、图 2.3.10 所示。

砂箱常用铝合金或灰铸铁制成,它的作用是在造型、运输和浇注时支承砂型,防

图 2.3.9 砂箱与底板

1—上砂箱;2—底板;3—下砂箱

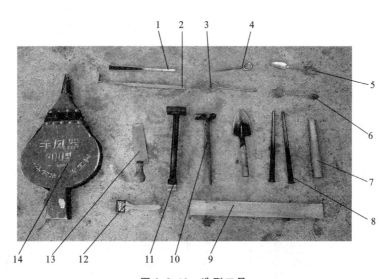

图 2.3.10 造型工具

1—半圆;2—砂钩;3—起模针;4—通气针;5—压勺;6—圆勺;7—浇口棒;
8—定位销;9—刮砂板;10—手锤;11—舂砂锤;12—毛刷;13—镘刀;14—手风箱

止砂型变形或损坏。底板用于放置模样。舂砂锤用于舂砂,用尖头舂砂,用平头打紧砂箱顶部的砂。手风箱(又称皮老虎)用于吹去模样上的分型砂及散落在型腔中的散砂。镘刀(砂刀)用于修平面及挖沟槽。秋叶(圆勺、压勺)用于修凹的曲面。砂勾(提勾)用于修深而窄的底面或侧面及勾出砂型中的散砂。

3. 模样与芯盒

在铸造生产中,模样是形成铸型型腔的主要工具。模样的主体形状与铸件基本一致,但考虑热胀冷缩的作用,其尺寸应略大于铸件,以抵消铸造过程中尺寸的收缩。铸件、模样与铸型型腔间的关系如图 2.3.11 所示。

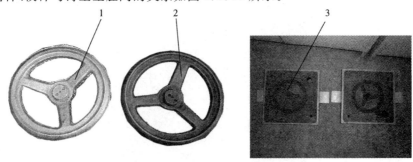

图 2.3.11 铸件、模样与铸型型腔

1—铸件;2—模样;3—铸型型腔

型芯主要用来形成铸件的内部结构,有时较为复杂的外形也可以用型芯来成形,模样上安放型芯的部位应做出凸出的芯头。铸件、模样、芯盒、型芯的关系如图2.3.12所示。

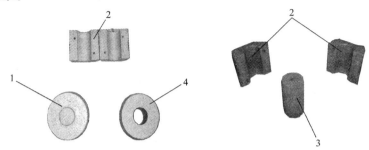

图 2.3.12　铸件、模样、芯盒、型芯
1—模样;2—芯盒;3—型芯;4—铸件

【实践操作】
(1) 配制型砂,并用手捏法检查型砂的性能,达到图2.3.8(a)中所示的要求。
(2) 认识各种造型工具,利用造型工具练习砂型的修整,能够熟练运用镘刀、秋叶、砂勾等修型工具。

2.3.3　手工造型

造型方法分为手工造型和机器造型两大类。手工造型主要用于单件或小批生产,机器造型主要用于大批大量生产。手工造型灵活多样,有整模造型、分模造型、挖砂造型、假箱造型、刮板造型等。一个完整的造型过程一般包括:准备、安放模样、填砂、紧实、起模、修型、合型等工序,图2.3.13是整模造型的一般工艺。

1. 整模造型

整模造型的模样是一个整体,最大截面位于铸件的一端,造型时模样全部放在一个砂箱内。如图2.3.13所示,图(a)为需要的铸件,图(b)为依据铸件制作的模样。该铸件外形简单,最大截面位于零件的端面,应采用整模造型,其铸造工艺过程如图2.3.13(c)所示。

2. 分模造型

当铸件用整模造型不方便或不能取出模样时,常采用分模造型方法。分模造型时所用的模样沿其最大截面分为两部分,即分为上半模和下半模,并用销钉定位。模样上分开的平面常作为造型的分型面,所以分模造型时,模样分别放置在上、下砂箱内。

分模式铸件、模样及型芯如图2.3.14所示,造型过程如图2.3.15所示。

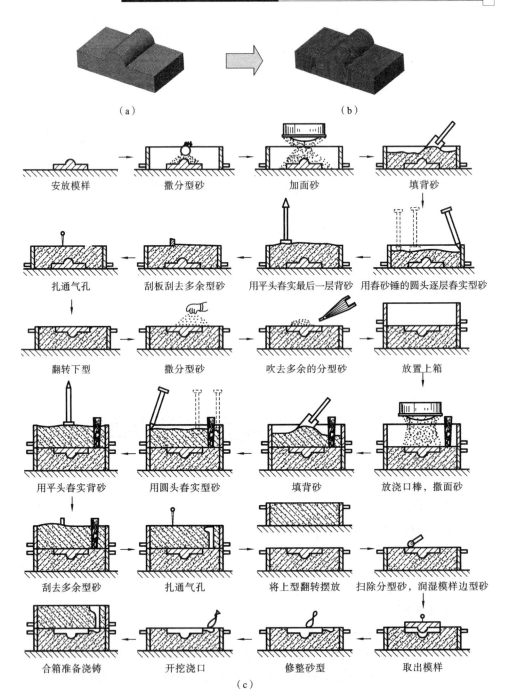

图 2.3.13 整模造型
(a) 铸件;(b) 模样;(c) 整模造型的一般顺序

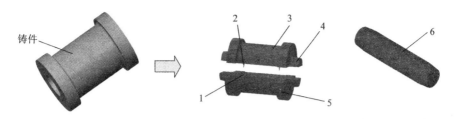

图 2.3.14　分模造型的铸件、模样和型芯

1—销孔；2—销钉；3—上半模；4—型芯头；5—下半模；6—型芯

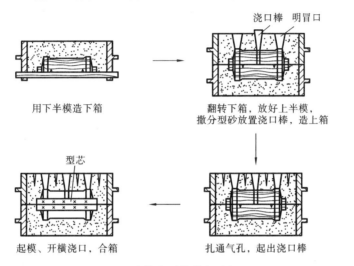

图 2.3.15　分模造型的基本过程

分模造型的型腔分别处于上下型中，起模修型方便，但合箱时要注意定位，以防错型。分模铸造操作简单，适用于形状复杂铸件，特别是有孔的铸件，如套筒、管子、阀体、箱体等。

3. 挖砂造型

有的铸件其外形轮廓为曲面或阶梯面，最大截面也为曲面，但由于模样太薄或制造分模有困难，模样不便分成两半，这时，可将模样做成整体，为了能起出模样，造型时手工挖去阻碍起模的型砂，得到非平直的分型面。这种方法称为挖砂造型。手轮就是属于这一类铸件，在制作模样时，因分型面不平，不能分成两半，因此在单件小批生产时，常采用挖砂造型，其造型过程如图 2.3.16 所示。

挖砂造型时，每造一型需挖砂一次，操作麻烦，生产率低，要求操作水平较高，同时往往因挖砂时不易准确地挖出模样的最大截面，致使铸件在分型面处产生毛刺，影响美观和精度。因此，这种方法只适用于单件小批生产。

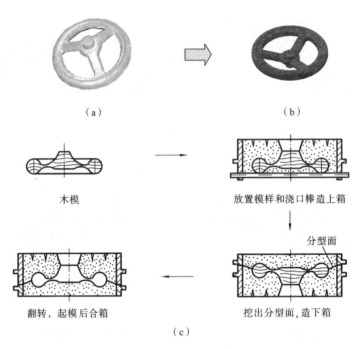

图 2.3.16 挖砂造型

(a) 铸件；(b) 模样；(c) 挖砂造型的基本过程

4. 三箱造型

当铸件具有两端截面大而中间截面小的外形时，采用整模和两箱造型均无法起模。这时，可将模样从小截面处分开，将其分为上、中、下三部分，用两个分型面，三个砂箱造型，模样即可顺利取出，这种造型方法称为三箱造型。

图 2.3.17 所示为三箱造型的铸件、模样及铸型装配图。造型过程是先做下型，翻

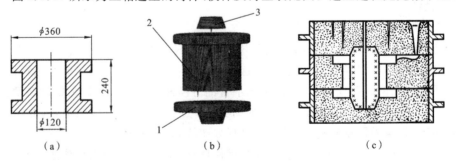

图 2.3.17 三箱造型

(a) 铸件；(b) 模样；(c) 铸型装配图

1—下箱模样；2—中箱模样；3—上箱芯头

转后,在下型上面做中型,最后做上型。三箱造型操作复杂、费工、生产率低,分型面增多,产生错型的可能性增加;此外,还要求高度适当的中箱,所以只适用于单件小批生产。

5. 刮板造型

制造有等截面形状的大中型回转体铸件时,如带轮、大齿轮、飞轮、弯管等,若生产数量很少,在造型时可用一个与铸件截面形状相适应的木板(称为刮板)代替模样,刮出所需铸型的型腔,这种造型方法称为刮板造型。

图 2.3.18 为圆盖铸件的刮板造型过程。用刮板代替实体模样造型具有节约材料、减少制造模样所需费用、缩短生产周期等优点,铸件尺寸愈大,上述优点就更显著。但刮板造型生产率低,要求操作技术水平较高,只适用于有等截面的大、中型回转体铸件的单件小批生产。刮板造型可在砂箱内进行,下型也可利用地面进行刮制,这样可以节省下箱并降低了砂型的高度,便于浇注。

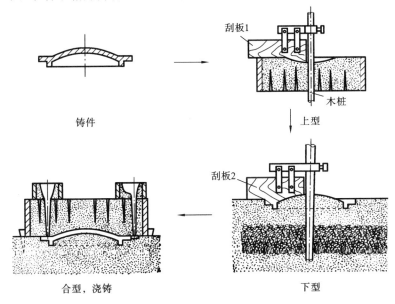

图 2.3.18 刮板造型的基本过程

6. 活块造型

制作模样时,将零件上妨碍起模的部分(如小凸台、肋条等)做成活动的,这个活动部分称为活块。造型起模时,先取出模样主体,然后再从侧面将活块取出。采用带有活块的模样进行造型的方法,称为活块造型,如图 2.3.19 所示。

活块造型要求操作技术水平高,活块部分的砂型损坏后修补较麻烦,取出活块亦要花费工时,故生产率低;另外,由于活块是用销子或燕尾榫与模样主体连接,而

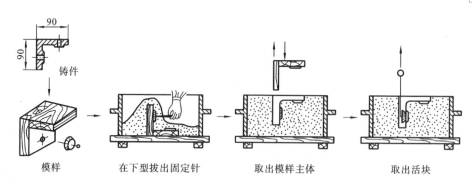

图 2.3.19　活块造型的基本过程

销、榫易磨损,造型过程中活块也可能移动而错位,所以铸件的尺寸精度较低。因此,活块造型只适用于单件小批生产。

7. 手工造芯

型芯主要用来形成铸件的内腔或局部外形。型芯在浇铸过程中受到高温金属液的冲击,浇铸后大部分被金属液包围,因此比型砂具有更高的强度和耐火性、透气性、退让性。为此,对于形状复杂、重要的型芯,常采用油砂或树脂砂。此外,为了加强型芯的强度,在型芯中应放置芯骨,小型芯的芯骨用钢丝制成,大、中型芯的芯骨用铸铁铸成。为了提高型芯的通气能力,在型芯中应开设排气道。为了避免铸件产生粘砂缺陷,在型芯表面往往需要刷涂料,铸铁件型芯常采用石墨涂料,铸钢件型芯常采用硅石粉涂料。重要的型芯都需烘干,以增强型芯的强度和透气性。

在单件、小批生产中,多采用手工造芯;在大批生产中,则采用机器造芯。用芯盒造芯是最常用的手工造芯方法,图 2.3.20 所示的为用芯盒造芯的基本过程。

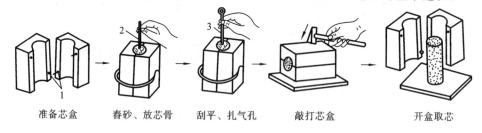

图 2.3.20　用芯盒造芯的基本过程
1—定位销和定位孔;2—芯骨;3—通气针

【实践操作】

(1) 用分模造型的方法独立完成带孔短轴铸件的铸型,要求能正确使用造型工具,能合理选择分型面并具有一定修型的能力。

(2) 用挖砂造型的方法独立完成手轮铸件的铸型,要求能正确使用造型工具、合理选择分型面和具有一定修型的能力。

【操作要点】

在进行砂型铸造时应注意以下要点。

(1) 安放模样应选择平直的底板和大小适当的砂箱。模样要先擦净,以免造型时型砂粘在模样上,起模时损坏型腔;注意模样的起模斜度方向,使之便于起模;要留出浇口位置,模样边缘及浇口外侧需与砂箱内壁留有30～100 mm 的距离,称为吃砂量。

(2) 填砂与舂砂时要做到分层加砂,每次加入量要适当。先加面砂,并用手将模样周围的砂塞紧,然后加填充砂;舂砂应按一定路线进行,如图 2.3.21 所示,以保证砂型各处紧实度均匀,且注意舂砂时不要撞到模样上;舂砂用力大小应适当,一般靠近砂箱内壁与模样处应舂紧,使型腔承受金属液的压力,远离模样处可以松一些,以利于透气。

(3) 砂型舂实刮平后要扎通气孔,其深度要适当,分布要均匀;通气孔应在砂型刮平后扎出,以免被堵死。下砂型一般不扎通气孔。

(4) 为了防止上、下砂型粘连,在造上型之前需在分型面上撒分型砂。分型砂是不含黏土的细颗粒干沙。撒分型砂时,手稍高于砂箱,使分型砂缓慢而均匀地散落下来,薄薄地覆盖在分型面上,随后可用手风箱将散落在模样上的分型砂吹掉,以免影响铸件质量。

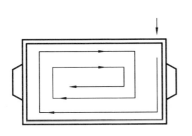

图 2.3.21　舂砂应按一定路线进行

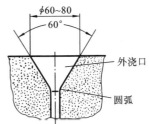

图 2.3.22　漏斗形外浇道

(5) 漏斗形外浇口的形状如图 2.3.22 所示,锥孔大端直径为 $\phi 60\sim 80$ mm,锥度为 $60°$。外浇口与直浇道连接处应圆滑过渡。

(6) 合型时上砂型必须和下砂型对准,若砂箱上没有定位装置,则应在上、下砂型打开之前,在砂箱壁上做出合型线或设置定位销,以避免在浇注后铸件会产生错型缺陷。

(7) 起模前要用毛笔蘸些水,刷在模样周围的型砂上,以增加这部分型砂的强度,防止起模时损坏砂型。刷水时应一刷而过,且不宜过多,否则铸件可能会产生气孔。起模时,起模针应钉在模样的重心上,并用小锤从前后左右轻轻敲打起模针的下部,使模样和砂型之间松动,然后轻轻敲打模样的上方并将模样垂直向上提起。起模动作开始时要慢,当模样将要从砂型中拔出时,动作要快,用这样的方法起模,砂型不易损坏。

(8) 起模后,型腔如有损坏,应根据型腔形状和损坏程度进行修补。修补工作应由上而下进行,避免在下部修补好后又被上部掉下来的散砂弄脏。局部松软的地方,可在该处补上型砂,用手或小锤等把它再次舂紧,然后用镘刀光平。为使修上去的型砂能牢固地粘在被修补的地方,在烘干和浇铸时不致发生脱离,修补时应注意以下几点。

① 要修补的地方可用水先润湿一下,但水不可过多,否则在浇注时将产生大量水汽,易使修补上去的型砂冲落。

② 损坏的地方较大时,修补前应先将要修补的表面砂型弄松,使补上去的型砂能与其连成一体。

③ 损坏的地方如果是较大的一块薄层,修补前要将下面的型砂挖深一些,再进行修补。必要时插入铁钉加固。

④ 修型时应从破损的边缘往中间修,以避免修型工具损坏边缘的砂型。

【教师演示】

(1) 整模造型、分模造型、挖砂造型。

(2) 用镘刀、砂勾、秋叶等修型工具演示型腔的修整。

2.3.4 金属熔炼与浇铸

1. 金属的熔炼

金属熔炼的目的是获得一定成分和足够高温度的金属液,以注入铸型得到铸件。用于铸造的金属材料种类繁多,常见的有铁、钢、铝合金、铜合金等,其中铸铁的应用最多。

合金的熔炼是铸造的必要过程,对铸件的质量影响很大,若控制不当会使铸件化学成分和力学性能不合格,并产生气孔、夹渣、缩孔等缺陷。合金熔炼的基本要求是优质、高效和低耗。熔炼铸铁的设备有冲天炉和感应电炉,熔炼铸钢的设备有坩埚炉和感应电炉,熔炼铸造铝、铜合金的设备主要有坩埚炉、感应电炉等。下面介绍常用的熔炼设备。

1) 冲天炉

冲天炉是利用对流换热原理来实现金属熔炼的。熔炼时,热炉气自下而上运动,冷的炉料自上而下添加,两股逆向流动的物、气之间进行着热量交换和冶金反应,最终将金属炉料熔化成符合要求的铁水。冲天炉结构简单、操作方便、可连续工作、生产率高,其熔炼成本仅为电炉的十分之一,但熔炼的铁水质量不如电炉。冲天炉及其基本工作原理如图2.3.23所示,具体工作过程请参考相关书籍。

图 2.3.23　冲天炉及其基本工作原理

2) 感应电炉

感应电炉是根据电磁感应和电磁热效应原理,利用炉料内感应电流的热能熔化金属的。感应电炉的外形与内部结构如图2.3.24所示。盛装金属炉料的坩埚外面绕一紫铜感应线圈,当感应线圈中通以一定频率的交流电时,在其内外形成相同频率的交变磁场,使金属炉内的炉料产生强大的感应电流,也称涡流。涡流在炉料中产生的电阻热使炉料熔化。

 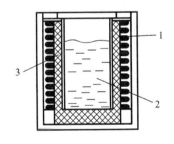

图 2.3.24　感应电炉及其工作原理

1—感应线圈;2—金属液;3—坩埚

3) 坩埚炉

坩埚炉是利用传导和辐射原理进行熔炼的。通过焦炭、重油、煤气等燃料的燃烧或电热元件通电产生的热量加热坩埚,使炉内的金属炉料熔化。这种加热方式速度缓慢、温度较低,坩埚容量也较小,一般只适合于有色金属的熔炼。图2.3.25为电阻坩埚炉的外形与结构。电阻坩埚炉主要用于铸造铝合金的熔炼,其优点是炉气为中性,铝液不会强烈氧化,炉温易于控制、操作简单,缺点是熔炼时间长,耗电量大。

铝合金在高温下容易氧化,且吸气(氢气等)能力很强。铝的氧化物Al_2O_3呈固

  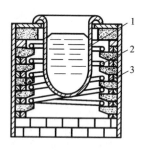

图 2.3.25 电阻坩埚炉、炉芯及其工作原理

1—坩埚；2—电阻丝；3—耐火砖

态夹杂物悬浮在铝液中,在铝液表面形成致密的 Al_2O_3 薄膜,液体合金所吸收的气体被其阻碍而不易排出,便在铸件中产生非金属夹杂物和分散的小气孔,降低其力学性能。为避免铝合金氧化和吸气,熔炼时可加入熔剂 KCl、$NaCl$、NaF_2 等,使铝合金液体在熔剂层覆盖下进行熔炼。当铝合金液被加热到 700～730 ℃ 时,加入精炼剂(六氯乙烷等)进行去气精炼,将铝液中溶解的气体和夹杂物带到液面而被去除,以使金属液净化,提高合金的力学性能。

2. 浇铸工艺

将熔融的金属液从浇包注入铸型的操作称为浇注。浇注是铸造生产的一个重要环节,为保证铸件质量、提高生产率和工作安全,应严格遵守浇注操作规程。

1) 浇注前的准备工作

(1) 准备浇包 用来盛放、输送和浇注熔融金属用的容器称为浇包。浇包的种类由铸型的大小决定,一般小型件用手提浇包,容量为 15～20 kg；中型件用抬包,容量为 50～100 kg；大件用吊包,容量为 200 kg 以上。对使用过的浇包要进行清理、修补,要求内表面光滑平整。

(2) 清理通道 浇注时行走的通道不应有杂物挡道,更不能有积水。

(3) 烘干用具 避免因挡渣棒、浇包等潮湿而引起铁水飞溅及降温。

2) 浇注时应注意的问题

(1) 浇注温度 浇注温度过高,金属液含气量大,液体收缩大,对型砂的热作用剧烈,容易产生气孔、缩孔、缩松、粘砂等缺陷。浇注温度过低,会产生冷隔、皮下气孔、浇不到等缺陷。浇注温度与合金种类、铸件大小和壁厚有关。灰铸铁的浇注温度为 1 300～1 400 ℃,铝合金铸件的浇注温度为 700～750 ℃,铸钢的浇注温度为 1 520～1 620 ℃。

(2) 浇注速度 浇注速度应适中,太慢会充不满型腔,铸件容易产生冷隔和浇不足等缺陷,太快会冲刷铸型,且使铸型中气体来不及逸出,在铸件中产生气孔,以及造成冲砂、抬箱、跑火等缺陷。浇注速度应根据铸件形状和壁厚确定,对于形状复杂和壁薄的铸件,浇注速度应快些。

(3) 浇注技术　应注意扒渣、挡渣和引火。为使熔渣便于扒出或挡住,可在浇包内金属液面上撒些干砂和稻草灰;用红热的挡渣棒及时点燃从砂型中溢出的气体,以防一氧化碳等有害气体污染空气,或残留铸件中使铸件形成气孔。浇注过程中不能断流,应始终使浇口杯保持充满,以便于熔渣上浮。

【实践操作】

参加加料、炉前准备,协助指导老师安全顺利地完成浇注工作。

【操作要点】

浇注时应特别注意以下几个方面。

(1) 浇注前要将铸型紧固,以防金属液产生的浮力将上箱抬起,形成抬箱缺陷。

(2) 浇包、挡渣棒、火钳、铁棒等浇注工具在使用前必须烘干烘透,否则接触金属液后会降低其温度,并引起金属液的飞溅。浇注场地要有通畅的走道;浇注人员必须穿戴好防护用品,浇注时应戴防护眼镜。

(3) 浇注以前需把金属液表面的熔渣除尽,以免浇入铸型造成夹渣。

(4) 浇包中的金属液不能太满,以免抬运时飞溅伤人。浇包抬起和放下,均应协调。浇注时把包嘴对准外浇口,金属液不可断流,以免铸件产生冷隔。

【教师演示】

演示铝合金的熔炼与浇注过程。

2.3.5　铸件的落砂清理与缺陷分析

1. 铸件的落砂

落砂是指用手工或机械使铸件和型砂、砂箱分开的过程。铸件在砂型中要冷却到一定温度才能落砂。落砂过早,铸件表层会产生白口组织,给切削加工造成困难;落砂过晚,收缩应力增大,铸件开裂的倾向也增大。一般铸件落砂温度在 400～500 ℃。对于形状简单、质量小于 10 kg 的铸件,一般浇铸后 30 min 左右即可进行落砂,10～30 kg 的铸铁件可在浇注后 30～60 min 落砂。

落砂有手工落砂和机械落砂两种,大量生产中一般采用各种落砂机落砂,图 2.3.26 为振动式落砂机。

图 2.3.26　振动式落砂机

2. 铸件的清理

落砂后的铸件必须通过清理才能达到表面质量要求。清理的主要内容有:切除浇冒口、清除芯砂、清除表面粘砂、飞边、毛刺、氧化皮，修整铸件等。落砂清理前后铸件的对比如图2.3.27所示。

图 2.3.27　落砂清理前后铸件的对比

图 2.3.28　滚筒式铸件清理机

机械清理有滚筒清理、喷砂、喷丸等，图2.3.28所示为滚筒式铸件清理机。

3. 铸件的缺陷分析

清理后的铸件还要进行质量检验，合格的铸件验收后入库；个别有不太严重缺陷的铸件经修补后仍可作次品使用；缺陷严重或缺陷出现在铸件重要部位的则为废品。检验后，应对铸件缺陷进行分析，找出原因，提出预防措施。

常见铸件缺陷的名称、特征及形成原因如表2.3.1所示。

表 2.3.1　常见铸件缺陷的名称、特征及形成原因

名称	简　图	特　征	原　因
气孔	(气孔示意图)	分布在铸件表面或内部的一种圆形光滑的孔洞	(1) 砂太紧、型砂透气性差； (2) 型砂含水过多或起模、修型时刷水过多； (3) 型芯通气孔被堵塞或未烘干； (4) 浇冒口设置不当，气体难排出； (5) 浇注温度过高或浇注速度过快
砂眼	(砂眼示意图)	铸件表面或内部有型砂充填的孔洞	(1) 型腔或浇口内的散砂未吹净； (2) 型砂、砂芯强度不够，被金属液冲坏而带入； (3) 浇注速度过快，内浇口方向不合理； (4) 合型时砂型被局部损坏
夹渣	(夹渣示意图)	铸件表面有不规则的并含有熔渣的孔洞	(1) 浇注时挡渣不良； (2) 浇注温度过低，渣未上浮； (3) 浇注系统不合理，熔渣未除净

续表

名称	简 图	特 征	原 因
缩孔与缩松	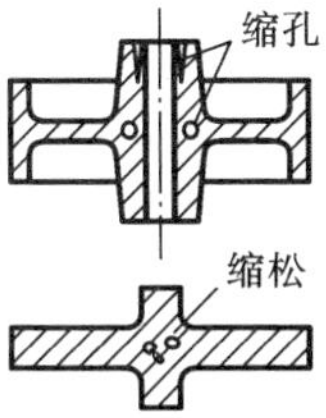	铸件的厚壁处分布有形状不规则、内表面不光滑的孔洞	(1) 铸件结构设计不合理,壁厚不均匀,壁厚处未放置冒口或冷铁; (2) 合金收缩率大,冒口太小; (3) 浇注温度过高
粘砂	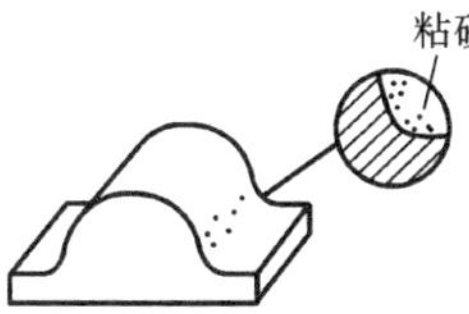	铸件表面粘有砂粒,外观粗糙	(1) 型砂耐火性差,浇注温度过高; (2) 型砂粒度太大,不符合要求; (3) 未刷涂料或涂料太薄
错型	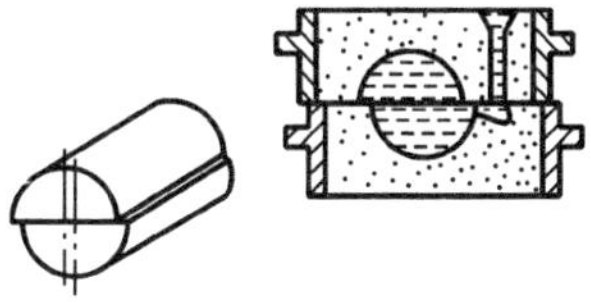	铸件沿分型面有相对位置错移	(1) 模样的上、下半模未对好; (2) 合箱时,上、下砂型未对准
冷隔	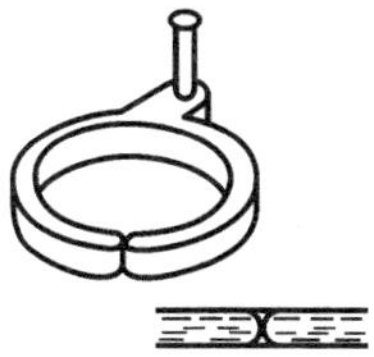	铸件上出现未被完全融合在一起的缝隙	(1) 合金流动性差,铸件太薄; (2) 浇注温度过低; (3) 浇注速度太慢或浇注时中断; (4) 浇注位置不当或浇口太小; (5) 包内金属液不够用
浇不足		铸件未被浇满	同上
裂纹	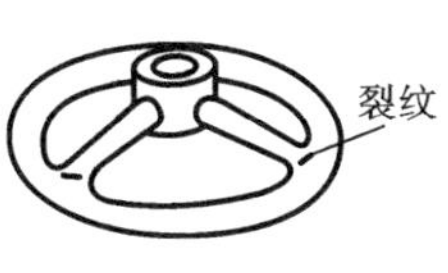	热裂在高温下形成,形状曲折,断面氧化。冷裂在低温下形成,裂纹平直,断面未氧化	(1) 铸件结构设计不合理,冷却不均匀; (2) 型砂、芯砂退让性差; (3) 浇口位置不当,收缩不均匀; (4) 浇注温度太低,浇注速度太慢; (5) 舂砂太紧或落砂过早; (6) 合金中磷、硫含量偏高

【实践操作】

（1）用现有设备和工具,安全地进行铸件落砂与清理工作。

（2）结合实习中出现的铸造缺陷和废品,分析产生的原因,提出解决措施。

2.3.6 特种铸造

所谓特种铸造是指有别于砂型铸造方法的其他铸造工艺。目前特种铸造方法已发展到几十种。特种铸造能获得如此迅速的发展,主要原因有以下几点:特种铸造一般都能提高铸件的尺寸精度和表面质量,或提高铸件的物理及力学性能;特种铸造大多能提高金属的利用率(工艺出品率),减少原砂消耗量;有些方法更适宜于高熔点、低流动性、易氧化合金铸件的铸造;有的能明显改善劳动条件,并便于实现机械化和自动化生产等。

1. 金属型铸造

将液态金属浇入金属铸型以获得铸件的方法称为金属型铸造。

金属型常用铸铁或铸钢制成。按照分型面的方位,金属型可分为整体式、垂直分型式、水平分型式和复合分型式。常见的垂直分型式金属型如图 2.3.29 所示。它由固定半型、活动半型、底座等部分组成,分型面处于垂直位置。浇注时,将两个半型合紧,待注入的金属液凝固后,将两个半型分开,就可取出铸件。

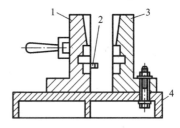

图 2.3.29　金属型铸造

1—活动半型;2—定位销;3—固定半型;4—底座

1) 金属型铸造特点

金属型铸造可一型多铸,生产率高、成本低,便于实现生产的机械化和自动化;金属型铸件精度高,表面粗糙度值小,减少了切削加工量;金属型导热快,铸件冷却快,铸件晶粒细小,力学性能提高。但是由于金属液的流动性降低,容易产生浇不足、冷隔等缺陷,因而铸件的形状不宜过于复杂,壁不宜过薄。金属型制造成本高、周期长,故金属型铸造不适合单件小批量生产。

2) 金属型铸造应用范围

金属型铸造主要用于有色金属铸件的大批量生产,如铝合金活塞、汽缸体、缸盖、油泵壳体、铜合金轴瓦、轴套等,如图 2.3.30 所示。有时也可浇注小型铸铁件和铸钢件。

图 2.3.30 典型的金属型铸造件

2. 压力铸造

金属液在高压下高速充型,并在压力下凝固成形的铸造方法称为压力铸造。

压力铸造是在压铸机上使用压铸型进行的。常见的卧式压铸机的压铸过程如图 2.3.31 所示。在动型 5 和定型 4 合型后,将金属液浇入压室 2 中,压射活塞 1 向前推进,将金属液 3 经浇道 7 压入型腔 6 中。待金属液凝固后开型,余料 8 随同铸件 9 一起被顶出。

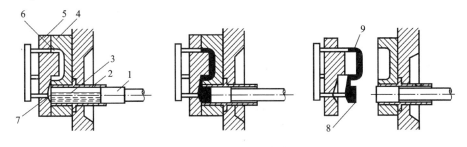

图 2.3.31 压力铸造

1—活塞;2—压室;3—金属液;4—定型;5—动型;6—型腔;7—浇道;8—余料;9—铸件

1) 压力铸造特点

压铸机的外形结构如图 2.3.32 所示。压力铸造生产率高,容易实现半自动化及自动化生产。铸件精度高,一般不需切削加工即可使用。由于金属液在高压下充型,故可生产出形状复杂的薄壁铸件,并可直接铸出小孔、螺纹、齿形。压力铸造充型速度快,型腔中的气体难以排除干净,所以在铸件中形成许多小气孔。当铸件受到高温时,小气孔中的气体膨胀,能使铸件开裂,故压铸件不能热处理。压力铸造投资大,铸型制造成本高,不适宜单件小批量生产。

2) 压力铸造应用范围

压力铸造主要用于形状复杂的有色金属薄壁小铸件的大批量生产,压铸件在汽车、拖拉机、仪器仪表、医疗器械、兵器等领域得到广泛应用。典型压铸件如图2.3.33所示。

图 2.3.32 压铸机外形结构

图 2.3.33 典型压铸件

3. 熔模铸造

熔模铸造是用易熔材料(如蜡料)制成模样,在模样上包覆若干层耐火涂料,然后制成硬壳,熔去模样后,经高温焙烧即可浇注的铸造方法。

1) 熔模铸造工艺过程

熔模铸造的工艺过程如图 2.3.34 所示。

将蜡料(常用 50% 石蜡和 50% 硬脂酸配制而成)加热成糊状并压入压型,冷凝后取出即为单个蜡模。把数个蜡模焊在蜡质的浇注系统上成为蜡模组。在蜡模组表面浸挂一层由水玻璃和硅砂粉配制的涂料,接着撒一层硅砂,然后放入硬化剂(如氯化铵溶液)中硬化。如此重复数次,使蜡模组表面形成 5~10 mm 厚的坚硬型壳。将带有蜡模组的型壳放入 85~95 ℃的热水中,使蜡料熔化并流出而成为铸型。将铸型放入 850~950 ℃的加热炉中焙烧,以除去型腔中的残蜡和水分,并提高铸型强度。将铸型从焙烧炉中取出,排列在铁箱中,并在其周围填入干砂,趁铸型温度较高时立即浇注,冷凝后脱壳清理即得铸件。蜡模与铸件如图 2.3.35 所示。

2) 熔模铸造特点

由于熔模铸型无分型面,且型腔内表面光洁,因此熔模铸造可生产出精度高、表面质量好、形状很复杂的铸件。熔模铸造能适用于各种铸造合金,各种生产批量。

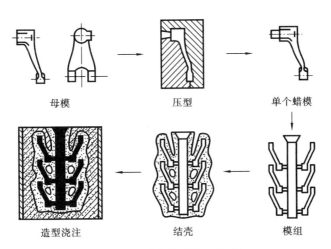

图 2.3.34 熔模铸造的工艺过程

图 2.3.35 蜡模与铸件

熔模铸造的缺点是生产工序多,生产周期长,铸件不能太大。

3) 熔模铸造应用范围

熔模铸造主要用于形状复杂、精度要求较高或难以切削加工的小型零件的成批生产。目前在航空航天、船舶、汽车、机床、仪表、刀具等行业得到广泛应用,如汽轮机叶片、切削刀具等。图 2.3.36 为典型的熔模铸造件。

图 2.3.36 典型的熔模铸造件

4. 离心铸造

离心铸造是将金属液浇入旋转的铸型中,使其在离心力作用下充填铸型并凝固成形的铸造方法。

离心铸造必须在离心铸造机中进行,所用铸型可以是金属型,也可以是砂型。根据铸型旋转轴线在空间的位置,离心铸造可分为立式和卧式两种,如图 2.3.37 所示。

  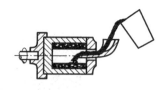

立式离心铸造机结构　　卧式离心铸造机结构

图 2.3.37　离心铸造机外形及结构

1) 离心铸造特点

金属液在离心力作用下从外向内定向凝固,所以铸件组织细密,力学性能好,并且铸件内部不易产生缩孔、气孔、渣眼等缺陷,但铸件内孔质量不高。生产空心旋转体铸件可省去型芯和浇注系统,降低铸件成本。离心铸造试用于各种铸型,可生产"双金属"铸件,如钢套内镶黄铜或青铜轴瓦等。

2) 离心铸造应用范围

离心铸造主要用于铸造各种管件(如水管、气管、油管等)、缸套、轴套、圆环、双金属铸件等,也可用于铸造复杂的刀具、齿轮、涡轮和叶片等成形零件。图 2.3.38 为通过离心铸造得到的无缝管材和复杂精密的零件。

图 2.3.38　典型的离心铸造件

2.3.7　典型铸件制作实例

【实例】 用手工造型的方法完成手轮铸件的铸造生产,如图 2.3.39 所示,材料为铸铝。

实例分析:该手轮外形轮廓为曲面,从 F-F 剖面视图可以看到,手轮的最大截面是一个曲面,在此可直接选取该曲面截面作为分型面,采用挖砂两箱造型法,制作铸型型腔。具体造型过程如表 2.3.2 所示。

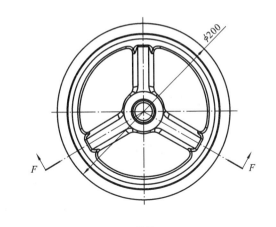

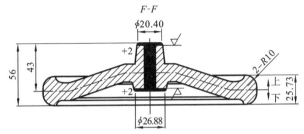

图 2.3.39 手轮铸件示意图

表 2.3.2 手轮铸件铸造过程

序号	工作内容	工作简图	主要工具
1	进行相关的准备工作,包括确定分型面与浇注方案,准备好型砂、芯砂,开炉、熔化铝锭,准备造型工具等		
2	造下型	模样	下砂箱、底板、模样、镘刀、舂砂锤、刮板、砂铲等造型工具
3	翻下箱、挖修分型面	A(最大截面处)	秋叶、砂钩、手风箱等造型工具

续表

序号	工作内容	工作简图	主要工具
4	撒分型砂、造上型	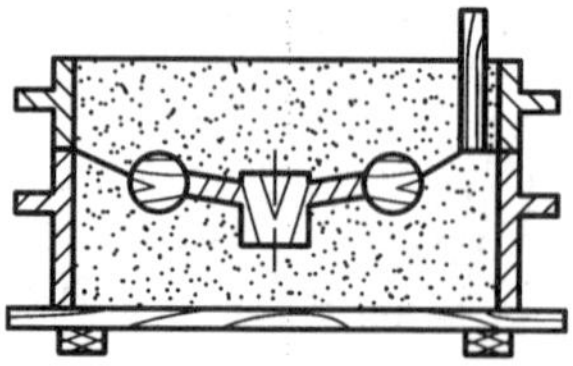	上砂箱、浇口棒、刮砂板等造型工具
5	标记对准线、起模、修型、合箱、扎通气孔	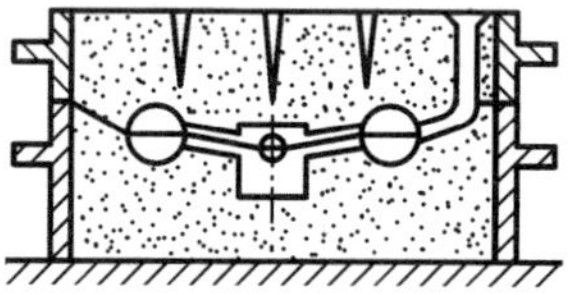	起模针、秋叶、砂钩、通气针、手风箱等造型工具
6	熔炼金属、浇注		坩埚炉、铸型、金属浇包
7	落砂		砂铲、手锤等
8	铸件清理		手轮、砂轮机、锉刀等清理工具
9	检验		

2.3.8 铸造新技术

　　铸造是机械制造中一项重要的工艺方法,铸造生产的现代化程度,反映了机械工业的水平,也反映了清洁生产和节能省材的工艺水准。铸造生产应该做到优质、低耗、高效、少污染。"面向未来的铸造"的发展方向主要有如下几个方面。

1. 21世纪初砂型铸造仍将是主流

砂型铸造工艺成熟,实现自动化、智能化后,生产能力较强;原材料简单易得,价格便宜;采用柔性化生产措施,生产灵活机动,既能单件、小批生产,也能上自动线等。

1) 开发和应用新的造型材料和砂处理设备

这一新技术包括:采用树脂砂造型(芯),并减少树脂中的有害成分和使旧砂最大限度地再生利用;使用高密度特殊涂料,可生产少无余量的铸件;实现水玻璃砂的多样化,使其性能达到或接近树脂砂;使用大型转子式混砂机等砂处理设备,使混砂和输送及各工序之间实现半自动化、自动化,大大改善砂处理工作环境等。树脂砂与水玻璃砂制作的型芯如图 2.3.40 所示。

图 2.3.40　树脂砂与水玻璃砂制作的型芯

2) 砂型铸造向机械化、自动化方向发展

在砂型铸造中进一步开发和推广各种新的造型(芯)方法,如高压造型、射压造型、气冲造型、挤压造型等;新型冷芯盒造芯、组合射芯及实现自动组芯和下芯等;使用自动快换模板和模样等,形成铸造生产过程的机械化、自动化和生产流水线,如多触头高压造型线、气冲造型线、静压造型线(或单机)、挤压造型线等,可大大提高生产效率和产品质量。自动紧砂设备与铸造自动化生产线如图 2.3.41 所示。

图 2.3.41　自动紧砂设备与铸造自动化生产线

3) 铸造合金材料有所发展和改变

从世界范围内对汽车等产品轻量化的要求看,镁合金、铝合金、钛合金等轻合金和球墨铸铁的需求量将大幅度上升,灰铸铁会有所下降,可锻铸铁将逐渐减少,普通铸钢、特殊性能铸钢等仍然使用。新型铸造功能材料如铸造复合材料、阻尼材料和具有特殊磁学、电学、热学性能和耐辐射材料等进入铸造领域。

4) 改进合金的熔炼方法

例如:对冲天炉各参数实现自动控制和显示;采用冲天炉-工频炉双联熔炼工艺;用感应电炉取代冲天炉熔炼铸铁,其中中频感应炉电效率和热效率高,熔炼时间短,省电,占地面积小,投资较低,易实现熔炼过程自动化及铸造清洁生产,将扩大其使用范围。

5) 改进铸件清理和检验方法

铸件的清理经过笼型抛丸机、机械手柔性抛丸机、多抛头抛丸机等设备清理后,进入专机清理自动线,再经过粗磨削、硬度检测、水压或气压试验等一条龙工作,减轻人工操作负担,提高机械化、自动化程度。

2. 改进和发展特种铸造工艺及复合铸造技术

1) 改进成熟的特种铸造方法

(1) 压力铸造　压力铸造发展历程跨越了近两个世纪,轻合金压铸的高度自动化、铸件的大型复杂化,把压力铸造推向新的水平和新的高度,如真空压力铸造,加氧压力铸造,精密、高速、压力铸造等新工艺。压力铸造工业正从液态压力铸造向半固态(流变性半固态或触变性半固态金属)压力铸造和固态(粉状或粒状固态金属)压力铸造发展。图2.3.42所示为真空压力铸造得到的氧枪喷头。

图 2.3.42　真空压力铸造得到的氧枪喷头

(2) 熔模铸造　熔模铸造中采用 CAD/CAM[①] 技术制造高精度压型、模具,用程控压蜡机生产形状尺寸精度很高的蜡模,各种新模料、新黏结剂和制壳新工艺不断涌现,高温合金单晶体定向凝固熔模铸造等,使熔模铸造成为一种少无余量的精密铸造技术。图2.3.43所示为用熔模铸造的精密叶片及其蜡模。

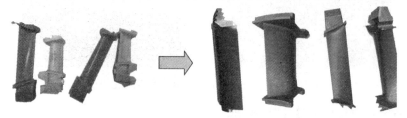

图 2.3.43　用熔模铸造的精密叶片及其蜡模

---

① CAD(computer aided design)计算机辅助设计;CAM(computer aided manufacturing)计算机辅助制造。

(3) 金属型和低压铸造　金属型和低压铸造实现了凝固过程和充型过程的数字模拟,建成了铜合金铸件及铸铁件金属型铸造生产线,带有电子控制装置的低压铸造机等,使成熟的特种铸造工艺有了新的技术创新,应用范围不断扩大。

2) 发展新的铸造方法

(1) 消失模铸造　消失模铸造是一项将塑料、化工、机械、铸造融为一体的综合性多学科的系统工程,如图2.3.44所示。一种消失模铸造是用泡沫塑料模代替木模或金属模,与砂型铸造相结合的方法;另一种是用泡沫塑料代替蜡模,与熔模铸造相结合的精密铸造方法。消失模铸造可以生产少无余量和形状非常复杂的组合铸件,适用于铝合金、灰铸铁、球墨铸铁及各种铸钢件等的铸造生产。

图2.3.44　消失模铸件与模样

(2) 开发复合铸造方法　如将化学黏结剂砂型(芯)与高压铸造、低压铸造、真空吸铸等方法相结合,真空密封造型与消失模工艺结合等。预计今后复合铸造方法将会有更显著的发展。

(3) 艺术铸造的发展　用精密铸造方法或砂型铸造方法制造铸铁、青铜、铝、银和锡等的艺术制品,标志着铸造艺术将有广阔的发展前景。

3. 计算机技术和机器人在铸造生产过程中的应用

计算机技术和机器人在铸造生产过程中的应用愈来愈广泛和深入。在铸造生产中,计算机已成为生产高质量铸件的必备条件,也是铸造生产现代化的主要发展方向。归纳起来计算机有以下应用:计算机报价,充型和凝固过程数字模拟设计造型工艺(见图2.3.45),CAD/CAM设计制造模具,控制造型自动线,控制熔化过程,控制型砂质量,自动检测自动线的故障及定点定性声像报警等。计算机在铸造行业

(a)　　　　　　　　　　(b)

图2.3.45　铸造充型分析系统

(a)充型分析;(b)设置热电偶

中的应用将会飞速地发展,使"自动化"转变为"智能化",为此,要大力开发用于铸造生产的计算机软件,如铸造专家系统等。

在铸造生产过程中,机器人正在取代某些环节的人工操作。机器人已成为压力铸造机、制芯机、落砂机等设备的附属设备。随着机器人制作技术的进步和造价的降低,可以预料,机器人在铸造领域中的应用将有广阔的前景。

复习思考题

1. 试述铸造生产的特点及应用。
2. 模样、铸件和零件三者在形状与尺寸上有何区别?能否用铸件代替模样来造型?
3. 说明浇注系统的组成及其作用。
4. 对型砂与芯砂有哪些基本要求?它们的主要组成及作用是什么?
5. 在型砂中加入的锯木屑和煤粉等添加物起什么作用?
6. 叙述分模造型工艺过程。
7. 什么样的铸件需要挖砂造型?采用挖砂造型的铸件其分型面有什么特点?
8. 刮板造型、活块造型分别适用于什么场合?有何特殊的操作要求?
9. 型芯的作用是什么?与普通的型砂相比,芯砂有什么特殊要求?
10. 浇铸温度的高低对铸件质量有什么影响?
11. 浇铸速度的快慢对铸件质量有什么影响?浇铸时断流会产生什么缺陷?
12. 如何正确选择落砂温度?
13. 怎样辨别气孔、缩孔、砂眼缺陷?如何防止此类缺陷?
14. 试确定下列零件在大批量生产条件下应采用何种铸造方法。
    (1) 铝合金活塞;(2) 汽轮机叶片;(3) 大口径铸铁管;(4) 柴油机汽缸套;
    (5) 摩托车汽缸体;(6) 大模数齿轮滚刀;(7) 车床床身;(8) 汽车喇叭本体。
15. 简述熔模铸造的工艺过程,为什么它特别适合生产难以机械加工的铸件或形状复杂的高精密铸件?
16. "面向未来的铸造"的发展方向主要有哪几个方面?

2.4 锻 压

☆ 学习目标和要求
- 了解金属压力加工分类及锻造与板料冲压概念。
- 了解金属的锻造性能、锻件的纤维组织等基本概念。
- 了解主要锻压设备的种类及适用场合。
- 熟悉机器自由锻与板料冲压的主要工序。
- 了解简单冲压件的工艺过程。

☆ 安全操作规程

(1) 遵守《学员实习规则》。

(2) 遵守压力机安全操作规则。

- 工作前应检查模具安装是否正确可靠,并检查各部分润滑情况,使各润滑点得到充分润滑。
- 一定要使飞轮与离合器脱开后,才能开动电动机。
- 电动机开动时必须注意飞轮旋转方向是否与回转标志相同,如果不同,应立即报告指导人员处理。
- 让压力机进行几次空行程,检查制动器、离合器及操纵器的工作情况。
- 绝对禁止同时冲裁两块板料。
- 发生压力机工作不正常(如滑块自由下落、发生不正常的碰击声、噪声和成品上出现毛刺等)应立即停止工作,并报告指导教师。
- 在飞轮与离合器脱开后,才能关断电源。
- 工作完毕后,应将压力机擦拭干净,在未涂油漆的加工表面涂油。

(3) 遵守剪板机、弯板机安全操作规则。

- 调整剪板机刀片间隙时,必须断电停机。
- 实习中,只允许单人独立操作机床,不允许多人同时操作。
- 刀片刃口应保持锋利,若发现损坏或磨损滞钝现象,应报告指导教师及时更换或磨砺。
- 严禁将手伸到刀口、压脚位置,以防轧伤。
- 对被剪板料应进行清洁处理,剪切时不得有过载现象,以免损坏刀片和其他零部件。

● 在加工时,若发现不正常现象或响声,应立即停止剪切,迅速切断电源并报告指导教师。

● 加工完毕后,及时切断电源,整理清洁机器,对滑动部位涂上防锈油脂。

☆ 学习方法

先集中讲授,再进行现场教学,按照教学大纲的要求,让参训人员进行板料切断、冲裁、弯曲的操作训练。根据课程内容的需要,也可以讲课与训练穿插进行。后阶段安排观看锻压新工艺教学录像。

要求参训人员独立完成铁皮小铲的制作。

2.4.1 概述

借助外力的作用使金属坯料产生塑性变形,以获得所需形状尺寸和力学性能的原材料、毛坯或零件的加工方法称为金属压力加工。用于压力加工的材料必须具有良好的塑性,以便在压力加工时能产生较大的塑性变形而不被破坏。钢、铝、铜和大多数非铁金属及其合金都具有较好的塑性,均可进行压力加工。

锻压生产包括锻造和冲压两种方式,是压力加工的重要内容。压力加工的主要方式有以下几种,如图 2.4.1 所示。

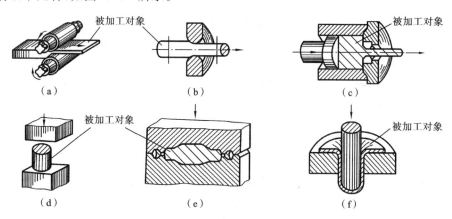

图 2.4.1 压力加工的主要方式
(a) 轧制;(b) 拉拔;(c) 挤压;(d) 自由锻;(e) 模锻;(f) 板料冲压

(1) 轧制 使坯料通过一对旋转轧辊之间的孔型受力而成形的方法。图 2.4.2 所示为轧制型材加工。

(2) 拉拔 将坯料拉过拉拔模模孔,使其截面减小,坯料变形的方法。

(3) 挤压 将坯料置于挤压模模腔中,借助凸模强大挤压力,使其从挤压模孔隙中挤出而成形的方法。

（4）自由锻　将加热后的金属坯料置于上、下砧铁之间，使其在冲击力或压力作用下而成形的加工方法。图2.4.3所示为用自由锻加工主轴。

（5）模锻　将加热后的坯料置于模锻模膛内，使其在冲击力或压力作用下产生塑性变形而成形的加工方法。图2.4.4所示为模锻加工的扳手。

（6）板料冲压　将金属坯料置于冲模之间，承受冲击压力，以产生分离或变形的加工方法。图2.4.5所示为冲压加工得到的典型零件。

图2.4.2　轧制型材加工

图2.4.3　自由锻加工主轴零件

图2.4.4　模锻加工的扳手　　图2.4.5　冲压加工得到的徽章和车身零件

上述各方法中，轧制、拉拔、挤压以生产型材为主，如角钢、工字钢、板材、管材、线材等；自由锻、模锻和板料冲压常用来生产零件或毛坯。

与铸件相比，锻压件最主要的优点是：组织致密、力学性能好，内部缺陷（如裂纹、疏松等）在锻压力的作用下被压合，形成细小晶粒和特有的纤维组织（见图2.4.6），对受力复杂零件非常有利。承受重载荷及冲击载荷的重要零件（重要齿轮、主轴等）通常都采用锻造加工。然而，由于受到金属塑性变形特点的限制，它难以像铸造那样制出形状（尤其内腔）复杂的坯件。金属压力加工广泛应用于国防、机械、电器、仪表及各种生活用品的制造中。

图2.4.6　锻件特有的"纤维组织"

2.4.2 锻造

在加压设备及工(模)具的作用下,使坯料或铸锭产生局部或全部的塑性变形,以获得一定几何尺寸、形状和质量的锻件的加工方法称为锻造。锻造通常可分为自由锻、模锻和胎模锻三类。

由于锻造所用原材料必须具有良好的塑性。除了少数具有良好塑性的金属在常温下锻造成形外,大多数金属均需通过加热来提高塑性和降低变形抗力,达到用较小的锻造力来获得较大的塑性变形,这种锻造方法称为热锻。热锻的工艺过程包括下料、坯料加热、锻造成形、锻件冷却和热处理等几个主要过程。

1. 锻造的金属加热与锻件冷却

1) 锻造温度范围

锻造温度范围是指金属开始锻造的温度(始锻温度)和终止锻造的温度(终锻温度)之间的区间。

常用金属材料的锻造温度范围如表2.4.1所示。

表 2.4.1 常用金属材料的锻造温度范围

材料种类	始锻温度/℃	终锻温度/℃	材料种类	始锻温度/℃	终锻温度/℃
低碳钢	1 200～1 250	800	低合金结构钢	1 100～1 150	850
中碳钢	1 150～1 200	800	高速工具钢	1 100～1 150	900
碳素工具钢	1 050～1 150	750～800	铝合金	450～500	350～380
合金结构钢	1 100～1 180	850	铜合金	800～900	650～700

2) 锻造加热缺陷

锻压时加热金属的目的是为了提高金属的塑性,降低变形抗力,也就是提高金属的锻造性,但也会随之带来一些缺陷,如出现氧化、脱碳、过热、过烧等。

氧化是指加热时在金属表面发生剧烈氧化而形成的一层氧化皮的现象;脱碳是指钢表层的碳分被烧掉而使其含碳量降低的现象;过热是指因加热温度过高或在高温下保温时间过长引起的奥氏体晶粒粗大的现象;金属加热近熔点时晶粒间物质首先熔化,同时氧化性气体渗入,在晶粒周围形成硬壳,破坏了晶粒间的联系,造成了过烧。

3) 锻件的冷却

锻制好的锻件必须进行正确的冷却,才能防止变形和开裂,保证产品质量。锻件的冷却方式有以下三种。

(1) 空冷 是指将锻件在无风的空气中,放在干燥的地面上冷却。

(2) 坑冷 是指将锻件放入充填有炉灰、砂子、石灰等保温材料的坑中较慢冷却。

(3) 炉冷 是指将锻件锻制完成后,立即放入 500～700 ℃ 的加热炉中,随炉缓慢地冷却至较低温度后再出炉冷却。

通常,碳素结构钢和低合金结构钢的中、小型锻件用空冷,高合金钢一般采用冷却速度较慢的坑冷或炉冷,以防止表面硬化及可能出现的表面裂纹。

2. 自由锻

1) 定义与特点

金属在上、下砧铁之间受压力作用产生变形,在水平面的各个方向能自由流动的锻造称为自由锻造,简称自由锻。

自由锻使用的工具简单,操作灵活,可加工小到几十克、大到几百吨的锻件,但生产效率相对较低,工人劳动强度大,加工余量大,而且不能获得形状较复杂的锻件。所以自由锻只适用于大型、重型锻件的单件、小批生产,如图 2.4.7 所示。

自由锻分为手工自由锻和机器自由锻两种。手工自由锻是用手工工具进行锻造的生产方法,所用的设备和工具简单、投资少,但劳

图 2.4.7 典型自由锻生产场景

动强度大、生产率低,适用于修理工作以及机器锻的辅助工作。机器自由锻用锻锤或液压机代替手工操作,它的生产率较高,是目前自由锻的主要方法,也是制造大型锻件的唯一方法。

2) 自由锻设备

手工自由锻常用的工具有铁砧、大锤、小锤、手钳、冲子、型锤、平锤等,如图 2.4.8 所示。

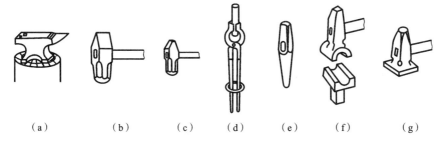

图 2.4.8 手工自由锻工具

(a) 铁砧;(b) 大锤;(c) 小锤;(d) 手钳;(e) 冲子;(f) 型锤;(g) 平锤

常用的自由锻设备有空气锤、蒸汽-空气锤、水压机等。其中空气锤应用最为广泛。空气锤是中、小型锻工车间应用最为广泛的一种自由锤锻设备。它可以用于自由锻造的各个基本工序,也可以用于胎模锻造。

空气锤(见图2.4.9(a))的吨位(或打击能量)大小,是以它的落下部分的质量来表示。如落下部分的质量为400 kg,则称该锤为400 kg空气锤。最常见的空气锤落下部分的质量多在65~750 kg之间。空气锤依靠电力驱动机构的作用,利用本身产生的压缩空气推动落下部分做功,无需其他辅助设备;空气锤打击速度为105~245次/min,适用于冷却快而又要在锻造温度内完成锻造的小锻件。

蒸汽-空气锤(见图2.4.9(b))利用蒸汽或压缩空气作为动力源进行工作,工作压力为6~9 at(工程大气压,1 at=1 kg/cm^2≈0.1 MPa)。常用蒸汽-空气锤自由锻锤的吨位在250~5 000 kg,是锻造车间普遍使用的锻造设备。

水压机(见图2.4.9(c))是通过20~40 MPa的高压水进入工作缸,从而产生很大的静压力作用于坯料来进行锻压的。其规格用标称压力的大小来表示,如8 000 kN(800 t)、125 000 kN(12 500 t)。水压机主要用于单件、小批量生产中、大型锻件。

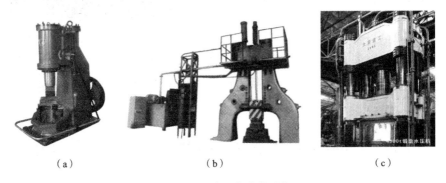

(a)　　　　　　　　　　(b)　　　　　　　　　　(c)

图 2.4.9　常用自由锻设备

(a) 空气锤;(b) 蒸汽-空气锤;(c) 水压机

3) 自由锻工序

根据变形性质和程度的不同,自由锻工序可以分为基本工序、辅助工序和精整工序三类。改变坯料形状和尺寸,实现锻件基本成形的工序为基本工序,如镦粗、拔长、冲孔、弯曲、扭转、切割等,如表2.4.2所示。为便于实施基本工序而预先使坯料产生少量变形的工序称为辅助工序,如压钳口、倒棱、压肩等。为提高锻件精度,在基本工序之后进行的小量修整工序为精整工序,如滚圆、平整等。

表 2.4.2 自由锻的基本工序

自由锻工序	示 意 图	方 法
镦粗		沿坯料轴向锻打,使其高度减小、横截面积增大。镦粗用来锻造圆盘类及法兰等锻件,还作为冲孔前的预备工序
拔长		垂直坯料轴线锻打,使其横截面积减小、长度减少。实心或空心的轴类锻件采用拔长工序
冲孔	双面冲孔　　单面冲孔	用冲子在坯料上冲出透孔或不透孔的过程。孔径较大时,可先冲小孔,然后将空心工件套在心轴上将孔扩大
弯曲		把坯料完成弧形或一定的角度和形状
扭转		将坯料的一部分相对于另一部分旋转一定角度
切割		分割坯料或切除锻件多余部分

自由锻典型零件如图 2.4.10 所示。

图 2.4.10　自由锻典型零件

3. 模锻

模型锻造简称模锻,是指将加热后的坯料放在模膛内受压变形,得到和模膛形状尺寸相符的锻件的方法。与自由锻相比模锻有下列优点。

（1）能锻造出形状比较复杂的锻件。

（2）模锻件精度较高,更节约金属材料。

（3）生产效率高。

但是模锻生产受设备吨位的限制,模锻尺寸不能太大;此外,模锻制造周期长、成本高、生产准备周期长,只适合于中小型锻件的大批量生产。

按所用设备不同,模锻可分为胎模锻和锤上模锻等。

1）胎模锻

胎模锻是指在自由锻造设备上使用简单的模具——胎模来生产模锻件的工艺方法,如图 2.4.11 所示。胎模锻一般采用自由锻制坯,然后在胎模中终锻成形。胎模不固定在设备上,锻造过程中可随时放上或取下,适用于中小批量生产。

2）锤上模锻

锤上模锻通常把锻模做成上下两部分,并固定在锻造设备上。锻模上有导柱、导套或定位块,保证上下模对准,而且制坯与终锻都在一副锻模的不同模膛内完成。这类模锻适合于大批量生产。锤上模锻所用的设备主要是蒸汽空气锤,模锻锤的吨位一般为 1~16 t,锻件质量一般在 150 kg 以下。锤上模锻加工连杆毛坯的过程如图 2.4.12 所示。

2.4.3　冲压

冲压是指利用冲模使板料分离或变形的压力加工方法。冲压加工一般在室温下进行,所以也称冷冲压。冲压件的厚度一般都不超过 3~4 mm,故也称薄板冲压。

冲压常用的材料有金属板料和非金属板料。金属板料如低碳钢、铜及其合金、铝及其合金、镁合金及塑性较高的合金钢;非金属板料如石棉板、硬橡皮、胶木板、皮

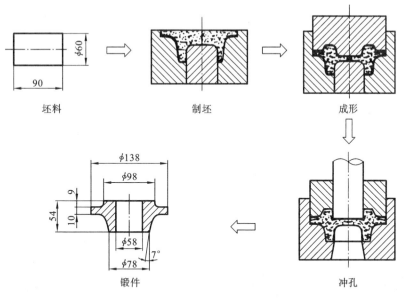

图 2.4.11 胎模锻的基本过程

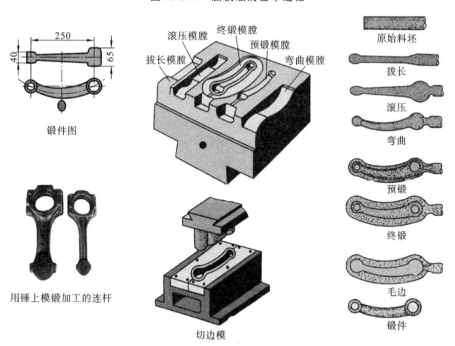

图 2.4.12 锤上模锻加工连杆毛坯的过程

革等。

冲压的生产率高,可以冲出尺寸精确、表面光洁、形状复杂的制品。冲压件质量小、刚度好,冲压过程易于实现机械化和自动化,因此,冲压广泛应用于各个工业生产部门。

1. 冲压设备

1) 剪床

剪床是完成剪切工序(一般为备料)的主要设备,用于将板料切成一定宽度的条料或块料,以供冲压所用。剪床的主要技术参数是描述剪板的厚度和宽度的数据,剪切宽度大的板材用斜刃剪床;剪切窄而厚的板材用平刃剪床。剪床结构见图2.4.13。

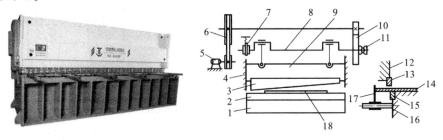

图 2.4.13　剪床的外形结构与原理图

1,16—工作台;2,5—下刀刃;3,13—上刀刃;4—导轨;5—电动机;6—带轮;7—制动器;
8—曲轴;9,12—滑块;10—齿轮;11—离合器;14,18—板料;17—挡板

2) 冲床

冲床是进行冲压的基本设备,以如图2.4.14所示的开式冲床最为常见。开式冲床可在它的前、左、右三个方向装卸模具和操作,使用方便,但吨位较小。其传动原理为:电动机通过皮带减速系统带动大带轮转动,大带轮借助离合器与曲轴连接,离合器则用踏板通过拉杆来控制。当离合器脱开时,大带轮空转,当踩下踏板使离合器合上时,大带轮便带动曲轴旋转,并通过连杆而使滑块沿导轨上下往复运动,进行冲压。当松开踏板使离合器脱开时,制动器能立即制止曲轴转动,并使滑块停止在最高位置。

表示冲床的主要参数有公称压力、滑块行程和闭合高度三种。

(1) 公称压力　公称压力是指冲床工作时,滑块上所允许的最大作用力,其单位常用 kN 表示。

(2) 滑块行程　滑块行程是指曲轴旋转时,滑块从最上位置到最下位置所走过的距离其单位常用 mm 表示。

(3) 闭合高度　闭合高度是指滑块在行程达到最下位置时,其下表面到工作台

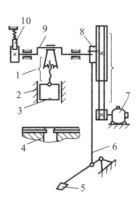

图 2.4.14 曲柄冲床外形结构及原理图

1—连杆;2—导轨;3—滑块;4—工作台;5—踏板;6—拉杆;
7—电动机;8—离合器;9—曲轴;10—制动器

面的距离(mm)。冲床的闭合高度应与冲模的高度相适应。冲床连杆的长度一般都是可调的,调节连杆的长度即可对冲床的闭合高度进行调节。

3) 冲模

冲模是冲压的专用模具,常用的冲模有简单模、连续模和复杂模三种。

(1) 简单模　简单模的一个冲程只完成一道工序。简单模结构简单、制造容易、成本低、维修方便,但生产率较低。简单模的结构如图 2.4.15 所示。冲模由上模和下模组成。上模通过上模板和模柄固定在冲床滑块上,下模通过下模板用螺钉紧固在工作台上。凸模和凹模为冲模的工作部分,它们通过冲头压板和凹模压板分别固定在上、下模板上,用导套和导柱将冲头和凹模对准。导板和定位销分别用以控制坯料的送进方向和送进量。卸料板可使冲好的冲压件从凸模上脱落下来。

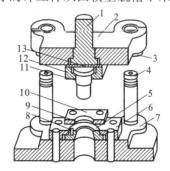

图 2.4.15 冲模外形与简单冲模的基本结构

1—模柄;2—上模板;3—导套;4—导柱;5—凹模;6—凹模压板;7—下模板;
8—定位销;9—导板;10—卸料板;11—凸模;12—冲头压板;13—模垫

（2）连续模　连续模的一个冲程在一个工位上同时完成多道工序。连续冲模生产效率高，易于实现自动化。但是要求定位精度高、结构较复杂、制造难度大、成本较高，适于大批量生产、精度要求不高的中、小型零件的冲压。

（3）复合模　复合模可以在一个冲程的一个工位上同时完成多道工序。复合模生产效率高、零件加工精度高、平整性好，但是制造复杂、成本高，适用于大批量生产。

2．冲压基本工序

冲压基本工序可分为分离工序和变形工序两种。分离工序包括切断、冲裁两道工序；变形工序包括弯曲和拉深两道工序。

1）切断

使坯料按不封闭轮廓分离的工序称为切断。

2）冲裁

利用冲模使板料沿封闭轮廓与坯料分离的工序称为冲裁。冲裁包括落料和冲孔两种。二者的工艺过程及模具结构一样，只是用途不同。落料是从板料上冲出一定形状的零件，冲下部分是成品。冲孔是在板料上冲出一定内形的零件，冲下部分是废料。

冲裁模具的刃口锋利，凹凸模之间留有板厚的 5%～10% 为间隙。落料用的凹模和冲孔用的凸模的工作尺寸即刃口尺寸应等于成品尺寸，否则易产生毛刺。

3）弯曲

将板料弯成具有一定曲率和角度的工序称为弯曲。

为防止弯裂，凸模弯曲半径 r 应为板料厚度的 0.25～1 倍；弯曲应尽可能与材料纤维组织垂直或成 45°角；弯曲应比成品的角度略小，以抵消弯曲后的回弹。

4）拉深

将板料冲压成中空状工件的工序称为拉深。

拉深模的工作部分应有圆角，以防止板料被拉裂；为了减小摩擦阻力，凸模与凹模之间应留有比板厚大 10%～20% 的间隙；深度大的拉深件要采用多次拉深，并要进行中间退火，以消除加工硬化；为防止拉深时板料起皱，要用压边圈压住板料；拉深前，板料上需涂润滑油。

冲压工序的特点及应用如表 2.4.3 所示。

【实践操作】

利用相关冲压设备与模具，独立加工出铁皮小铲。

【操作要点】

（1）严格遵守压力机、剪板机、弯板机、冲床等锻压设备的安全操作规程。

（2）无论压力机在运转或停机时，手和身躯都不许伸进模具中间。

表 2.4.3 冲压工序的特点及应用

类型	工序名称	示意图	特点	应用
分离工序	切断	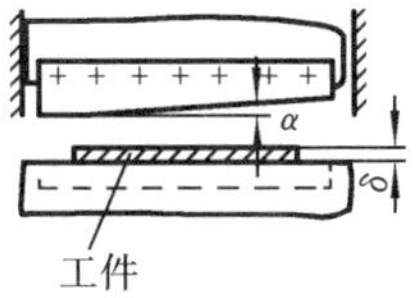	上、下刃口锋利，间隙很小	将板料切成条料、块料，作为其他冲压工序的准备工序
	落料	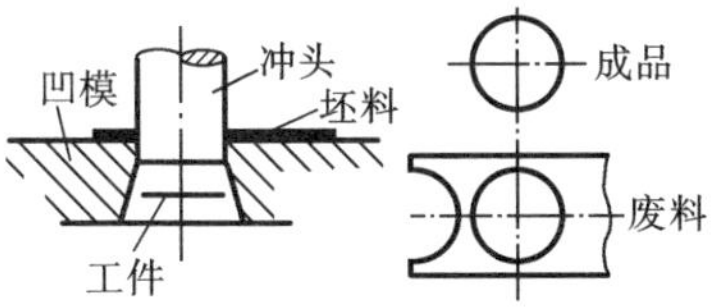	冲头和凹模间隙很小，刃口锋利	制造各种形状的平板零件或作为变形工序的下料
	冲孔	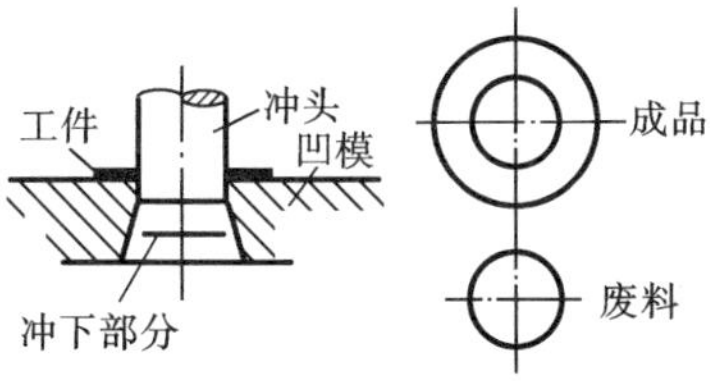	冲头和凹模间隙很小，刃口锋利	制造各种带孔的冲压件
变形工序	弯曲	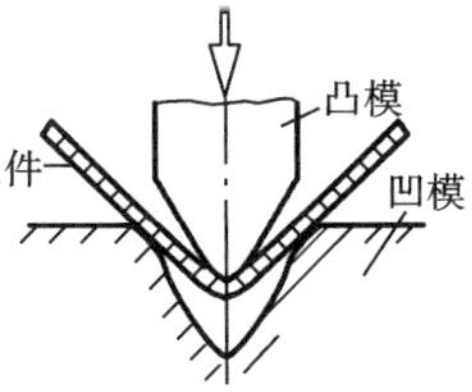	(1) 受弯部位的内层金属受压缩，易起皱，受弯部位的金属外部受拉伸，易拉裂； (2) 凸模端部圆角半径不能太小，以免变形金属外部拉裂； (3) 凹模工作部位的边缘要有四角，以免拉伤工件； (4) 模具角度等于冲压件要求的角度减去回弹角； (5) 弯曲线应尽可能与坯料流线组织垂直	制造各种弯曲形状的冲压件

续表

类型	工序名称	示 意 图	特 点	应 用
变形工序	拉深	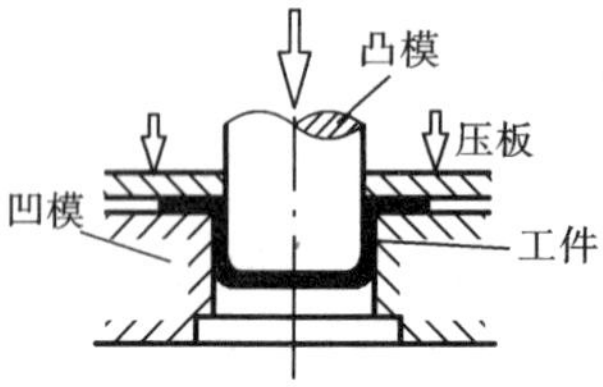 (图：凸模、压板、凹模、工件)	（1）凸、凹模的顶角必须以圆弧过渡，避免坯料拉裂； （2）凸、凹模的间隙等于板厚的1.1～1.2倍，以便坯料通过； （3）板和模具间应有润滑剂，以减小摩擦； （4）为防止起皱，要用压板将坯料压紧； （5）每次拉深系数不能小于0.5～0.8，否则易拉裂、拉穿，若要求的拉深系数小于这个数值，可采用多次拉深工艺	制造各种形状的中空冲件

（3）除连续作业以外，不许把脚一直放在压力机离合器踏板上进行操作，应每踏一次就把脚移开。

（4）设备处于运转状态时，操作者不许离开操作岗位；操作停止时应立即切断电源，使设备停止运转。

（5）操作时，应尽可能用工具夹持坯料或工件。

（6）不许掀动停车状态下的压力机开关和踩动离合器踏板。

（7）用铁皮剪、尖头小锤、砂轮机、金属模等手工工具使材料变形时，要合理把握施力方式；工作时前方不能站人，以免敲击时工具飞出。

2.4.4 钣金件加工实例

利用冲压的方式加工的零部件或生产成品在日常生活中比比皆是。一般情况下，由于生产批量的需求，冲压生产往往借助冷冲模在剪板机、压力机上分离、成形；在个别的情况下利用手工工具(钣金加工)成形。

【实例】 完成铁皮小铲的制造，材料为Q235，厚度为1 mm。加工如图2.4.16所示的铁皮小铲，其加工步骤如表2.4.4所示。

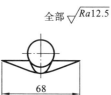
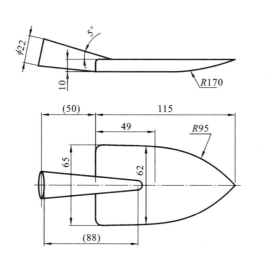

图 2.4.16 铁皮小铲加工示意图

表 2.4.4 铁皮小铲的加工步骤

序号	工种	加工简图	加工内容	工具、量具
1	备料		（1）下料：1 mm 厚的 Q235，尺寸 75 mm×165 mm；（2）准备模具与加工工具	剪板机、钢尺
2	划线		照样板划出零件展开图样的加工线	划针、展开料样板
3	剪板		按照划出的加工线剪切；修形、去除毛刺	铁皮剪刀、圆锉、平锉、展开料样板

续表

序号	工种	加工简图	加工内容	工具、量具
4	柄部成形		将下好的板料靠在柄部成形模上,利用鸭嘴锤敲击成半圆锥形;再用圆手锥柄整出半圆形	柄部成形模、鸭嘴锤、圆锥手柄、大锤
5	铲面成形		利用铲面成形模和鸭嘴锤等工具敲出铲面形状	铲面成形模、鸭嘴锤
6	零件整体成形	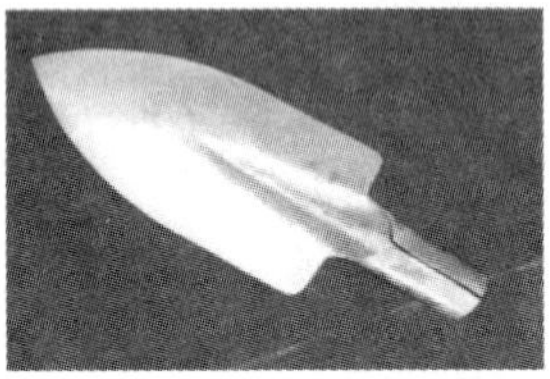	按图纸加工柄部形状;修整铲面形状;去毛刺	圆锥手柄、鸭嘴锤、平锉
7	检验			

2.4.5 锻压新技术

随着经济的发展和技术的进步,锻压技术也得到了相应发展。在锻造工艺上,精度较高、能耗较小的局部小量的连续变形正在逐步取代断续变形;少、无余量的精密成工艺应用已日趋成熟;同时,边缘工艺和复合工艺的发展使得锻压生产与其他相关工艺相互渗透,在现代化建设中发挥出更大的作用。下面简要介绍几种较为成熟的锻压新工艺。

楔横轧是一种横轧工艺,利用坯料在两轧辊摩擦力带动下能作一定角度旋转的特点,轧制回转体类锻件。楔横轧轧机上的两个装有楔形模具的轧辊作同向旋转,坯料沿着轧辊的轴向送进,并在轧辊的带动下旋转,同时在楔形模具间受压变形,轧辊旋转一周形成一件锻件,如图 2.4.17 所示。辊锻是材料在一对反向旋转模具作用下产生塑性变形得到锻件或坯料的一种成形工艺,是成形轧制的一种特殊形式(见图 2.4.18)。与模锻相比,楔横轧与辊锻工作载荷小、生产率高、材料消耗低,具有更高的经济效益。

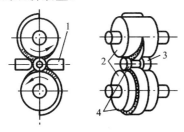
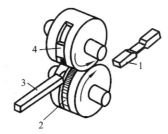

图 2.4.17　楔横轧　　　　　　　　　图 2.4.18　辊锻

1—导板;2—轧辊;3—工件;4—带楔形模具的轧辊　1—锻件;2—辊锻下模;3—坯料;4—辊锻上模

挤压最早是用来生产金属线材和管材的,现在更多的用于零件的生产。挤压产品的形状、尺寸与模具上的孔型相适应。挤压有正挤压、反挤压和复合挤压三种。冲头运动方向与金属坯料流动方向一致的称为正挤压,如图 2.4.19(a)所示。冲头运动方向与金属坯料流动方向相反的称为反挤压,如图 2.4.19(b)所示。挤压过程中一部分金属坯料的流动方向与冲头运动方向一致,另一部分金属坯料的流动方向与冲头运动方向相反的称为复合挤压,如图 2.4.19(c)所示。

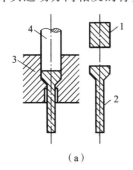
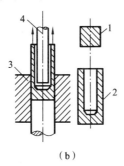
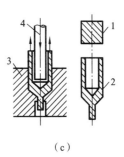

(a)　　　　　　　　　(b)　　　　　　　　　(c)

图 2.4.19　挤压方式

(a) 正挤压;(b) 反挤压;(c) 复合挤压

1—坯料;2—零件;3—凹模;4—冲头

超塑性成形是近 20 年来发展成熟起来的一种无切削和精密成形工艺。金属材料在极低的变形速度、一定变形温度($0.5 \sim 0.7$)$T_{熔}$ 和均匀的晶粒度(晶粒直径为 $0.5 \sim 5~\mu m$)等特定条件下会表现出异常好的塑性,称为超塑性。超塑性成形可一次成形出外形复杂的零件,而变形抗力只有常态下的几分之一到几十分之一,变形后几乎没有内应力。超塑性成形可以在多种工艺方法中应用,如镍基合金、高温合金、钛合金等都能进行超塑性模锻和挤压。

复习思考题

1. 何谓压力加工？压力加工对材料有何特殊要求？
2. 压力加工的主要方法有哪些？
3. 与铸件相比，锻压件有什么明显的优势？
4. 自由锻造有哪些基本工序？各有何用途？
5. 模锻与自由锻有何不同？它们各自适用于什么场合？
6. 冲压生产有何特点？试举出几种日常生活中使用的冲压件。
7. 常用的冲压设备有哪些？冲模的基本结构如何？
8. 冲压的基本工序分为哪几种？各有何特点？
9. 下列毛坯零件采用何种方式生产？

    (1) 机床主轴；(2) 不锈钢口杯；(3) 大量生产的汽车发动机连杆；(4) 成批的机床变速齿轮；(5) 计算机的机箱外壳；(6) 小批的起重吊钩。
10. 简单地谈一谈锻压生产的发展方向。

2.5 焊 接

☆ **学习目标和要求**

● 了解焊接工艺特点和应用。

● 了解手工电弧焊、气割、气体保护焊、电阻焊、等离子切割的基本原理、使用场合及其所用到的设备。

● 了解常见焊条的种类、组成和作用。

● 了解手工电弧焊工艺参数的选择。

● 了解常见焊接缺陷及其检验方法。

● 熟悉手工电弧焊的安全操作过程。

● 掌握手工电弧焊起弧、运条和收尾的操作方法。

☆ **安全操作规程**

● 严格遵守《学员实习规则》。

① 焊前检查弧焊机外壳接地是否良好。
② 焊钳和焊接电缆线的绝缘必须良好。
③ 线路各连接点必须接触良好。
● 不准将焊钳直接放在工作台上,以免短路烧坏焊机。
● 焊接操作时,必须穿好绝缘胶鞋,戴好面罩和电焊手套。
● 清渣时要注意渣的飞溅,防止渣烫伤眼睛和脸部。
● 焊接后的焊件,不准直接用手拿,而应使用夹钳。
● 发生触电或发现焊机出现异常时,应立即切断电源,并报告指导教师。
● 工作完毕必须切断电源,整理工作场地。

☆ 学习方法

先集中讲授,再进行现场教学,按照教学大纲的要求,让参训人员进行手工电弧焊的操作训练;安排参训人员现场观看气割、气焊、氩弧焊的工作过程。根据课程内容的需要,也可以讲课与训练穿插进行。后阶段安排观看焊接新工艺教学录像。

要求参训人员独立完成以下内容:用手工电弧焊的方法连接低碳钢板料。

2.5.1 概述

焊接是通过加热、加压或两者并用,并且用或不用填充材料,使焊件达到原子间结合的一种加工方法。焊接可通过对小而简单的结构进行拼接组成大而复杂的结构;焊接可实现不同材质的连接;焊接可实现特殊结构的生产;焊接结构质量轻,利用焊接方法制造的运输工具可以提高其承载能力。焊接作为制造金属结构和机器零件一种基本工艺方法,已广泛应用于锅炉、船体、高压容器、桥梁、家用电器等各个方面。图 2.5.1、图 2.5.2 为典型焊接工程及施工现场。

图 2.5.1 典型焊接工程——轮船及施工现场

根据焊接的工艺特点和母材金属所属的状态,可将焊接分为熔焊、压焊和钎焊三类。

(1)熔焊 熔焊是指在焊接过程中,将焊件接头加热至熔化状态,不加压力完成

图 2.5.2　典型焊接工程——鸟巢及施工现场

焊接的方法。常用的熔焊方法有手工电弧焊、埋弧焊、气体保护焊和气焊等。

（2）压焊　压焊是指在焊接过程中，对焊件通过施加压力（加热或不加热）完成焊接的方法。常用的压焊方法有电阻焊、摩擦焊等。

（3）钎焊　钎焊是指采用比母材熔点低的金属材料作钎料，将焊件和钎料加热至高于钎料熔点、低于母材熔点的温度，利用液态钎料"润湿"母材，填充接头间隙，并与母材相互扩散实现连接焊件的方法。

焊接也存在着不足，如熔焊在焊接时一般都是局部高温快速提升，而后迅速冷却，容易导致焊缝及其附近区域的化学成分、金相组织、物理性能、抗腐耐磨性等与母材有所不同，引起焊接应力与变形，影响产品质量与安全性。

2.5.2　手工电弧焊

手工电弧焊是利用焊条和焊件间产生的电弧热量将焊条和焊件局部熔化，从而获得牢固接头的一种焊接方法，是熔化焊中最基本的焊接方法。

1. 焊接过程

手工电弧焊的焊接过程如图 2.5.3 所示。先在焊条和焊件之间引发电弧，高温电弧将焊条端部和焊件局部熔化形成熔池；随着焊条的离开，熔池迅速凝固、冷却成焊缝，同时将分离的焊件连接成整体。

2. 焊接电弧

焊接电弧是发生在焊条与工件间（即两电极间）的气体介质中长时间而剧烈的放电现象。

1）焊接电弧的形成

焊接时，先将焊条与焊件瞬时接触，发生短路。强大的短路电流流经少数几个触点，使得触点处温度急剧升高，产生熔化甚至蒸发。此时焊条迅速提起，在两极电场作用下产生热电子发射。飞速发射的电子撞击焊条端部与焊件间的空气，使之电离。电子和负离子流向正极，正离子流向负极，形成了焊接电弧，如图 2.5.4 所示。

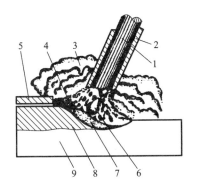
图 2.5.3 手工电弧焊焊缝的形成
1—焊芯；2—药皮；3—气体；4—熔渣；5—渣壳；
6—焊条芯熔滴；7—熔池；8—焊缝；9—焊件

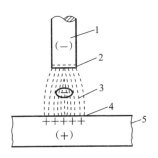
图 2.5.4 焊接电弧的形成
1—焊条；2—阴极区；3—弧柱；
4—阳极区；5—焊件

2) 焊接电弧的构成

焊接电弧由阴极区、阳极区和弧柱区三部分组成。一般情况下，阳极温度略高于阴极，因为阳极表面受高速电子撞击，产生较大的热量，约占电弧热量的43%；阴极区发射电子会消耗能量，热量略低，约占电弧热量的36%；弧柱区产生的热量仅占21%。以焊接钢材为例，阳极区的温度为2 600 K，阴极区温度2 400 K，弧柱中心温度高达6 000~8 000 K。

使用直流电进行焊接时，由于弧柱中各区的温度不同，有正接法和反接法之分。当工件接正极、焊条接负极时称正接法，多用于焊接较厚件；反之称反接法，多用于焊接较薄件。使用交流电机焊接时，由于电弧极性瞬时交替变化，焊条与工件的热量和温度分布相等，不存在正接与反接问题。

3. 电焊机

电焊机有交流弧焊机和直流弧焊机两类。

交流弧焊机又称弧焊变压器，如图2.5.5所示。它将网路电压(220 V 或 380

图 2.5.5 交流弧焊机与手工交流电弧焊接

V)的交流电变成适合于电弧焊的低压交流电。交流弧焊机结构简单、价格便宜、使用方便、维修容易、空载损耗小,但电弧稳定性较差。

常见的交流弧焊机有:BX1-250、BX1-400、BX3-500等。各参数含义举例如下:

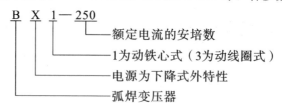

如前所述,直流弧焊机有正接和反接之分。生产中常用的直流弧焊机有整流器式直流弧焊机和逆变式电焊机两种。

整流器式直流弧焊机是一种优良的电弧焊电源,由大功率整流元件组成整流器,将电流变为直流,供焊接使用。常用型号有:ZXG-500,其中Z为整流弧焊电源,X为电源特性,G为硅整流式,500为额定电流。

逆变式电焊机的特点是直流输出,具有电流波动小、电弧稳定、焊机质量小、体积小、能耗低等优点,得到了越来越广泛的应用。常见的有:ZX7-315、ZX7-160等,其中"7"表示逆变式。

4. 电焊条

电焊条由焊芯和药皮组成,如图2.5.6所示。

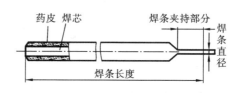

图2.5.6 电焊条及其组成

焊芯是一根具有一定直径和长度的金属丝。其作用一是作为电极产生电弧,二是熔化后作为填充金属与熔化的母材一起形成焊缝。药皮由多种矿物质、有机物、铁合金等粉末用黏结剂调和制成,压涂在焊芯上,主要起引弧、稳弧、保护焊缝等作用。

国标上把焊条按照用途分为七大类型:碳钢焊条、低合金钢焊条、不锈钢焊条、堆焊焊条、铸铁焊条及焊丝、铜及铜合金焊条、铝及铝合金焊条。焊条的型号反映了焊条的主要特性。以碳钢焊条为例,其型号根据熔覆金属的抗拉强度、药皮类型、焊接位置和焊接电流种类划分。例如:

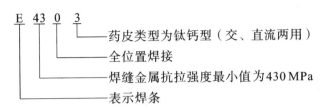

药皮中含有较多酸性氧化物(如 SiO_2、TiO_2、Fe_2O_3 等)的焊条称为酸性焊条,如 E4303、E4322 等;药皮中含有较多的碱性氧化物(如 CaO、FeO、MnO、Na_2O 等)的焊条称为碱性焊条。酸性焊条能交、直流两用,焊接工艺性能好,但焊缝力学性能特别是冲击韧度差,适用于一般的低碳钢和相应强度的低合金结构钢;碱性焊条一般用于直流电源,因为其脱硫、脱磷能力强,焊缝性能良好,但工艺性能较差,适合于低合金钢、合金钢及承受动载荷的重要结构件的焊接。

5. 手工电弧焊工艺

1) 接头形式

由于焊件的形状、工作条件和厚度的不同,焊接时需要采用不同的焊接接头形式。常见的接头形式有对接、角接、T形接和搭接等几种,如图 2.5.7 所示。对接接头受力均匀,焊接时容易保证质量,因此,常用于重要的构件中。搭接接头焊前准备和装配比较简单,在桥梁、屋架等结构中常采用。

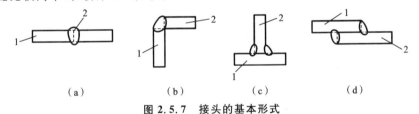

图 2.5.7 接头的基本形式

(a) 对接;(b) 角接;(c) T 形接;(d) 搭接

1—工件 1;2—工件 2

2) 坡口形式

为了保证焊件能被焊透,需根据设计或工艺需要,在焊件的待焊部位加工一定几何形状的沟槽,这种沟槽称为坡口。常见的坡口形式有 I 形、V 形、U 形和 X 形,如图 2.5.8 所示。坡口采用气割或切削加工等方法制成。

图 2.5.8 坡口的常见形式

(a) I 形;(b) V 形;(c) U 形;(d) X 形

3) 焊接空间位置

焊接位置是指施焊时,焊件接缝所处的空间位置。焊接位置通常有平焊、横焊、立焊、仰焊四种,如图2.5.9所示。平焊操作方便,焊缝成形良好,应尽量采用。在可能的情况下,应设法使其他焊接位置转变成平焊位置,然后进行焊接。

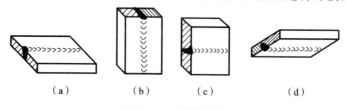

图 2.5.9 焊接位置
(a)平焊;(b)立焊;(c)横焊;(d)仰焊

4)焊接工艺参数

手工电弧焊的工艺参数包括焊条直径、焊接电流、电弧电压、焊接速度、焊接层次等。

焊条直径主要取决于焊件的厚度。焊件较厚应选择直径较粗的焊条;焊件较薄则应选择较细的焊条。平焊时焊条直径按表2.5.1选择。

表 2.5.1 焊条直径选择

焊件厚度/mm	2	3	4～7	8～12	>12
焊件直径/mm	2	2.5	3.2～4	4～5	5～5.8

焊接电流是影响焊接质量的关键,其计算公式为

$$I = (30 \sim 55)d$$

式中:I——焊接电流(A);

d——焊条直径(mm)。

上式计算的只是一个大概值,实际生产中还应根据焊件厚度、接头形式、焊接位置、焊条种类等因素,通过试焊来调整确定电流大小。

电弧电压主要由电弧长度来决定。一般电弧长时电弧电压高;电弧短时电弧电压低。电弧太长燃烧不稳定,熔深减少,并容易产生焊接缺陷,为此应力求使用短电弧。一般情况下,电弧长度不超过焊条的直径。

焊接速度指单位时间内完成的焊缝长度。焊接速度对焊缝质量影响很大,焊速过大易产生熔深小、宽度小和未焊透等缺陷;焊速过慢焊缝熔深大、宽度增大,易烧穿。焊速一般凭经验掌握。

中、厚板开坡口后应采用多层焊,焊接层数应以每层厚度小于5 mm的原则确定。当每层厚度为焊条直径的0.8～1.2倍时,生产效率较高。

【实践操作】

1. 引弧

引弧是焊接时引燃电弧的过程,引弧的方法有敲击法和划擦法两种,引弧过程

中应注意以下几点。

(1) 焊条敲击或划擦后要迅速提起,否则易粘住焊件,产生短路。如发生粘条,可将焊条左右摇动后拉开,如拉不动,则要切断电源,待焊条冷却后再处理。

(2) 焊条不能提得过高(通常不超过焊条直径),否则电弧会熄灭。

(3) 如果多次引弧都不能引燃电弧,则应将焊条在焊件上重敲几下,清除端部绝缘物质,以利于引弧。

2. 运条

引弧后进行运条,如图 2.5.10 所示,运条首先要掌握好焊条与焊件间的角度,并使焊条同时完成以下的三个基本动作。

(1) 使焊条向下作送进运动,送进速度等于焊条熔化的速度。

(2) 使焊条沿焊缝作纵向摆动,移动速度等于焊接速度。

(3) 使焊条沿焊缝作横向摆动。焊条以一定的运动轨道周期地向焊缝左右摆动,以获得一定宽度的焊缝。

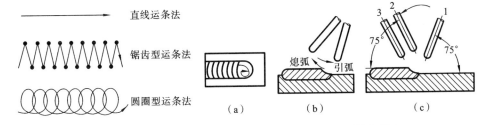

图 2.5.10 运条方法

图 2.5.11 焊缝收尾法

(a) 划圈收尾法;(b) 反复断弧收尾法;
(c) 回焊收尾法

3. 焊缝收尾

焊缝收尾时,为了避免出现凹坑,焊条应停止前移,而采用划弧收尾或反复断弧法或回收焊条收尾法自下而上地慢慢拉断电弧,以保证焊缝尾部有良好的形状,如图 2.5.11 所示。

【操作要点】

(1) 要注意手工电弧焊的安全操作。

① 注意防止触电。操作前检查设备和工具完好情况,如电焊机是否接地、电缆焊钳是否绝缘,同时穿好绝缘鞋和手套。

② 防止弧光伤害和烫伤。必须戴好手套、面罩、护脚套等(见图 2.5.12),操作时不能直接用肉眼直接观察电弧,敲击焊皮时用面罩护住眼睛。

③ 焊接现场及周围不得存放易燃易爆物品。

④ 焊接场地应该有合理的通风换气设施,保证有害气体能够及时排除,避免对操作者造成伤害,如图 2.5.13 所示。

(a) (b) (c)

图 2.5.12 主要焊接防护用品

(a)防护面罩；(b)防护手套；(c)护脚套

图 2.5.13 焊接场所的通风设施

（2）焊接操作时的注意事项。

① 引弧时，将焊条末端与焊件相接触形成短路，然后迅速提起焊条并保持 2～4 mm 的距离，即可引燃电弧。

② 运条时要特别注意焊条向下送进、横向摆动、纵向移动的动作协调，初次练习可以用废旧钢板练习，确保焊缝的质量与美观。

③ 收尾时不要太仓促，一定要填满弧坑。

④ 焊接完成后要用尖嘴锤、钢丝刷等工具敲去焊渣，去除表面飞溅物和熔渣，以保证得到完好的焊缝。

2.5.3 其他焊接方法

1. 气焊及气割

1）气焊

气焊是利用气体火焰作热源的熔焊方法，最常用的是以氧-乙炔火焰作热源的氧-乙炔焊。氧-乙炔焊的焊接过程如图 2.5.14 所示。焊接时，乙炔和氧气在焊炬中混合均匀后从焊嘴喷出，点燃后形成火焰，将焊件和焊丝熔化，形成熔池，不断移动焊炬和焊丝，就形成焊缝。

气焊焊接温度低，加热时间长，因而生产率低，热影响区和变形大，焊缝质量不高。气焊的优点是操作简便、灵活性强，不需用电源，且焊接薄板时不易烧穿焊件。气焊主要用于焊接厚度在 3 mm 以下的薄钢板、铜、铝及其合金，以及铸铁补焊。

2）气割

气割的过程如图 2.5.15 所示。气割时，先用氧-乙炔火焰将切割处金属预热到燃点，然后让割嘴喷出高速切割氧流，使预热处金属燃烧，放出大量热量，形成熔渣。放出的热量使下层金属预热到燃点，高速氧流将熔渣从切口处吹走，并使下层金属

  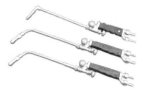

图 2.5.14　氧-乙炔气焊及焊炬

1—焊丝；2—焊炬

继续燃烧。如此不断进行，达到使金属分离的目的。被气割金属应具备以下条件：金属的燃点应低于其熔点；燃烧生成的金属氧化物熔点应低于金属本身熔点；金属燃烧时应放出足够的热量，以保证下层金属有足够的预热温度。

 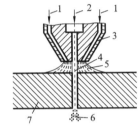 

图 2.5.15　气割及其割炬

1—乙炔；2—氧；3—割嘴；4—切割氧气；5—预热火焰；6—熔渣；7—工件

气割设备简单，操作方便，能在任意位置切割各种厚度的工件，生产率较高，成本低，切口质量较好。气割的主要缺点是适用的材料种类较少，高碳钢、铸铁、不锈钢、铝、铜及其合金均不能气割。气割主要用于低碳钢、中碳钢、低合金高强度结构钢的切割。

2. 气体保护焊

气体保护焊是用外加气体作为电弧介质并保护电弧和焊接区的电弧焊。气体保护焊在焊接时，气体由喷嘴喷出，在电弧和熔池周围形成保护区，不断送进的焊丝被逐渐熔化，并进入熔池，冷凝后就形成优质焊缝。常用的气体保护焊有氩弧焊和二氧化碳气体保护焊两类。

1）氩弧焊

氩弧焊是以氩气作保护气体的气体保护焊。按电极不同，氩弧焊可分为钨极氩弧焊和熔化极氩弧焊，如图 2.5.16 所示。

钨极氩弧焊以钨丝作电极，其焊接速度不高，一般只适用于焊接厚度 4 mm 以下的薄板。熔化极氩弧焊以连续送进的焊丝作电极，生产率高，适宜焊接 3～25 mm 的

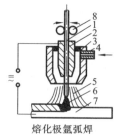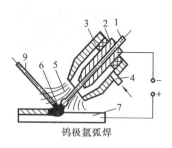

图 2.5.16 氩弧焊焊炬与焊接示意图

1—焊丝(钨极);2—导电嘴;3—喷嘴;4—进气管;
5—氩气流;6—电弧;7—焊件;8—送丝滚轮;9—填充焊丝

板材。

氩弧焊焊接质量好,焊件变形小,便于观察和操作,并可全位置焊接。由于氩气成本高,且设备复杂,氩弧焊主要用于铝、镁、钛及其合金,以及不锈钢、耐热钢的焊接。

2) 二氧化碳气体保护焊

二氧化碳气体保护焊是用二氧化碳作为保护气体的气体保护焊。其焊接过程如图 2.5.17 所示。

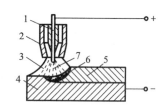

图 2.5.17 二氧化碳气体保护焊焊机、焊丝与焊接示意图

1—焊丝;2—喷嘴;3—保护气体;4—焊件;5—焊缝;6—熔池;7—电弧

二氧化碳气体保护焊的优点是生产率高(比手工电弧焊高 1~3 倍),成本低,热影响区和变形较小,并可全位置焊接。缺点是金属飞溅较大,焊缝表面不美观,如操作不当,易产生气孔。二氧化碳气体保护焊主要用于低碳钢和低合金高强度结构钢的薄板焊接。

3. 埋弧焊

埋弧焊是指电弧在焊剂层下燃烧进行焊接的方法。其焊接过程如图 2.5.18 所示。将焊丝插入焊剂中,引燃电弧,使焊丝和焊件局部熔化形成熔池。焊剂形成的气体和熔渣可使电弧和熔池与外界空气隔绝。焊丝逐渐前移,完成焊接。

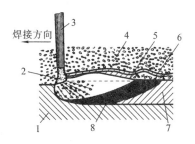

图 2.5.18 埋弧焊及焊接过程示意图

1—焊件;2—电弧;3—焊丝;4—焊剂;5—熔化的焊剂;6—渣壳;7—焊缝;8—熔池

埋弧焊具有生产率高(比手弧焊高 5~10 倍),焊接质量好,焊缝外形美观,劳动条件好等优点。此外,埋弧焊由于没有焊条头,厚度小于 20~25 mm 的工件可不开坡口,金属烧损和飞溅少,电弧热利用充分,故能节省金属和电能。埋弧焊主要用于板厚 3 mm 以上的碳钢和低合金高强度结构钢的焊接,适宜于平焊位置的长直焊缝和直径较大(一般不小于 250 mm)的环焊缝。

4. 电阻焊

电阻焊是焊件组合后通过电极施加压力,利用电流通过接头的接触面及邻近区域产生的电阻热进行焊接的方法。电阻焊具有生产率高、焊接变形小和劳动条件好等优点。电阻焊设备较复杂,耗电量大,通常适用于成批或大量生产。电阻焊可分为以下几种。

1) 点焊

点焊过程如图 2.5.19 所示。点焊时,将焊件装配成搭接接头,并压紧在两极之间,然后通电,利用电阻热熔化母材金属以形成熔核,随后断电。熔核在压力下凝固,形成焊点。点焊焊点强度高,工件变形小且表面光洁,适用于薄板冲压结构和钢

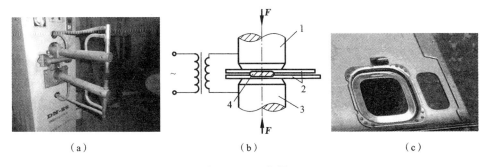

图 2.5.19 点焊

(a) 点焊机;(b) 点焊示意图;(c) 激光点焊件

1—上电极;2—工件;3—下电极;4—焊点

筋的焊接。

2）缝焊

缝焊过程如图 2.5.20 所示。缝焊时，通常将焊件装配成搭接接头并置于两滚轮电极之下，滚轮加压于焊件并转动，连续或断续送电，便形成一条连续焊缝。缝焊主要用于焊接有气密性要求的厚度在 3 mm 以下的容器和管道。

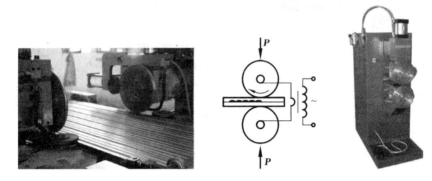

图 2.5.20　缝焊及其工作示意图

3）对焊

对焊可分为电阻对焊和闪光对焊两种，如图 2.5.21 所示。

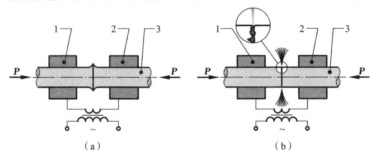

图 2.5.21　对焊示意图

(a) 电阻对焊；(b) 闪光对焊

1—固定电极；2—可移动电极；3—焊件；P—压力

(1) 电阻对焊　对焊时，将焊件装配成对接接头，加预压力使其端面紧密接触，然后通电，将接触部位加热至塑性状态，随后增大压力，同时断电，接触处便产生塑性变形而形成焊接接头。电阻对焊的接头光滑无毛刺，但由于接头内部易产生夹杂物，故接头质量不易保证，一般用于断面直径小于 20 mm、强度要求不高的杆件的焊接。

(2) 闪光对焊　焊接时，将焊件装配成对接接头，接通电源，并使其端面逐渐靠近达到局部接触，强电流通过触点，使之迅速熔化、蒸发并爆破，形成金属的飞溅和闪光。焊件不断送进，闪光连续发生。待两端面加热到全部熔化时，迅速对焊件加压并断电,使熔化金属自结合面挤出,焊件端部产生大量塑性变形而形成焊接接头。闪光对焊的接头质量较高,但金属损耗较大,接头处有毛刺需要清理。闪光对焊广泛用于刀具、钢棒、钢管等的对接,不但可焊同种金属,也可焊异种金属,如铝-铜、铝-钢等。图 2.5.22 所示为对焊得到的典型零件。

图 2.5.22 对焊得到的法兰与三通管

5. 钎焊

钎焊是利用熔点比焊件低的钎料作填充金属,适当加热后,钎料熔化而将处于固态的焊件连接起来的一种焊接方法。图 2.5.23 所示为典型的钎焊件。

(a)　　　　　　　　　　(b)

图 2.5.23 典型钎焊件

(a)钎焊得到的磨轮;(b)钎焊得到的金刚石车刀

1) 钎焊过程

先把接头表面清理干净,以搭接接头装配,然后在接缝处放上钎料和钎剂,并将工件和钎料一起加热到钎料的熔化温度。液态钎料由于毛细管作用流入接缝间隙,并与母材相互扩散,凝固后便形成牢固的接头。

2) 钎焊特点

钎焊加热温度低,焊接变形小,工件尺寸准确。钎焊可对工件整体加热,同时焊成许多焊缝,生产率高。钎焊不仅可连接同种或异种金属,还可焊接金属或非金属。但是,钎焊接头的强度较低,焊前清理工作要求较严。

3) 钎焊的分类和应用

钎焊按钎料熔点的不同,可分为以下两类。

（1）软钎焊　软钎焊是使用熔点低于 450 ℃ 的软钎料所进行的钎焊。常用的软钎料为锡铅钎料，常用的钎剂是松香、氯化锌溶液等。软钎焊接头强度较低，主要用于受力不大或工作温度较低的钎焊结构，如电子元件或电气线路的焊接。

（2）硬钎焊　硬钎焊是使用熔点高于 450 ℃ 的硬钎料所进行的钎焊。常用的硬钎料为铜基钎料，钎剂是硼砂。硬钎焊接头强度较高，主要用于受力较大或工作温度较高的钎焊结构，如刀具、零件的焊接。

【教师演示】

（1）演示气割钢板的全过程。

（2）演示气焊的全过程。

（3）演示氩弧焊焊接不锈钢板的全过程。

2.5.4　焊接质量与焊接缺陷分析

焊接质量主要从焊接缺陷和焊接变形这两个方面来考察。

1. 常见焊接缺陷

在焊接生产过程中，由于材料（如焊件材料、焊条、焊剂等）选择不当，焊前准备工作（如清理、装配、焊条烘干、工件预热等）做的不好，焊接工艺不合理或操作方法不正确等原因，都有可能产生缺陷。常见焊接缺陷如表 2.5.2 所示。

表 2.5.2　常见焊接缺陷

缺陷类型	示意图	特征	产生原因
焊缝外形尺寸不合格		焊缝太高或太低；焊缝宽窄很不均匀；角焊缝单边下陷量过大	焊接电流过大或过小，焊接速度不当，焊接坡口不当或装配间隙不均匀
咬边	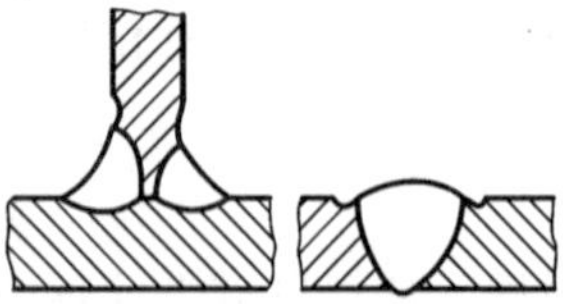	焊缝与焊件交界处凹陷	电流太大，运条不当，焊条角度和电弧长度不当
气孔		焊缝内部或表面的孔穴	熔化金属凝固太快，材料不干净，电弧太长或太短，焊接成分化学成分不当

续表

缺陷类型	示意图	特征	产生原因
夹渣		焊缝内部和熔线内存在非金属夹杂物	焊件边缘及焊层之间清理不干净,焊接电流太小,熔化金属凝固太快,运条不当,焊接材料成分不当
未焊透		焊缝金属与焊件之间或焊缝金属间的局部未熔合	焊接电流太小,焊接速度太快,焊件制备和装配不当,如坡口太小、钝边太厚、间隙太小等,焊接角度不对
裂缝		焊缝、热影响区内部或表面缝隙	焊接材料的化学成分不当,熔化金属冷却太快,焊接结构设计不合理,焊接顺序不当,焊接措施不当

2. 焊接变形

1) 焊接变形的基本形式

焊接变形的基本形式有收缩变形、角变形、弯曲变形、波浪形变形和扭曲变形等五种,如图 2.5.24 所示。

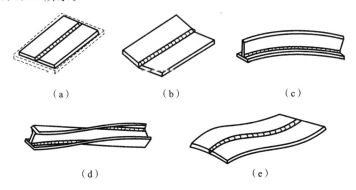

图 2.5.24 焊接变形的基本形式

(a) 收缩变形;(b) 角变形;(c) 弯曲变形;(d) 扭曲变形;(e) 波浪形变形

2) 减小焊接应力和变形的措施

(1) 设计焊接结构时,应尽量减少焊缝数量,尽可能使焊缝对称分布,尽量避免焊缝的密集和交叉。

（2）焊前预热,焊后缓冷。

（3）采用刚性固定法,焊前将焊件加以固定,能使焊件避免变形,但会增加内应力。

（4）采用反变形法,焊前朝可能变形的相反方向装配焊件,以抵消焊接变形。

（5）选择合理的焊接顺序,如图 2.5.25 所示,图中 1、2、3…表示焊接顺序。

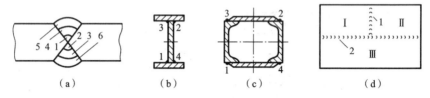

图 2.5.25　合理的焊接顺序示意图

(a) X 形坡口焊件;(b) 工字形焊件;(c) 矩形焊件;(d) 板形焊件

（6）每焊好一道焊缝,趁热用小锤加以轻轻敲击,以降低内应力。

（7）重要的焊件在焊后进行去应力退火。

3）焊接变形的矫正

对已变形的焊件可进行矫正,以便使焊件产生新的变形来抵消焊接变形。变形较小的小型焊件常用机械加压或锤击的方法进行矫正。较大的焊件或变形较大的焊件常用氧-乙炔火焰对焊件的某些部位进行加热,然后用冷却的方法进行矫正。显然,只有塑性好的金属材料的焊接变形才能矫正。

手工电弧焊设备简单,操作灵活,能适应各种焊缝位置和接头形式,并且焊缝的形状和长度不受限制,因而应用广泛。但由于生产率低,手工电弧焊主要用于单件小批生产。手工电弧焊适宜的板厚应不小于 1 mm(通常为 3～20 mm)。

3. 焊接缺陷检查

焊缝的质量检验通常有非破坏性检验和破坏性检验两类。

非破坏性检验包括以下三种。

（1）外观检验　用肉眼、低倍放大镜或样板等检验焊缝的外形尺寸和表面缺陷,如裂纹、烧穿、未焊透等。

（2）密封性检验或耐压实验　对于一般压力容器,如锅炉、化工设备及管道等设备要进行密封性试验,或根据要求进行耐压试验。具体有水压试验、气压试验、煤油试验等。

（3）无损检测　用磁粉、射线、超声波等方法检验焊缝内部缺陷。

破坏性试验包括力学性能试验、金相检验、断口检验、耐压试验等。

2.5.5 典型焊接件加工实例

【实例】 按照图2.5.26的要求完成焊接加工。

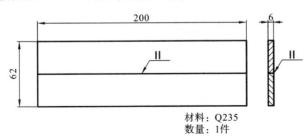

图 2.5.26 焊接加工示意图

掌握焊接线路连接方法,学会选择焊机和焊条,掌握基本的引弧、运条方法,完成两块钢板的平焊连接焊一条200 mm的对接平焊缝,焊接后钢板尺寸为6 mm×200 mm×62 mm,焊接步骤如表2.5.3所示。

表 2.5.3 钢板对接平焊步骤

序号	步骤	加工简图	加工内容	工具、量具
1	备料		下料: 6 mm厚的Q235钢板2件,尺寸200 mm×30 mm	剪板机、钢尺
2	选择、加工坡口		钢板厚6 mm,可采用双面焊接的方法,在此不开坡口	
3	焊前清理		清除焊缝周围的铁锈和油污	钢丝刷等
4	装配、点固		将两板放平、对齐,留2 mm间隙;用焊条在适当位置点固并除渣	焊机、焊条及相关设备

续表

序号	步骤	加工简图	加工内容	工具、量具
5	焊接	 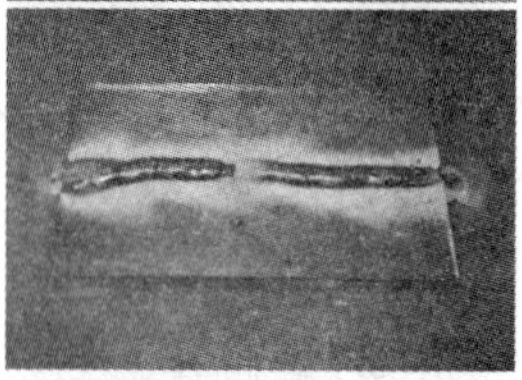	选择焊接规范；先焊接点固的反面，熔深大于板厚的一半，焊后除杂；焊另一面，熔深也要大于板厚的一半，焊后除渣	焊机、焊条及相关设备
6	焊后清理	 	去除表面飞溅物、熔渣；进行外观检查	焊机及相关设备、尖嘴锤、钢丝刷
7	检验		按图要求检验	

2.5.6 焊接新技术

1. 焊接自动化

1881年，俄国发明家贝纳尔多斯发明了利用炭精电极进行电弧焊接的方法。到今天，焊接已从最初辅助性和修理性的作业变成了现代工业主导性工艺过程。

自从进入到工业大发展的新时代以来，大批量的生产模式对焊接也提出了更高的要求，像汽车、列车车厢、自行车及其他许多大批量生产的制品中，零部件的焊接工作都是由自动焊接机去完成的。在传送带上，焊接完全是机械化的，焊接工只需启动机器和监视焊接进程。

在当代企业中，已经开始采用机器人代替人去完成繁重的体力劳动，被人们称为第一代机器人,如图2.5.27所示。第一代机器人按照严格的程序工作,不能对自己偏离正常工作过程的现象作出反应。新型的焊接机器人的控制装置不仅控制机器人的动作,而且保证机器人同辅助设备的联系和实现"教学"程序的设计,通过相关装置,机器人可以学习,能够迅速改变动作,能够和其他机器人协同工作。

图 2.5.27　焊接机器人及其工作情况

现在,科学家、工程师和技术工人们在继续进行创造性探索,不仅仅是要改造第一代机器人,而且要创造第二代机器人——对焊接条件有感觉的机器人。

2. 特种焊接工艺

除了前面介绍的基本焊接方法外,在实际生产中还大量使用了如下特种焊接工艺。

1) 摩擦焊

摩擦焊利用焊件表面相互摩擦产生的热量使端面达到热塑性状态,然后迅速加压,完成焊接的工艺方法。

摩擦焊的焊接质量好、稳定,适于异种金属的焊接,焊件尺寸精度高,生产率高,生产费用低,同时容易实现自动化。它主要用于圆形零件、棒料及管类零件的焊接。

2) 扩散焊

扩散焊是在真空或保护气体的环境下,使平整光洁的焊接表面在温度和压力的共同作用下,发生微观塑性流变后相互紧密接触,使原子相互大量扩散而实现焊接的工艺方法。

使用扩散焊时,基体不会发生过热和熔化,适合同种和异种材料焊接,如金属材料与金属材料、非金属材料与金属材料焊接,适合复杂结构或厚度差异很大的工件焊接,可使焊缝与基体组织相同。其应用如石油钻杆上用的牙轮钻头的焊接,纤维强化的硼/铝复合材料的焊接等。

3) 激光焊

激光焊是利用激光单色性好和方向性好的特点,聚焦后在短时间内产生大量的热量,使焊件温度达到万度以上,熔化形成牢固接头的焊接方法,如图2.5.19(c)

所示。

激光焊的焊接装置与被焊工件不接触,可焊接难以接近的部位,能量密度大,适合于高速加工,可对绝缘体直接焊接,实现异种材料焊接。多用于铝、铜、钼、镍、硅、铌及难熔金属材料和非金属材料焊接。

4) 超声波焊

超声波焊是利用高频振动产生的热量以及工件间的压力进行焊接的工艺方法。

超声波焊能够实现同种金属、异种金属、金属与非金属的焊接,适用于金属箔片、细丝及微型器件的焊接,可以用来焊接厚薄悬殊的工件及多层箔片,而且工件不需要特别清理。

5) 电子束焊

电子束焊是在真空的环境中,从炙热阴极发射的电子被高压静电场加速,并经磁场聚焦成高能量密度的电子束,以极高的速度轰击焊件表面,使电子动能变成热能而使焊件熔化形成牢固接头的工艺方法。

该方法的特点是焊接速度快,焊缝窄而深,热影响区小,焊缝质量极高,能焊接其他工艺难以焊接的形状复杂的焊件,能焊接特种金属和难熔金属,也适于异种金属和金属与非金属的焊接。

6) 电渣焊

电渣焊是利用电流流过液体熔渣所产生的电阻热进行焊接的工艺方法。它可用于大厚度工件(板厚可达 2 m)的焊接,生产率高,不需开坡口,只在焊接接缝处留 20～40 mm 的间隙,节省钢材和焊接材料,经济性好,可以"以焊代铸"。其缺点是接头晶粒粗大,对于重要工件需要用热处理来细化晶粒,改善力学性能。

复习思考题

1. 简述焊接的种类与特点。
2. 列举几件日常生活中的焊接物品,并判断其焊接的方法。
3. 焊条的焊芯起什么作用?对焊芯的化学成分有什么要求?
4. 酸性焊条和碱性焊条有什么不同?它们各用在什么不同的场合?
5. 开坡口的作用是什么?什么样的焊件需要开坡口?
6. 手工电弧焊接的工艺参数有哪些?应该如何选择?
7. 在手工电弧焊运条的基本操作中焊条应完成哪几个运动?
8. 气割对材料有什么要求?

9. 气体保护焊主要有哪些方法？其应用范围如何？
10. 电阻焊的基本形式有哪些？其各自的特点和运用范围怎样？
11. 常见的焊接缺陷有哪些？说明产生缺陷的原因。
12. 焊接变形的主要形式有哪些？说明焊接变形产生的原因。
13. 常见的特种焊接工艺有哪些？
14. 谈一谈焊接自动化的重要意义。

2.6 塑料成形

☆ 学习目标和要求
● 了解常用工程塑料的特点、分类及其应用。
● 了解常用的非金属材料成形工艺方法。
● 了解注塑模的各个组成部分及其作用。
● 了解注塑工艺过程及其特点。

☆ 注塑安全操作规程
● 工作前穿戴好劳动护具。
● 工作前检查内容。
① 检查机床的机械传动部分,安全防护装置和电器部分接地是否良好。
② 压力表指示是否正确,上下加热板是否平整牢靠,加热板与机床的绝热是否良好。
③ 泵箱、油箱内油量是否充足、清洁。
④ 将机床开动两次,进行观察,确信无异常现象后,方可开车工作。
● 工作中要注意机床运转情况,发现异常要立即停车检查,故障排除前禁止开车。
● 机床开动中禁止接换电阻丝,以防触电。
● 加热板和工作台要保持清洁,严禁在加热板上放置无关物品等。
● 安全阀调整好后,不得随意乱动,以免发生人身事故。
● 工作完后,要切断电源,将机床各手柄放在空挡位置,清理机床和周围环境卫生。

☆ 学习方法
先集中讲授,再进行现场教学,按照教学大纲的要求,指导人员给参训人员演示利用注塑机进行注塑的全过程。后阶段安排观看非金属材料成形的相关教学录像。

2.6.1 概述

塑料是常温下呈高弹态的高分子聚合物。它以树脂(高分子聚合物)为主要成分,加入各种能改善其加工和使用性能的添加剂(如填充剂、增强剂、增塑剂、稳定剂、润滑剂、着色剂、固化剂等),在一定温度、压力和溶剂等作用下,利用模具可成形为一定几何形状和尺寸的塑料制件,并在常温、常压下保持此形状的一类材料。

1. 塑料与塑料工业

1) 塑料的分类

塑料品种繁多,每一种都有不同的牌号。常用的分类方法有以下几种。

(1) 按合成树脂的分子结构及其特性分类可分为以下三种。

① 热塑性塑料　其特点是受热变软或熔化后具有可塑性,可制成一定形状的塑件;冷却后保持既得形状;再加热又可变软制成另一形状。是由可以多次反复加热而仍具有可塑性的合成树脂制得的塑料。常见的有聚氯乙烯(PVC)、聚苯乙烯(PS)、聚碳酸酯(PC)、丙烯腈-丁二烯-苯乙烯共聚合物(ABS)等。

② 热固性塑料　是指由加热硬化的合成树脂制得的塑料。在加热之初具有可溶性和可塑性,可塑制成一定形状的塑件;继续加热到一定程度后,树脂变成不熔或不溶的形体结构,形状固定下来;再加热也不再软化,不再具有可塑性。如:酚醛塑料(PF)、环氧塑料(EP)、不饱和聚酯(UP)等。

(2) 按塑料应用范围分类可分为以下三种。

① 通用塑料　一般指产量最大、用途最广、价格最低廉的一类塑料。目前公认的通用塑料为聚乙烯(PE)、聚氯乙烯(PVC)、聚苯乙烯(PS)、聚丙烯(PP)、酚醛塑料(PF)、氨基塑料。

② 工程塑料　用作工程技术中的结构材料的塑料。一般具有较高的机械强度、良好的耐磨性、耐蚀性、自润滑性和尺寸稳定性等。常用的工程塑料有:聚酰胺(PA)、聚甲醛(POM)、聚碳酸酯(PC)、丙烯腈-丁二烯-苯乙烯(ABS)、聚四氟乙烯(PTFE)等。

③ 特殊塑料　具有某些特殊性能的塑料,如高耐热性、高电绝缘性、高耐蚀性等。

2) 塑料的特点与应用

不同的塑料具有不同的性能和应用,综合起来,塑料的特点可归纳如下。

(1) 密度小、质量小　一般塑料的密度与水相近，大约是钢的1/6，铝的1/2。虽然密度小，但是力学性能比陶瓷、玻璃、木材要高得多，有些甚至可与钢铁媲美。

(2) 比强度高　塑料的比强度并不亚于金属，如钢的拉伸比强度为160 MPa，玻璃纤维增强塑料的拉伸比强度为170～400 MPa。塑料零件在工业产品中的比例越来越大，例如小轿车中塑料件的质量约占整车质量的1/10；宇宙飞船中塑料的体积则占到了总体积的1/2。

(3) 塑料具有优良的电、热、声绝缘性能。

(4) 耐化学腐蚀能力强　塑料对酸、碱、盐和许多化学药品均有抵抗能力。其中聚四氟乙烯(PTFE)的化学稳定性最高，超过所有的已知材料(包括金与铂)，王水[①]对它也无可奈何，被称为"塑料王"。

(5) 光学性能好　塑料折射较好，具有很好的光泽，不添加填充剂的塑料大都可以制成透光性良好的制品。

(6) 塑料减摩、耐磨性能好。

(7) 加工性能优良、经济效益显著　塑料容易成形，加工周期短；所需专用设备投资少、能耗低；加工废料可以回收再用。生产单位体积塑料制品的费用仅为有色金属的1/10，具有显著的经济效益。

现在，塑料已从代替部分金属、木材、皮革及无机材料，成为各个部门不可缺少的一种化学材料，跻身于金属、纤维材料和硅酸盐三大传统材料之列，是各行各业不可缺少的重要材料之一。

2. 塑料成形

从原材料到塑料、再从塑料到制品统称为塑料成形技术。由此塑料工业可划分为塑料生产和塑料成形加工两个部分。塑料制品的成形过程又可分为两个阶段：第一阶段是利用加热、加压、溶胀和溶解等办法使塑料达到可塑状态；第二阶段通过施加压力等方法使其充满模具型腔或通过模口成为所需的制件或形坯；再通过进一步加工，最终获得符合要求的制品。具体过程如图2.6.1所示。

塑料的成形方法很多，主要的成形方法有注塑成形、压缩成形、压注成形、挤出成形、气动成形，除此之外还有压延成形、浇铸成形、滚塑成形、泡沫塑料成形、喷射成形、气辅成形、回转成形、聚四氯乙烯压锭成形等多种方法。

2.6.2　注射成形

注射成形也称注塑成形，是一种重要的热塑性塑料的成形方法。注射成形对材

---

① 王水：又称王酸，是浓硝酸与浓盐酸的混合物，王水腐蚀性强，具有很强的氧化性，可融化金、铂等质量密度高的金属。

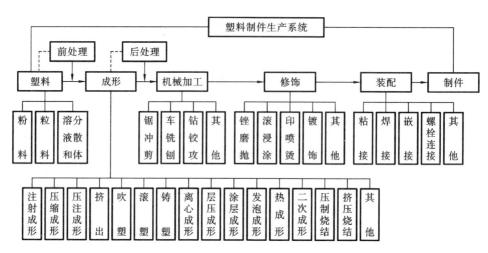

图 2.6.1 塑料制件生产系统的组成

料的适应能力强、成形周期短、生产效率高、制品精度高、易于实现自动化生产,能够一次形成空间几何形状复杂的制件,而且尺寸精确、能够带有金属和非金属的嵌件,应用非常广泛。

1. 注射成形的原理

注射成形的原理如图 2.6.2 所示。首先从注射机的料斗将颗粒状或粉状塑料送进加热的料筒中,加热熔化后呈流动状态;然后柱塞或螺杆压缩并推动塑料熔体向前移动,通过料筒前端的喷嘴以很快的速度注入温度较低的模具闭合型腔中;充满型腔的熔体经过一段时间保压冷却固化;最后开模分型,获得一定形状和尺寸的成形制件。

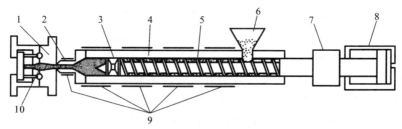

图 2.6.2 注射成形的原理

1—锁模模具;2—喷嘴;3—止逆阀;4—料筒;5—螺杆;
6—料斗;7—液压马达;8—注射缸;9—加热器;10—工件

2. 注射成形的工艺过程

完整的注射工艺过程包括成形前的准备、注射过程、塑件的后处理等,具体过程如图 2.6.3 所示。

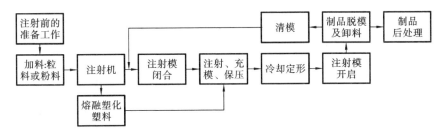

图 2.6.3 注射成形生产工艺过程

1) 注射前的准备

为了保证注射的顺利进行,注射前要进行原料预处理、清洗机筒、预热嵌件和选择脱模剂等一系列准备工作。通过对原材料的预处理来解决成形产品的外观色泽、含水量、颗粒状况、杂质情况等问题;当生产过程中出现了热分解或降解反应时,或者需要改变塑料品种、调换颜色时,应对注射机的料筒进行清洗或拆换;对于有金属嵌件的制品,为了避免金属与塑料收缩率的不同而出现的应力与裂纹,在成形前要对嵌件预热;施加适当的脱模剂是为了使成形后的制件容易从模内脱出。

2) 注射过程

注射过程一般包括加料、塑化、注射和脱模几个步骤。塑化是指加入的塑料在料筒中进行加热,由固体颗粒转换成具有良好可塑性的黏流态的过程。塑料的受热情况和受到的剪切作用的大小是决定塑料塑化质量的主要因素。注射指从注射机柱塞或螺杆将熔融塑料注射入模具开始,经过型腔充满及熔体冷却定形,直到塑料脱模为止的完整过程。注射过程时间不长,但合理控制该过程的温度、压力、时间等工艺条件,对获得优良的铸件却十分重要。脱模是指塑件冷却到一定温度后,在推出机构的作用下将塑件推出模外的过程。

3) 塑件的后处理

注射过程中熔体变形流动走向十分复杂,制件内常出现不均匀的结晶、取向和收缩,导致应力产生。可采用退火和调湿的方法进行后处理,改善塑件性能、提高尺寸稳定性。

3. 注塑机简介

图 2.6.4 所示为最常用的卧式注射机外形。注射机通常包括注射机构、锁模机构、液压传动系统和电器控制系统等几大部分。

注射机构包括料斗、料筒、加热器、计量装置、螺杆(注塞式注射机为柱塞和分流梭)及其驱动装置、喷嘴等,其作用是将固态的塑料均匀地塑化成熔融状态,并以足够的速度和压力将塑料熔体注入闭合的型腔中去。

锁模机构的作用有三点:一是在成形时提供足够的夹紧力使模具锁紧;二是实

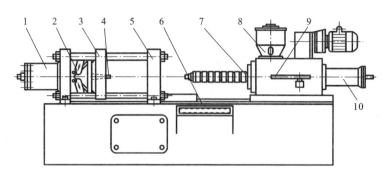

图 2.6.4 卧式注射机外形

1—锁模液压缸；2—锁模机构；3—动模板；4—推杆；5—定模板；6—控制台；
7—料筒及加热器；8—料斗；9—定量供料装置；10—注射缸

现模具的开闭；三是开模时推出模内制件。锁模机构可采用液压机械联合作用方式，也可采用全液压式；推出机构也有机械式和液压式两种，液压式推出机构有单点推出机构和多点推出机构。

液压传动系统和电器控制系统的作用是保证注射成形按照预定的工艺要求（如压力、速度、时间、温度等）和动作程序准确进行。液压传动系统是注射机的动力系统，电器控制系统则是控制各个动力液压缸完成开启、闭合和注射、推出等动作的系统。

注射成形时，注射模具安装在注射机的动模板和定模板上，由锁模装置合模并锁紧，塑料在料筒内加热呈熔融状态，由注射装置将塑料熔体注入型腔，塑料制品固化冷却后由锁模装置开模，并由推出装置将制件推出。

4. 注射模简介

注射模是注射成形所使用的模具，主要用于热塑性塑料制品的成形，也可用于热固性塑料制品的成形。按照注射模所安装的形式可分为立式注射模、卧式注射模、角式注射模。

任何注射模均可分为定模和动模两部分。注射时，动模与定模闭合构成形腔和浇铸系统；开模时，动模与定模沿分型面分开，并由脱模机构推出制品。典型的注射模一般由成形零部件、合模导向机构、浇注系统、侧向分型或侧向抽芯机构、推出脱模机构、温度调节系统、排气机构、支承零部件几大部件组成。具体结构如图 2.6.5 所示。

【教师演示】

教师为学员演示注射成形的全过程。

2.6.3 塑料成形技术的发展趋势

1. 加强塑料成形理论的研究

将塑料原材料进行成形加工，首先需解决的问题就是塑料有无成形的可能性及

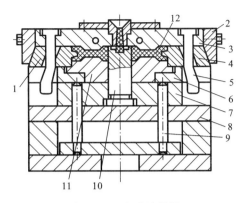

图 2.6.5 立式注射模

1,4—滑块;2—锁紧块;3—定模板;5—弯销;6—推件板;7—动模板;
8—垫板;9—推杆;10—型芯;11—动模;12—工件

成形后加工的难易程度。以前主要靠经验解决这些问题,在制造大型和复杂制件时容易因设计不当造成模具报废。目前有关注射成形的塑料熔体在一维和二维简单模腔中的成形流动理论和数学模型已经建立,极大地推动了塑料成形与塑料模 CAD/CAE/CAM 技术的发展,为塑料成形理论的研究提供了新的科学分析方法。

2. 改革创新成形工艺

为了适应新型塑料制件的要求及提高塑件质量和产率需要,新的塑料成形工艺不断涌现,如多种塑料共注射成形、多种工艺复合模塑成形、无流道注射成形、低发泡注射成形、反应注射成形和气辅注射成形、流动注射成形、动力熔融注射成形及增强反应成形等。

3. 塑料制件的精密化、微型化和超大型化

目前,塑料成形技术正向精密化、微型化和超大型化等方向发展,以适应各种工业产品的使用要求。精密注射成形主要用于电子、仪表工业,是能将塑料制件尺寸公差保持在 0.001~0.01 mm 之内的成形技术。微型化的塑料制件要求在微型的设备上生产,现已研究出注射量只有 0.1 g 的微型注射机,可生产 0.05 g 左右的微型注射成形塑件。注射塑件的大型化要求有大型、超大型的注射成形设备,注射量可达到 17×10^4 g,合模力达 150 MN,以满足大型注塑件的需要。

4. 新材料、新技术、新工艺的研制、开发与应用

(1)通过对模具的工作条件、失效形式和提高模具使用寿命等方面的研究,国内外开发出许多具有良好的使用性能、加工性好、热处理变形小的新型模具钢种,如预硬钢、新型淬火回火钢、马氏体时效钢、析出硬化钢和耐蚀钢等,取得了较好的经济和技术效果。

（2）塑料模具加工技术广泛应用仿形加工、电加工、数控加工及微机控制加工等先进技术，并使用坐标镗、坐标磨和三坐标测量仪等精密加工与测量设备，提高了加工精度，缩短了模具制造周期。另外，精密铸造、冷挤压、超塑成形、电铸等工艺的采用，使型腔加工技术获得更大进展。

（3）CAD/CAM/CAE集成技术在塑料模中的应用，实现了塑件设计、模具设计、模具制造和塑件成形的一体化。

5. 模具的专业化与标准化

实现标准化和专业化是缩短模具设计制造周期，降低模具成本的有效途径，塑料成形技术同时为CAD/CAM创造有利条件。各工业化国家对模具标准化和专业化生产均十分重视，特别是美国和日本，模具的标准化程度很高。

复习思考题

1. 简述塑料的特点与应用。
2. 热塑性塑料与热固性塑料有什么不同？常用的材料各有哪些？
3. 简述注射成形的工艺过程。
4. 影响注射成形的工艺参数有哪些？这些参数对加工各有何影响？
5. 典型注射模由哪些结构组成？
6. 谈一谈塑料成形与CAD/CAM/CAE集成技术的关系。

第3章 金属切削加工实践

本章主要介绍金属切削加工的相关知识。其基本内容主要包括：金属切削原理；钳工、车工、铣工、刨工、磨工的定义、加工设备、加工范围、工艺特点等基本知识与基础操作；金属切削加工的新技术和常用量具的使用。本章是该课程的主要内容，应特别注意在实践中学习与体会。

3.1 金属切削加工基础

☆ 学习目标和要求
- 了解金属切削加工的定义和常用的金属切削加工方法。
- 掌握切削运动、切削表面和切削用量三要素等金属切削加工的基础知识。
- 了解金属切削机床的定义与种类，了解机床的编号方法。

☆ 学习方法

先集中讲授，再进行现场教学，结合车削、铣削、刨削等加工方法学习切削运动、切削表面和切削用量三要素等金属切削加工的基础知识；结合车床、铣床、磨床、刨床等了解机床相关知识；根据课程内容的需要，安排观看金属切削原理教学录像。

金属切削加工是利用切削刀具切除工件上的多余材料，从而使工件的尺寸、形状、位置精度和表面质量符合预定要求的加工方法。为此，刀具和工件之间应满足一定的要求：一是刀具和工件的材料要满足切削加工的要求，如刀具材料的硬度、韧度、耐磨性应优于工件；二是刀具与工件间要有确定的相对运动，这被称为切削运动。各类金属切削机床能够实现不同的切削运动。

常用的金属切削加工方法有车、铣、刨、钻、磨等，如图3.1.1所示，所用的机床相应地称为车床、铣床、刨床、钻床、磨床等。

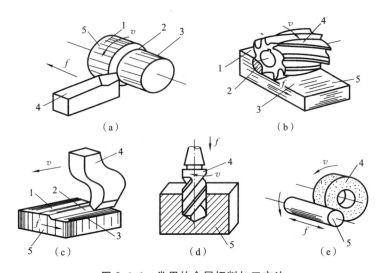

图 3.1.1 常用的金属切削加工方法
(a) 车削；(b) 铣削；(c) 刨削；(d) 钻削；(e) 磨削
1—待加工表面；2—过渡表面；3—已加工表面；4—刀具；5—工件

1. 切削运动

在切削过程中，工件和刀具之间的相对运动，称为切削运动。切削运动可分为主运动和进给运动两类，主运动是消耗功率最大的运动。

(1) 主运动　主运动是切削过程中直接切下切屑所需的运动。如车削时工件的旋转、铣削时铣刀的旋转、钻削时钻头的旋转、刨削时刨刀的移动、磨削时砂轮的旋转(见图 3.1.1 中的运动 v)都是切削加工时的主运动。

(2) 进给运动　进给运动又称走刀运动，是切削过程中使金属层不断地投入切削，从而加工出完整表面所需的运动。进给运动可由刀具完成(如图 3.1.1 所示的车削、钻削等)，也可由工件完成(如图 3.1.1 所示的铣削、磨削等)；可以是连续的(如车削)，也可以是间歇的(如刨削)；可以只有一个(如图 3.1.1 所示的钻削)，也可有几个(如图 3.1.1 所示的磨削)；个别情况也可以没有进给运动(如拉削)。如图 3.1.1 中的运动 f 都是切削加工时的进给运动。

2. 工件上的表面

在切削加工过程中，工件上有三个不断变化着的表面，如图 3.1.2 所示。

(1) 待加工表面　工件上有待切除的表面。

(2) 已加工表面　工件上经刀具切削后产生的新表面。

(3) 过渡表面　切削刃正在切削的表面。该表面的位置始终在待加工表面与已加工表面之间不断变化。

图 3.1.1 中的 1、2、3 分别为常用金属切削加工方法的待加工表面、过渡表面和已加工表面。

3. 切削用量

切削运动在数量上用切削用量来度量。主运动在数量上用切削速度表示,进给运动在数量上用进给量和背吃刀量表示,如图 3.1.2 所示。下面以车削加工为例加以说明。

(1) 切削速度 v_c 单位时间内刀具与工件沿主运动方向的相对位移量,单位为 m/min。车削加工的切削速度为

$$v_c = \frac{\pi D n}{1\,000}$$

式中:D——工件待加工面直径,单位为 mm;

n——工件转速,单位为 r/min。

(2) 进给量 f 工件每转一转,车刀沿进给方向移动的距离(mm/r)。进给运动的大小有时可用进给速度 v_f 来表示。所谓进给速度

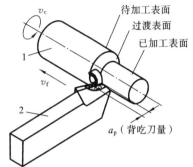

图 3.1.2　切削运动与工件上的表面
1—工件;2—刀具

是指切削刃上选定点相对于工件的进给运动的瞬时速度,单位是 mm/min。外圆车削时

$$v_f = n f$$

式中:f——进给量,单位为 mm/r;

n——主运动转速,单位为 r/min。

(3) 背吃刀量 a_p 待加工面与已加工面之间的垂直距离(mm)。

$$a_p = \frac{D - d}{2}$$

式中:D、d——分别为工件待加工面、已加工面的直径(mm)。

4. 金属切削机床

金属切削机床是用刀具切削的方法将金属毛坯加工成零件的机器,它是制造机器的机器,所以又称"工作母机",习惯上简称为机床。机床是机械制造的基础机械,其技术水平的高低、质量的好坏,对机械产品的生产率和经济效益都有重要影响。

机床主要按加工方法和所用刀具进行分类,根据国家制定的机床型号编制方法,机床共分为 11 大类,分别为:车床(C)、钻床(Z)、镗床(T)、磨床(M)、齿轮加工机床(Y)、螺纹加工机床(S)、铣床(X)、刨插床(B)、拉床(L)、锯床(G)和其他机床(Q)。在每一类机床中,按工艺范围、布局形式和结构性能分为若干组,每一组又分为若干个系(系列)。

机床的型号是机床产品的代号,用以表明机床的类型、通用和结构特性、主要技术参数等。GB/T 15375—2008《金属切削机床型号编制方法》规定,我国的机床型号由汉语拼音字母和阿拉伯数字按一定规律组合而成,它适用于除组合机床外的各类机床。

通用机床型号的表示方法如下。

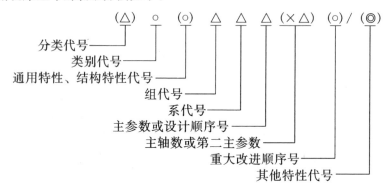

其中:有"( )"的代号或数字,当无内容时,则不表示,若有内容则不带括号;

"○"符号,为大写的汉语拼音字母;

"△"符号,为阿拉伯数字;

"◎"符号,为大写汉语拼音字母或阿拉伯数字,或两者兼有。

例如:

CM6132 表示床身上最大回转直径为 320 mm 的精密卧式车床;

MG1432A 表示第一次重大改进的最大磨削直径为 320 mm 的高精密外圆磨床;

XK5040 表示工作台宽度为 400 mm 的数控立式升降台铣床;

Z3040×16 表示最大钻孔直径为 40 mm、最大跨距为 1 600 mm 的摇臂钻床;

T4163B 表示第二次重大改进的工作台面宽度为 630 mm 的单柱坐标镗床。

复习思考题

1. 什么叫金属切削加工?常用的金属切削加工方法有哪些?
2. 什么叫主运动?什么叫进给运动?它们的作用分别是什么?
3. 切削用量的三要素分别是什么?请以外圆车削为例介绍其计算方法。
4. 通用机床型号是如何规定的?按照类别的不同可以分为多少种机床类型?分别用什么字母来表示?

3.2 钳 工

☆ **学习目标和要求**
- 了解钳工在机械制造和维修中的地位与重要性。
- 熟悉钳工实习操作规则。
- 了解划线的作用,熟悉其使用的工具、量具,掌握其基本操作方法。
- 了解手锯和锉刀结构、种类,熟悉锯削、锉削作用及手锯调整、锉刀选用原则,掌握锉削、锯削基本操作方法。
- 了解钻孔、扩孔、攻螺纹、套螺纹的作用及其所选用的工具,掌握其基本操作方法。
- 初步建立机器生产过程的概念,对读图、零件制造至机器装配、调试有较完整的认识,掌握装配的基本方法。

☆ **安全操作规程**
- 严格遵守《学员实习规则》。
- 设备使用前要注意检查,发现损坏或其他故障时应停止使用并报告指导教师。
- 正确掌握各种钳工工具的使用方法,夹持工件时,应尽可能夹在钳口中部,以防意外事故发生。
- 清除铁屑时要用刷子,严禁用手直接清除,以免割伤手指,更不准用嘴吹,以免屑末飞入眼睛。
- 使用台钻时,严禁戴手套,严禁用手接触旋转部位。
- 使用的工具、量具及加工的零件、毛坯应摆放整齐。

☆ **学习方法**

先集中讲授,再进行现场教学,然后按照要求,安排参训人员进行划线、锯、锉、钻孔、铰孔、攻螺纹、套螺纹的操作训练,根据课程内容的需要,也可以讲课与训练穿插进行。

要求参训人员独立完成手锤零件的加工。

3.2.1 概述

钳工是主要使用各种手动工具进行零件加工及完成机器装配、调试和维修等工作的工种。钳工的基本操作有划线、锯削、锉削、钻孔、扩孔、铰孔、锪孔、攻螺纹、套螺纹、矫正、弯曲、铆接、刮削、研磨、装配、调试、维修及基本测量等。

根据工作内容的不同，钳工可以分为普通钳工、划线钳工、模具钳工、装配钳工和维修钳工等。

1. 钳工的工作内容

钳工的工作内容很广，主要的工作如下。

(1) 零件加工前的准备工作，如毛坯的清理、划线。

(2) 机器装配前对零件进行钻孔、铰孔、攻螺纹、套螺纹等。

(3) 对精密零件的加工，如刮研零件、量具的配合表面和制作模具、锉制样板等。

(4) 机器设备的装配、调试和维修等。

在机械生产过程中，从毛坯下料、生产加工到机器装配调试等，通常都由钳工连接各个工序和工种，起着不可替代的重要作用。虽然现在有了先进的加工设备，但仍不能全部代替钳工手工操作。钳工使用的工具简单、操作灵活方便、能完成一般机械加工无法或不适宜完成的工作，在机械制造和维修工作中占有很重要的地位。但是钳工劳动强度大，生产率低，对工人技术要求较高。随着工业技术的发展，钳工操作也正朝着半机械化和机械化方向发展，以降低劳动强度和提高生产率。

2. 钳工常用设备

钳工台和装在钳工台上用以夹持工件的虎钳是钳工必需的主要设备。虎钳的规格通常用钳口的宽度表示，常用的有 125 mm、150 mm 和 200 mm 等几种。虎钳的结构如图 3.2.1 所示。

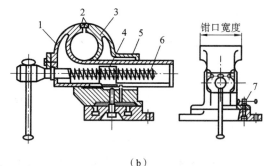

(a)　　　　　　　　　　　　　　　　(b)

图 3.2.1　常用钳工设备

(a) 钳工工作台与虎钳；(b) 虎钳的结构

1—活动钳身；2—钳口；3—固定钳身；4—螺母；5—砧面；6—丝杠；7—紧固螺栓

安装工件时转动手柄，使活动钳口开合，工件尽可能放在钳口中部，使钳口受力均匀。顺时针扳动手柄是将工件夹紧，逆时针是松开。夹紧时用力要适当，若夹持太紧，丝杠螺母易被损坏。钳口部分经过淬火，硬度很高，装夹铝、铜等软材料时，钳口要护上软金属如铝片等防止夹伤工件。

3.2.2 划线

根据图样要求,在毛坯或半成品工件表面划出基准线和加工界线称为划线。划线是钳工必须掌握的一项基本操作技能。

1. 划线的作用

划线的作用一是作为校正和加工的依据,二是检查毛坯的形状和尺寸是否符合图样要求,三是合理分配各加工表面的余量。

2. 划线的种类

划线分为平面划线和立体划线,如图3.2.2所示。在工件的一个平面上划线称为平面划线,在工件的长、宽、高三个方向上划线称为立体划线。

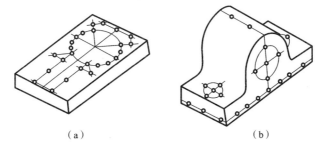

图 3.2.2 平面划线和立体划线
(a)平面划线;(b)立体划线

3. 划线工具及其用途

(1)划针 划针是平面划线工具,多用弹簧钢制成,尖端淬火后磨锐,如图3.2.3(a)所示。

图 3.2.3 钳工划线工具(一)
(a)划针与划规;(b)用划针与划规划线

(2)划规 划规在划线工作中用途很多,可以划圆弧、等分线段、等分角度及量取尺寸等。钳工用普通划规及使用如图3.2.3(b)所示。

(3)划线平板 划线平板一般用铸铁制成,表面经过刨、刮等精加工,是划线的

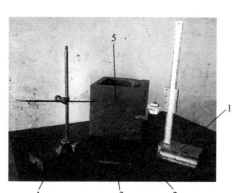

图 3.2.4 钳工划线工具(二)
1—高度尺;2—平板;3—样冲;
4—划针盘;5—方箱

基准平面,如图 3.2.4 所示。平板要安放稳固,上平面保持水平状态,平板各处要均匀使用,严禁敲打,并保持干净,为防生锈可在表面涂上机油。

花岗岩平板是一种全新的而且性能更为优越的平板。花岗岩硬度、密度高,不会被水浸透,不怕局部破损,比金属更耐高温;作为一种天然产物,花岗岩在地质环境中经过了很长的时效,内部应力很小,是很好的平板材料。

(4) 划针盘和高度尺 划针盘主要用来在工件上划与基准面平行的直线和平行线。划针的一端为针尖状,供划线用,另一端有弯钩,用来检查平面是否平整。高度尺是在尺座上固定一游标尺,通常配合划针量取尺寸。划针盘和高度尺如图 3.2.4 所示。

(5) 方箱 方箱是用铸铁制成的空心立方体,六面都经过精加工,其相邻平面互相垂直。用于夹持较小的工件并能方便翻转后划出工件的垂直线。方箱上端有放置圆形工件的 V 形槽和夹紧装置。方箱的使用如图 3.2.5 所示。

(6) 千斤顶 千斤顶支撑工件通常三个为一组,主要用来垫平和调整不规则的铸、锻件毛坯。用千斤顶支撑工件时要保证工件稳定可靠,千斤顶 A、B 的连线应与 Y 方向平行。千斤顶的使用如图 3.2.6 所示。

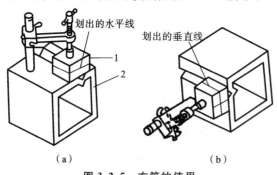

图 3.2.5 方箱的使用
(a) 划水平线;(b) 划垂直线
1—工件;2—方箱

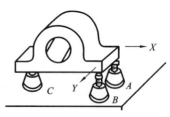

图 3.2.6 千斤顶的使用

(7) 样冲 样冲是用来在工件上划线位置打出样冲眼的工具。划好的线段和钻孔前的圆心都需打出样冲眼,以防擦去所划线段和便于钻头定位。样冲的用法如图 3.2.7 所示。

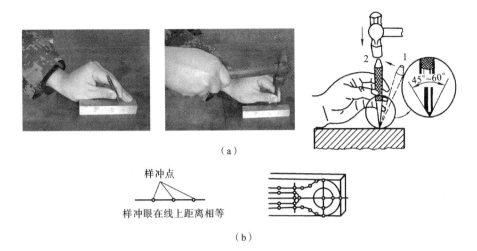

图 3.2.7 用样冲打样冲眼
(a) 打样冲步骤及姿势;(b) 在工件上打样冲示意图
1—对准;2—打样冲眼

4. 划线基准

基准是零件上用来确定点、线、面位置的依据。作为划线依据的点、线或面称为划线基准。正确地选择划线基准是划线的关键。若工件上有重要的孔需要加工,一般选择该孔的轴线作为划线基准;若工件上个别平面已经加工,则以该平面作为划线基准。优先选用设计基准作为划线基准,可以简化计算。如图 3.2.2(b)所示的轴承座零件,应以零件上大孔的中心轴线作为划线基准。

【实践操作】

依据图 3.2.34 的要求,在手锤方料上划出加工线。划线的步骤如下。

步骤 1　划线准备。清理工件的氧化皮和毛刺,在需要划线的部位涂色,设计划线图。

步骤 2　分析工件图样和加工工艺,确定划线部位、划线基准及安装位置。

步骤 3　检查工件是否存在缺陷,合理利用现有余量,通过划线调整相互位置,保证产品质量。

步骤 4　工件要安放平稳,尽量在一次支承中把需要划的平行线划全,以免补划费工费时和造成误差。

3.2.3　锯削

锯削是用锯对材料进行切断或切槽等的加工方法。锯削具有方便、简单、灵活的特点,但其加工精度低。

1. 锯削工具

锯削工具是手锯,由锯弓和锯条组成。锯弓用来安装和拉紧锯条,分为固定式和可调式两种,可调式锯弓的具体结构如图 3.2.8(a)所示。锯条一般由碳素工具钢制成,锯条长度以两个安置孔中心距表示,常用锯条长 300 mm,宽 12 mm,厚 0.8 mm。锯齿相当于一排同样形状的錾子,每个齿都有切削作用,锯齿的切削角度如图 3.2.8(b)所示。锯齿的楔角 $\beta_0=45°\sim50°$,后角 $\alpha_0=40°\sim50°$,前角(图中未画出)$\gamma_0=0°$,齿距 s 大小与齿的粗细有关。锯齿的粗细是以锯条每 25 mm 长度内的齿数来表示的,一般分为粗齿、中齿、细齿三种,锯齿的粗细及用途如表 3.2.1 所示。

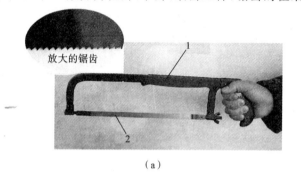
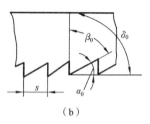

(a) (b)

图 3.2.8 锯弓和锯条

(a)可调式手锯及锯条;(b)锯齿的切削角度

1—可调式锯弓;2—锯条

表 3.2.1 锯齿的粗细及用途

锯齿粗细	每 25 mm 长度内齿数	用途
粗	14～18	锯软钢、铸铁、铝、紫铜、人造胶质材料
中	22～24	锯中等硬度钢、厚壁的钢管、铜管
细	32	锯薄板料、薄壁管子

锯条的选择是根据材料的软硬和厚度进行的。锯切较软材料(如铜、铝等)或厚工件时,应选用粗齿锯条,因粗齿锯条齿距大,锯屑不易堵塞齿间。锯硬材料或薄工件时,一般用细齿锯条,这样可以使同时参加锯削的齿数增加(一般为 2～3 个齿),锯齿不易崩裂。

2. 锯削方法

(1) 根据工件材料和工件厚度选择合适的锯条。

(2) 锯条安装在锯弓上,锯齿朝前,如图 3.2.8 所示。锯条松紧要合适,否则锯削时易折断。

(3) 工件尽可能夹在虎钳钳口的右边,以便于操作。工件伸出要短,避免锯削时振动。

（4）起锯时左手大拇指指甲轻靠锯条，右手稳住手柄，起锯角度稍小于15°，如图3.2.9所示。锯弓往复行程要短、压力要轻，锯条与工件表面垂直。锯口形成以后逐渐改为水平方向锯削。

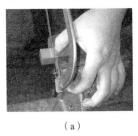  

（a） （b）

图 3.2.9 起锯

(a) 拇指引导锯条切入；(b) 两种正确的起锯方式

（5）手锯的握法如图3.2.10所示。锯弓应直线往复，不得左右摇摆。前推时均匀加压，返回时不应施加压力，还应稍微抬起锯弓，以免锯齿磨损。锯削速度不宜过快，通常每分钟 20～40 次。如过快则锯条容易发热而加剧磨损。锯切时尽量用锯条全长工作，以避免中间部分迅速磨钝。为提高锯切效率，延长锯条寿命，锯切时应加润滑油或切削液。快锯断时，用力要轻，以免碰伤手臂或折断锯条。

图 3.2.10 手锯的握法

（6）锯圆钢时，为了得到整齐的锯缝，应从起锯开始就以一个方向锯到结束；锯圆管时，则只需锯到管子的内壁处，然后工件向推锯方向转一定的角度后再继续锯削，如图3.2.11所示；锯薄板时，为防止振动与变形，可用木板夹住两侧进行锯削，如图3.2.12所示。

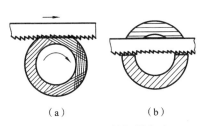  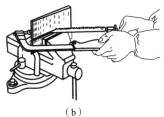

（a） （b） （a） （b）

图 3.2.11 圆管锯削方法　　　　　图 3.2.12 薄板锯削方法

(a) 正确；(b) 错误　　　　　　　　(a) 垂直锯削；(b) 水平锯削

【实践操作】

(1) 用锯弓锯削角铁、圆管、深缝、板料等。

(2) 按图 3.2.34 要求,锯出手锤的长度、斜面。

【操作要点】

初学锯削,对锯削速度不易掌握,往往推拉速度过快,这样容易使锯条很快磨钝,一般以每分钟 20~40 次为宜。锯削软材料可快些,硬材料应慢些,同时,锯硬材料的压力应比锯软材料时大些。锯削行程应保持均匀,回程时因不进行切削,故可稍微提起锯弓,使锯齿在锯削面上轻轻滑过,速度可相对快些。在推锯时应使锯条的全部长度都利用到,若只集中于局部长度使用,则锯条的使用寿命将相应缩短,工作效率也低,一般往复长度(即投入切削长度)不应少于锯条全长的三分之二。锯条安装松紧要适当,太松在锯削时发生扭曲而折断,而且锯缝也容易歪斜,太紧在锯削时发生弯曲,容易崩断。装好的锯条应与锯弓保持在同一中心面内,这样容易使锯缝正直。

锯削操作时的注意事项如下。

(1) 锯条要装得松紧适当,锯割时不要突然用力过猛,防止工作中锯条折断从锯弓上崩出伤人。

(2) 工件夹持要牢固,以免工件走动,锯缝歪斜、锯条折断。

(3) 要经常注意锯缝的平直情况,如发现歪斜应及时纠正。歪斜过多纠正困难,不能保证锯割的质量。

(4) 工件快要锯断时压力要小,避免压力过大使工件突然断开,导致手向前冲而造成事故。一般工件快锯断时要用左手扶住工件断开部分,以免落下伤脚。

(5) 在锯割钢件时,可加些机油,以减少锯条与工件的摩擦,延长锯条的使用寿命。

3.2.4 锉削

用锉刀对工件表面进行切削加工,使其尺寸、形状、位置和表面粗糙度等都达到零件图要求的加工方法称为锉削。锉削加工操作简便,工作范围广,多用于錾削、锯削之后,可以加工内外平面、内外曲面、内外角、沟槽、圆弧以及其他的复杂表面。锉削加工最高加工精度可达 IT7~IT8 级,表面粗糙度为 $Ra0.63~2.5~\mu m$,可用于成形样板、模具型腔和零部件装配时工件的修整,是钳工的主要操作方法之一。

1. 锉刀

锉刀是锉削的主要工具,一般是由高碳工具钢 T12、T13 制成,并经热处理,淬火后其硬度达 62~67HRC 以上。锉刀由锉刀面、锉刀边、锉刀舌、锉刀尾、锉刀柄等部分组成,如图 3.2.13 所示。

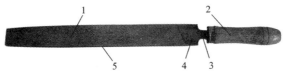

图 3.2.13 锉刀的基本结构

1—锉刀面;2—锉刀柄;3—锉刀尾;4—锉刀舌;5—锉刀边

1) 锉刀的种类

按用途,锉刀可分为普通锉(又称钳工锉,见图 3.2.14(a))、特种锉、整形锉(又称什锦锉,见图 3.2.14(b))三类。普通锉按其截面形状可分为平锉(板锉)、方锉、圆锉、半圆锉和三角锉五种。按长度可分为 100 mm、150 mm、200 mm、250 mm、300 mm、350 mm 及 400 mm 等七种;按齿纹可分为单齿纹、双齿纹两种;按齿纹的粗细可分为粗齿、中齿、细齿、粗油光(双细齿)、细油光五种。整形锉主要用于精细加工及修整工件上用机加工难以到达的细小部位。特种锉用于加工零件的特殊表面,它有直、弯两种。锉刀的品种及用途如表 3.2.2 所示。

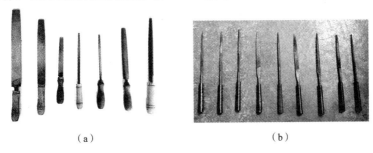

(a) (b)

图 3.2.14 各式锉刀

(a) 各式普通锉;(b) 各式整形锉

表 3.2.2 锉刀的品种及用途

品 种		锉刀形状	用 途
普通锉	平锉		锉削平面、外圆面
	方锉		锉削凹槽、方孔

续表

品　种		锉刀形状	用　途
普通锉	三角锉	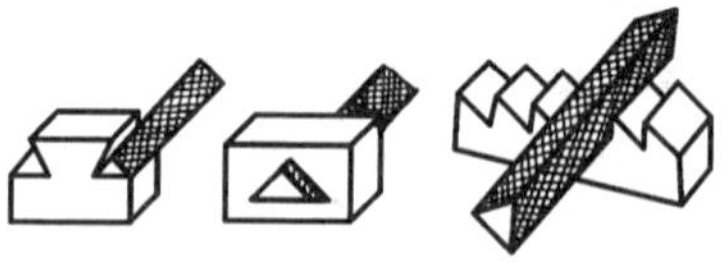	锉三角槽、大于60°的内圆弧
	半圆锉	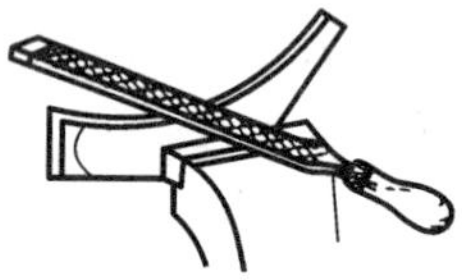	锉削内曲面、大圆孔及与圆弧相接的平面
	圆锉	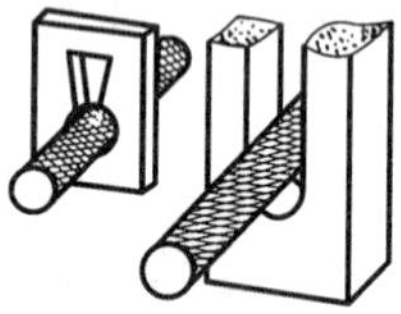	锉削圆孔、小半径内孔面
特种锉	直锉		锉削成形表面,如各种异形沟槽、内凹面等
	弯锉		
整形锉	普通整形锉	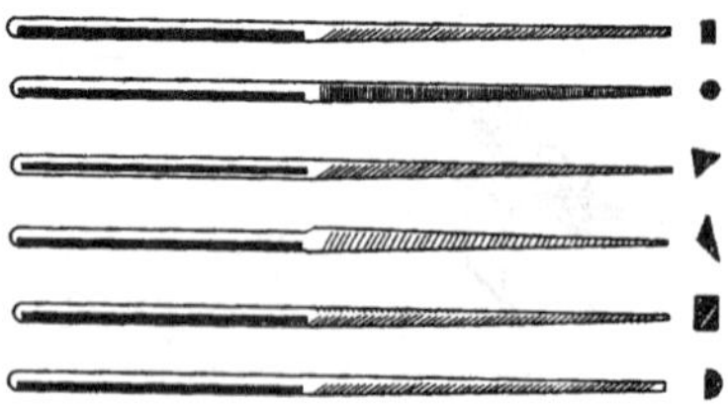	修整零件上的细小部位,工具、夹具、模具制造中锉削细小而精细的零件
	人造金刚石整形锉		锉削硬度较高的金属,如硬质合金、淬火钢,修配淬火后的各种模具

2) 锉刀的选用

合理选用锉刀能保证加工质量、提高工作效率、延长锉刀寿命。锉刀的一般选择原则是：根据工件形状和加工面的大小选择锉刀的形状和规格；根据材料的软硬、加工余量、精度和粗糙度要求选择齿纹的粗细。锉刀的规格及适用范围如表 3.2.3 所示。

表 3.2.3 锉刀的规格及适用范围

类 别	长度/mm								加工余量/mm	能达到的表面粗糙度值 $Ra/\mu m$
	100	125	150	200	250	300	350	400	450		
	每 100 mm 长度内主要锉纹条数									
粗齿锉	14	12	11	10	9	8	7	6	5.5	0.5~1.0	12.5
中齿锉	20	18	16	14	12	11	10	9	8	0.2~0.5	6.3~12.5
细齿锉	28	25	22	20	18	16	14	14	—	0.1~0.2	3.2~6.3
粗油光锉	40	36	32	28	25	22	20	—	—	0.05~0.1	1.6~3.2
细油光锉	56	50	45	40	36	32	—	—	—	0.02~0.05	0.8~1.6

2. 锉削操作

正确握持锉刀有助于提高锉削质量。根据锉刀的大小和形状不同，采用相应的握法。使用大的平锉时，应右手握锉柄，左手压在锉端上，保持锉刀水平，如图 3.2.15(a)所示；用中型平锉时，因用力较小，左手的大拇指和食指捏住锉端，引导锉刀水平移动，如图 3.2.15(b)所示。

（a） （b）

图 3.2.15 锉刀的握法

（a）大平锉的握法；(b) 中小型平锉的握法

锉削时，保证锉刀的平直运动是锉削的关键。锉削的力量有水平推力和垂直压力两种，推力主要由右手控制，压力是由两手共同控制。由于锉刀两端伸出工件的长度随时都在变化，因此两手压力大小也要随着变化，使其对工件中心的力矩相等，这是保持锉刀平直运动的关键。具体方法是：随着锉刀的推进，左手的压力应由大而逐渐减小，右手的压力则由小而逐渐增大，到中间时两手压力相等，如图 3.2.16 所示。这是锉削平面时要掌握的基本技术要领，否则锉刀不平衡，工件中间将产生凹面或鼓形面。

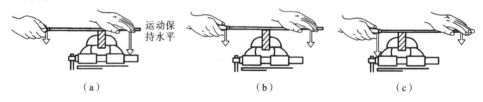

图 3.2.16 锉削时施力的变化
(a) 开始位置；(b) 中间位置；(c) 终了位置

3. 锉削方法

1) 平面锉削

平面锉削是最基本的锉削，常用的方法有三种，如图 3.2.17 所示。

(1) 顺向锉法　锉刀沿工件表面横向或纵向移动，锉削平面可以得到正直的锉痕，比较整齐美观。适用于工件锉光、锉平或锉顺锉纹，如图 3.2.17(a)所示。

(2) 交叉锉法　交叉锉法以交叉的两方向顺序对工件进行锉削。由于锉痕是交叉的，容易判断锉削表面的不平程度，因而也容易把表面锉平。交叉锉法去屑较快，适用于平面的粗锉。如图 3.2.17(b)。

(3) 推锉法　两手对称地握住锉刀，用两大拇指推锉刀进行锉削。这种方法适用于较窄表面且已经锉平、加工余量很小的情况下，来修正尺寸和减小表面粗糙度。如图 3.2.17(c)。

2) 圆弧面(曲面)的锉削

(1) 外圆弧面锉削　锉刀要同时完成两个运动，锉刀的前推运动和绕圆弧面中

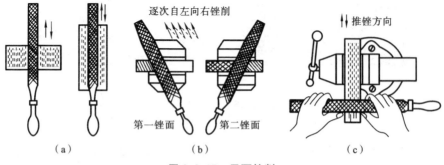

图 3.2.17 平面锉削
(a) 顺向锉法；(b) 交叉锉法；(c) 推锉法

心的转动。前推是完成锉削,转动是保证锉出圆弧面形状。常用的外圆弧面锉削方法有两种,如图 3.2.18(a)所示。滚锉法是使锉刀顺着圆弧面锉削,此法用于精锉外圆弧面;横锉法是使锉刀横着圆弧面锉削,此法用于粗锉外圆弧面或不能用滚锉法的情况下,如图 3.2.18(b)所示。

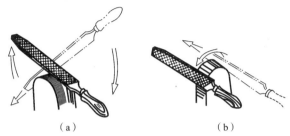

图 3.2.18　外圆弧面锉削

(a)滚锉法;(b)横锉法

(2)内圆弧面锉削　如图 3.2.19 所示,锉刀要同时完成三个运动:锉刀的前推运动、锉刀的左右移动和锉刀自身的转动。否则锉不好内圆弧面。

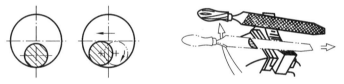

图 3.2.19　内圆弧面锉削

3)通孔的锉削

根据通孔的形状、工件材料、加工余量、加工精度和表面粗糙度来选择所需的锉刀。通孔的锉削方法如图 3.2.20 所示。

图 3.2.20　通孔的锉削

4. 锉削质量与质量检查

1)锉削质量问题及原因

(1)平面中凸、塌边和塌角　由于操作不熟练,锉削力运用或锉刀选用不当所造成。

(2) 形状、尺寸不准确　由于划线错误或锉削过程中没有及时检查工件尺寸所造成。

(3) 表面较粗糙　由于锉刀粗细选择不当或锉屑卡在锉齿间所造成。

(4) 误锉　由于锉削时锉刀打滑,或者没有注意带锉齿工作边和不带锉齿的光边而造成。

(5) 工件夹坏　由于在虎钳上装夹不当而造成的。

2) 锉削质量检查

(1) 检查直线度　用钢尺或直角尺以透光法来检查,如图 3.2.21(a)所示。

(2) 检查垂直度　用直角尺采用透光法检查。先用直角尺尺座的一面贴靠基准面,然后对其他各面进行检查,如图 3.2.21(b)所示。

图 3.2.21　用直角尺检查直线度和垂直度
(a) 检查直线度；(b) 检查垂直度

(3) 检查尺寸　用游标卡尺在全长不同的位置上测量几次。

(4) 检查表面粗糙度　一般可用表面粗糙度样板对照检查。

【实践操作】

(1) 练习锉削平面,对手锤坯料的四个面进行平面锉削,注意保证各面的平面度与平行度、垂直度等形位公差要求,具体要求参见图 3.2.34。

(2) 练习锉削圆弧面,锉出手锤零件的过渡圆角与内圆弧面,具体要求参见图3.2.34。

(3) 练习锉削通孔,锉出手锤零件上的腰形孔,具体要求参见图 3.2.34。

【操作要点】

操作时主要把注意力集中在以下两方面:一是操作姿势、动作要正确;二是两手用力方向,大小变化正确、熟练。要经常检查加工面的平面度和直线度情况,来判断和改进锉削时的施力变化,逐步掌握平面锉削的技能。

在选择锉削顺序时应注意以下几点。

(1) 选择工件所有锉削面中最大的平面先锉削,达到规定的平面度要求以后作为其他平面锉削的测量基准。

(2) 先锉削保证平面度、平行度要求,再锉削保证垂直度,以便控制尺寸和形位公差。

(3) 平面与曲面连接时。先锉削平面再锉削曲面,以便于光滑连接。

锉削操作时应注意以下几点。

(1) 不准使用无柄锉刀锉削,以免被锉舌戳伤手。

(2) 不准用嘴吹锉屑,以防锉屑飞入眼中。

(3) 锉削时,锉刀柄不要碰撞工件,以免锉刀柄脱落伤人。

(4) 放置锉刀时不要把锉刀露出钳台外面,以防锉刀掉落砸伤操作者。

(5) 锉刀齿面塞积切屑后,用钢丝刷顺着锉纹方向刷去锉屑。

3.2.5 孔加工

用钻头在实体材料上加工孔的操作称为钻孔。钻孔时,钻头容易引偏(指加工时由于钻头弯曲而引起的孔径扩大、孔不圆或孔的轴线歪斜等)、排屑困难、切削热不易传散,一般加工精度为 IT11~IT13,表面粗糙度 Ra 大于 $12.5~\mu m$,生产效率也低。因此,钻孔主要用于粗加工,常用于精度和表面粗糙度要求不高的螺钉孔和油孔;一些内螺纹,在攻螺纹之前,需要先进行钻孔;精度和粗糙度较高的孔,也要以钻孔作为预加工工序。钻床上能进行钻孔、扩孔、铰孔、镗孔、攻螺纹、锪端面等多种孔加工工作。

1. 钻床

(1) 台式钻床 台式钻床简称台钻,是放在台桌上使用的小型钻床,主要用来加工小型零件上直径小于 13 mm 的各种小孔。图 3.2.22 所示为 Z4012 型台钻。型号中"Z"表示钻床类,"40"表示台式钻床,"12"表示最大钻孔直径为 12 mm。

(2) 立式钻床 立式钻床简称立钻,主要用来加工中小型工件上直径小于 50 mm 的中小孔。图 3.2.23 所示为 Z5140A 型立钻。型号中"Z"表示钻床类,"51"表示立式钻床,"40"表示最大钻孔直径为 40 mm。

(3) 摇臂钻床 它是靠移动钻床的主轴来对准工件上孔的中心的,加工比立式钻床方便。摇臂钻床的主轴转速范围和进给量范围很广,所以加工范围也广泛,主要用于大型工件上孔的加工,如图 3.2.24 所示。

此外,还有数控钻床,加工效率更高的多轴钻床(见图 3.2.25)等,这些技术先进的钻床可以完成工件上复杂孔系的加工,其加工精度和效率大大提高。

2. 钻头

用于钻削加工的刀具称为钻头,主要有麻花钻、中心钻、扁钻和深孔钻等,其中麻花钻应用最广。

图 3.2.22 Z4012 型台式钻床

1—进给手柄;2—工作台(安放平口钳);
3—主轴;4—电动机;5—立柱

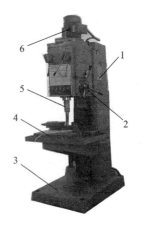

图 3.2.23 Z5140A 型立式钻床

1—立柱;2—进给手柄;3—机座;
4—工作台;5—主轴;6—电动机

图 3.2.24 摇臂钻床

1—摇臂;2—主轴;3—工作台;4—机座;5—立柱

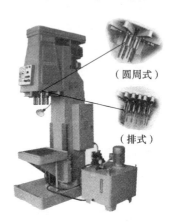

图 3.2.25 多轴钻床

麻花钻如图 3.2.26 所示。其前端有两个主切削刃,形成 116°~118°的顶角;钻头的顶部有横刃;导向部分有两条螺旋槽和两条刃带,螺旋槽的作用是形成切削刃和排屑,刃带的作用是导向和减少钻头与孔壁的摩擦。钻柄有直柄(直径小于 12 mm)和锥柄(直径大于 12 mm)两种。麻花钻的结构决定了它的刚度和导向性均较差。钻孔时,主运动和进给运动都由钻头完成。

3. 钻孔方法

钻孔前应先划线,打样冲眼,孔中心样冲眼冲大些,以便使钻头横刃可落入样冲眼锥坑中,不易引偏。装夹工件时,应使孔中心线与钻床工作台面垂直,装夹要稳

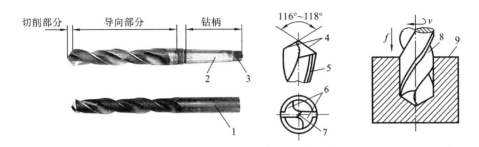

图 3.2.26 麻花钻与钻孔

1—直柄；2—锥柄；3—扁头；4—主切削刃；5—刃带；
6—后刀面；7—横刃；8—钻头；9—工件

固，可用平口钳或压板螺栓装夹工件。

钻孔时，先用钻头在孔的中心锪一小坑（约占孔径的1/4），检查小坑与所划圆是否同心；临近钻透时，变自动为手动，进给量要小。工件材料较硬或钻深孔时要经常退出钻头，这样能及时排屑和冷却。直径大于 30 mm 的孔应分两次钻，第一次用 $(0.5\sim0.7)D$ 的钻头钻，再用所需直径的钻头将孔扩大到所需直径。应避免在斜面上钻孔，如需在斜面上钻孔，必须先用中心钻钻出定心坑，或用立铣刀铣一个平面，再钻孔。

4. 扩孔

用扩孔钻对工件上已有孔进行扩大孔径的加工方法称为扩孔。一般可用麻花钻作为扩孔钻。但在扩孔精度要求较高或生产批量较大时，应采用专用的扩孔钻，扩孔钻如图 3.2.27 所示，有 3～4 条切削刃，无横刃，容屑槽较浅，钻心粗实，刚度好，导向性能好，切削较平稳。因此，扩孔的加工质量比钻孔高，精度可达 IT9～

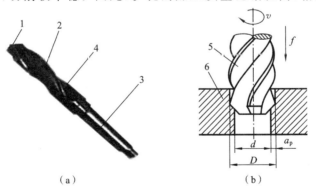

(a)   (b)

图 3.2.27 扩孔钻与扩孔

(a) 扩孔钻；(b) 扩孔

1—主切削刃；2—刃带；3—锥柄；4—螺旋槽；5—扩孔钻；6—工件

IT10，表面粗糙度值为 Ra 3.2～6.3 μm。扩孔常作为孔的半精加工。当孔的精度和表面粗糙度要求更高时，则要采用铰孔。

5. 铰孔

用铰刀对孔进行精加工的加工方法称为铰孔，铰刀和铰孔如图 3.2.28 所示。铰孔加工精度可达 IT6～IT7，表面粗糙度为 Ra 0.8～1.6 μm。铰孔方法分为手工铰孔和机动铰孔。手工铰孔时，双手用力要均衡；铰刀不能倒转，否则，切屑会卡在孔壁和切削刃之间，划伤孔壁或使切削刃崩裂；要经常变换铰刀的停留位置，以消除铰刀在同一处停留所产生的刻痕；孔快铰通时，不要让铰刀的修光部分完全出头，以免将孔的下端划伤。

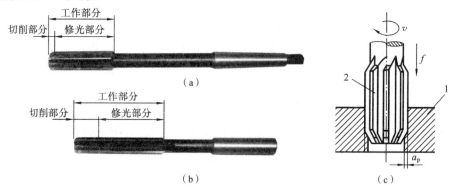

图 3.2.28 圆柱铰刀和铰孔
（a）机用铰刀；（b）手用铰刀；（c）铰孔
1—工件；2—铰刀

6. 锪孔

用锪钻进行孔口型面的加工方法称为锪孔。锪孔的形式有三种：锪柱形沉头孔、锪锥形沉头孔和锪孔端平面。各类锪钻及锪孔加工如图 3.2.29 所示。

锪孔时，切削速度不宜过高，锪钢件时需加润滑油，以免锪削表面产生径向刻纹或出现多棱形等质量问题。

【实践操作】

练习钻通孔、扩孔与铰孔工作。

【操作要点】

钻孔时，选择转速和进给量的方法为：用小钻头钻孔时，转速可快些，进给量要小些，用大钻头钻孔时，转速要慢些，进给量适当大些；钻硬材料时，转速要慢些，进给量要小些，钻软材料时，转速要快些，进给量要大些，用小钻头钻硬材料时可以适当地减慢速度。

钻孔时手进给的压力根据钻头的工作情况，以目测和感觉进行控制，在实习中

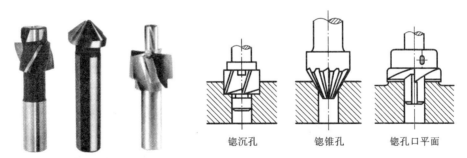

图 3.2.29 各类锪钻与锪孔加工

应注意掌握。

钻孔操作时应注意的事项如下。

(1) 操作者衣袖要扎紧,严禁戴手套,女学员必须戴工作帽。

(2) 工件夹紧必须牢固。孔将钻穿时要尽量减小进给力。

(3) 先停车后变速。用钻夹头装夹钻头,要用钻夹头紧固扳手,不要用扁铁和手锤敲击,以免损坏夹头。

(4) 不准用手拿或嘴吹钻屑,以防铁屑伤手和伤眼。

(5) 钻通孔时,工件底面应放垫块,或将钻头对准工作台的 T 形槽。

(6) 使用电钻时应注意用电安全。

手工铰孔时,两手用力要均匀、平稳,不得有侧向压力,避免孔口成喇叭形或将孔径扩大。铰刀退出时,不能反转,防止刃口磨损及切屑嵌入刀具与孔壁之间,而将孔壁划伤。

【教师演示】

(1) 演示扩孔、铰孔的全过程。

(2) 演示钻头刃磨的全过程。

3.2.6 攻螺纹和套螺纹

钳工中的螺纹加工是指用丝锥在圆柱孔内壁加工内螺纹(或称攻丝)或用板牙在圆柱外表面加工外螺纹(或称套丝)的工作。

1. 攻螺纹

1) 丝锥

丝锥是加工内螺纹的基本刀具,分手用丝锥和机用丝锥两种。手用普通螺纹丝锥分粗牙和细牙,可加工通孔和不通孔螺纹,公称直径 1~27 mm,一般采用合金工具钢 9SiCr 制造,并经热处理淬硬。每种尺寸的丝锥一般由两只组成一套,分别称为头锥和二锥,它们的圆锥斜角各不相等,校准部分的外径也不相同,所承担的切削任务一般头锥为 75%,二锥为 25%。丝锥的结构如图 3.2.30 所示。因考虑断屑与排屑,用丝锥加工螺纹不能一次加工到底,具体操作过程如图3.2.31所示(加工右螺纹)。

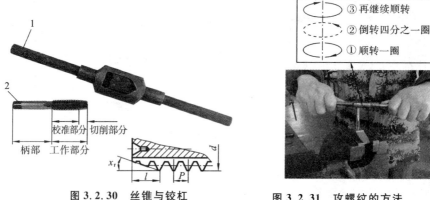

图3.2.30 丝锥与铰杠

1—铰杠;2—丝锥

图3.2.31 攻螺纹的方法

2) 铰杠

铰杠,也称铰手,是用来夹持丝锥的工具,如图3.2.30所示。常用的是可调式铰杠,旋动铰杠的调节手柄,即可调节方孔的大小,以便夹持不同尺寸的丝锥。铰杠长度应根据丝锥尺寸大小进行选择,以便控制攻螺纹时的施力(扭矩),防止丝锥因施力不当而折断。

3) 螺纹底孔

攻螺纹前,底孔直径的确定如表3.2.4所示。底孔表面粗糙度 Ra 应小于6.3 μm,孔口应倒角。攻不通螺纹底孔时,底孔深度 H 可按下式确定:

$$H = h + 0.7D$$

式中:h——所需螺纹深度(mm);

D——螺纹公称直径(mm)。

表3.2.4 螺纹底孔直径的确定

螺纹种类	规格	钢或韧性材料	铸铁或脆性材料
普通螺纹	$t<1$	$D_x = D - t$	
	$t>1$	$D_x = D - t$	$D_x = D - (1.05 \sim 1.1)t$

注:t 表示螺距(mm);D_x 表示攻螺纹前底孔直径(mm);D 表示螺纹公称直径(mm)。

2. 套螺纹

1) 板牙和板牙架

板牙和板牙架是常用的套螺纹的工具,如图3.2.32所示。圆板牙就像一个圆螺母,只是在它上面有几个排屑孔并形成刀刃。圆板牙由切削部分、校准部分和排屑孔组成。手工套螺纹的过程如图 3.2.33 所示(加工右螺纹)。

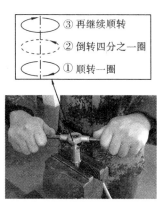

图 3.2.32　板牙与板牙架

1—板牙架;2—板牙

图 3.2.33　套螺纹

2) 套螺纹前圆杆直径的确定

套螺纹前,先确定圆杆直径。直径太大,板牙不易套入;太小,套丝后螺纹牙型不完整。圆杆直径可按以下经验公式计算:

$$D=d-0.13t$$

式中:D——圆杆直径(mm);

　　　d——螺纹公称直径(mm);

　　　t——螺距(mm)。

【实践操作】

练习内外螺纹的加工。

【操作要点】

攻螺纹操作要点如下。

(1) 螺纹底孔孔口应倒角,以便于丝锥切入工件。

(2) 将头锥垂直放入螺纹底孔内,用目测或直角尺校正后,用铰杠轻压旋入。丝锥切削部分切入底孔后,则转动铰杠不再加压。丝锥每转一圈应反转 1/4~1/2 圈,便于断屑。

(3) 头锥攻完退出用二锥和三锥时,应先用手将丝锥旋入螺孔 1~2 圈后,再用铰杠转动,此时不需加压,直到完毕。

(4) 攻螺纹时,要用切削液润滑,以减少摩擦,延长丝锥寿命,并能提高螺纹的加工质量。加工塑性材料用机油润滑,脆性材料用煤油润滑。

(5) 攻盲孔时,底孔要钻深些,以保证攻出的螺孔有足够的有效深度。

3.2.7 典型钳工零件加工实例

【实例】 手锤工艺分析。

手锤的材料为 45 钢,数量一件,毛坯为棒料,具体加工内容参见图 3.2.34,加工步骤如表 3.2.5 所示。

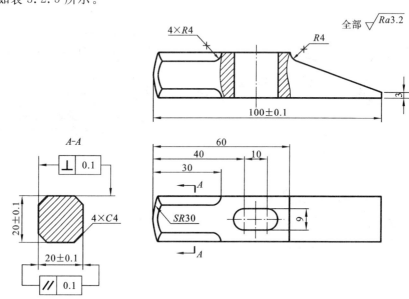

图 3.2.34 手锤零件示意图

表 3.2.5 制作手锤操作步骤

序号	步骤	加工简图	加工内容	工具、量具
1	备料		45 钢、$\phi 32$ 棒料、长度 103 mm(实习准备阶段完成)	切割机,钢尺
2	刨削（铣削或锯削）		加工出四方,两个方向各留余量 0.5~1 mm	刨床,钢尺

续表

序号	步骤	加工简图	加工内容	工具、量具
3	锉削	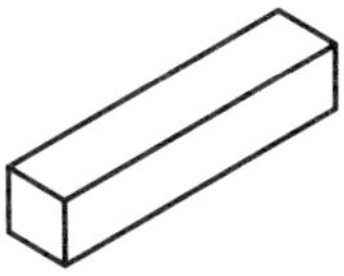	锉削四个面,要求各面达到尺寸公差要求、形状公差要求、相互间位置正确	粗、中平锉刀,游标卡尺,刀口直角尺
4	锉削	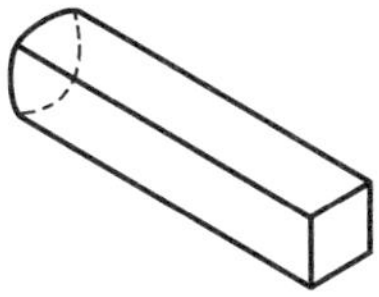	锉削圆弧面 SR30	粗、中平锉刀,游标卡尺,圆弧样板
5	划线	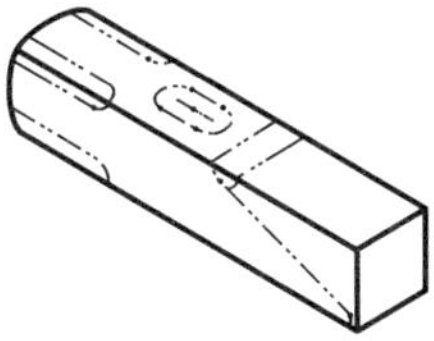	按零件图要求划出全部加工界线,并打出样冲眼	平板、方箱、划针、划规、钢尺、样冲、手锤、高度游标尺等
6	锉削	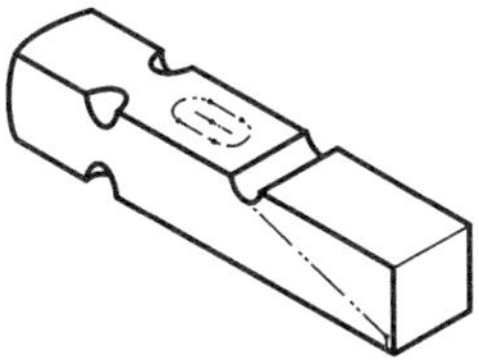	按照图样要求锉出五个圆弧	圆锉
7	锉削	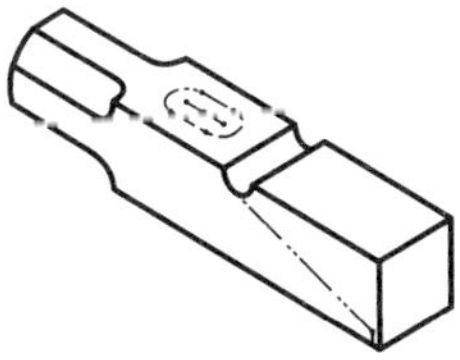	按图样要求锉削四个倒角面	粗、中平锉刀,游标卡尺
8	锯削	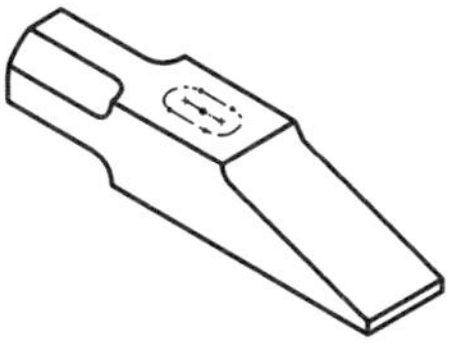	锯出斜面,要求锯痕整齐	锯弓、锯条

续表

序号	步骤	加工简图	加工内容	工具、量具
9	锉削	—	锉出斜面,锉削第六个小平面,保证总长	粗、中平锉刀,圆锉,游标卡尺
10	钻孔	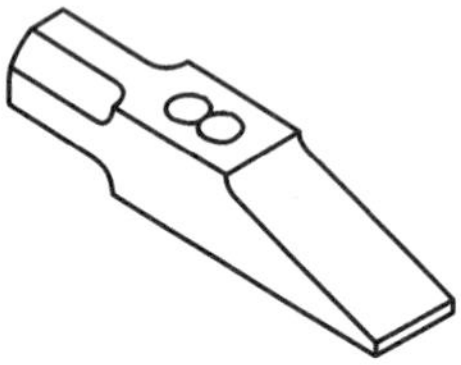	用 $\phi 9$ 钻头钻两孔	台钻,$\phi 9$ 钻头
11	锉削	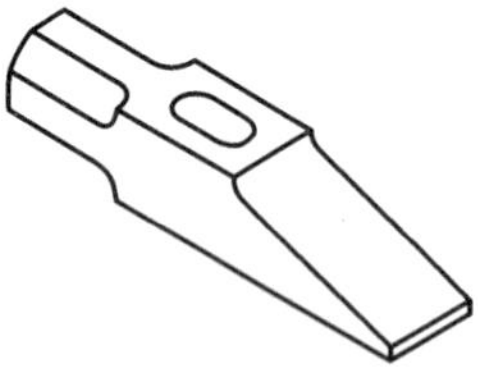	用小方锉或小平锉锉掉留在两孔间的多余金属,用圆锉将腰形孔锉出	小方锉或小平锉,圆锉,游标卡尺
12	修光		用细平锉和砂布修光各平面,用圆锉砂纸修光各圆弧面	细平锉、砂布
13	热处理	—	淬火:两头锤击部分 49～56HRC,心部不淬火	热处理相关设备、硬度计
14	表面处理	—	表面镀锌	镀锌相关设备
15	检验		按图要求检验	

3.2.8 装配

1. 装配基础知识

1) 装配的概念

装配是指把已加工好的并且检验合格的单个零件,按照装配图样和装配工艺规程,依次组合成组件、部件和整台机器的过程。

单个零件通常包括基础零件(如床身、床座、机壳、轴等)、标准零件(如螺栓、螺母、销子、垫圈等)和外购零件(如滚动轴承、密封圈、电器元件等)。一般按先下后上,先内后外,先难后易,先精密后一般,先重后轻的顺序进行装配。

2) 装配工作的重要性

装配是机器生产过程的最后一道工序,一台机器质量好坏,固然很大程度上取决于零件的加工质量,但是如果装配方法不正确或工作者责任心不强,即使有高质量的零件,也装不出高质量的产品,甚至会导致产品工作精度低、性能差、消耗大、易磨损、缩短使用寿命等。

3) 常用的装配方法

(1) 完全互换法　在同类零件中,任选一个装配零件,不经修配就能达到规定的装配要求,这种装配方法称为完全互换法。完全互换法的优点是装配操作简便,生产效率高,适用于组成环节少、精度要求不高或大批量生产的场合。

(2) 选择装配法　将零件的制造公差适当放大到经济可行的程度,然后选择合适的零件进行装配,以保证规定的装配精度。装配时按公差范围把零件分成若干组,然后一组一组地进行装配,以达到规定的配合要求。选择装配法的优点是降低加工成本,分组选择后零件的配合精度高。常用于大批量生产中装配精度要求很高、组成环节较少的场合。

(3) 修配法　修配法指修去指定零件上预留修配量以达到装配精度的装配方法。修配法的优点是可降低对零件的制造精度要求,适用于单件小批量生产及装配精度要求高的场合。

(4) 调配法　调配法指调整某个零件的位置或尺寸以达到装配精度的装配方法,如调换垫片、垫圈、套筒等控制调整件的尺寸。调配法的优点是零件可按经济公差精度加工零件。适用于除必须采用分组选配的精密配件外,一般可用于各种装配场合。

2. 装配工艺

装配工艺过程包括以下几个方面。

1) 装配前的准备工作

装配前的准备工作包括熟悉装配图,确定装配方法和顺序,准备装配工具和零件清洗等。

2) 装配工作

装配按组件装配→部件装配→总装配的次序进行。

(1) 组件装配　组件装配指将若干零件安装在一个基础零件上的工作。如机床主轴箱内的各个轴系组件。

(2) 部件装配　部件装配指将两个以上的零件、组件安装在另一个基础零件上的工作。部件应是一个独立的结构，如减速箱部件。

(3) 总装配　总装配是将零件和部件结合成一台完整的产品过程。

3) 调整、检验和试车阶段

(1) 调整是指调节零件或机构的相互位置、配合间隙等，目的是使机构或机器工作协调，如轴承间隙、镶条位置的调整。

(2) 精度检验包括几何精度检验和工作精度检验等。

(3) 试车是试验机构或机器运转的灵活性、振动、工作温升、噪声、转速和功率等性能是否符合要求的过程。

(4) 涂油、装箱。

3. 常见零件的装配

1) 螺纹连接的装配

螺纹连接是可拆的固定连接，具有结构简单、连接可靠、装拆方便等优点，在机械中应用广泛。螺栓和螺母装配有以下几项要求。

(1) 螺母配合应能用手自由旋入，然后用扳手拧紧。

(2) 螺母端面应与螺纹轴线垂直，使其受力均匀。

(3) 零件与螺母的贴合面应平整，否则螺纹连接易松动。

(4) 装配一组螺纹连接时，应根据被连接件的形状、螺栓分布等情况，按顺序逐次拧紧。

在拧紧长方形布置的成组螺母时，应从中间开始，逐渐向两边对称地扩展；在拧紧圆形或方形布置的成组螺母时，必须对称地进行。即按照对称性、对角线和分次序等原则逐渐加力拧紧，如图 3.2.35 所示。对于在振动、冲击、交变载荷作用下的螺纹连接，为防止螺栓或螺母松动，必须装有可靠的防松装置，如开口销、弹簧垫圈等。

2) 滚动轴承的装配及拆卸

(1) 滚动轴承的装配　滚动轴承摩擦小、效率高、周向尺寸小、装拆方便，一般由外圈、内圈、滚动体和保持架组成。由于滚动轴承的精度一般比较高，在装配时，注意压力应直接加在待配合的套圈端面上，绝不能通过滚动体传递压力。不能直接用手锤击打滚动轴承的内、外圈，而应使用垫套或铜棒进行装配，防止引起局部变形等损伤。轴承座圈压入方法及所用工具的选择应根据配合过盈量的大小而定，依据过盈量大小可分为小铜锤或铜垫棒轻敲就位、压力机压入和温差法装配几种。

(2) 滚动轴承的拆卸　对于拆卸后还要重复使用的轴承，拆卸时不能损坏轴承

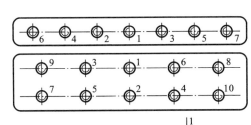

图 3.2.35　成组螺纹连接顺序

的配合面,不能将拆卸的作用力加在滚动体上。圆柱孔轴承的拆卸,可以用压力机,也可用拉出器直接拉出。

复习思考题

1. 钳工的主要工作有哪些?
2. 钳工的常用设备有哪些?
3. 常用的划线工具有哪些?划线工具的使用有些什么规范?
4. 划线的作用是什么?
5. 什么是划线基准?如何选择划线基准?
6. 粗、中、细齿锯条如何区分?怎样正确选用?
7. 锯齿的前角、楔角、后角各约为多少度?锯条反装后,这些角度有何变化?对锯削有何影响?
8. 锯削操作时应特别注意哪些事项?
9. 什么是锉削?其加工范围包括哪些?
10. 锉刀的种类有哪些?普通锉刀如何分类?
11. 根据什么原则选择锉刀的粗细、大小和截面形状?
12. 锉削平面的方法有哪些?有些什么具体的操作要领?
13. 常见的锉削质量问题有哪些?如何进行锉削质量检验?
14. 谈一谈麻花钻各组成部分的名称及作用?
15. 钻头有哪几个主要角度?顶角一般是多少度?
16. 钻孔时,如何选择转速与进给量?

17. 钻孔、扩孔与铰孔各有什么区别？
18. 如何确定攻螺纹前的螺纹底孔的直径和深度？
19. 攻、套螺纹时为何要经常反转？
20. 什么是装配？装配的过程有哪几步？
21. 装配成组螺栓、螺母时应注意什么？
22. 如何装配滚珠轴承？应注意哪些事项？

3.3 车削加工

☆ **学习目标和要求**
- 了解车削加工的工艺特点及加工范围。
- 了解车床的型号、结构及传动路线。
- 能正确使用与操作车削加工常用的刀具、量具及夹具。
- 具有一定的车削加工操作技能，能独立加工一般复杂程度的零件。
- 能进行简单车削加工工件的工艺编制。

☆ **安全操作规程**
- 穿戴合适的工作服和工作鞋，扣紧袖口，长头发要压入帽内，严禁戴手套操作。
- 开车前，检查各手柄的位置是否到位，确认正常后才准许开车。
- 卡盘扳手使用完毕后，必须及时取下，否则不能启动车床。
- 开车后，严禁用手触摸工件的表面，禁止使用量具测量运动的工件，严禁在开车状态下变换车床的主轴转速，以防损坏车床或发生人身安全事故。
- 车削前，调整小刀架到合适位置，以防小刀架及导轨碰撞卡盘卡爪。
- 自动纵向或横向进给时，严禁大拖板或中拖板超过极限位置，以防拖板脱落或碰撞卡盘。
- 发生事故时，立即关闭车床电源。
- 工作结束后，关闭电源，清除切屑，细擦机床，加油润滑，保持良好的工作环境。

☆ **学习方法**
先集中讲授，再进行现场教学，然后安排参训人员独立进行空车实践、测量练习及车削加工的操作训练及现场作业。结合教学需求，可以适当补充多媒体教学录像和演示示范。

3.3.1 概述

1. 车削加工特点

车削加工是指在车床上利用工件的旋转和刀具的移动来改变毛坯的形状和大小，将其加工成符合要求的零件的一种切削加工方法。工件旋转为主运动，车刀纵向或横向移动为进给运动。卧式车床车削时刀具、工件位置如图 3.3.1 所示，车外圆时各种运动的情况如图 3.3.2 所示。

图 3.3.1　卧式车床车削时刀具、工件位置示意图

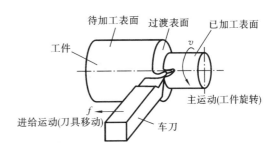

图 3.3.2　车削加工主运动、进给运动示意图

2. 车削加工范围

车削加工的工艺范围很广，如图 3.3.3 所示，卧式车床主要对各种轴类、套类和盘类零件进行加工，能加工多种表面，如内外圆柱面、圆锥面、环槽、成形回转面、端平面和各种螺纹等，还可以进行钻孔、扩孔、铰孔和滚花等工作。车床上用车削的方法可以加工具有回转体表面的工件。车削加工的工件尺寸公差等级一般为 IT7～IT9 级，表面粗糙度为 $Ra1.6 \sim 3.2~\mu m$。

3. 车削加工切削用量

在车削加工过程中的切削速度(v)、进给量(f)和背吃刀量(a_p)总称为车削用量。如图 3.3.4 所示，实际加工中，应根据刀具材料、工件材料的特点及粗、精加工的特点查询《机械加工工艺手册》或依据经验进行选取，切削用量的合理选择与提高生产率和切削质量有着密切关系。

(1) 切削速度(v)　指主运动的线速度，在单位时间内，工件和刀具沿主运动方向上相对移动的距离，单位为 m/min。切削速度的计算公式为

$$v = \frac{\pi D n}{1\,000}~(\text{m/min})$$

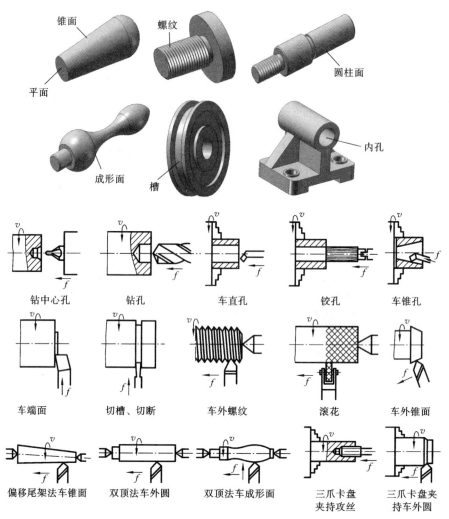

图 3.3.3 卧式车床加工的典型工件及表面

（2）进给量（f） 工件每转一周，车刀沿进给运动方向上移动的距离，单位为 mm/r。

（3）背吃刀量（a_p） 工件待加工面与已加工面间的垂直距离，$a_p = \dfrac{D-d}{2}$（mm）。

4. 车工实习安全事项

为保障车削加工实习时人身和设备的安全，保持车床精度，延长设备寿命，对车床进行操作时，应严格遵守如表 3.3.1 所示的操作安全要求。

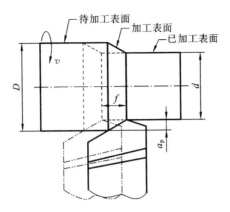

图 3.3.4　车削加工切削用量示意图

表 3.3.1　车工实习安全注意事项

主要环节	内容与要求
开车前	穿工作服和工作鞋,扎紧袖口
	检查机床各部分机构是否完好,安全罩是否罩好
	检查各手柄是否处于正常位置,对车床进行润滑加油
安装工件	工件要卡正、卡紧
	装卸工件后必须立即取下三爪扳手
安装刀具	装卸刀具和切削时首先锁紧方刀架
	刀具要卡紧,正确使用方刀架扳手,防止滑脱伤人
开车后	开车后不能离开车床,必须精神集中,切削时要戴好防护眼镜
	开车后不能改变主轴转速,溜板箱上的纵横向自动手柄不能同时抬起使用
	开车后不能度量工件尺寸,不能用手摸旋转工件,不能用手拉切屑
停车、结束操作后	擦净机床,分别用毛刷、棉纱扫除床身切屑,小心刀尖、切屑等物划伤手;擦导轨而移动溜板箱时,小心刀架或刀具与床头箱、卡盘、尾架相撞
	整理工具,清扫场地
	切断机床电源

3.3.2　卧式车床与车削刀具

1. 卧式车床的型号

　　为适应生产过程中不同工件的车削加工,车床也相应有很多类型。常见的有普通车床、落地车床、六角车床、半自动车床、仿型车床、多刀车床及数控车床。其中应用最广泛的是普通车床。如图3.3.5所示,按照我国制定的《金属切削机床型号编制方法》的规定,机床型号由汉语拼音字母及阿拉伯数字组成,组成机床型号的字母与数字分别表示机床的类别、特性、组系和主要参数。

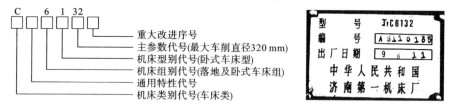

图3.3.5　车床型号含义及铭牌内容

2. 卧式车床的组成部分及作用

卧式车床是常用的普通车床之一,其组成部分主要有:床头箱、进给箱、溜板箱、光杠、丝杠、刀架、卡盘、尾架、床身等。C6132卧式车床的结构示意图和实物图如图3.3.6所示。

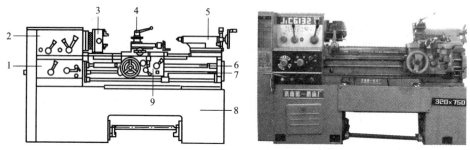

图3.3.6　C6132卧式车床结构示意和实物
1—进给箱；2—床头箱；3—卡盘；4—刀架；5—尾架；6—丝杠；7—光杠；8—床身；9—溜板箱

（1）床头箱　床头箱又称主轴箱,如图3.3.7所示,内装主轴和主轴变速机构,电动机的运动经三角胶带传给床头箱,再经变速机构将运动传给主轴,通过变换床头箱外部手柄的位置来操纵变速机构,使主轴获得不同的转速。主轴为空心结构,前部外锥面用于安装卡盘和其他夹具来装夹工件,内锥面用于安装顶尖来装夹轴类工件,内孔可穿入长棒料。

（2）进给箱　如图3.3.8所示,进给箱内装有进给运动的变速机构,主轴的旋转运动通过挂轮机构传给进给箱。通过调整外部手柄的位置,可获得所需的各种不同进给量或螺距。

（3）光杠和丝杠　将进给箱内的运动传给溜板箱,光杠传动用于回转体表面的机动进给车削;丝杠传动用于螺纹车削。可通过进给箱外部的光杠和丝杠变换手柄来控制。

图 3.3.7　C6132 卧式车床床头箱

图 3.3.8　C6132 卧式车床进给箱

（4）溜板箱　溜板箱又称拖板箱,如图 3.3.9 所示,是车床进给运动的操纵箱。内装有进给运动的分向机构,外部有纵、横手动进给和机动进给及开合螺母等控制手柄。改变不同的手柄位置,可使刀架纵向或横向移动机动进给车削回转体表面,或将丝杠传来的运动变换成车螺纹的走刀运动,或手动纵、横向运动。

图 3.3.9　溜板箱

图 3.3.10　刀架结构及示意图

（5）刀架　刀架用来夹持车刀并使其作纵向、横向或斜向进给运动。如图 3.3.10 所示,由大刀架、横刀架、转盘、小刀架和方刀架组成。大刀架与溜板箱牢固相连,可沿床身导轨作纵向移动。中刀架装置在大刀架顶面的横向导轨上,可作横向移动。转盘固定在中刀架上,松开固定螺母后,可转动转盘,使它和床身导轨成一个所需要的角度,然后再拧紧螺母,以加工圆锥面等。小刀架装在转盘上面的燕尾槽内,可作短距离的进给移动。方刀架固定在小刀架上,可同时装夹四把车刀。松开锁紧手柄,即可转动方刀架,把所需要的车刀更换到工作位置上。

（6）尾架　尾架又称尾座,其底面与床身导轨面接触,可调整并固定在床身导轨面的任意位置上。在尾架套筒内装上顶尖可支撑轴类工件,装上钻头或铰刀可用来钻孔或铰孔。

（7）床身　床身是车床的基础零件,用以连接各主要部件并保证其相对位置。床身上的导轨用来引导溜板箱和尾架的纵向移动。床腿支承床身,并与地基连接。

3. 卧式车床的传动

C6132 卧式车床的传动系统包括主运动和进给运动两条传动链,如图 3.3.11

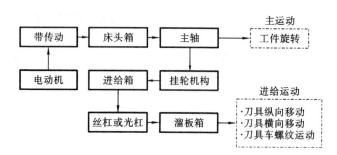

图 3.3.11　C6132 卧式车床传动系统框架图

所示。

具体的传动路线如图 3.3.12 所示。

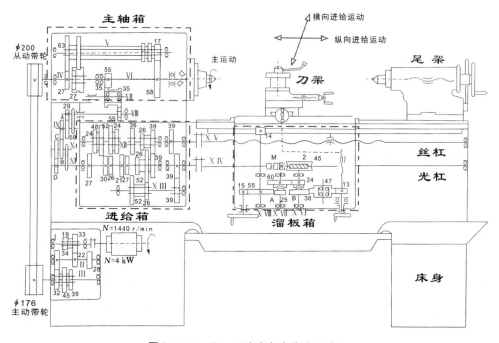

图 3.3.12　C6132 卧式车床传动系统图

(1) 主运动传动系统　通过改变主轴箱的变速手柄位置,使主轴获得 43~1 980 r/min 之间的 12 种转速;主轴的反转是通过电动机的反转来实现的。

(2) 进给运动传动系统　通过改变进给箱的变速手柄位置,光杠传动时,可使获得 20 种进给量,纵向进给量范围为 0.06~3.34 mm/r,横向进给量范围为 0.04~2.25 mm/r;丝杠传动时,可实现车螺纹所需的精确传动,需更多的进给量或螺距,可通过调整挂轮箱中的配换齿轮实现,调节正反走刀手柄还可以获得相对应的反向进给的进给量。

4. 车刀的种类和用途

车刀种类很多,常见车刀的种类如表 3.3.2 所示。

表 3.3.2 常见车刀的种类

序号	分类方法	种 类	备 注
1	用途	① 切断或切槽刀,② 右偏外圆车刀,③ 成形车刀, ④ 左偏外圆车刀,⑤ 端面车刀,⑥ 螺纹车刀	如图 3.3.13 所示
2	形状	① 左、右偏刀,② 直头车刀,③ 弯头车刀,④ 切槽刀,⑤ 圆弧车刀,⑥ 尖头车刀,⑦ 内孔车刀	如图 3.3.14 所示
3	结构	① 整体式车刀,② 焊接式车刀,③ 机械夹固式车刀	如图 3.3.15 所示
4	材料	① 高速钢车刀,② 硬质合金车刀,③ 陶瓷车刀, ④ 金刚石车刀	如图 3.3.16 所示
5	加工表面精度	粗车刀,半精车刀,精车刀	刀具角度等参数不同

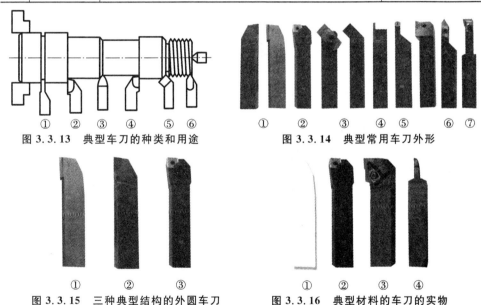

图 3.3.13 典型车刀的种类和用途　　图 3.3.14 典型常用车刀外形

图 3.3.15 三种典型结构的外圆车刀　　图 3.3.16 典型材料的车刀的实物

5. 车刀的组成

车刀如图 3.3.17 所示,一般由刀头和刀杆两部分组成。

刀头是车刀的切削部分,刀杆是夹持部分。车刀的切削部分由三面、两刃、一尖组成,各部分的具体含义见表 3.3.3。

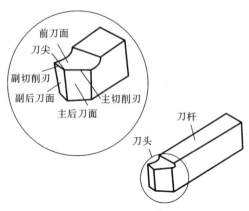

图 3.3.17 车刀的组成

表 3.3.3 车刀切削部分组成一览表

组成部分	内容	定义
三面	前刀面	车刀刀头的上表面,切屑沿着它流出的面
	主后刀面	与工件切削加工面相对的表面
	副后刀面	与工件已加工面相对的表面
两刃	主切削刃	前刀面与主后刀面的交线,担负主要切削任务
	副切削刃	前刀面与副后刀面的交线,担负少量的切削任务
一尖	刀尖	主切削刃与副切削刃的交点。实际刀尖是一段圆弧过渡刃

6. 车刀的几何角度及其作用

如图 3.3.18 所示,为确定车刀的几何角度,需要建立三个互相垂直的坐标平面:基面、切削平面和主剖面。车刀在静止状态下,基面是过工件轴线的水平面,切削平面是过主切削刃的铅垂面,主剖面是垂直于基面和切削平面的铅垂剖面。

如图 3.3.19 所示,车刀切削部分在辅助平面中的位置,形成了车刀的几何角度。车刀的几何角度主要有前角 γ_0、主后角 α_0、主偏角 κ_r、副偏角 κ_r' 等刀具角度,其定义及取值范围见表 3.3.4。

7. 车刀材料

1) 刀具材料的基本性能

性能优良的刀具材料,是保证刀具高效工作的基本条件,切削过程中,切削部分要承受很高的温度和压力,因此刀具材料必须具备以下基本性能。

(1) 高的硬度和耐磨性,一般在 60HRC 以上。硬度愈高,耐磨性愈好。

(2) 足够的强度和韧性,承受切削中产生的切削力或冲击力,以防发生脆裂和崩刃。

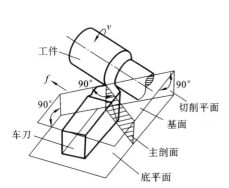

图 3.3.18 车刀的辅助平面

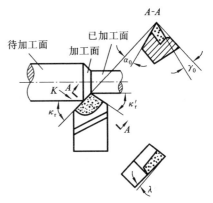

图 3.3.19 车刀的几何角度

表 3.3.4 车刀主要角度一览表

角度	定义	取值范围	选取原则
前角 γ_0	在主剖面内基面与前刀面之间的夹角。大小取决于工件材料、刀具材料及粗、精加工等情况	一般选取 5°～20°，精加工取大值	增大前角，切屑易流经前刀面，变形小；前角太大，降低刀刃强度，易崩刃
主后角 α_0	在主剖面内切削平面（铅垂面）与主后刀面之间的夹角	一般选取 3°～12°。精加工或切削较软材料时取大值	减小主后刀面与工件间的摩擦；降低切削振动；提高表面加工质量
主偏角 κ_r	进给方向与主切削刃在基面上投影之间的夹角	通常选取 45°、60°、90°	减小主偏角，刀尖强度增加，提高刀具寿命，刀具对工件径向力加大，使工件变形，不易车削细长轴类工件
副偏角 κ_r'	进给反方向与副切削刃在基面上投影之间的夹角	一般选取 5°～15°	减少副切削刃同已加工表面间的摩擦，以提高工件表面质量

(3) 高的红硬性，在高温下保持硬度大于 60 HRC 的性能。红硬温度愈高，高温下耐磨性能愈好。

2) 车刀的常用材料

车刀的常用材料一般包括高速钢、硬质合金、陶瓷和金刚石四大类。应用广泛的车刀材料主要有高速钢和硬质合金。

(1) 高速钢是含有钨(W)、铬(Cr)、钒(V)等合金元素的高合金工具钢，经热处理后硬度可达 62～65 HRC，红硬温度可达 500～600 ℃。其强度和韧度很好，刃磨后刃口锋利，能承受冲击和振动。允许的切削速度一般为 25～30 m/min，常用于精车或用来制造整体式成形车刀及钻头、铣刀、齿轮刀具等。常用高速钢牌号有

W18Cr4V 和 W6Mo5Cr4V2 等。

（2）硬质合金是用碳化钨（WC）、碳化钛（TiC）和钴（Co）等材料利用粉末冶金的方法制成的合金，具有很高的硬度，硬度可达 89～90 HRA（相当于 74～82 HRC）。红硬温度高达 850～1 000 ℃，允许的切削速度高达 200～300 m/min。材料硬而脆，韧度差，不易承受冲击和振动，易崩刃，刀刃磨削不易锋利。常用的硬质合金代号有钨钴类（YG），适于加工铸铁、青铜等脆性材料；钨钴钛类（YT），适于加工钢类或其他韧度较好的塑性材料。

8. 常用车刀的安装

车削加工刀具主要在车床的刀架和尾座上进行安装。

（1）直柄车刀的安装。常用的加工外圆、内孔、切槽、螺纹的车刀刀体通常采用直柄的结构，如图 3.3.20 所示，直柄车刀安装在车床的四方刀架上。锁紧方刀架后，将刀垫放置在刀杆下面，调整安装后的车刀刀尖应与工件轴线等高；刀尖伸出的长度应小于车刀刀杆厚度的两倍，以免产生振动；夹紧车刀的紧固螺栓至少拧紧两个，拧紧后扳手要及时取下，以防发生安全事故。

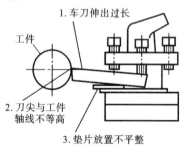

图 3.3.20　直柄车刀安装及常见错误

（2）钻头的安装。在车床上可进行孔的加工，通常孔的加工使用钻头。如图 3.3.21 所示，直柄钻头采用钻夹头夹持，锥柄钻头则通过锥柄与尾座的锥孔配合，直接安装在尾座的锥孔中。

图 3.3.21　尾座的钻头安装

【示范操作】

刃磨车刀。机械夹固式车刀用钝后，需要更换刀片位置或刀片，整体式或焊接式车刀用钝后，需重新刃磨车刀的切削部分，才能得到合理的几何角度和形状。通常车刀是在砂轮机上用手工进行刃磨的，刃磨车刀的步骤如图 3.3.22 所示。经过刃磨的车刀，还需用油石加少量机油对切削刃进行研磨，以提高刀具耐用度和加工表面质量。

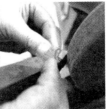

① 磨主后刀面　　② 磨副后刀面　　③ 磨前刀面　　④ 磨前刀面卷屑槽

图 3.3.22　典型车刀的刃磨步骤

【实践操作】

（1）停车练习　正确变换主轴转速，主轴变速必须先停车，再变速；正确变换进给量；熟练掌握纵向和横向手动进给手柄的转动方向；熟练掌握纵向或横向机动进给；掌握尾架的操作和刻度盘的应用。

（2）低速开车练习　先检查各手柄位置是否正确，确认无误后再进行主轴启动和机动纵向和横向进给练习。

（3）常用车刀的安装。

（4）常用车刀的主要角度测量。

3.3.3　车外圆、端面、台阶、槽及切断

工件外圆与端面的加工是车削中最基本的操作内容，是进行其他车削加工的基础。

1. 工件在车床上的装夹方法

装夹工件的基本要求是定位准确、夹紧可靠。车削的回转体表面中心应与车床主轴中心重合，夹牢后能承受切削力而不改变定位，并保证操作安全。

在车床上常用三爪卡盘、四爪卡盘、顶尖、中心架、跟刀架、心轴、花盘和弯板等附件来装夹工件，在成批、大量生产中还用专用夹具来装夹工件。

1）用三爪卡盘装夹工件

三爪卡盘的结构如图 3.3.23 所示，三爪卡盘对中性好，自动定心准确度为 0.05～0.16 mm。用卡盘扳手转动小锥齿轮时，大锥齿轮随之转动，在大锥齿轮背面平面螺纹的作用下，使三个爪同时向中心移动或退出，以夹紧或松开工件。装夹直径较小的外圆表面使用正爪夹持，装夹较大直径的外圆表面时可用三个反爪进行装夹。

2）用四爪卡盘装夹工件

四爪卡盘外形及百分表找正如图 3.3.24 所示。四个爪通过四个螺杆独立移

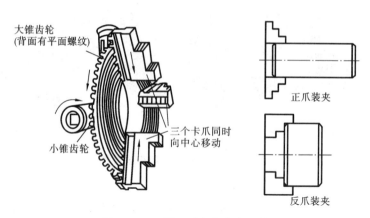

图 3.3.23 用三爪卡盘装夹工件

动。四爪卡盘除装夹圆柱体工件外,还可以装夹方形、长方形等形状的工件。装夹时,都必须用划线盘或百分表进行找正,使工件回转中心对准车床主轴中心,精度可达 0.01 mm。

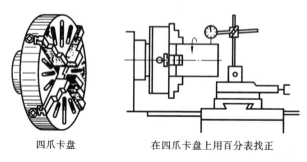

图 3.3.24 用四爪卡盘装夹工件

3) 用双顶尖装夹工件

在车床上常用双顶尖装夹轴类工件,如图 3.3.25 所示。前顶尖为死顶尖,装在主轴锥孔内,同主轴一起转动,后顶尖为活顶尖,装在尾架套筒内。工件利用中心孔被顶在前后顶尖之间,并通过拨盘和卡箍随主轴一起转动。

4) 用心轴进行安装

如图 3.3.26 所示,对以内孔定位进行装夹的零件,可采用心轴进行安装。

2. 车外圆

将工件车削成圆柱形外表面的方法称为车外圆。常见的车外圆方法如图3.3.27所示。

与车削其他表面相似,车外圆一般采用粗车、精车或者粗车、半精车、精车的步骤。精车时为了保证工件的尺寸精度和减小粗糙度可采取下列几项措施:

(1) 合理地选择精车刀的几何角度及形状。如加大前角 γ_o 使刃口锋利、减小副

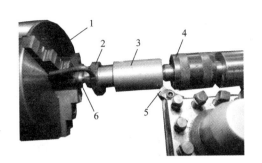

图 3.3.25　用双顶尖装夹工件

1—三爪卡盘；2—卡箍；3—工件；4—后顶尖；5—车刀；6—前顶尖

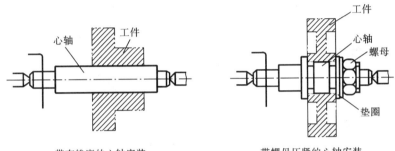

带有锥度的心轴安装　　　　　带螺母压紧的心轴安装

图 3.3.26　用心轴对车削的工件进行安装

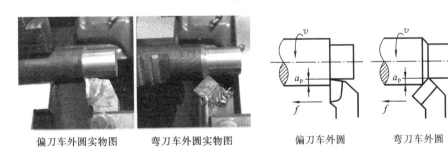

偏刀车外圆实物图　　弯刀车外圆实物图　　偏刀车外圆　　弯刀车外圆

图 3.3.27　外圆车削刀具及车外圆示意图

偏角 κ_r' 和刀尖圆弧使已加工表面残留面积减小。

（2）合理地选择切削用量。如加工钢等塑性材料时，采用高速或低速切削可防止出现积屑瘤[①]。采用较小的进给量和背吃刀量可减少已加工表面的残留面积。

（3）合理地使用冷却润滑液。如低速精车钢件时用乳化液润滑，低速精车铸铁件时用煤油润滑等。

---

① 积屑瘤：在加工塑性材料时，在刀尖处出现的小块且硬度高的金属黏附物。

(4) 采用试切法切削。试切法就是通过试切→测量→调整→再试切反复进行，使工件达到尺寸符合要求为止的加工方法。试切也可防止进错刻度而造成废品。图 3.3.28 所示为车削外圆工件时的试切方法与步骤。

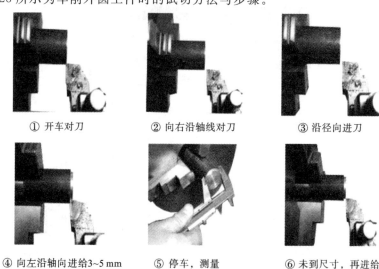

图 3.3.28　试切方法与步骤

3. 车端面

对工件端面进行车削的过程称为车端面。开动车床使工件旋转，移动大拖板（或小拖板）控制背吃刀量，中拖板横向走刀，用端面车刀对工件进行车削。图 3.3.29 所示为端面车削时的两种情形。

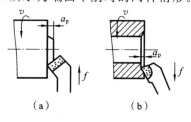

图 3.3.29　两种常见的车端面方法
(a) 弯头车刀车端面；(b) 偏刀向外走刀车端面

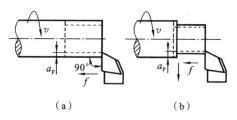

图 3.3.30　车台阶
(a) 一次走刀；(b) 多次走刀

4. 车台阶

车削台阶处外圆和端面的过程称为车台阶。车台阶常用主偏角 $\kappa_r \geqslant 90°$ 的偏刀车削，在车削外圆的同时车出台阶端面。根据台阶在半径方向的大小，可分为一次或多次加工，如图 3.3.30 所示。台阶长度的控制和测量方法如图 3.3.31 所示。

车外圆和车台阶的主要质量问题及解决方法如表 3.3.5 所示。

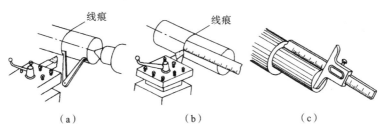

图 3.3.31 台阶长度的控制和测量

(a) 卡钳测量;(b) 钢尺测量;(c) 深度尺测量

表 3.3.5 车外圆和车台阶的主要质量问题及解决方法

质量问题	产 生 原 因	解 决 方 法
尺寸超差	看错进刀刻度	看清并记住刻度盘刻度,记住手柄转过的圈数
	盲目进刀,没有试切	根据余量计算背吃刀量,并通过试切法来修正
	量具有误差或使用不当	使用前检查量具和校零,掌握正确的读数方法
圆度超差	毛坯余量或材质不均,产生误差	采用多次走刀
	质量偏心引起离心惯性力	加平衡块
	顶尖与中心孔接触不良,或前后顶尖产生径向圆跳动	工件装夹松紧适度,及时修理或更换顶尖
产生锥度	小拖板车外圆产生锥度,小拖板不正	检查小拖板上的刻线是否与中拖板刻线的"0"线对准
	车床床身导轨与主轴轴线不平行	调整车床主轴与床身导轨的平行度
	工件装夹时悬臂较长	减小工件伸出长度,或另一端顶尖支撑,增加工件刚性
同轴度超差	定位基准不统一	用中心孔定位或减少装夹次数
表面粗糙度超差	工艺系统刚性不足,引起振动	调整机床各部分间隙;正确装刀;增加工件和刀具刚性
	切削用量选择不当	减小进给量和背吃刀量
	车刀几何角度不合理	适当增大前角、后角,减小副偏角

5. 车槽

在工件表面上车削沟槽的过程称为车槽。用车削加工的方法加工出槽的形状有外槽、内槽和端面槽等,如图 3.3.32 所示。

轴上的外槽和孔的内槽多属于退刀槽,其作用是车削螺纹或进行磨削时便于退刀,或卡上弹簧或装上垫圈,装配其他零件时,确定其轴向位置。端面槽的主要作用

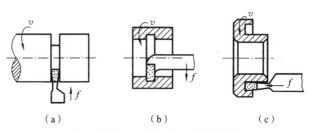

图 3.3.32　车槽刀及其切槽形状
(a) 车外槽；(b) 车内槽；(c) 车端面槽

是减小质量。

(1) 切槽刀的安装及角度　切槽刀安装时，刀尖要对准工件轴线；主切削刃平行于工件轴线；两侧副偏角 κ_r' 和两侧刃副后角 α_0' 要对称相等。

(2) 车槽的方法　车削宽度为 5 mm 以下的窄槽时，可采用主切削刃的宽度等于槽宽的切槽刀，在一次横向进给中切出。车削宽度在 5 mm 以上的宽槽时，一般采用先分段横向粗车，最后一次横向切削后，再进行纵向精车的加工方法。

(3) 车槽的尺寸测量　槽的宽度和深度采用卡钳和钢尺配合测量，也可用游标卡尺和千分尺测量。图 3.3.33 所示为测量外槽时的情形。

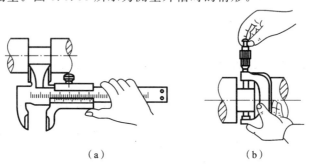

图 3.3.33　外槽的测量方法
(a) 游标卡尺测量槽宽；(b) 千分尺测量槽的底径

6. 切断

把坯料或工件分成两段或若干段的车削过程称为切断。主要用于圆棒料按尺寸要求下料，或把加工完毕的工件从坯料上切下来。切断刀与切槽刀的形状相似，刀头窄而长，易折断，切断时，刀头伸进工件内部，散热条件差，排屑困难，易引起振动，因此必须合理地选择切断刀。常用的切断方法有直进法和左右借刀法两种，直进法常用于切削铸铁等脆性材料，左右借刀法常用于切削钢等塑性材料。

【操作要点】

1. 车台阶时应注意以下几点

(1) 利用刻度盘控制尺寸精度用试切法试切外圆时，必须利用横向进给手柄刻度盘上的刻度来控制进刀深度,对刀后,计算手柄顺时针转动的格数 n。试切测量的尺寸在规定范围内时,即可正式进行车削。

(2) 外圆尺寸的测量　粗测可用外卡钳和钢尺,一般精度测量常用游标卡尺,精度要求高时用千分尺。建议先进行测量作业,掌握正确使用量具的方法,再进行车削和测量。

2. 切断时应注意以下几点

(1) 工件和车刀的装夹一定要牢固,刀架要锁紧,不能松动。切断时切断刀距卡盘近些,但不能碰上卡盘,以免切断时因刚度不足而产生振动。

(2) 安装切断刀时刀尖一定要对准工件中心。

(3) 合理地选择切削用量。手动进给切断时,进给要均匀。

(4) 切钢时需加冷却液进行冷却润滑,切铸铁时不加冷却液。

3.3.4　钻孔与车孔

1. 车床上钻孔

利用钻头将工件钻出孔的方法称为钻孔,如图 3.3.34 所示。在车床上钻孔与钻床上钻孔的区别见表 3.3.6。

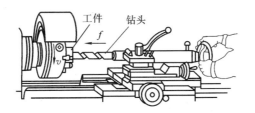

图 3.3.34　车床上钻孔

表 3.3.6　车床上钻孔与钻床上钻孔比较表

钻孔的方法	主运动	进给运动	位置精度
车床上钻孔	工件旋转	钻头轴向移动（工件旋转）	不需划线,易保证孔与外圆的同轴度及孔与端面的垂直度
钻床上钻孔	钻头旋转	钻头轴向移动（工件不动）	需按划线位置钻孔,孔易钻偏,不易保证孔的位置精度

2. 车孔

对工件上的孔进行车削的方法称为车孔。车孔的尺寸公差等级为 IT7～IT8 级,表面粗糙度为 $Ra1.6～3.2\ \mu m$。车孔的方法如图 3.3.35 所示。

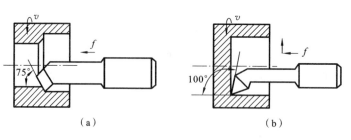

图 3.3.35 车孔的方法
(a) 车通孔；(b) 车不通孔

车孔时，应注意以下几点。

(1) 车孔刀的安装　刀尖应对准工件的中心，刀具轴线应与主轴平行。如图 3.3.36 所示，车刀伸出刀架的长度尽量短，以免产生振动，应保证工件孔深加上 3~5 mm 的长度。

(2) 车孔刀的几何角度　通孔车刀的主偏角 $\kappa_r = 45°\sim 75°$，副偏角 $\kappa_r' = 20° \sim 45°$。不通孔车刀主偏角 $\kappa_r \geqslant 90°$，刀尖在刀杆的最前端。

(3) 一次装夹车孔时，如果孔与某些表面有位置公差要求时（与外圆表面的同轴度，与端面的垂直度等），则孔与这些表面须在一次装夹中完成全部切削加工，以保证其位置公差要求，如图 3.3.37 所示。如必须两次装夹时，应校正工件，保证质量。

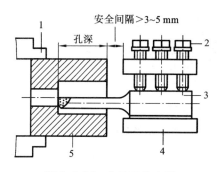

图 3.3.36　车孔刀的安装
1—卡爪；2—紧固螺栓；
3—车孔刀；4—刀架；5—工件

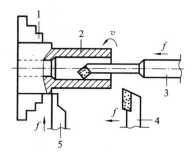

图 3.3.37　保证精度的一次装夹示意图
1—卡爪；2—工件；3—车孔刀；
4—外圆车刀；5—切断车刀

3. 孔的测量方法

根据孔的精度，常用游标卡尺测量孔径和孔深；对于精度要求不高，用内卡钳和钢尺测量孔径；精度要求高的孔可用内径千分尺或内径百分表测量。对于大批量生产的工件孔可用塞规测量。具体内容参见 3.8 节的工件测量一节。

3.3.5 车圆锥、成形面

1. 圆锥的种类及作用

圆锥面配合拆卸方便,还可传递扭矩,多次拆卸能保证准确的定心作用,应用广泛。在车床上进行圆锥表面的车削加工,是一种常见的圆锥面加工方法。

圆锥按其用途分为一般用途圆锥和特殊用途圆锥两类。一般用途圆锥的圆锥角较大时,直接用角度表示,如 30°、45°、60°、90°等;圆锥角较小时用锥度 C 表示,其值如1∶5、1∶10、1∶20、1∶50 等。圆锥按形状分为内圆锥和外圆锥。如顶尖和中心孔的配合圆锥角 $α=60°$,易拆卸零件的锥面锥度 $C=1∶5$,工具尾柄锥面锥度 $C=1∶20$,机床主轴锥孔锥度 $C=7∶24$。

2. 圆锥各部分名称、代号及计算公式

圆锥体和圆锥孔的各部分名称、代号及计算公式均相同,圆锥体的主要尺寸如图 3.3.38 所示。

锥度: $$C=\frac{D-d}{l}=2\tan\frac{\alpha}{2}$$

斜度: $$S=\frac{D-d}{2l}=\tan\frac{\alpha}{2}$$

式中:$α$——圆锥的锥角,$\frac{\alpha}{2}$——斜角(半锥角);

l——锥面轴向长度;

D——锥面大端直径;

d——锥面小端直径。

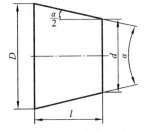

图 3.3.38 锥体主要尺寸

3. 车圆锥的方法

车圆锥的方法很多,主要有宽刃车刀车削法、转动小刀架法、偏移尾架法和靠模法等四种,如表 3.3.7 所示。应根据实际生产需要选择恰当的加工方法。

表 3.3.7 常见车圆锥面的方法对比一览表

对比项目	宽刃车刀车削法	转动小刀架法	偏移尾架法	靠模法
锥面长度 L	$L=20$ mm	$L=100$ mm	可长	任意
半锥角 $α$	任意	任意	$α≤8°$	任意
能否加工内锥面	能	能	不能	能
表面质量	一般	差	一般	好
批量	小批量	单件	批量	大批量
成本	低	低	低	较高

除宽刃车刀车削法外,其他几种车圆锥的方法都是使刀具的运动轨迹与工件轴线相交成斜角 α/2 来加工出所需的圆锥体的,下面具体介绍转动小刀架法和偏移尾架法。

1) 转动小刀架法

要根据工件的锥度 C 或斜角 α/2,将小刀架扳转 α/2 角。紧固后,摇动小刀架手柄,使车刀沿圆锥面的母线移动,车出所需锥面,如图 3.3.39 所示。

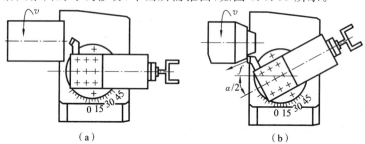

图 3.3.39 转动小刀架车圆锥

(a) 转动小刀架前;(b) 转动小刀架后

转动小刀架法操作简单,能加工锥角大的内外圆锥面,但由于受小刀架行程的限制,不能加工较长的锥面。操作中只能手动进给,不能机动进给,粗糙度较难控制。

2) 偏移尾架法

根据工件的锥度 C 或斜角 α/2,把尾架顶尖偏移一个距离 s,使工件旋转轴线与车床主轴轴线交角等于斜角 α/2。利用车刀纵向进给,车出所需的锥面,如图3.3.40 所示。尾架偏移量的计算公式为

$$s = L \times \frac{C}{2} = L \times \frac{D-d}{2l} = L\tan\frac{\alpha}{2}$$

式中:L——工件长度(mm)。

尾架偏移法可以加工较长工件上的锥面,能机动进给,一般斜角不能太大,α/2 < 8°。不能加工锥孔,常用于单件或成批生产。

4. 圆锥面工件的测量

圆锥面的测量主要是测量圆锥斜角(或圆锥角)和锥面尺寸。调整车床,试切圆锥后,需测量锥面的角度是否正确。常用以下几种方法测量锥面角度。

(1) 样板进行检查 使用与加工锥面的锥角值一致的样板检验,测量操作直观迅速,但不容易定量。

(2) 锥形套规或锥形塞规测量 锥形套规用于测量外锥面,锥形塞规用于测量内锥面。测量时,先在套规或塞规的内外锥面上涂上显示剂,再与被测锥面配合,转动量规,拿出量规并观察显示剂的变化。如果显示剂摩擦均匀,说明圆锥接触良好,锥角正确。锥形套规与锥形塞规如图 3.3.41 所示。

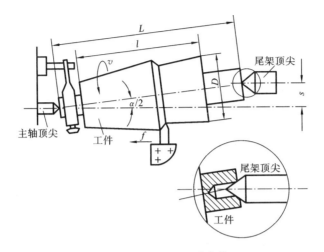

图 3.3.40 偏移尾架法车锥面

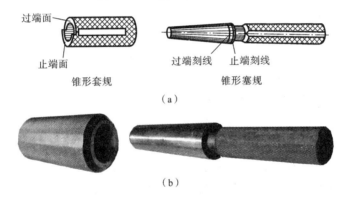

图 3.3.41 锥形套规与锥形塞规简图及实物图
(a) 简图;(b) 实物图

（3）**万能游标量角器测量** 用万能游标量角器测量工件的角度范围大,测量精度较高。具体内容参见 3.8 节的工件测量一节。

5. 车成形面

将工件表面车削出成形面的过程称为车成形面。车出的具有曲面形状的表面称为成形面（或特形面），如手柄、手轮、圆球等的表面。成形面的主要车削方法包括双手控制法、成形法、靠模法等。

（1）**双手控制法** 多用于单件小批生产,靠双手同时摇动纵向和横向进给手柄进行车削,使刀尖的运动轨迹符合工件的曲面形状。用普通车刀车削,用样板反复度量,最后用锉刀和砂布修整,能达到尺寸公差和表面粗糙度的要求。双手控制法要求操作者具有较高技术,但不需特殊工具和设备,生产中被普遍采用。

(2) 成形法　利用与工件轴向剖面形状完全相同的成形车刀来车出所需的成形面的方法称为成形法,也称样板刀法。主要用于车削尺寸不大的且要求不太精确的成形面。

(3) 靠模法　靠模法多用于大批量生产,利用刀尖的运动轨迹与靠模(板或槽)的形状完全相同的方法车出成形面。横刀架(中拖板)与丝杠脱开,其前端的拉杆上装有滚柱。当大拖板纵向走刀时,滚柱即在靠模的曲线槽内移动,从而使车刀刀尖的运动轨迹与曲线槽形状相同,同时用小刀架控制切削深度,即可车出手柄的成形面。这种方法操作简单,生产率高,当靠模为斜槽时,可用于车削锥体。

3.3.6　车螺纹

将工件表面车削成螺纹的过程称为车螺纹。螺纹的种类很多,应用很广。常用螺纹按用途分为连接螺纹和传动螺纹两类,前者起连接作用(如螺栓与螺母),后者用于传递运动和动力(如丝杠与螺母)。各种螺纹按其使用性能的不同又可分为左旋或右旋、单线或多线、内或外螺纹。

加工公制螺纹、英制螺纹、径节螺纹和模数螺纹,调整挂轮及选取进给量手柄,可参考车床的进给箱附近的进给量表(见图 3.3.42)。

1. 螺纹的各部分名称及基本尺寸

螺纹按照牙型分为:三角螺纹、梯形螺纹、方牙螺纹。其中普通公制三角螺纹应用广泛。

螺纹的基本要素有三个:牙型角 α、螺距 P 和螺纹中径 $D_2(d_2)$。图 3.3.43 标注了三角形螺纹各部分的名称代号。螺距用 P 表示,牙型角用 α 表示。

(1) 牙型角 α　螺纹轴向剖面内螺纹两侧面的夹角。公制螺纹 $\alpha=60°$,英制螺纹 $\alpha=55°$。

(2) 螺距 P　沿轴线方向上相邻两牙间对应点的距离。公制螺纹的螺距用 mm 表示,英制螺纹用每英寸上的牙数 D_P 表示,称为径节。螺距 P 与径节 D_P 的关系为

$$P=\frac{25.4}{D_P}\text{(mm)}$$

(3) 螺纹中径 $D_2(d_2)$　平分螺纹理论高度 H 的一个假想圆柱体的直径。在中径处螺纹的牙厚和槽宽相等。只有内外螺纹中径都一致时,两者才能很好地配合。

2. 螺纹车刀及其安装

(1) 螺纹车刀的几何角度　如图 3.3.44 所示,车三角形公制螺纹,刀尖角等于螺纹牙型角,且 $\alpha=60°$;车三角形英制螺纹,车刀的刀尖角 $\alpha=55°$。前角 $\gamma_0=0°$,才能保证工件螺纹的牙型角,否则牙型角将产生误差。粗加工或螺纹精度要求不高

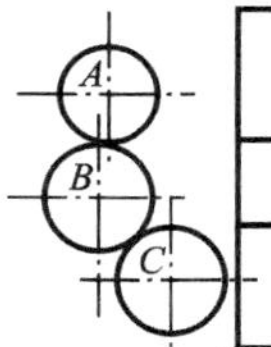

图 3.3.42 C6140 公制、英制、模数、径节四种螺纹车削手柄调整参考图

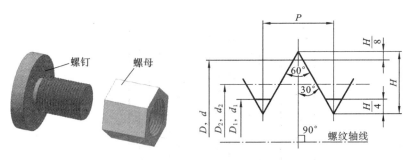

图 3.3.43 三角螺纹及其参数示意图

时,其前角 $\gamma_0 = 5° \sim 20°$。

(2)螺纹车刀的安装如图 3.3.45 所示,刀尖对准工件的中心,并用样板对刀,以保证刀尖角的角平分线与工件的轴线相垂直,车出的牙型角才不会偏斜。

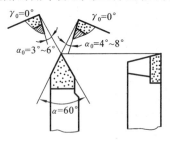

图 3.3.44 螺纹车刀角度

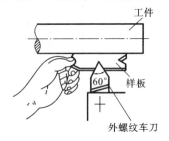

图 3.3.45 用样板对刀

3. 车床的调整

车螺纹时,工件每转一转时,车刀必须准确地移动一个工件的螺距或导程(单头螺纹为螺距,多头螺纹为导程),其传动路线简图如图 3.3.46 所示。调整时,首先通过手柄把丝杠接通,再根据工件的螺距或导程,按进给箱标牌上所示的手柄位置,来变换配换齿轮(挂轮)的齿数及各进给变速手柄的位置。

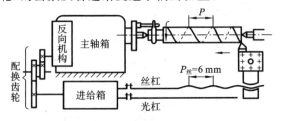

图 3.3.46 车螺纹传动原理图

4. 车螺纹的方法与步骤

螺纹车削的方法有正反车法和抬闸法两种。

(1) 正反车法　正反车法适于加工各种螺纹,如图 3.3.47 所示为正反车法车外螺纹。

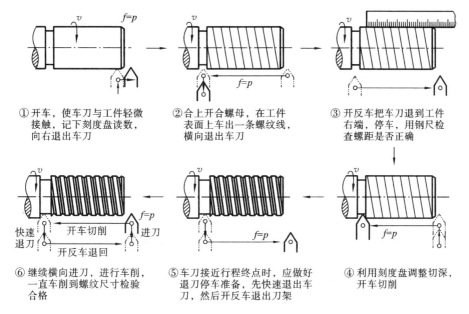

图 3.3.47　正反车法车外螺纹

(2) 抬闸法　利用开合螺母手柄的抬起或压下来车削螺纹,操作简单,但易乱扣,只适于加工机床丝杠螺距是工件螺距整数倍的螺纹(C6132 和 C6140 的丝杠螺距分别为 6 mm 和 12 mm)。

与正反车法不同,车刀行至终点时,横向退刀后,不用开反车纵向退刀,抬起开合螺母手柄使丝杠与螺母脱开,手动纵向退回,再进刀车削。

车内螺纹的方法与车外螺纹基本相同,只是横向进给手柄的进退刀转向不同。对于直径较小的内、外螺纹可用丝锥或板牙加工。螺纹的加工方法还有很多,如铣削、攻丝与套扣、搓丝与滚丝、磨削及研磨。

5. 螺纹的测量

测量螺纹主要测量螺距、牙型角和螺纹中径。可分为单项测量和综合测量。如图 3.3.48 所示,可以用钢尺测量螺距,用样板测量牙型角,可用螺距规同时测量螺距和牙型角,螺纹中径常用螺纹千分尺测量。在成批大量生产中,常用螺纹量规进行综合测量。

【操作要点】

(1) 控制螺纹牙深高度。车刀作垂直移动切入工件,由横向进给手柄刻度盘来控制进刀深度,经几次进刀切至螺纹牙深高度为止。

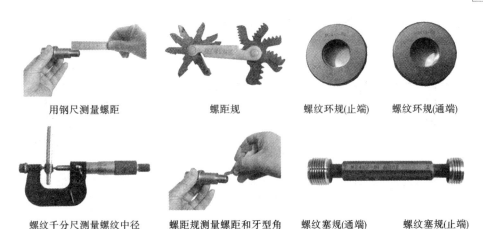

图 3.3.48　常见的螺纹测量方法示意图

(2) 乱扣及其防止方法。

车削螺纹需要多次沿纵向走刀才能完成。在多次车削过程中,必须保证每次车刀都落在车削的螺纹槽中,否则会产生乱扣,导致工件报废。正反车法,每次车削进给结束,应立即开反车退刀。开合螺母与丝杠保持啮合,直到车削出合格螺纹;抬闸法车削螺纹,车刀沿纵向移至终点时,横向退刀后,不用开反车退刀,提起开合螺母手柄使丝杠与螺母脱开,手动纵向退刀,再进刀车削,直到车削出合格螺纹。

3.3.7　典型零件车削实例

如图 3.3.49 所示为调整轴的示意图,车削这样的零件,在开展工艺分析时,主要在以下几个方面重点考虑。

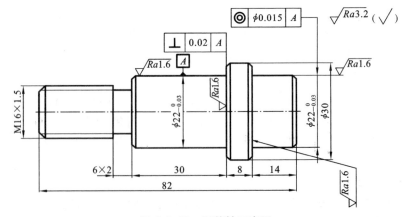

图 3.3.49　调整轴示意图

(1) 根据零件的形状、结构、材料和数量确定毛坯的种类。
(2) 结合零件的表面粗糙度、技术要求、加工精度确定零件的加工顺序。
(3) 确定每一个加工步骤所用的机床及零件的安装方法、加工方法、测量方法，以及为下一步加工所留的余量。

采用 45 钢棒料作为毛坯，直径 ϕ32，长度 86，数量 1 件；M16×1.5 处倒角 C1.5，其余未注倒角 C1。调整轴的主要车削过程如表 3.3.8 所示。

表 3.3.8　调整轴的车削过程一览表

序号	加工简图	加工内容	工具、量具
1	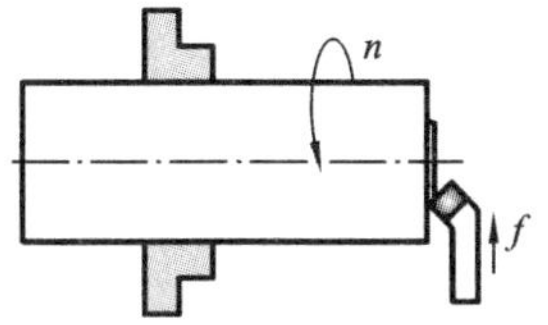	三爪卡盘装夹毛坯棒料，长度伸出卡盘 45；车端面，见平即可	45°弯头车刀、钢尺
2	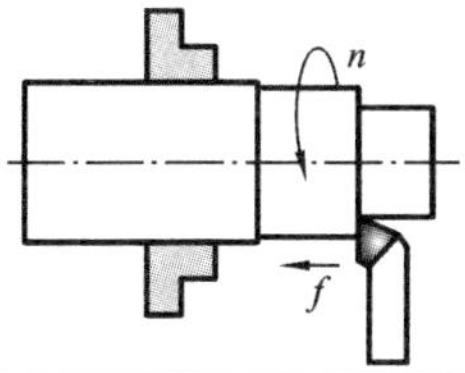	车出 ϕ30 外圆面，长 35；车出 ϕ23 外圆面，长 13	90°外圆车刀、游标卡尺、钢尺
3	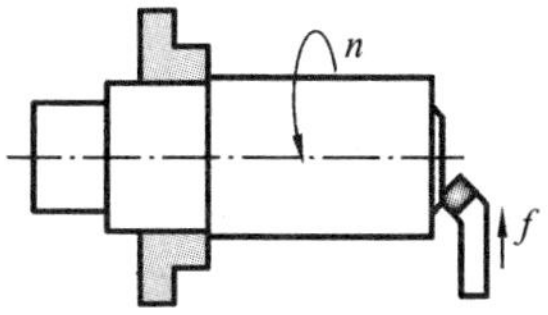	掉头，夹 ϕ30 外圆面，伸出 55，找正，夹紧；车端面，见平即可	45°弯头车刀、钢尺
4	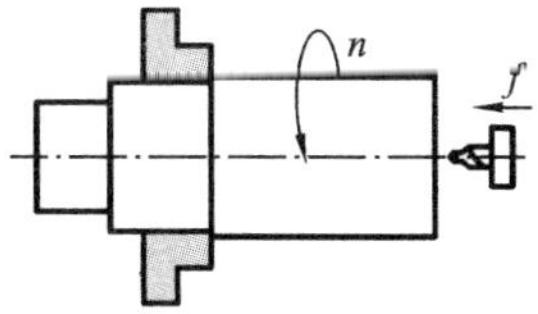	钻中心孔	中心钻
5	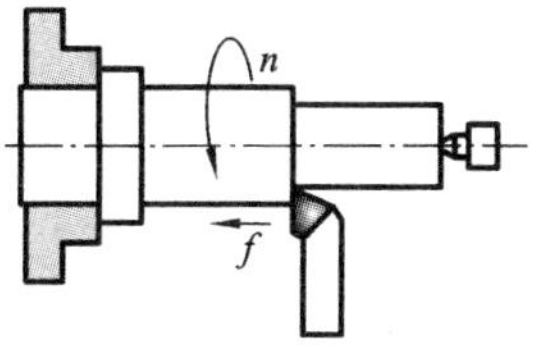	夹 ϕ23 外圆面，卡爪端面贴靠工件台阶面，顶尖支撑；粗车外圆面 $\phi22_{-0.033}^{0}$ 至 ϕ23，长 59.5；车出 ϕ15.8 外圆面（M16 大径），长 30	90°外圆车刀、游标卡尺

续表

序号	加工简图	加工内容	工具、量具
6	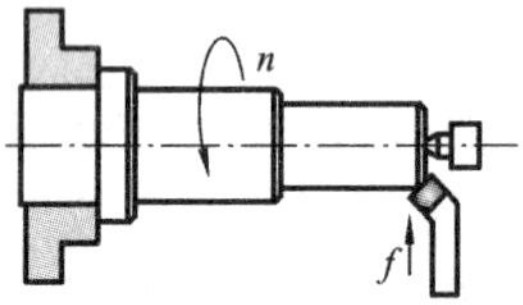	倒角 3 处至尺寸；1 处 C1.5，2 处 C1	45°弯头车刀
7	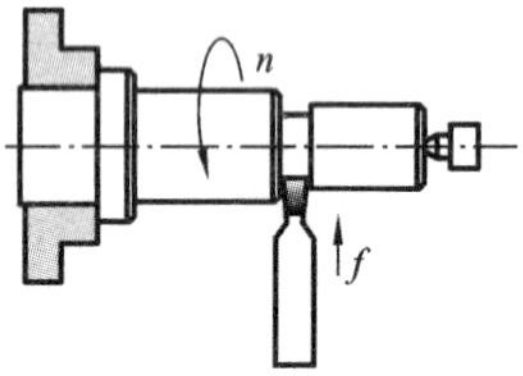	切 6×2 直槽至尺寸	切槽刀、游标卡尺
8	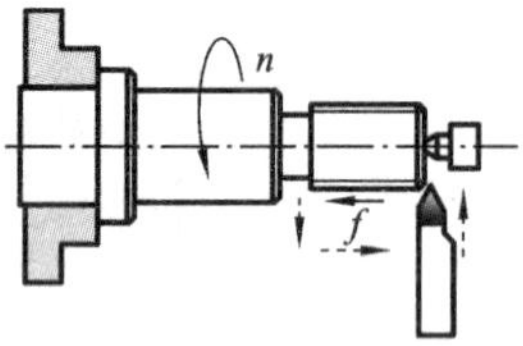	车出 M16×1.5 外螺纹	外螺纹车刀、螺纹环规
9	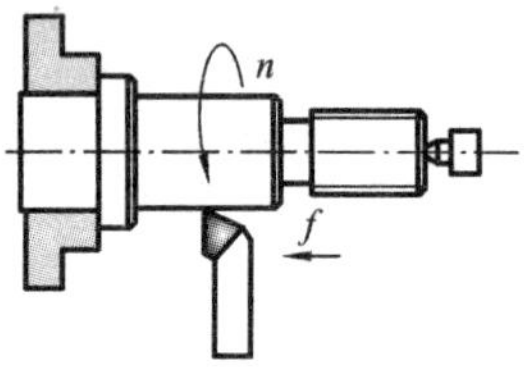	精车 $\phi 22_{-0.033}^{0}$ 外圆、长 30 至尺寸	90°偏刀、外径千分尺
10	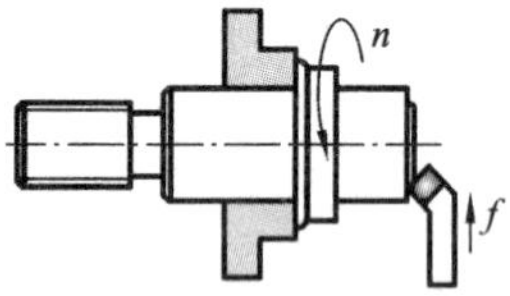	掉头，校正，夹 $\phi 22_{-0.033}^{0}$ 外圆面，车端面，总长至尺寸	45°弯头车刀、游标卡尺
11	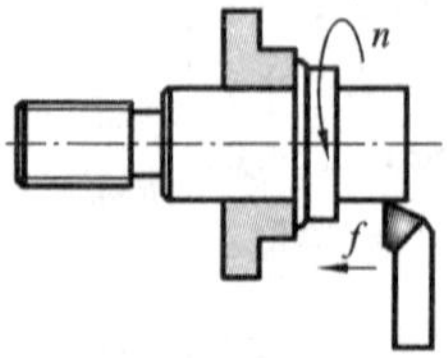	精车 $\phi 22_{-0.033}^{0}$ 外圆面，长 14 至尺寸	90°偏刀、外径千分尺

续表

序号	加工简图	加工内容	工具、量具
12		倒角2处至尺寸;2处C1	45°弯头车刀
13		按图要求检验	

复习思考题

1. 车床的主运动和进给运动是什么？车床主轴为什么需要有不同的转速？
2. 车削加工应注意哪些安全技术？
3. 说明C6132、C6140型车床代号的意义。
4. 车削的加工范围是什么？C6132型车床的基本组成部分有哪些？
5. 车刀有几个主要角度，各起什么作用？车刀常用材料有几种？如何选择使用？
6. 车刀按其用途和材料如何进行分类？
7. 如何选择切削速度v、背吃刀量a_p、进给量f和转速n？
8. 用中拖板手柄进刀时，如果刻度盘的刻度多转了3格，能否直接退回3格？为什么？应如何处理？
9. 车外圆时有哪些装夹方法？为什么车削轴类零件时常用双顶尖装夹？
10. 车孔与车外圆在试切方法上有何不同？如不注意不同点会出现什么问题？
11. 车削时为什么要开车对刀？试切的目的是什么？试切的步骤有哪些？
12. 为什么车削时一般要先车端面？车螺纹时如何保证工件螺距？
13. 有一台车床正在加工一批轴，加工几个后，发现每个工件的一端都有不同程度的轻微锥度，试分析产生这一缺陷的原因，并找出纠正的办法。
14. 试拟出车削加工实习作业件两种可能的加工工序，并分析其工艺合理性。

3.4 铣削加工

☆ 学习目标和要求

- 了解铣削加工的特点、加工精度、适用范围等基本知识。
- 了解立式铣床和万能卧式铣床各主要组成部分的名称和作用。
- 熟悉常用铣刀的种类、特点、用途和安装方法。
- 熟悉铣床的切削运动和安全操作规则。
- 了解常用铣床附件的功能与结构,熟悉分度头、平口钳的使用和调整方法。
- 熟悉铣削用量四要素及其选择。
- 掌握平面、T形槽、齿轮等的铣削加工方法。
- 了解常用齿形加工方法。

☆ 安全操作规程

- 严格遵守《学员实习规则》。
- 按照铣床润滑指示牌规定的部位,做好班前的加油工作。
- 铣床运行时,各手柄和限位挡铁必须处于正确位置,确认正常后,才能正式开始工作。
- 工作时严禁戴手套,多人共用一台铣床时,只能一人动手操作,并要注意他人的安全。
- 工件必须压紧夹牢,以防发生事故。
- 切削过程中或铣刀未完全停止转动前,严禁用手触摸工件或铣刀。
- 当工件接近刀具(约 20~30 mm)时,应停止快速进给,改用手动进给。
- 严禁同时作两个方向的自动进给操作,严禁在主轴转动过程中变换主轴转速,以防损坏铣床而发生设备安全事故。
- 发生意外时,应立即关闭铣床电源,并报告指导人员。

☆ 实习方法

先集中讲授,再进行现场教学;要求参训人员完成T形槽零件与齿轮零件的加工;按照要求,给参训人员演示用差动分度法分度、铣削螺旋槽、演示滚齿机滚齿;结合教学需求,播放铣削多媒体教学录像。

3.4.1 铣床与铣床附件

铣削是利用铣床进行金属切削加工的方法。铣削一般用多刃刀具进行加工，效率较高；在铣床上可以加工平面、台阶、沟槽、成形面、齿轮的齿形、螺旋槽、牙嵌离合器的齿等，还可用钻头、铰刀、镗刀等刀具钻孔、铰孔、镗孔，加工范围非常广泛。

1. 铣床的型号与结构

按照主轴位置的不同，铣床可分为卧式铣床和立式铣床两种。铣床的标号示例如下。

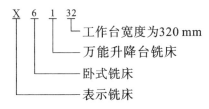 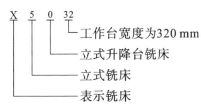

以上两种型号的铣床外形见图 3.4.1 和图 3.4.2。

图 3.4.1　卧式万能铣床　　　　　图 3.4.2　立式升降台铣床
1—工作台；2—转台；3—升降台；4—底座；　　1—主轴；2—工作台；3—升降台；
5—床身；6—变速手柄；7—主轴；8—横梁　　　　4—底座；5—床身

立式铣床与卧式铣床的主要区别是主轴与工作台平面间的相互位置关系，主轴与工作台平行为卧式铣床，主轴与工作台垂直为立式铣床。以卧式万能铣床为例，其各部分组成及用途如下。

（1）床身　用于固定和支承铣床上所有其他部件。

(2) 横梁　用于安装吊架,支承刀杆,以增强其刚度。横梁可根据工作要求调整其伸出长度。

(3) 主轴　用于带动铣刀或刀杆旋转传递扭矩。其前端有 7∶24 的精密锥孔,用以安装刀杆或直接安装锥柄铣刀。

(4) 升降台　可沿床身的导轨上下移动,以调整工作台面到铣刀的距离,并在铣削时作垂直进给运动。

(5) 工作台　可沿升降台水平导轨作横向运动,还可沿转台的导轨作纵向进给运动。

(6) 转台　可使纵向工作台在水平面内按顺时针或逆时针方向旋转一定角度(转角范围最大各为 45°),以铣削螺旋槽等。

2. 常用铣床附件及其应用

铣床的主要附件有平口钳、回转工作台、万能铣头、万能分度头等,如图 3.4.3 所示。

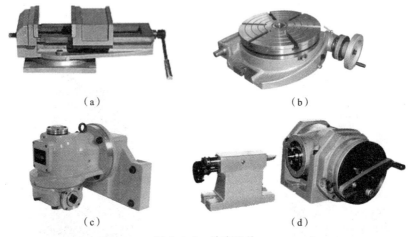

图 3.4.3　铣床附件
(a) 平口钳;(b) 回转工作台;(c) 万能铣头;(d) 万能分度头

1) 回转工作台

回转工作台又称为转盘、平分盘、圆形工作台等,其外观形状如图 3.4.3(b)所示,它的内部装有一套蜗轮蜗杆。转台安装在蜗杆上,转动装在蜗杆上的手轮时,回转台带动工件作圆周进给。回转工作台一般用于较大零件的分度和非整周圆弧的铣削加工。

2) 万能铣头

万能铣头(见图 3.4.3(c))是卧式铣床上的主要附件,装上万能铣头后,卧式铣床可作立式铣床使用。万能铣头上的铣刀可调整其处于垂直位置、向右倾斜的位置和向前倾斜的位置等,如图 3.4.4 所示。

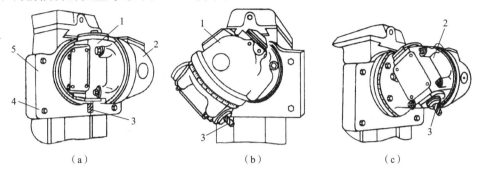

(a) (b) (c)

图 3.4.4 万能铣头的安装及调整位置

(a) 铣刀处于垂直位置;(b) 铣刀处于右倾斜的位置;(c) 铣刀处于向前倾斜的位置

1,2—壳体;3—铣刀;4—紧固螺栓;5—底座

(a) (b)

图 3.4.5 用分度头安装零件

(a) 水平位置安装零件;(b) 垂直位置安装零件

3) 万能分度头

万能分度头(见图 3.4.3(d))主要用于加工六方、四方和完成齿轮等的分度。分度头工作时,主轴可处于水平位置(见图 3.4.5(a))、垂直位置(见图 3.4.5(b))或倾斜位置(见图 3.4.17(b)),以适应加工工件的需要。

万能分度头的底座上装有回转体,主轴可以随回转体在垂直平面内扳转;主轴前端装有顶尖或三爪卡盘;分度时,摇动手柄通过蜗轮机构带动主轴旋转实现分度。分度头基本结构如图 3.4.6 所示。

分度头的传动系统如图 3.4.7 所示。分度手柄转一圈,蜗杆转一圈,带动蜗轮转一个齿。蜗轮为 40 齿,主轴转 1/40 圈,即传动比 $i=1/40$。若工件的分度数目为 z,那么每铣完一个槽(或一个齿),主轴就应转 $1/z$ 转,这时手柄应转的转数与分度数目的关系为

$$1:40=\frac{1}{z}:n \quad n=\frac{40}{z}$$

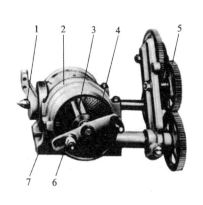

图 3.4.6　分度头的基本结构

1—主轴；2—回转体；3—扇形叉；
4—分度盘；5—交换齿轮；
6—手柄；7—底座

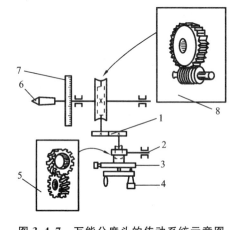

图 3.4.7　万能分度头的传动系统示意图

1—1∶1齿轮；2—挂轮轴；3—分度盘；
4—定位销；5—1∶1螺旋齿轮传动；
6—主轴；7—刻度盘；8—1∶40蜗轮蜗杆传动

式中：n——分度手柄应转的转数；

z——工件的等分数目；

40——分度头的定数（蜗轮数为40，蜗杆头数为1头）。

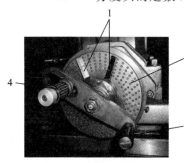

图 3.4.8　分度盘及其孔圈

1—扇形叉；2—分度盘；
3—分度手柄；4—定位销

分度盘及其孔圈如图 3.4.8 所示，分度方法有直接分度法、简单分度法、角度分度法和差动分度法等，这里主要介绍简单分度法。

例如：铣削齿数 $z=36$ 的齿轮，每分度一次（一齿）手柄的转数为

$$n=\frac{40}{z}=\frac{40}{36}=1\frac{1}{9}$$

即每次分度，分度手柄应转 $1\frac{1}{9}$ 圈。其中 $\frac{1}{9}$ 圈需通过分度盘来控制。此时可将分度手柄上的定位销调整到孔数为9的倍数（如孔数为54）的孔圈上，分度时手柄转一圈后，再转6个孔距即可。国产分度头一般备有两块分度盘，其孔数为

第一块　　正面各圈孔数：24、25、28、30、34、37

　　　　　反面各圈孔数：38、39、41、42、43

第二块　　正面各圈孔数：46、47、49、51、53、54

　　　　　反面各圈孔数：57、58、59、62、66

【实践操作】

(1) 熟悉并逐渐掌握立式铣床与卧式铣床的基本操作方法。

(2) 掌握万能分度头的工作原理,能够正确选择孔圈,较为熟练地使用分度头。

3.4.2 铣刀及其安装

1. 铣刀

铣刀是一种多刃刀具,刀齿分布在圆柱铣刀的外圆表面或端铣刀的端面上。按照材料的不同,铣刀刀齿主要有高速钢刀齿和硬质合金刀齿两种。铣刀工作时,刀具转一转每个刀刃只进行一次切削,这样有利于散热,提高刀刃的耐用度。

铣刀按装夹方式分为带孔铣刀和带柄铣刀。带孔铣刀有圆柱铣刀、圆盘铣刀、角度铣刀、成形铣刀等,多用在卧式铣床上,带孔铣刀及其使用如图 3.4.9 所示。带柄铣刀有立铣刀、键槽铣刀、T 形槽铣刀等,多用在立式铣床上。卧式铣床上安装立铣头后也可使用带柄铣刀。带柄铣刀及其使用如图 3.4.10 所示。

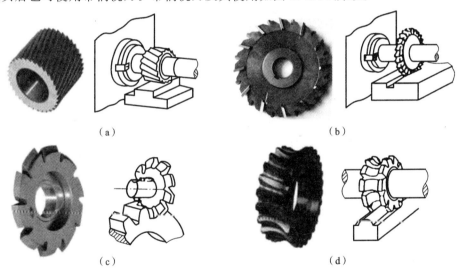

图 3.4.9 带孔铣刀及其使用

(a) 圆柱铣刀铣平面;(b) 三面刃铣刀铣沟槽;(c) 模数铣刀铣齿轮;(d) 成形铣刀铣成形面

2. 铣刀的安装

1) 带孔铣刀的安装

带孔铣刀多用长的刀轴安装,如图 3.4.11 所示。

安装带孔铣刀时须注意以下几个方面。

(1) 铣刀应尽可能地靠近主轴或吊架,否则,铣削时在切削力作用下,因刀杆细

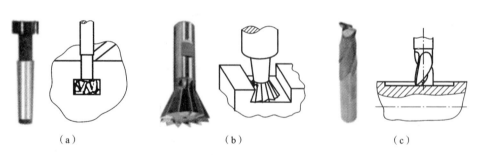

图 3.4.10 带柄铣刀及其使用

(a)铣 T 形槽；(b)铣燕尾槽；(c)铣键槽

图 3.4.11 带孔铣刀的安装

1—主轴；2—套筒；3—铣刀；4—吊架；5—横梁

长,易产生弯曲变形而使铣削出现较大的径向跳动,影响加工质量。

(2) 为保证铣刀的端面跳动较小,安放套筒时两端面必须擦干净。

(3) 拧紧刀杆端部螺母时,必须先装上吊架,以防止刀杆变形。

图 3.4.12 带柄铣刀的安装

1—带柄铣刀；2—带锥刀杆；3—带孔主轴

2) 带柄铣刀的安装

带柄铣刀一般通过带锥刀杆(如莫氏刀杆)安装在机床上,如图 3.4.12 所示。

带柄铣刀有直柄与锥柄之分。安装直柄铣刀时,铣刀的柱柄插入弹簧套的光滑圆孔中,用螺母压弹簧套的端面,弹簧套的外锥挤紧在夹头的锥孔中则将铣刀夹住。这种夹头一般限于安装 $\phi 20$ 以下的直柄立铣刀。更换弹簧套和弹簧内加上不同内径的套筒,可装夹不同直径的立铣刀。安装方法如图 3.4.13 所示。

安装锥柄铣刀时,如果铣刀锥柄的锥度与主轴孔内锥相同,可直接装入铣床主轴中,用拉紧螺

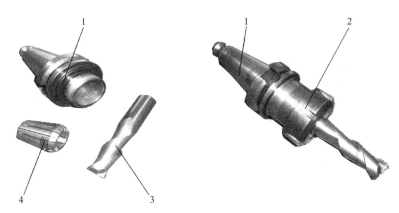

图 3.4.13 直柄铣刀的安装

1—带锥刀杆；2—拧紧螺母；3—直柄铣刀；4—弹簧套

杆将铣刀拉紧；如果锥度不同，或者铣刀锥柄过小，可将铣刀安装在中间套内，再连中间套一起装入铣床主轴，最后用拉紧螺杆将铣刀拉紧。

3.4.3 铣削工艺

1. 铣削运动和铣削要素

1）铣削运动

铣削运动如图 3.4.14 所示。

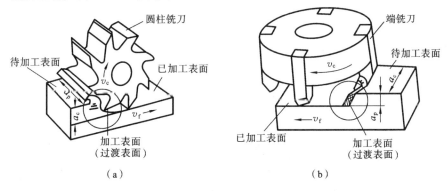

图 3.4.14 铣削运动

(a) 卧铣；(b) 立铣

(1) 主运动　铣刀的旋转运动。

(2) 进给运动　工件的移动。

2）铣削要素

(1) 铣削速度 v_c　它是铣刀刀刃最大直径处的线速度(m/s)。

$$v_c = \frac{\pi D n}{1\,000 \times 60} \text{ (m/s)}$$

式中：D——铣刀直径(mm)；

n——铣刀转速(r/min)。

(2) 进给速度 v_f　它是工件沿进给方向每分钟移动的距离(mm/min)。

(3) 背吃刀量 a_p　它是平行于铣刀轴线方向上切削层的尺寸(mm)。

(4) 侧吃刀量 a_e　它是垂直于铣刀轴线方向上切削层的尺寸(mm)。

2. 铣削加工的精度

铣削加工的一般尺寸精度为 IT9～IT8 级，表面粗糙度为 $Ra12.5～1.6$。

3. 典型表面的加工方法

1) 工件的装夹

铣床上装夹工件的方法有：用平口钳装夹工件(见图 3.4.19)；用回转工作台装夹工件；用分度头或用分度头与尾座装夹工件(见图 3.4.5 和图 3.4.21)；用角铁或 V 形铁装夹工件，用抱钳装夹工件(见图 3.4.18)；用螺栓、压板装夹工件；用专用夹具装夹工件。

装夹方法的选择与零件的形状、尺寸大小、生产批量有关。工件形状较规则的小型工件一般可用通用夹具装夹；中型、大型工件及形状较复杂的工件，一般采用螺栓、压板直接装夹在工作台上；成批大量生产的工件，为了减少装夹辅助时间，提高生产率，一般采用专用夹具装夹。

2) 水平面和垂直面的铣削

(1) 水平面的铣削　水平面可用端铣刀在立式铣床上铣削，也可用带孔圆柱铣刀在卧式铣床上铣削，如图 3.4.15(a)、(c)所示。铣削面较小及边上有台阶阻碍时，可用立铣刀铣削，如图 3.4.16 所示。

(2) 垂直面的铣削　较大的垂直面可用端铣刀在卧式铣床上铣削，如图 3.4.15

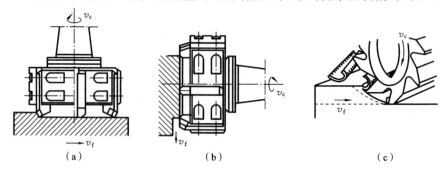

图 3.4.15　端铣刀铣平面

(a) 在立式铣床上铣水平面；(b) 在卧式铣床上铣垂直面；(c) 在卧式铣床上用直齿圆柱铣刀铣水平面

(b)所示;较小的垂直面用立铣刀铣削;台阶面是相互垂直的且窄长的水平面和垂直面,可用立铣刀一次走刀加工一个台阶,如图 3.4.16(a)所示。

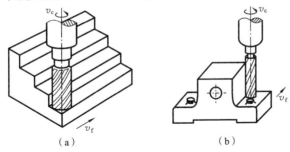

图 3.4.16 立铣刀铣平面
(a)铣台阶面;(b)铣凸台面

3) 斜面的铣削

铣斜面的方法较多,根据工件的结构特点、斜面尺寸大小及所用的刀具、机床附件的不同,可采用垫铁或万能分度头使工件倾斜在立式铣床上用立铣刀加工,如图 3.4.17(a)、(b)所示;用万能铣头改变刀轴的位置铣削斜面,如图 3.4.17(c)所示;用角度铣刀在卧式铣床上铣削小斜面,如图 3.4.17(d)所示。

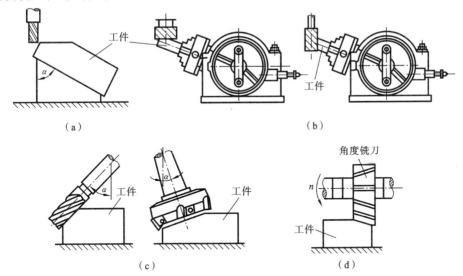

图 3.4.17 斜面的铣削
(a)用垫铁的方法铣斜面;(b)用分度头铣斜面;(c)用万能铣头铣斜面;(d)用角度铣刀铣斜面

4) 沟槽的铣削

在铣床上可加工直槽(如键槽)、T形槽、V形槽、燕尾槽、角度槽等。

(1) 键槽的铣削　键槽有封闭式键槽、敞开式键槽,还有半圆键槽等。键槽一般用抱钳安装在键槽铣床或立式铣床上,用键槽铣刀铣削(见图3.4.18),单件时可用平口钳安装在立式铣床上加工(见图3.4.19);半圆键槽一般在卧式铣床上用半圆键槽铣刀铣削(见图3.4.20);敞开式键槽可用三面刃铣刀在卧式铣床上铣削(见图3.4.21)。

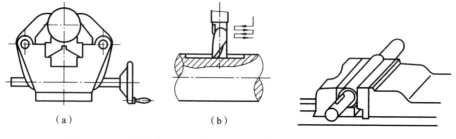

图 3.4.18　铣削封闭式键槽
(a)用抱钳安装;(b)铣削路径

图 3.4.19　用平口钳安装

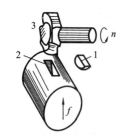

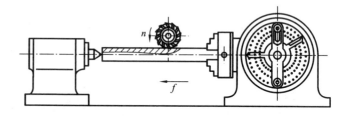

图 3.4.20　铣半圆键槽
1—半圆键;2—半圆键槽;
3—半圆键铣刀

图 3.4.21　铣削敞开式键槽

(2) T形槽和燕尾槽的铣削　T形槽应用较广,主要用于安装夹具、工件等,铣床、刨床的工作台上都有T形槽。T形槽的加工一般分为三步,首先用三面刃铣刀或立铣刀铣直槽,然后用T形槽铣刀铣T形槽,最后倒角,如图3.4.22(a)、(b)、(c)所示。燕尾槽的铣削与T形槽类似,不同的是铣出直槽后还需用燕尾槽铣刀铣削燕尾槽,如图3.4.22(d)所示。

角度槽、V形槽、直槽的铣削方式与前面两者相类似,主要是选择合适的刀具和机床加工即可。

5) 成形面的铣削

用铣削的方式加工成形面要选择合适的铣刀,铣刀的精度对加工精度有重要影响。铣削成形面如图3.4.9(c)、(d)所示。

6) 在铣床上钻孔和镗孔

在铣床上安装麻花钻头可以进行钻孔,麻花钻头的安装与立铣刀相同。

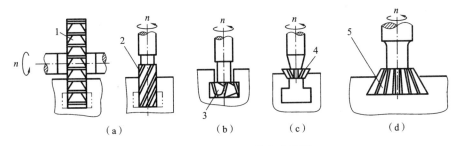

图 3.4.22 铣 T 形槽和燕尾槽

(a)、(b)、(c) 铣 T 形槽；(d) 铣燕尾槽

1—三面刃铣刀；2—立铣刀；3—T 形槽铣刀；4—倒角铣刀；5—燕尾槽铣刀

在普通铣床上只适宜于镗削中小型工件上的孔。尺寸精度等级一般达 IT7～IT8，表面粗糙度为 $Ra1.6\sim 3.2~\mu m$。在卧式铣床上镗孔(见图 3.4.23)，孔的轴线应与定位平面平行。在立式铣床上镗孔(见图 3.4.24)，孔的轴线应与定位平面垂直。

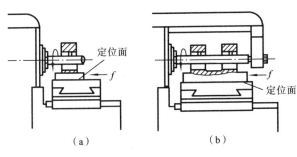

图 3.4.23 在卧式铣床上镗孔

(a) 刀杆直接装入主轴锥孔；(b) 利用吊架支承刀杆

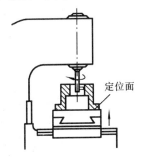

图 3.4.24 在立式铣床上镗孔

4. 铣削方法

铣削平面的方法有周铣法和端铣法之分。

1) 周铣法

周铣法是用铣刀圆周上的切削刃来进行铣削加工的方法。周铣法有逆铣和顺铣两种铣削方式。

(1) 逆铣　铣刀切削速度 v_c 的方向与工件进给速度 v_f 的方向相反时称为逆铣，如图 3.4.25(a)所示。

(2) 顺铣　铣刀切削速度 v_c 的方向与工件进给速度 v_f 的方向相同时称为顺铣，如图 3.4.25(b)所示。

逆铣和顺铣时，由于切入工件时的切削厚度不同，刀齿与工件的接触长度不同，故铣刀磨损程度不同。实践表明：顺铣时，铣刀耐用度可比逆铣时提高 2～3 倍，表

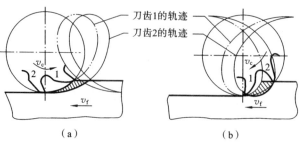

图 3.4.25 周铣的两种铣削方式
(a) 逆铣；(b) 顺铣

面粗糙度也可降低。但顺铣不宜用于铣削带硬皮的工件。逆铣时,工件受到的纵向分力 F_1 与进给速度 v_f 的方向相反(见图 3.4.26(a)),铣床工作台丝杠与螺母始终接触,而顺铣时工件所受纵向分力 F_1 与进给速度 v_f 的方向相同(见图 3.4.26(b)),本来是螺母螺纹表面推动丝杠(工作台)前进的运动形式,可能变成由铣刀带动工作台前进的运动形式。由于丝杠、螺母之间有螺纹间隙,就会造成工作台窜动,使铣削进给量不匀,甚至还会打刀。因此在没有消除螺纹间隙装置的一般铣床上,只能采用逆铣,而无法采用顺铣。

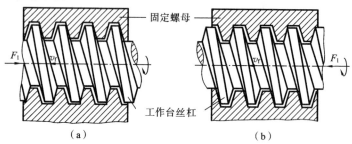

图 3.4.26 铣削时丝杠和螺母的间隙
(a) 逆铣；(b) 顺铣

2) 端铣法

端铣法是用铣刀端面上的切削刃来进行铣削加工的方法。端铣法分为对称铣削、不对称逆铣和不对称顺铣三种方式,如图 3.4.27 所示。

(1) 对称铣削 铣削过程中,面铣刀轴线始终位于铣削弧长的对称中心位置,此种铣削方式称为对称铣削,如图 3.4.27(a) 所示。采用该方式时,由于铣刀直径大于铣削宽度,故刀齿切入和切离工件时切削厚度均大于零,这样可以避免下一个刀齿在前一个刀齿切过的冷硬层上工作。一般端铣多用此种铣削方式,尤其适用于铣削淬硬钢。

(2) 不对称逆铣 面铣刀轴线偏置于铣削弧长对称中心的一侧,且逆铣部分大于顺铣部分,这种铣削方式称为不对称逆铣,如图 3.4.27(b) 所示。该种铣削方式的

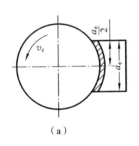 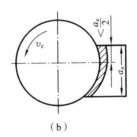 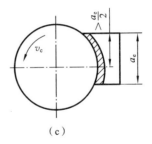

图 3.4.27 端铣的三种铣削方式

(a) 对称铣削；(b) 不对称逆铣；(c) 不对称顺铣

特点是：刀齿以较小的切削厚度切入，又以较大的切削厚度切出。这样，切入冲击较小，适用于端铣普通碳钢和高强度低合金钢。这时刀具耐用度较前者可提高一倍以上。此外，由于刀齿接触角较大，同时参加切削的齿数较多，切削力变化小，切削过程较平稳，加工表面粗糙度值较小。

(3) 不对称顺铣　当面铣刀轴线偏置于铣削弧长对称中心的一侧，且顺铣部分大于逆铣部分，这种铣削方式称为不对称顺铣，如图 3.4.27(c)所示。该种铣削方式的特点是：刀齿以较大的切削厚度切入，而以较小的切削厚度切出。它适合于加工不锈钢等中等强度和高塑性的材料。这样可减小逆铣时刀齿的滑行、挤压现象和加工表面的冷硬程度，有利于提高刀具的耐用度。在其他条件一定时，只要偏置距离选取合适，刀具耐用度可比原来提高两倍。

3.4.4　齿形加工

齿轮齿形的加工有两种最基本的方法，即成形法和展成法。

1. 成形法

成形法是用与被加工齿轮齿槽形状相符的成形铣刀加工齿轮齿形的方法。在铣床上铣齿即属于成形法加工（见图 3.4.28）。所用的齿轮铣刀又称模数铣刀，同一种模数做一套铣刀。$m>8$ 时，一套中有 15 把铣刀；$m \leqslant 8$ 时，一套中有 8 把铣刀。每号铣刀加工的齿数范围各不相同。

由于铣齿时用分度头手动分度，且每号铣刀的齿形是按最小齿数设计的，加工其他齿数齿轮时有齿形误差。因此其加工精度低，生产率低。一般铣齿精度为 IT9～IT11 级，表面粗糙度 $Ra\ 1.6 \sim 3.2\mu m$。

2. 展成法

展成法也称范成法，是利用齿轮刀具与被切齿轮的啮合运动，在专用齿轮加工机床上切出齿形的一种加工方法。展成法加工的齿轮精度高、效率高，运用非常广

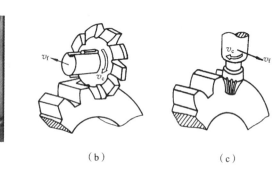

图 3.4.28　成形齿轮铣刀加工及类型
(a)齿轮加工；(b)盘形齿轮铣刀；(c)指形齿轮铣刀

泛，插齿和滚齿是展成法中最常用的两种加工方法。

1) 插齿

插齿在插齿机(见图3.4.29)上进行。从原理上讲，插齿相当于一对直齿圆柱齿轮的啮合。插齿刀实质上是一个端面磨有前角，齿顶及齿侧均磨有后角的齿轮。插齿时，刀具沿工件轴线方向作往复直线运动，形成切削加工的主运动，同时还与工件作无间隙的啮合运动，在工件上加工出全部轮齿齿廓。在加工过程中，刀具每往复一次仅切出工件齿槽的很小一部分，工件齿槽的齿面曲线是由插齿刀的切削刃多次切削的包络线所形成的，如图3.4.30所示。插齿刀一般用高速钢制造，一种模数的插齿刀可以切出模数相同的各种齿数的齿轮。

图 3.4.29　插齿机与插刀

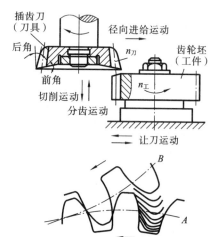

图 3.4.30　插齿运动与齿廓展成过程

插齿需具备以下五种运动。

(1) 主运动　插齿刀的上、下往复运动。

(2) 分齿运动　插齿刀和工件保持一对齿轮的啮合关系。即刀具转过一个齿（$1/z_刀$转）时，工件也应准确地转过一个齿（$1/z_工$转）。刀具和工件二者的运动组成一个复合运动，即展成运动。

(3) 径向进给运动　为使插齿刀从齿坯外圆逐渐切至齿形的全高，切出全部齿形，在分齿运动的同时，插齿刀逐渐向齿坯中心进给运动至全齿高为止。

(4) 圆周进给运动　它是插齿刀每往复一次时，在分度圆上所转过的弧长。

(5) 让刀运动　为了避免插齿刀回程时与工件表面摩擦而擦伤已加工表面和减小刀齿磨损，要求刀具回程时，工件让开插齿刀，但在插齿行程开始前，又要求工件返回原来的位置，以便切削加工。工件这种短距离的往复运动，称为让刀运动。

插齿主要用于加工直齿圆柱齿轮，尤其对于特殊结构的齿轮，如内齿轮、多联齿轮等，插齿具有独特的优越性。插齿不能加工蜗轮。插齿的加工精度一般为 IT7～IT8 级，表面粗糙度一般为 $Ra1.6\ \mu m$。

2) 滚齿

滚齿加工在滚齿机（见图 3.4.31）上进行。在加工过程中，滚刀相当于一个斜齿圆柱齿轮与被切齿轮形成螺旋齿轮啮合，可近似地看作齿条（刀具）与齿轮（被切齿轮）的啮合关系。滚刀的外观形状如蜗杆，但螺纹表面保持着斜齿轮的性质，在轴向开出若干容屑槽，形成很多刀齿，并形成前角和后角，再将两侧后面、顶后面进行铲齿，形成后刀面和后角（见图 3.4.32）。滚刀一般由高速钢制成。

图 3.4.31　滚齿机外形

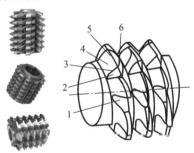

图 3.4.32　齿轮滚刀与滚刀的形成
1—容屑槽；2—前刀面；3—侧刃；
4—侧后刀面；5—顶后刀面；6—顶刃

滚直齿轮时，需具备三个运动，如图 3.4.33 所示。

(1) 主运动　滚刀的高速旋转运动。

(2) 分齿运动　它是保证滚刀和被加工齿轮之间啮合关系的运动。就单头滚刀而言，滚刀转一转，相当于齿条轴向移动一个齿距，而被切齿轮需转过一个齿。它们的啮合关系由一套分齿挂轮来实现。

 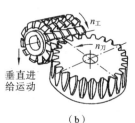 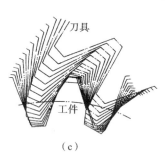

图 3.4.33 滚齿及其工作原理

(a) 滚齿加工；(b) 滚齿运动；(c) 齿廓展成过程

（3）垂直进给运动 它是滚刀沿工件轴向的运动，以便加工出整个齿宽。

在安装滚刀和工件时，为保证滚刀刀齿的运动方向与被加工齿轮的齿槽方向一致，滚刀应扳转一个相应的角度，这个角度与滚刀分度圆螺旋升角和被切齿轮分度圆螺旋角有关，方向相同为之差，方向相反为之和。加工直齿圆柱齿轮时，扳转的角度等于滚刀的分度圆螺旋升角。

滚齿精度一般为 IT7～IT8 级，表面粗糙度为 $Ra1.6 \sim 3.2 \ \mu m$。滚齿可以滚切直齿轮、斜齿轮、蜗轮等，但难于加工内齿轮、空刀槽小的两双联齿轮。

3. 齿面的精加工

1) 剃齿

剃齿是利用一对交错轴斜齿轮啮合的原理在剃齿机上进行的。盘形剃齿刀（见图 3.4.34）实质上是一个高精度的斜齿轮，每个齿的齿侧沿渐开线方向开槽以形成刀刃。加工时工件装在工作台上的顶尖间，由装在机床主轴上的剃齿刀带动工件自由转动。由于剃齿刀和工件相当于一对交错轴斜齿轮，故在接触点的切向分速度不一致，这样工件的齿侧面沿剃齿刀的齿侧面就产生滑移，利用这种相对滑移在齿面上切下细丝状的切屑。

图 3.4.34 剃齿刀外形

剃齿一般可达到 IT6～IT7 级精度，齿面表面粗糙度为 $Ra0.4 \sim 0.8 \ \mu m$，剃齿的生产率高，在成批生产中主要用于滚（或插）齿预加工后、淬火前的精加工。

2) 珩齿

珩齿是对淬硬齿轮进行精加工的方法之一。其原理和运动与剃齿相同，主要区别是珩齿的刀具是珩磨轮（见图 3.4.35），且珩磨轮的转速比剃齿刀高。珩齿时，珩轮与工件在自由对滚过程中,借齿面间的一定压力和相对滑动,由磨粒来进行切削。由于珩轮的磨削速度较低(1~3 m/s),加之磨料粒度较细,结合剂弹性较大,因此珩磨实际上是一种低速磨削、研磨和抛光的综合过程。

目前,珩齿主要用来切除热处理后齿面上的氧化皮及毛刺。其加工精度很大程度上取决于前工序的加工精度和热处理的变形量。一般能加工 IT6~IT7 级精度齿轮,轮齿表面粗糙度为 $Ra\ 0.4$~$0.8\ \mu m$。珩齿的生产率高,在成批、大量生产中广泛应用。

图 3.4.35　珩磨轮　　　　　　　　图 3.4.36　仿形法磨齿

3) 磨齿

磨齿是目前齿形精加工中加工精度最高的方法,对磨齿前的加工误差及热处理变形有较强的修正能力。加工精度可达 IT3~IT6 级,轮齿表面粗糙度为 $Ra\ 0.2$~$0.8\ \mu m$。但加工成本高,生产率较低,多用于齿形淬硬后的光整加工。

磨齿有仿形法和展成法两类。仿形法磨齿如图 3.4.36 所示,其砂轮要修整成与被磨齿轮的齿槽相吻合的渐开线齿形。这种方法的生产效率较高,但砂轮的修整较复杂。在磨齿过程中砂轮磨损不均匀,会产生一定的齿形误差,加工精度一般为 IT5~IT6 级。生产中常用展成法磨齿,展成法磨齿的生产效率低于成形法磨齿,但加工精度高,可达 IT3~IT6 级,通常其表面粗糙度 $Ra \leqslant 0.4\ \mu m$。在实际生产中,它是齿面要求淬火的高精度齿轮常采用的一种加工方法。展成法磨齿是根据齿轮、齿条啮合原理来进行加工的。按砂轮形状的不同,展成磨齿法分为碟形砂轮磨齿、锥形砂轮磨齿和蜗杆砂轮磨齿三种,如图 3.4.37 所示。

(a)　　　　　　　　(b)　　　　　　　　(c)

图 3.4.37　展成法磨齿

(a) 碟形砂轮磨齿;(b) 锥形砂轮磨齿;(c) 蜗杆砂轮磨齿

【实践操作】
（1）按图 3.4.38 要求在立式铣床上完成 T 形槽零件的加工。
（2）按图 3.4.39 要求在卧式铣床上完成齿轮零件的加工。

【教师演示】
演示滚齿机的操作与滚齿加工的全过程。

3.4.5 典型铣工零件加工实例

【实例一】 T 形槽的加工。

T 形槽是铣工常见的加工内容。加工 T 形槽有三个主要步骤：一是加工直槽，然后加工 T 形槽，最后倒角。在整个加工过程中，刀具与切削用量的选择较为重要，会直接影响零件的加工精度。图 3.4.38 所示零件的加工过程如表 3.4.1 所示。

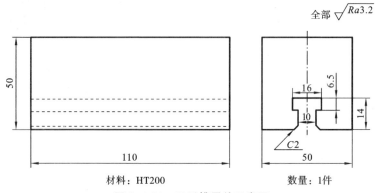

图 3.4.38 T 形槽零件示意图

表 3.4.1 T 形槽零件加工操作步骤

序号	步骤	加工简图	加工内容	工具、量具
1	备料		铸造获得毛坯件，注意铸造质量，减小铸造缺陷对零件的影响	砂型铸造及其相关工具、卷尺或钢尺
2	铣工		铣出零件的外形，保证零件尺寸 50 mm×50 mm×110 mm，尺寸与形位要求按未注公差加工	立式铣床、平口钳、端铣刀、游标卡尺

续表

序号	工种	加工简图	加工内容	工具、量具
3	划线	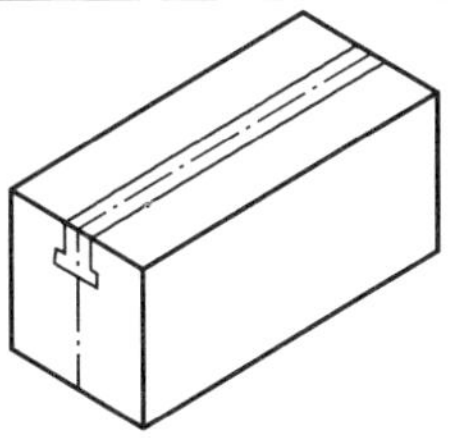	按零件图要求划出中心线和全部加工界线	平板、方箱、划针、钢尺、样冲、手锤、高度游标尺等
4	铣工	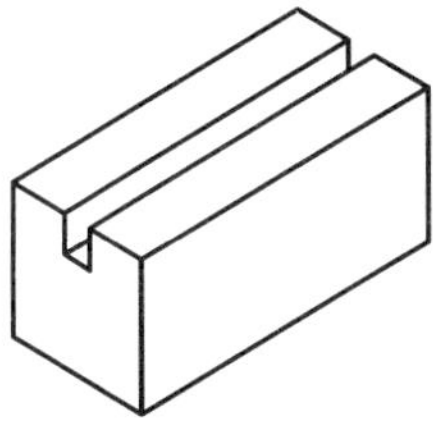	铣出直槽部分	立式铣床、平口钳、立铣刀(或键槽铣刀)
5	铣工	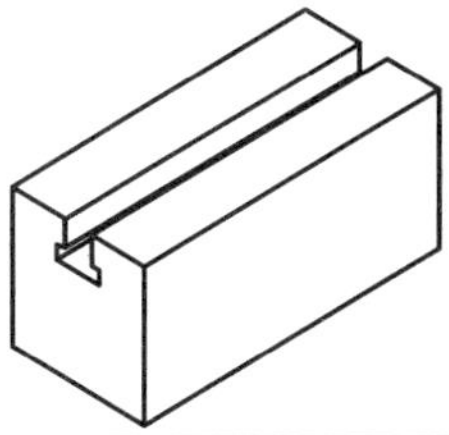	铣出T形槽	立式铣床、平口钳、T形槽铣刀
6	铣工	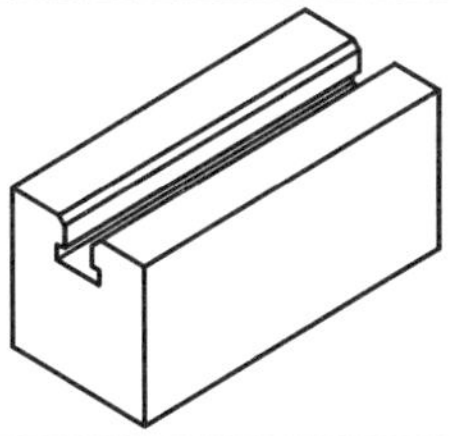	倒角	立式铣床、平口钳、角度铣刀
7	去毛刺			
8	检验		按图要求检验	

【实例二】 齿轮零件的加工。

齿轮是最常见的机械传动件,其齿形加工方法主要有成形法与展成法两种。成形法用于精度要求不高的单件生产,展成法则适用于精度要求高、批量较大的齿轮加工。依据图样要求,在此选择模数为 2 的成形铣刀,在卧式铣床上进行成形加工。图 3.4.39 所示零件的加工过程如表 3.4.2 所示。

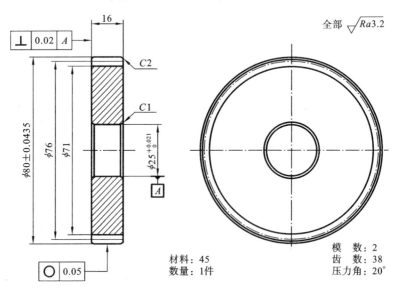

图 3.4.39 齿轮零件示意图

表 3.4.2 齿轮零件加工操作步骤

序号	工种	加工简图	加工内容	工具、量具
1	备料		下料: 45 钢,$\phi 85$ 棒料,长度 20 mm(实习准备阶段完成)	钢尺
2	车工		按图纸车出齿轮坯,保证外圆 $\phi 80 \pm 0.0435 \times 16$、内孔 $\phi 25^{+0.021}_{0}$、C1 倒角 2 处、C2 倒角 2 处	车床、45°外圆车刀、90°外圆车刀、$\phi 20$ 麻花钻、内孔车刀

续表

序号	工种	加工简图	加工内容	工具、量具
3	车工	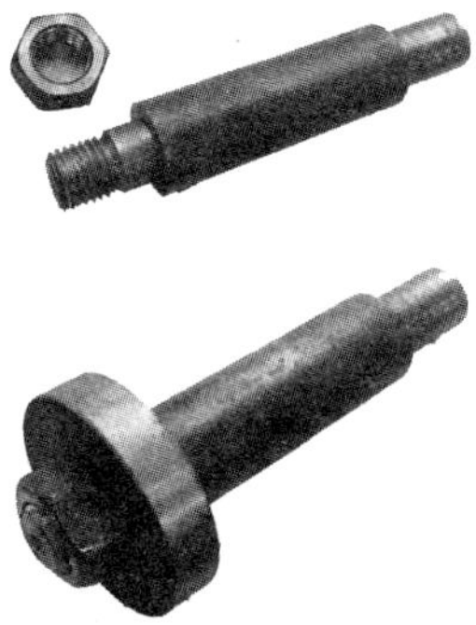	制造工装： 车出齿轮坯的安装心轴，配装螺母	车床、45°外圆车刀、90°外圆车刀、螺纹车刀
4	铣工		将齿轮坯安装在心轴上加工轮齿	卧式铣床、万能分度头、$m=2$ 的模数铣刀
5	去毛刺			
6	检验			

3.4.6 镗削加工

1. 镗床的加工范围

镗床主要用于加工精度要求较高的工件上的孔和孔系，还可以进行钻孔、扩孔、铰孔、车内螺纹、攻丝、铣端面、镗外圆柱面等工作(见图 3.4.40)。

镗床镗孔的精度较高，一般尺寸精度可达 IT7～IT8，表面粗糙度为 Ra 1.6～0.8 μm。精细镗可达 IT6～IT7，表面粗糙度为 Ra 0.32～0.8 μm。

2. 镗床及运动

镗床的种类有卧式镗床、立式镗床、金刚镗床、坐标镗床、专用镗床等。其中卧式镗床是应用最广泛的一种。普通卧式镗床(见图 3.4.41、图 3.4.42)主要由床身、

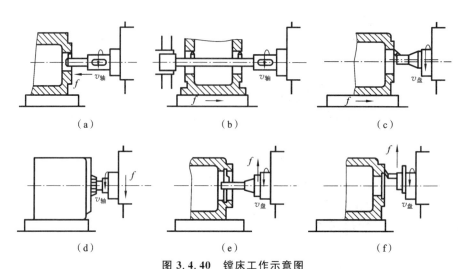

图 3.4.40 镗床工作示意图

(a) 镗孔;(b) 镗同轴的两孔;(c) 加工端面;(d) 铣垂直面;(e) 加工沟槽;(f) 加工台阶

立柱、主轴箱、工作台和尾架等组成。

图 3.4.41 普通卧式镗床(一)

1—立柱;2—主轴箱;3—床身;4—尾架;
5—镗杆支架;6—工作台;7—主轴

图 3.4.42 普通卧式镗床(二)

(1) 床身 用于安装各部件,使它们保持正确的位置。

(2) 立柱 安装在床身上,用于安装主轴箱。

(3) 尾架 安装在床身上,用于支承镗杆以便镗长孔。

(4) 主轴箱 安装在立柱上,可沿立柱上的导轨上、下移动,主轴箱中有单独的电动机和变速箱。

(5) 工作台 安装在床身上,用于安装工件、夹具,带动工件运动。

镗床的主运动是镗杆(刀具装在镗杆上)的高速旋转;进给运动有镗杆的直线运动,上、下运动,工作台沿着床身导轨的直线纵向运动及横向运动和回转运动。在镗削过程中根据加工要求确定需要哪几个进给运动。

3. 镗刀

镗刀的切削部分与车刀类似,是在镗床、车床、铣床以及其他专用机床上镗孔(车孔等)的刀具。常用的镗刀有定装镗刀和浮动镗刀,如图 3.4.43 所示。定装镗刀可分为单刃镗刀(见图 3.4.44)、多刃镗刀。多刃镗刀又有双刃镗刀、片状镗刀、组合镗刀、多齿镗刀等。

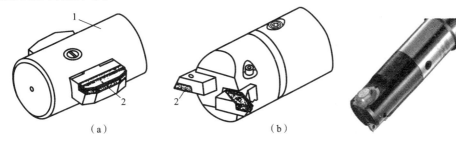

图 3.4.43　常用镗刀种类

(a)浮动镗刀;(b)定装镗刀

1—镗杆;2—刀片

图 3.4.44　单刃镗刀

在车床上车孔和在镗床上镗孔,各有不同的特点。在镗床上镗孔,刀具安装在主轴上作旋转运动。在车床上车孔,工件作旋转运动,刀具安装在刀架上,作直线进给运动。

4. 镗削加工的特点

(1) 镗削加工以刀具旋转为主运动,特别适合箱体、机座、支架等结构复杂的大型零件加工,如图 3.4.42 所示。

(2) 镗床多部件能作进给运动,具有工艺上的多功能性,适应能力强。

(3) 镗削加工精度主要受机床本身精度的限制,其他因素对其影响较小。

 复习思考题

1. 按照主轴位置的不同,铣床主要可以分为哪两大类?请举例说明铣床的结构与各部分的作用。
2. 铣床的常用附件有哪些?分别用于什么类型零件的加工?
3. 万能分度头能够实现几轴旋转运动?简述万能分度头的工作原理。
4. 按照装夹方式的不同,铣刀可分为哪两种类型?对安装有何不同的要求?
5. 请从铣削刀刃的角度试分析一下铣削加工的特点。

6. 铣削运动有哪些？铣削加工精度为多少？
7. 平面铣削有哪些方法？各适用于什么场合？
8. 周铣与端铣有何不同？
9. 什么叫顺铣？什么叫逆铣？它们各适用于什么场合？
10. 滚齿机滚切齿形时有哪些运动？
11. 滚齿机加工齿轮时，滚刀轴线为什么要倾斜一个角度？调整的原则是什么？
12. 插齿机插齿时有哪些运动？
13. 分别简述滚齿和插齿的加工范围和加工特点。
14. 齿轮精加工方法有哪些？使用的刀具有什么不同？
15. 卧式镗床上可以镗削一些什么样的孔？它与车床上镗孔有何区别？
16. 卧式镗床由哪些部分组成？它们各自的作用是什么？
17. 常用镗刀有哪几类？单刃镗刀的优缺点是什么？

3.5 刨削加工

☆ 学习目标和要求
- 了解刨削加工的特点、加工精度和加工范围。
- 了解牛头刨床的基本组成，熟悉其调整方法。
- 了解摆杆机构与棘轮棘爪机构的工作原理和在刨床中的具体运用。
- 了解刨刀结构及其几何形状特点。
- 熟悉刨床上常用的工件安装及找正方法。
- 熟悉刨工实习操作规则。
- 掌握牛头刨床上刨水平面、垂直面、斜面、沟槽的方法。

☆ 安全操作规程
- 严格遵守《学员实习规则》。
- 按照刨床润滑指示牌规定的部位，做好加工前的加油工作。
- 刨床运行前，各手柄必须推到正确位置，确认正常后才能正式开始工作。
- 多人共用一台刨床时，只能一人操作，并注意他人的安全。
- 严禁用手直接清理台面切屑。
- 开动刨床后，严禁站在滑枕前方。
- 工件和刀具必须装夹牢固，工件固定后严禁将工具、刀具、量具置于工作台上。

- 严禁在滑枕运行过程中测量工件和调整滑枕速度。
- 工作台和滑枕严禁超过极限位置,以免发生事故。
- 出现意外时,立即关闭刨床电源,并报告给指导教师。

☆ 学习方法

先集中讲授,再进行现场教学,然后按照要求,让参训人员进行平面刨削的操作训练,给参训人员讲解牛头刨床摆杆机构与棘轮棘爪机构,根据课程内容的需要,也可以讲课与训练穿插进行。

3.5.1 牛头刨床

以刨床为主要设备,用刨刀对工件进行切削加工的方法称为刨削。刨削主要用来加工平面(水平面、垂直面和斜面)、沟槽(直槽、T形槽、V形槽)和一些成形面,加工精度一般为IT8~IT9,表面粗糙度为 $Ra\ 1.6\sim6.3\ \mu m$。刨削加工的基本工作内容如图 3.5.1 所示。

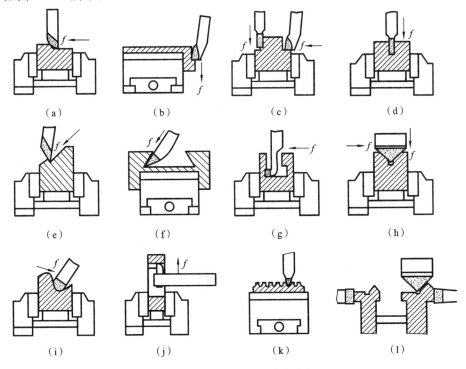

图 3.5.1 刨削加工的基本内容

(a)刨平面;(b)刨垂直面;(c)刨台阶;(d)刨直角沟槽;(e)刨斜面;(f)刨燕尾槽;
(g)刨T形槽;(h)刨V形槽;(i)刨曲面;(j)刨键槽;(k)刨齿条;(l)刨复合表面

1. 牛头刨床的型号与组成

牛头刨床的型号表示如下。

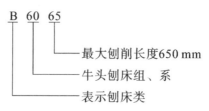

牛头刨床主要由床身、滑枕、刀架、工作台、横梁、底座等部分组成,如图3.5.2所示。

(1) 床身　用来支承和连接刨床的各个部件。其顶面导轨用来供滑枕作往复运动,侧面导轨供工作台升降用,床身内部供安装传动机构。

(2) 滑枕　主要用于带动刨刀作直线往复运动,刀架装在滑枕前端,刨刀安装在刀架上。

(3) 刀架　用来安装刨刀(见图3.5.3),摇动刀架手柄时,滑板可沿转盘上的导轨带动刨刀上、下移动。松开转盘上的螺母,将转盘转一定角度后,就可使刀架斜向进给。滑板上还装有可偏转的刀座,抬刀板可以绕刀座的A轴向上转动。刨刀安在刀夹上,在刨削过程中的返回行程,刨刀可绕A轴自由向上抬刀,减少了刨刀与工件表面的摩擦。

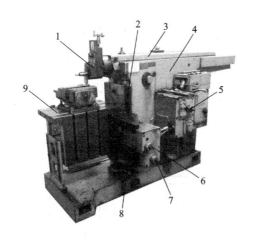

图3.5.2　B6065牛头刨床

1—刀架;2—竖直导轨;3—滑枕;4—床身;5—变速手柄;
6—调整手柄1;7—调整手柄2;8—横向导轨;9—工作台

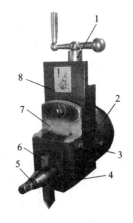

图3.5.3　刀架

1—刻度盘;2—转盘;3—A轴;4—抬刀板;
5—刀夹;6—刨刀;7—刀座;8—滑板

(4) 工作台　用来安装工件,它可随横梁作上、下调整,又可沿横梁作水平方向移动或进给运动。

2. 牛头刨床的传动系统

牛头刨床的主要传动系统(见图 3.5.4)。主要由两组滑动齿轮组成,通过Ⅰ、Ⅱ、Ⅲ轴上齿轮的速比关系,可获得六种不同的加工速度。

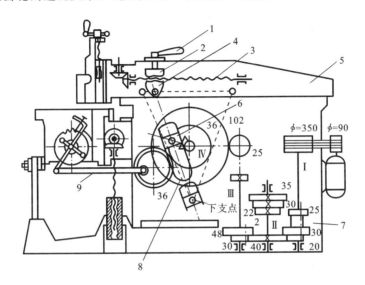

图 3.5.4　B6065 牛头刨床传动系统

1—滑枕锁紧手柄;2—丝杆螺母;3—丝杆;4—摆杆;
5—滑枕;6—滑块;7—变速机构;8—摆杆机构;9—摇杆

摆杆机构又称摇臂机构,是牛头刨床的主运动机构,其作用是把电动机的旋转运动转变为滑枕的直线往复运动。在图 3.5.4 中,齿轮 25 带动齿轮 102 转动,滑块在摆杆的槽内滑动,并带动摆杆绕下支点转动,于是带动滑枕作往复运动。进给运动的调整依靠棘轮机构实现。

3. 刨刀

刨刀的几何参数与车刀相似,但由于刨削加工过程中刀具不连续切削,所以刨刀的刀杆横截面积要比车刀大 1.25~1.5 倍。切削量大的刨刀往往做成弯头。弯头刨刀受到较大的切削力时,刀杆产生的弯曲变形向后上方弹起离开工件,不致损坏刀尖及已加工面。而直头刨刀受力变形时易扎入工件,因此多用于切削量较小的刨削工件(见图 3.5.5)。

刨刀的种类很多,按其加工形式和用途不同可分为平面刨刀、偏刀、切刀、成形刨刀等。

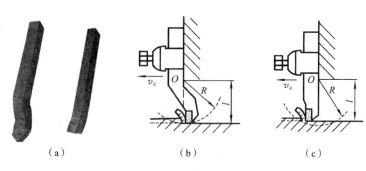

图 3.5.5 弯头刨刀与直头刨刀的比较

(a) 弯头刨刀与直头刨刀；(b) 弯头刨刀切削；(c) 直头刨刀切削

4. 工件的安装

工件安装在刨床上，经过定位夹紧，使被加工工件在整个加工过程中始终保持正确的位置。工件安装的方法较多，对于形状简单的小型工件可以用平口钳安装；当工件尺寸较大或工件形状复杂不便于安装在平口钳上时，可用压板将工件直接安装在刨床的工作台上；生产批量比较大的零件可用专用夹具安装，专用夹具定位准确，夹紧迅速，无需找正，但专用夹具须预先制作，成本费用高，不宜用于单件小批生产。

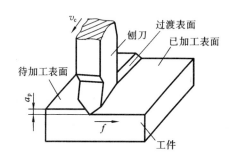

图 3.5.6 牛头刨床的刨削要素

5. 刨削加工工艺

1) 刨削加工的运动

刨削加工如图 3.5.6 所示。

(1) 主运动　刀具的直线往复运动。

(2) 进给运动　刨平面时，进给运动是工件的间歇运动。刨刀每往复一次工件移动的距离称为进给量(mm/str)。

2) 刨削加工的切削用量

(1) 切削速度 v_c　牛头刨床的切削速度在一个行程的不同位置上速度是变化的，一般用平均速度来表示，计算公式为

$$v_c = \frac{2Ln}{1\,000 \times 60} \text{ (m/s)}$$

式中：L——刨程长度(mm)；

n——刨刀往复次数(str/min)。

(2) 背吃刀量 a_p　工件待加工表面和已加工表面之间的垂直距离(mm)。

(3) 进给量 f　刨刀每往复一次时，工件沿进给方向间歇移动的距离(mm/str)。

3) 刨削加工特点

（1）刨刀的制造和刃磨简单，成本低，生产准备时间短，加工费用低，适应性广，故在单件小批生产和维修工作中广泛应用。

（2）刨削时因返回行程不工作，且返程时滑枕速度变化大，切削过程中切入、切出时有较大的冲击，故限制了刨削速度的提高，因此刨削生产效率较低，但对于加工狭长平面，生产率较高。

6．其他类型的机床

1）龙门刨床

如图 3.5.7 所示，龙门刨床有一个"龙门"式的框架。

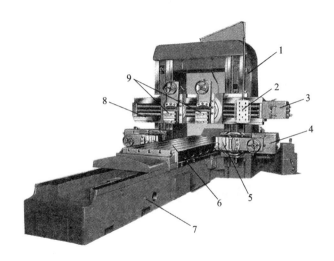

图 3.5.7　龙门刨床及基本结构

1—立柱；2—操纵盒；3—垂直刀架进给箱；4—侧刀架进给箱；
5—侧刀架；6—工作台；7—床身；8—横梁；9—垂直刀架

龙门刨床的主运动是工作台带动工件的往复运动，进给运动是刀架的横向或垂直移动，两立柱上各装有一个侧刀架，可沿立柱上下运动，横梁上装有两个刀架，可沿横梁左、右移动，横梁可沿立柱上、下升降，以调整刀具与工件的相对位置。

龙门刨床主要用于加工大型零件上的水平面、垂直面、沟槽等，也可同时加工很多中小型零件的平面，还可进行斜面、成形面的加工，尤其适应于刨削狭长的平面。龙门刨床一般用压板、螺栓安装工件。由于龙门刨床可用多把刀具进行加工，生产率较高，尤其是数控龙门刨床，横梁上两边都装有刀架，来回都刨削，省去了空行程，生产率进一步提高。

2）插床

插床又称为立式刨床,如图3.5.8所示。它的结构原理与牛头刨床同属一类,结构上略有不同。刀架作垂直往复运动,工作台可以在 X、Y 方向作直线运动,圆形工作台还可以作圆周运动,并能进行分度。

插床的主要用途是加工工件的内表面,如方孔、多边形孔、键槽等,也可加工内、外圆弧面。插床上用的装夹工具,除了牛头刨床上所用的常用装夹工具之外,还有三爪卡盘、四爪卡盘和插床分度头等。插削加工生产率较低,加工精度和表面粗糙度与刨削加工相同。工件的加工质量主要靠操作人员的技术水平保证,主要用于单件小批生产。

图 3.5.8 插床及基本结构

1—床身;2—变速箱;3—分度盘;
4—纵向移动手柄;5—底座;6—横向移动手柄;
7—工作台;8—刀架;9—滑枕

 复习思考题

1. 刨床滑枕往复直线运动的速度是如何变化的?
2. 刨刀与车刀有何异同?为什么有的刨刀要做成弯头的?
3. 牛头刨床主要由哪几部分组成?各有何功用?刨削前,机床须做哪些方面的调整?如何调整?
4. 牛头刨床和龙门刨床在应用上有何区别?
5. 插床主要用来加工什么表面?

3.6 磨削加工

☆ 学习目标和要求

● 了解磨削加工范围、加工精度、加工特点及其应用。

- 了解外圆磨床和平面磨床各个组成部分、功能及磨削加工时的运动。
- 了解砂轮的种类、安装、平衡及修整方法。
- 熟悉磨削用量四要素及其选择。
- 熟悉磨削时工件的安装方法。
- 熟悉磨工实习操作规则,掌握外圆和平面的磨削方法。
- 了解磨削技术的发展及其他精密加工方法。

☆ 安全操作规程
- 严格遵守《学员实习规则》。
- 按照磨床润滑指示牌规定的部位,做好班前加油工作。
- 磨床运行前,各手柄必须推到正确位置,确认正常后,才能正式开始工作。
- 多人共用一台磨床时,只能一人操作,并注意他人的安全。
- 砂轮在高速旋转工作时,严禁面对砂轮旋转方向站立,严禁在磨床加工过程中触摸砂轮或工件。
- 工件必须装夹牢固,平磨工件前,必须确定工件是否吸住。
- 自动进刀前必须检查行程开关换向碰块是否调好固定。
- 砂轮启动后,必须慢慢引向工件,严禁突然接触工件,背吃刀量不能过大,以防工件飞出或砂轮破裂。
- 测量工件尺寸时,必须先停车或将砂轮退至安全位置。
- 发生意外时,立即关闭磨床电源,并报告指导人员。

☆ 学习方法

先集中讲授,再进行现场教学,指导参训人员完成外圆与平面的磨削,然后按照要求,给参训人员演示圆锥面和内孔的磨削,加工完毕组织参训人员观看磨削加工录像。

3.6.1 磨削概述

在磨床上用砂轮对工件表面进行切削加工的方法称为磨削,磨削是零件精密加工的主要方法之一。磨削加工范围广泛,采用不同类型的磨床及各种形状的砂轮可以加工外圆、内孔、平面、沟槽、成形面(齿形、螺纹)等(见图3.6.1)。

1. 磨床

磨床的种类很多,常用的有外圆磨床、内圆磨床、平面磨床、无心磨床、专用磨床等。这里主要介绍外圆磨床、平面磨床和无心磨床。

1)外圆磨床

外圆磨床分普通外圆磨床和万能外圆磨床。磨床的型号表示磨床的种类,以M1432A万能磨床为例:

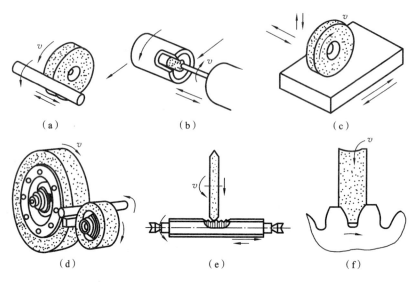

图 3.6.1 常见的磨削加工形式

(a) 外圆磨削;(b) 内圆磨削;(c) 平面磨削;(d) 无心磨削;(e) 螺纹磨削;(f) 齿轮磨削

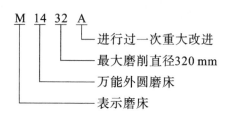

磨床由床身、工作台、头架、尾架、砂轮架等组成,如图 3.6.2 所示。

(1) 床身　用来安装和支承各个部件。

(2) 工作台　用来安装头架、尾架及工件,带动工件作往复直线运动。上层工作台可在水平面内转动一定角度(±8°),以便磨削圆锥面。

(3) 头架　用顶尖、拨盘或卡盘安装工件,并配有单独的电动机,使工件获得不同的转速。

(4) 尾架　尾架的套筒内装有顶尖,配合头架支承工件的另一端,以装夹轴类零件。

(5) 砂轮架　用来安装砂轮,并有单独的电动机,以带动砂轮高速旋转。砂轮架可沿着床身横向导轨前后移动。

普通外圆磨床与万能外圆磨床在结构上基本相同,所不同的是,万能外圆磨床增设了内圆磨头,可以磨削内、外圆柱面和圆锥面,而且砂轮架、头架下面装有转盘,能回转一定的角度。

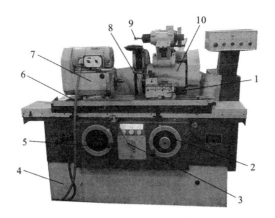

图 3.6.2　万能外圆磨床的基本结构

1—尾架；2—砂轮横向手动手柄；3—液压开关；4—床身；5—工作台手动手柄；
6—工作台；7—头架；8—外圆砂轮；9—内圆砂轮；10—砂轮架

磨床中广泛采用液压传动，机床传动平稳，并可在大范围内无级调速，操作方便。

2) 内圆磨床

内圆磨床主要用于磨削内圆柱面、内圆锥面及端面等。内圆磨床主要由床身、头架、磨具架、工作台、砂轮修整器等部件组成，如图 3.6.3 所示。内圆磨床的砂轮架安装在床身上，由单独的电动机驱动砂轮高速旋转，提供主运动；砂轮架还可以作横向移动，实现砂轮横向进给运动。工件头架安装在工作台上，带动工件作圆周进给；头架可以在水平面内扳转一定角度，以便磨削内锥面。工作台沿床身纵向导轨作往复直线移动，带动工件作纵向进给运动。内圆磨床的液压传动系统与外圆磨床相似。

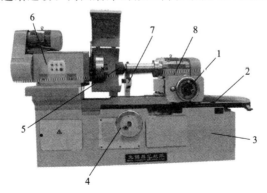

图 3.6.3　内圆磨床的基本结构

1—横向手轮；2—工作台；3—床身；4—纵向手轮；
5—砂轮；6—头架；7—砂轮修整器；8—砂轮架

3) 平面磨床

平面磨床主要用于磨削工件上的平面。普通平面磨床有矩台式(见图 3.6.4)和圆台式两种。平面磨床主要由床身、工作台、立柱、磨头、电磁吸盘等部件组成。

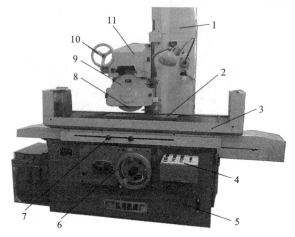

图 3.6.4　矩台式平面磨床的基本结构

1—立柱；2—电磁吸盘；3—工作台；4—控制面板；5—床身；6—升降手轮；
7—行程挡块；8—砂轮；9—磨头；10—横向手轮；11—拖板

矩台式平面磨床的长方形工作台安装在床身的水平导轨上,由液压驱动作直线往复运动,也可由手轮操纵,以进行必要的调整。工作台上装有电磁吸盘或其他夹具,用来装夹工件。磨头可沿拖板的水平导轨由液压驱动作横向进给运动,也可由手轮操纵。拖板可沿立柱的导轨作垂直移动,以调整磨头的高低位置及完成垂直进给运动,也可由手轮操纵；砂轮由装在磨头壳体内的电动机直接驱动旋转。

4) 无心外圆磨床

无心外圆磨是工件不定回转中心的磨床。磨削时,工件置于磨削轮与导轮之间,靠托板支撑,导轮是用橡胶结合剂制成的,磨粒较粗,因其轴线相对于磨削轮轴线倾斜一角度($1°\sim5°$),在较低的工作转速下依靠摩擦力带动工件一边旋转一边作自动纵向进给运动,无心外圆磨床的结构如图 3.6.5 所示。

无心外圆磨不需给零件打中心孔,安装方便,可连续加工,生产效率很高。

2. 砂轮

1) 砂轮的组成

砂轮是磨削的切削工具。它是由磨粒、结合剂和空隙组成的多孔物体(见图3.6.6)。

常用作磨粒的材料有三类：一是刚玉类,适用于磨削钢料及一般刀具；二是碳化

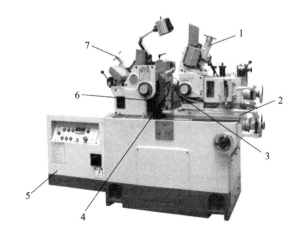

图 3.6.5　无心外圆磨床的基本结构

1—导轮修整器；2—滑板；3—导轮；4—工件支架；5—床身；6—砂轮；7—砂轮修整器

硅类，适用于磨削铸铁、青铜等脆性材料和硬质合金；三是超硬材料（包括天然金刚石、人造金刚石、立方氮化硼两种），金刚石适于加工硬质合金、石材、陶瓷、玛瑙和光学玻璃等脆性材料，立方氮化硼适于加工各类淬火钢、模具钢、不锈钢及镍基和钴基合金等硬而韧的材料。

常用结合剂有陶瓷、树脂等。

砂轮是将磨粒用结合剂黏结并经焙烧而成的，磨粒的种类及大小、结合剂的种类及磨粒、结合剂、空隙三要素的比例，直接影响砂轮的磨削性能。为了方便正确选用砂轮，一般在它的非工作表面上印有特性记号，如 P300×400×127WA80KV30 砂轮代号意义为

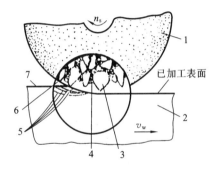

图 3.6.6　磨削原理及砂轮组成

1—砂轮；2—工件；3—磨粒；4—结合剂；
5—加工表面；6—空隙；7—待加工表面

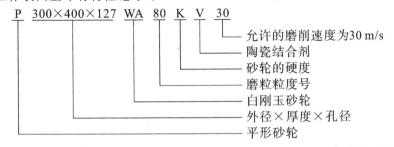

砂轮的硬度和磨粒的硬度是两个不同的概念。砂轮硬度是指磨粒在磨削力的作用下，从砂轮上脱落的难易程度，若易脱落就是软砂轮，反之则是硬砂轮。

为了适应于加工各种不同形状的工件,砂轮可以按加工需要制成各种形状(见图 3.6.7)。

图 3.6.7　砂轮的形状

(a)平面砂轮;(b)单面凹形砂轮;(c)碟形砂轮;(d)碗形砂轮;(e)双斜边砂轮

2) 砂轮的安装

在磨削过程中,由于砂轮的转速很高,因此安装前必须经过外观检查,不应有裂纹,以免高速旋转时破裂。安装砂轮时,要求砂轮不松不紧地套在轴上,并在砂轮和法兰盘之间垫上 1～2 mm 厚的弹性垫板(材料为皮革或橡胶)。

为了使砂轮平稳地工作,在使用前,一般须经静平衡试验(见图 3.6.8),即将砂轮装在心轴上,然后放在静平衡架轨道的刀口上。如果不平衡,较重的部分总是朝下,这时可移动法兰盘端面的平衡铁进行平衡,反复进行,直到砂轮可以在平衡架的刀口上任意位置都能静止即可。

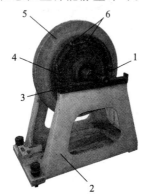

图 3.6.8　砂轮的静平衡试验

1—心轴;2—平衡架;3—平衡导轨;
4—砂轮套筒;5—砂轮;6—平衡铁

图 3.6.9　砂轮的修整

1—砂轮;2—砂轮修整器;3—金刚石笔

3) 砂轮的修整

在磨削过程中,磨粒逐渐变钝,砂轮工作表面的空隙会被金属屑堵塞,同时表面形状精度降低,这时必须进行修整,使已磨钝的磨粒脱落,恢复砂轮的切削能力和外形精度。常用砂轮修整器进行修整,图 3.6.9 所示为金刚石笔砂轮修整器修整砂轮的示意图。也可用金刚石修整轮修整砂轮。

3. 磨削工艺

1) 磨削运动

(1) 主运动　砂轮的高速旋转，n_s 表示砂轮的转速(r/min)。

(2) 进给运动　外圆磨削时,工件的低速旋转 n_w 为圆周进给运动,工作台带动工件作轴向往复移动 f_a 为轴向进给运动(见图 3.6.10(a))。平面磨削时,工作台带动工件作往复直线运动 v_w 为纵向进给运动,砂轮的轴向间歇移动 f_a 为横向进给运动,垂直于工作台的间歇移动 f_r 为垂直进给运动(见图 3.6.10(b))。

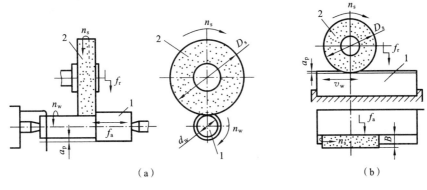

图 3.6.10　磨削加工
(a) 磨外圆；(b) 磨平面
1—工件；2—砂轮

2) 磨削用量

磨削用量是指磨削速度、工件速度、纵向进给量和横向进给量。

(1) 磨削速度 v_s 是指砂轮外圆的线速度(m/s)。一般 $v_s=30\sim35$ m/s。

$$v_s = \frac{\pi D_s n_s}{1\,000 \times 60}$$

式中：D_s——砂轮的直径(mm)；

n_s——砂轮的转速(r/min)。

(2) 工件速度 v_w 是指工件待加工表面外圆的线速度(m/min)。

$$v_w = \frac{\pi d_w n_w}{1\,000}$$

式中：d_w——工件直径(mm)；

n_w——工件转速(r/min)。

(3) 纵向进给量 f_a 是指工件每转一周时,沿其轴向移动的距离(mm/r)。一般 $f_a=(0.3\sim0.6)B$，B 为砂轮宽度。

(4) 横向进给量 f_r 又称背吃刀量,是指工作台每双行程内砂轮相对于工件横向移动的距离(mm/dst)。

3) 磨削加工特点

(1) 磨削加工是用砂轮作为工具的加工方法,在磨削过程中砂轮表面很多锋利的磨粒在砂轮高速旋转下切入工件表面,每个磨粒相当于一把刀具,因此磨削的实质是一种多刀多刃的超高速切削过程。

(2) 常用砂轮的磨粒是刚玉类和碳化硅类,硬度极高,因此磨削可以加工一般金属材料,如碳钢、铸铁、有色金属等,也可以加工硬度较高的材料,如淬火钢及硬质合金等。

(3) 由于磨削速度很高(30 m/s以上),所以在磨削过程中会产生大量的磨削热,使磨削区温度可达1 000 ℃以上。在这样高的温度下,会使工件材料的性能改变而影响工件质量。因此为了减少摩擦和散热,在磨削时需用大量的冷却液。

(4) 磨削主要用于精加工,所以,一般情况下,磨削加工的尺寸精度可达 IT5～IT6,表面粗糙度 Ra 一般为 $0.2～0.8~\mu m$。

4. 典型表面的磨削

1) 外圆的磨削

工件上的外圆一般在普通外圆磨床或万能外圆磨床上磨削。

磨削一般为精加工,因此为保证零件的加工精度,轴类零件通常采用两死顶尖来安装工件(见图 3.6.11)。磨削外圆的方法有纵磨法、横磨法和深磨法等。

图 3.6.11 两死顶尖安装工件磨外圆

1—后顶尖;2—拨盘;3—拨杆;4—前顶尖;5—卡箍;6—工件;7—砂轮

(1) 纵磨法　砂轮作高速旋转,工件由头架带动作低速旋转(圆周进给),并由工作台带动作纵向往复运动(纵向进给)。当工件一个往复行程终了时,砂轮按规定的背吃刀量作间隙性径向进给,直到工件加工到要求的尺寸为止,如图 3.6.12(a)所示。纵磨法具有万能性,可用同一砂轮磨削长度不同的各种轴类零件,且质量好,但效率较低。在单件、小批生产及精磨中常采用纵磨法。

(2) 横磨法　又称径向磨削法或切入磨削法。磨削时,工件只有圆周进给而无

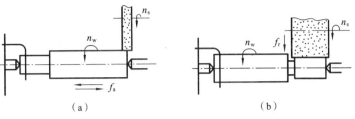

图 3.6.12　常见的磨削方法
(a)纵磨法；(b)横磨法

纵向进给，砂轮以很慢的速度连续或间断地向工件作横向进给运动，直到把全部磨削余量磨掉为止，如图 3.6.12(b)所示。横磨法充分发挥了砂轮的切削能力，生产效率高，但因工件与砂轮的接触面积大，工件难以充分冷却，因此工件易发生变形和烧伤。与纵磨法相比，横磨法的加工精度较低，表面粗糙度数值较大。横磨法常用于磨削刚度较好且待磨表面较短的工件及阶梯轴的轴颈等。

2) 内圆的磨削

内圆的磨削一般在内圆磨床和万能外圆磨床上进行(见图 3.6.13)。工件用三爪卡盘(或四爪卡盘)装夹。其运动与磨外圆基本相同，但砂轮的旋向相反。内圆磨削的加工质量和磨削效率一般都比外圆磨削低。

3) 圆锥面的磨削

圆锥面分为内、外圆锥面，外圆锥面可以在外圆磨床和万能外圆磨床上磨削，内圆锥面

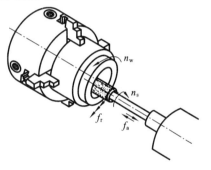

图 3.6.13　内圆磨削示意图

可以在内圆磨床和万能外圆磨床上磨削。磨削方法有转动工作台、转动头架和转动砂轮架三种(见图 3.6.14)。转动头架主要是用来磨削锥度较大的圆锥面，转动工作台主要用来磨削锥度较小的圆锥面。

4) 平面的磨削

一般用平面磨床磨削平面。中小型导磁性工件一般直接安装在工作台的电磁吸盘上；对于非导磁材料的工件(铜合金、铝合金、陶瓷等)，则可用精密平口钳安装。磨削平面的方法有周磨法和端磨法两种。周磨法是用砂轮的周面在卧轴矩形工作台平面磨床上对工件进行磨削的方法，利用此法磨削时，砂轮与工件接触面积小，排屑和冷却条件好，工件发热变形小，而且砂轮圆周表面磨损均匀，因此磨削质量比端磨法好，但效率较低。端磨法是用砂轮的端面在立轴圆形工作台平面磨床上对工件进行磨削的方法，利用此法磨削时，砂轮与工件接触面积大，排屑和冷却条件较差，因此磨削质量较周磨法差，但效率较高。

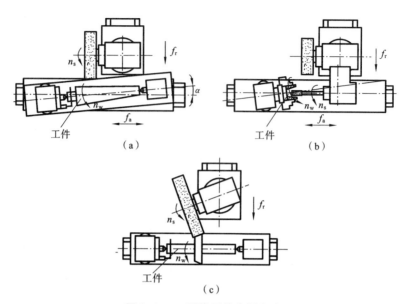

图 3.6.14 圆锥面的磨削方法

(a) 转动工作台磨圆锥；(b) 转动头架磨圆锥；(c) 转动砂轮架磨圆锥

【实践操作】

（1）完成零件外圆磨削。

（2）完成零件平面的磨削。

（3）完成砂轮的静平衡。

复习思考题

1. 试从刀具、机床、切削用量和加工质量等几方面比较磨削加工与其他加工方法的不同。

2. M1432A 万能外圆磨床由哪几部分组成？各有何功用？

3. 平面磨削常用的方法有哪几种？各有何特点？如何选用？

4. 磨床为什么要采用液压传动？磨床工作台的往复运动如何实现？

5. 磨削外圆的方法有哪些？各有何特点？

6. 砂轮为什么要进行修整？如何修整？

7. 磨削加工的特点是什么？为什么会有这些特点？

8. 何谓砂轮的硬度？它与磨料的硬度有何不同？

3.7 金属切削加工新技术

☆ 学习目标和要求
- 了解金属切削加工的发展趋势。
- 了解精密加工技术、微细加工技术、高速切削技术、绿色加工技术的定义与特点。
- 了解精密加工技术、微细加工技术、高速切削技术、绿色加工技术与普通加工的异同。

☆ 学习方法

教师集中讲授,根据课程内容的需要,安排观看金属切削加工新技术的相关视频,谈一谈学习感受。

3.7.1 精密加工技术

提高产品精度与质量是现代制造科学与技术永恒的追求目标之一。精密、超密加工技术是指加工精度达到某一量级的所有制造技术的总称。精密、超精密的概念随着科技进步的发展而不断更新,在当今科技条件下,精密加工是指加工尺寸、形状精度为 $0.1 \sim 1~\mu m$,表面粗糙度为 $Ra30~nm$ 的加工;超精密加工是指加工尺寸、形状精度为 $0.1 \sim 100~nm$,表面粗糙度为 $Ra10~nm$ 的所有加工技术总称。加工精度的划分与加工尺度的大小有关,应按具体情况来综合考虑。精密加工技术是应宇航和军事技术发展需要,于 20 世纪 60 年代在美国形成并发展起来的。由于它在军事和高科技领域有着重要作用,被各国列为国家关键技术,并予以重点资助和发展。

精密、超精密加工技术包括精密、超精密切削加工技术,精密、超精密磨料加工技术和精密、超精密特种加工技术。超精密切削加工技术是基于金刚石刀具的车、铣、镗加工技术。早期的超精密切削加工材料仅适用于有色金属,现已逐步拓宽到黑色金属、玻璃、锗、硅等各种功能晶体;不断出现在航空航天上应用的各种金属基复合材料复杂形面的加工是今后精密、超精密切削加工的重要研究方向。超精密磨削加工技术是在普通的精密磨削基础上发展起来的。超精密磨削不仅要提供镜面级的表面粗糙度,还要获得精确的几何形状和尺寸。目前超精密磨削的主要对象是玻璃、陶瓷、黑色金属等硬脆材料。精密特种加工技术是采用特殊的工具进行加工

的技术,通常指用光、粒子束、电子束等高能束进行加工的技术,如光刻、离子束抛光等。

以精密切削加工为例,精密切削是微量切削,切削过程中许多机理性的问题都有其特殊性,如积屑瘤与鳞刺①的形成、进刀量等切削参数对切削过程及加工精度和表面质量的影响等,都与常规加工有很大的区别,必须对其切削机理方面的问题进行深入研究,掌握其变化规律才能更好地利用该项技术。

精密加工技术的关键条件主要包括以下几个方面。

1. 精密加工机床

精密加工机床是实现精密加工的首要条件,如何提高机床主轴精度是主要的研究方向。该类机床一般采用"零传动"的电主轴驱动,先进的空气静压悬浮、液体静压悬浮和磁悬浮方式是研究的热点,而摩擦驱动由于其具有运动平稳、无反向间隙等特点,广泛地应用于精密机构的传动中;当要求运动精度达到纳米级时,传统的机床控制方式在低速、微动状态下表现出强非线性特征,必须寻求常规运动控制策略以外的方式来保证;一些精密机床的结构也非常特殊,如三角菱形立式结构、最短"内连链"结构等;另外还要采用合适的微量进给装置,比较适用的有弹性变形式和电至伸缩式微量进给机构。

2. 金刚石刀具

金刚石刀具是精密切削中的重要手段。金刚石刀具有两个重要问题要解决:一是金刚石晶体晶面的选择,这对刀具的使用性能有重要影响;二是金刚石刀具刃口的锋利性,即刀具刃口的圆弧半径,它直接影响到切削加工的最小背吃刀量,影响微量切除能力和加工质量。优质的刃磨金刚石刀具刃口半径只有数纳米,我国该项技术较为落后,刃口半径为 0.1~0.3 nm。

3. 稳定的加工环境

精密加工必须在稳定的加工环境下进行,主要包括恒温、防振和空气净化三个方面的条件。精密加工的恒温是严格的多层恒温,不仅工作间,机床本身也要采取特殊的恒温措施,使加工区的温度变化极小。在防振方面,除了机床设计制造上采用减振措施外,还必须用隔振系统来消除外界振动的影响。空气中的尘埃会直接影响零件的加工精度和表面粗糙度,必须对加工环境的空气进行净化,将大于某一尺寸的尘埃滤除。

4. 误差补偿技术

当加工精度高于一定程度后,仅依靠提高机床精度、优化工作环境等措施来提

---

① 鳞刺:加工塑性金属材料时,在较低的切削速度下,工件的加工表面上出现的鳞片状、有裂口的毛刺。

高加工精度会使成本大幅增加。这时应采用误差补偿的办法,通过消除或抵消误差本身的影响达到提高加工精度的目的。误差补偿的类型可分为实时与非实时误差补偿、软件与硬件误差补偿两种误差补偿。误差补偿技术包括确定误差类型及规律、建立加工误差与补偿点的数学模型、通过机械结构实现补偿运动、验证补偿效果几个阶段。误差补偿能够在很大程度上提高机床精度,取得很好的加工效果。

5. 精密测量技术

测量精度比加工精度要高一个数量级。目前精密加工中使用的测量仪器多以干涉法和高敏度电动测微技术为基础,如激光干涉仪、多次光波干涉显微镜和重复反射干涉仪等。精密加工的直接在线检测几乎是做不到的,因为切屑、切削液、加工变形等因素不可避免地会影响测量结果,通常在达到测量条件的情况下进行在位测量,以避免多次装夹带来的误差。

3.7.2 微细加工技术

微细加工技术是指制造微小尺寸零件的生产加工技术。当前,一般认为的微细加工主要指 1 mm 以下的微细尺寸零件,加工精度为 0.01~0.001 mm 的加工;超微细加工主要指 1 μm 以下的超微细尺寸零件,加工精度为 0.1~0.01 μm 的加工。微细加工技术主要应用于精密仪器仪表、微型电子设备和大规模集成电路制作。值得一提的是,随着该项技术的发展,形成了一门新兴的学科,即微小机械学。典型的微小机械的微型发动机、微型泵和各种微型传感器形成一个完整的微机电系统,可以放入到人体的血管进行血液测量等工作。微型机械能够广泛地应用于人类生活的各个层面,对国防实力的巩固与提高更是有着至关重要的作用。

微细加工与精密加工有着密切的联系,从广义的角度来讲,微细加工包含了各种传统精密加工方法和与传统精密加工方法完全不同的新方法,如切削加工、磨料加工、电火花加工、电解加工、超声波加工、外延生长、激光加工、高能束加工、光刻加工、电铸加工等。从切削加工的层面上来讲,微细加工与常规加工有很大的区别。为了保证工件尺寸精度要求,最后一次的表面切除厚度必须小于尺寸精度值,这样,当背吃刀量小于材料的晶粒直径时,切削就在晶粒内部进行,这时晶粒就作为一个一个的不连续体来进行切削。一般晶粒直径为数微米到数百微米,由此可见一般加工和微细加工的微观机理是截然不同的。

与精密加工方法相类似,微细加工可分为切削加工、磨料加工、特种加工和复合加工四大类,而且从方法上来说,微细加工与精密加工有许多相同之处,如金刚石切削等,但测量的尺度与方法有区别;也有一些工艺主要用于微细加工,如光刻加工是通过准分子激光透过原版制作的工作掩膜向材料进行曝光处理,再清理曝光后的材料以实现加工的。光刻技术主要针对的是集成电路板中高精度微细线条所构成的高密度微细复杂图形。

3.7.3 高速切削技术

高速切削起源于 20 世纪 20 年代末，到 1931 年 4 月，德国切削专家萨洛蒙发表了著名的高速切削理论，并提出了高速切削假设。之后，美国、德国、日本等国进行了专门的研究与实验，并很快将研究成果应用到生产中，获得了良好的经济效益，它们同时也成为高速切削核心技术的持有者和世界上超高速机床的主要提供者。

通常把切削速度比常规高出 5～10 倍以上的切削加工称为高速切削或超高速切削。根据高速切削机理的研究结果：在常规切削速度范围内，切削温度随切削速度增大而提高；对于每一种工件材料都存在一个速度范围，在这个速度范围内由于切削温度太高，任何刀具都无法承受，切削无法进行；当切削速度继续增大，超出这个速度范围以后，反而会出现切削力下降、工件温度降低、热变形减小、刀具耐用度提高等现象。高速切削不仅大幅度提高了单位时间材料切除率，而且还会带来一系列其他优良性能。因此高速切削的速度范围应该定义在这样一个给切削加工带来一系列优点的区域，这个切削速度区域比传统的切削速度高得多，因此也称为超高速切削。表 3.7.1 是美国 Kennametal 公司提供的高速切削与普通切削速度的对照表。

表 3.7.1　高速切削与普通切削速度对照表

切削方式	端铣和钻削		平面和曲面铣	
加工材料	普通速度/(ft/min)	高速/(ft/min)	普通速度/(ft/min)	高速/(ft/min)
铝	1 000(WC+PCD)	10 000(WC+PCD)	2 000(PCD)	12 000(WC+PCD)
灰口铸铁	500	1 200	1 200	4 000
球墨铸铁	350	800	800	3 000
碳钢	350	1 200	1 200	2 000
合金钢	250	800	700	1 200
不锈钢	350	500	500	900
脆硬钢 (65HRC)	80	400	100(WC) 300(CBN)	150(WC) 600(CBN)
钛合金	125	200	150	300

注：1. WC——硬质合金刀具；PCD——金刚石镀层硬质合金刀具；CBN——立方碳化硼刀具；
　　2. 1 ft = 0.304 8 m。

高速切削的优势非常明显：随着切削速度的大幅提高，极大地提高了机床的生产效率;切削速度达到一定值后,切削力可降低30%以上,特别有利于薄壁细肋件等刚度差零件的高速精密加工;高速切削95%～98%以上的切削热都被切屑带走,零件热变形小;高速切削机床的激振频率特别高,远高于机床的固有频率,能够加工出非常精密与光洁的表面;能加工各种难加工的材料;能够缩短加工时间,降低生产成本。

高速切削的关键技术主要有以下几项内容。

1. 高速切削机理

高速切削机理主要研究高速切削过程和切屑的形成机理,切削力、切削温度、刀具磨损、刀具耐用度和加工质量等加工参数的影响和各种材料在高速切削中表现出的不同特征。目前,各国对高速切削机理的研究还处于逐步深入阶段,其理论研究远落后于工业应用,完整的高速加工数据库尚未建立起来,一定程度上影响了高速加工技术的应用与推广。

2. 高速切削刀具技术

高速切削时,刀具在切削热和耐磨损等方面有着比常规加工更高的要求,主要表现在:硬度、强度高,耐磨性好;韧度高,抗冲击能力强;高的热硬性和化学稳定性;抗热冲击能力强。目前常见的高速切削刀具主要有以下三类。

(1) 涂层硬质合金刀具 在具有较好的抗冲击韧度的硬质合金材料基体上利用化学和物理气相沉积的方法进行表面涂层,进一步提高刀具的热硬性和耐磨性。涂层材料主要是具有高硬度的耐磨化合物,如碳化钛、氮化钛、氧化铝等。

(2) 陶瓷刀具 可用于高速加工的陶瓷刀具包括金属陶瓷、氧化铝陶瓷、碳化硅陶瓷、晶须强化陶瓷和涂层陶瓷刀具等。陶瓷刀具硬度高、耐磨性好(是一般硬质合金的5倍左右),而且耐高温、化学稳定性好,适合高速切削,主要缺点是强度和韧度差,温度突变时容易产生裂纹,导致刀片破损。

(3) 超硬材料刀具 把立方碳化硼和金刚石等硬度很高的材料烧结在抗冲击韧度好的硬质合金或陶瓷材料基体上,可以形成综合切削性能非常好的高速加工刀具。超硬材料刀具已在生产应用中占到了很大的比例,成为现代切削加工中不可缺少的重要切削工具。

3. 高速切削机床技术

高速机床是精密的数控机床,它与普通数控机床的最大区别是能够提供很高的切削速度和满足高速切削的一系列功能要求,包括大功率高转速的主轴、高速的进给、主轴与工作台极高的加速度、机床优良的动静态特性和热态特性。现代高速机床实现机床"零传动",大大提高了机床的速度与精度。

高速主轴系统是高速机床的必备条件,目前主要采用电主轴,转速从15 000～100 000 r/min不等。电主轴机械结构虽然简单,但制造精度要求极高,目前只有为数不多的公司能够生产高速电主轴,主要集中在瑞士、德国和美国。高速进给系统一般采用直线电动机,取消了丝杆和其他一切中间机械传动环节,而且运行速度与加速度高、定位精确,有望成为21世纪高速加工中心的基本进给传动方式。高速运行对刀具系统提出了更高的要求,微小的不平衡都会造成极大的离心力,在引起机床振动的同时锥度刀柄会发生膨胀,削弱连接效果,应采用新的连接方式,目前最具代表性的是德国的HSK刀柄、美国的KM刀柄和日本的BIG-PLUS刀柄。

4. 高速切削工艺技术

目前,高速切削工艺技术主要研究轻金属、钢材与铸铁、合金钢、钛、镍合金等难加工金属的切削参数选择、高速切削、敏捷加工和干式切削等。

3.7.4 绿色加工技术

制造业在将制造资源转变为产品的过程中产生大量废弃物,是制造业对环境的主要污染源。面对日趋严峻的资源和环境约束,各国都制定了可持续发展规划,并大力发展相关技术,如美国的无废弃物加工技术(waste-free process)、日本的3R环境保护新概念(即减量化(reduse)、再利用(reuse)、再循环(recycle))和德国的《产品回收法规》等。

绿色加工包括节约能源、减小污染、提高加工效果与效率三个方面。就机械制造而言主要包括以下内容。

(1) 精确成形,减少加工余量,并逐步实现无切削加工。
(2) 节约工艺材料,降低能源消耗。
(3) 提高工艺水平,提高生产效率。
(4) 减少环境污染,降低废弃物排放量。

绿色加工实现的途径很多,如铸锻焊工艺绿色化、切削加工工艺绿色化、金属件处理绿色化等,下面结合实例,具体介绍几种绿色加工方法。

1. 零件精确成形

精确成形技术是实现铸锻焊工艺绿色化的重要方式,主要是指金属的精确铸造成形、塑性成形及连接技术。通过一系列先进的成形技术,机械产品零件成形实现了由粗放向精化的转变,外部尺寸实现无余量或接近无余量,内部质量达到无缺陷或接近无缺陷。

消失模与熔模铸造技术是精密铸造的典范。在传统熔模铸造基础上发展起来的定向凝固熔模铸造精确成形技术可以直接生产高温合金单晶体燃气轮机叶片,是该技术在航空、航天工业应用中的杰出典范。

在精确塑性成形方面,精密锻造、滚压技术大大提高了毛坯的精度;数控钣金工艺在提高加工精度的同时，加工效率飞速提高；另外，铝及镁合金等有色金属的用量大幅增加，其细晶粒高强度薄钢板和铝合金板可以制成精确度很高的成形件，在减小质量的同时大大降低了加工余量。

一些大型特大型及关键零部件的成形制造技术，不但是衡量国家工业实力的重要标志，更直接关系到国家的安全，锻、焊的精确成形加工也有着非常重要的作用。例如以小吨位的设备采用局部加载方法来制造大型工件。以俄罗斯为代表的制造业发达国家采用等温碾压成形技术制造大型涡轮盘，成形精度高，微观组织易控制，并无需特大型压力机。这种技术对开发舰船燃气轮机、地面燃气轮机及新一代涡扇发动机都有重要作用。压力容器是由环状锻件组成的大型构件，如空间模拟器、风洞等。

软件分析与模拟大量参与到精确成形领域。欧美发达国家近年来先后开发出流动控制成形(FCF)成套技术，通过精确控制金属的流动成形过程对每道工序的成形温度、压力、变形量进行直接控制，以保证产品可以有稳定精确的外部尺寸、优良的组织结构和良好的机械性能，从而制造出高附加值的复杂形状制品，被认为是开创了近净成形技术的新领域。

零件精确成形技术在汽车、航空航天及其他国防领域有着非常广泛的应用，轻量化、精密化、高效化将是未来材料成形加工技术的重要发展方向。

2. 干式切削加工

在传统的材料切削加工中，需要使用大量的切削液，以起到冷却、润滑、清洗、排屑等作用。随着人们环保意识的增强以及环保法规的日趋完善，切削液的负面影响日趋为人们所重视，这种负面影响主要表现在以下三个方面。

(1) 切削过程中的高温使切削液雾化，严重污染空气，危害操作者的健康。

(2) 切削液未经处理排放会严重污染土地、水源和空气，影响动植物生长，破坏生态环境。

(3) 切削液的供给与管理，特别是有毒害的切削液及混有切削液的切屑处理困难，大大增加了生产成本。

研究表明，传统的切削过程中，切削液所具备的冷却、润滑、清洗、排屑等功能并没有得到充分的发挥，研究者正试图少用或不用切削液，以满足清洁生产与降低成本的要求。干式切削技术就是这样一种实用的绿色加工技术。

干式切削对加工的条件更为苛刻：要求刀具有优异的耐磨性，与切屑的摩擦因数小。这些可以采用耐磨的刀片和相关涂层来实现，如超细晶粒硬质合金、陶瓷和聚晶金刚石，涂层有硫族化合物，如涂有 MoS_2 或 WS_2 等减摩涂层的"自润滑刀具"，与工件间的摩擦因数只有 0.01 左右。干式切削用机床主要考虑两个方面问题：一是切削热的传出,二是排屑。切削热可以通过部件隔热和设置冷气循环系统来提高热稳定性;排屑则可采用虹吸、重力、真空喷气等方式导出切屑,再采用特殊的设计与结构排出。

干式切削的具体工艺主要有:风冷切削(利用低沸点液体气化或制冷剂压缩循环间接制冷)、液氮冷却干式切削(采用液氮喷射冷却或热蒸发循环实现冷却)、准干式切削(将压缩空气与少量切削液混合汽化后喷射到工件加工部位)、水蒸气冷却润滑等。

干式切削技术于20世纪90年代起源于欧洲,在欧盟各国非常盛行。目前,铸铁、铝合金、镁的干式切削技术发展相对较为成熟,已经有了一定程度的实际应用。干式切削技术作为绿色制造的重要组成部分,必将得到更加广泛的重视与推广。

复习思考题

1. 什么叫精密、超精密加工?精密加工关键技术有哪些?
2. 精密加工机床有什么特点?
3. 什么叫微细、超微细加工?主要的微细加工技术有哪些?
4. 结合你所了解的发展情况谈一谈微细加工技术的应用领域。
5. 什么叫高速切削?高速切削的速度范围是如何界定的?
6. 高速切削刀具及高速切削机床与普通切削刀具及普通切削机床有什么不同?
7. 什么叫绿色加工?绿色加工包括哪些内容?
8. 零件精确成形有什么优点?举例说明。
9. 常用的干式切削加工方法有哪些?

3.8 常用量具及使用方法

☆ 学习目标和要求

- 了解机械制造测量量具选取的原则。
- 掌握以游标卡尺、千分尺等常用量具的读数原理及使用方法。
- 熟悉常用表面粗糙度测量的方法。

● 了解常用形位公差的测量方法。

☆ **安全操作规程**

● 严格遵守测量的安全要求。

● 在掌握量具的测量原理、读数方法的基础上,提高准确测量的能力。

● 爱护量具,轻拿轻放,实习结束,擦拭、保养好量具。

☆ **学习方法**

● 各种实习教学过程中,应用不同的量具和测量方法进行教学实践。

● 车工等重要实习建议安排相应量具的测量训练,以培养正确使用相应量具测量的基本能力。

● 集中开展常用量具的使用与测量实践,较全面地掌握常用量具的使用方法。

● 开展测量知识讲座,扩展量具及测量的知识面。

3.8.1 测量方法及量具概述

通常,将结构简单、在车间使用的测量器具称为量具;将结构复杂、精确度高和主要在计量室、实验室使用的测量器具称为量仪。

1. 量具的定义

为了保证机械制造的零件符合图样规定的尺寸、形状、位置精度和表面粗糙度要求,需要用测量器具进行检测。量具是用来测量零件线性尺寸、角度及检测零件形位误差的工具。为保证被加工零件的各项技术参数符合设计要求,在加工前后和加工过程中,都必须用量具进行检测。选择使用量具时,应当适合于被测零件的形状、测量范围,适合于被检测量的性质。

根据不同的标准,测量方法可分为接触测量与非接触测量、单项测量与综合测量,以及直接测量与间接测量等方式。

测量器具的选择遵循以下原则。

(1) 单件小批生产应广泛采用通用量具,如游标卡尺、百分尺和千分表等。

(2) 大批量生产应采用各种量规和高效的专用检验夹具和量仪等。

(3) 测量器具的不确定度应不大于国家标准规定的计量器具不确定度的允许值。

量具的精度必须与加工精度相适应,通常选用的读数精度应小于被测量公差的 1/10～1/3(一般情况下取 1/5)。

2. 常用量具

生产加工中常用的量具有钢尺、卡钳、游标卡尺、百分尺、百分表、内径量表、角尺、塞尺、刀口尺、万能角度尺及专用量具(塞规、卡规)等。根据不同的检测要求选择不同的量具。在我国机械制造中,测量采用的长度单位通常为 mm。

3.8.2 常用的量具及测量方法

测量器具按照测量原理、结构特点及用途等,分为基准量具、极限量规、检查夹具、通用测量量具四类。

1. 钢尺

钢尺能直接得出工件有关尺寸的粗略测量读数,其测量方法简单,精度不高。或用卡钳在钢尺上先取得所需要的尺寸,再去检验工件是否符合规定的尺寸。钢尺的长度规格有 150 mm、300 mm、500 mm、1 000 mm 四种,常用的是 150 mm 和 300 mm 两种。钢尺的使用方法如图 3.8.1 所示。

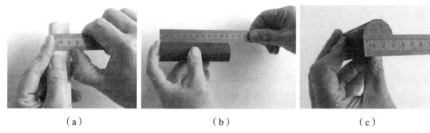

图 3.8.1 钢尺的使用方法
(a) 使用钢板尺测量宽度;(b) 使用钢板尺测量长度;(c) 使用钢板尺测量毛坯直径

使用钢尺测量零件时应注意以下几点。

(1) 测量矩形零件的宽度时,钢尺和被测零件的一边垂直,和零件的另一边平行。

(2) 测量圆柱体的长度时,要把钢尺准确地放在圆柱体的母线上。

(3) 测量圆柱体的外径或圆孔的内径时,要使钢尺靠着零件一面的边线来回摆动,直到获得最大的尺寸为止。

2. 卡钳

对于尺寸检测精度不高的场合,可使用卡钳配合其他量具进行尺寸测量,卡钳一般分为外卡钳和内卡钳,如图 3.8.2 所示,内外卡钳的使用方法如图 3.8.3 所示。

3. 游标卡尺

游标卡尺是一种比较精密的量具,在机械制造中是最为常用的一种量具,它可以直接量出工件的内径、外径、宽度、深度等。常用的游标卡尺读数准确度为 0.02 mm。常用的游标卡尺的测量范围有 0~150 mm、0~200 mm、0~300 mm 等规格。

(1) 刻线原理 以如图 3.8.4 所示的 1/50 的游标卡尺为例,当主框与内外量爪贴合时,游标上的零线对准尺身的零线(见图 3.8.5),尺身每一小格为 1 mm,取尺身 49 mm 长度在游标上等分为 50 格,即尺身上 49 mm 刚好等于游标上 50 格。

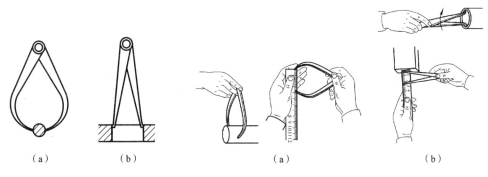

图 3.8.2 卡钳的类型
(a) 外卡钳;(b) 内卡钳

图 3.8.3 内外卡钳测量方法
(a) 用外卡钳测量的方法;(b) 用内卡钳测量的方法

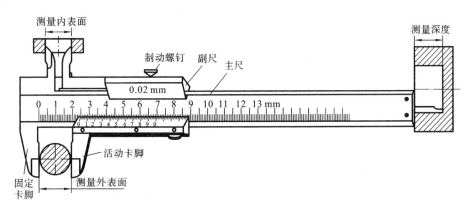

图 3.8.4 游标卡尺

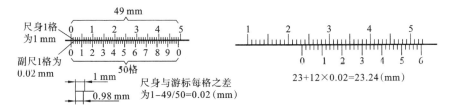

图 3.8.5 1/50 游标卡尺的读数方法

(2) 读数方法　根据游标零线以左的尺身上的最近刻度读出整毫米数;游标零线以右与尺身上刻线对准的刻线数乘上 0.02 mm 读出小数;将上面整数和小数两部分尺寸加起来,即为所测工件尺寸。如图 3.8.5 所示。

(3) 测量方法　用游标卡尺测量工件时,应使内外量爪逐渐与工件表面靠近,最后达到轻微接触。用游标卡尺测量工件如图 3.8.6 所示。

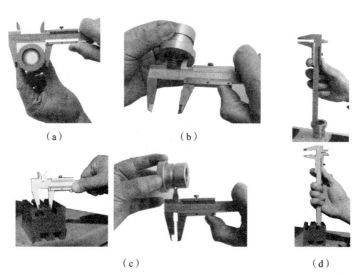

图 3.8.6 用游标卡尺测量工件

(a)用游标卡尺测量外径;(b)用游标卡尺测量内径;(c)用游标卡尺测量宽度尺寸;(d)用游标卡尺测量深度

使用游标卡尺测量工件所读取的尺寸与实际尺寸存在测量误差,如图 3.8.7 所示,测量过程中,要注意游标卡尺必须放正,切忌歪斜,并多次测量,以免测量不准。

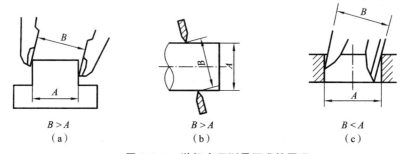

图 3.8.7 游标卡尺测量不准的原理

(a)测量宽度;(b)测量外径;(c)测量内径

A—实际尺寸;B—测量尺寸

(4) 使用游标卡尺进行测量时应注意的事项　校对零点:擦净尺框与内外量爪,贴合量爪后查尺身、游标零线是否重合。不重合,则在测量后应修正读数。测量时,内外量爪不得用力紧压工件,以免量爪变形或磨损,降低测量的准确度。游标卡尺仅用于测量已加工的光滑表面,粗糙工件和正在运动的工件不宜测量,以免量爪过快磨损。

4. 高度尺、深度尺

高度尺、深度尺是专用于测量高度、深度的游标高度尺和游标深度尺。游标高度尺除用来测量工件的高度外,也可用来作精密画线用。如图 3.8.8 所示,高度尺、深度尺的读数与游标卡尺原理相同。

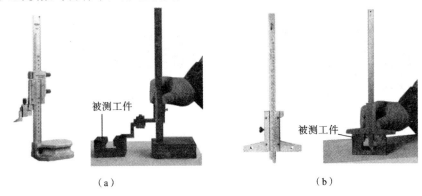

图 3.8.8　游标高度尺与游标深度尺
(a)游标高度尺及用法;(b)游标深度尺及用法

5. 千分尺

千分尺又称螺旋测微器,如图 3.8.9 所示。测量工件尺寸时,测微螺杆和微分筒连在一起,转动微分筒时,测微螺杆和微分筒一起向左或向右移动。通常其测量准确度为 0.01 mm,是机械制造中常用的一种量具。常用千分尺的测量范围有 0～25 mm、25～50 mm、75～100 mm 等规格。千分尺的用法如图 3.8.10 所示。

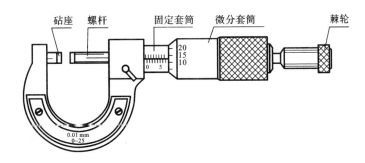

图 3.8.9　千分尺结构

(1)刻度原理　固定套筒在轴线方向上刻有一条中线,中线上下方各刻一排刻线,上下两排刻线相互错开 0.5 mm;在微分筒左端锥形圆周上有 50 等分的刻度线。测微螺杆的螺距为 0.5 mm,即螺杆转一周,同时轴向移动 0.5 mm,微分筒上每 1 小格的读数为 0.5/50 mm＝0.01 mm。当千分尺的螺杆左端与砧座表面接触时,微分筒左端的边线与轴向刻度线的零线重合,同时圆周上的零线应与中线对准。

(2)读数方法　千分尺的读数方法如图 3.8.11 所示。读出微分套筒距边线最

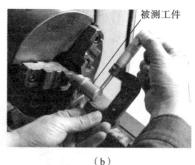

图 3.8.10 千分尺的用法示意图

(a)手持工件,用外径千分尺测量外径;(b)夹具夹持工件,用外径千分尺测量外径

近的轴向刻度线数(应为 0.5 mm 的整数倍);读出微分套筒与轴向刻度中线重合的圆周刻度数;将上两部分读数加起来即为总尺寸。

(3)千分尺测量注意事项 校对零点,将砧座与螺杆接触,看圆周刻度零线是否与中线零点对齐,如有误差,在测量时,根据误差值修正读数。当测量螺杆快要接触工件时,须使用端部棘轮(严禁使用微分筒,以防用力过大引起测量螺杆或工件变形),当棘轮发出"嘎嘎"打滑声时应停止转动。工件测量表面要擦干净,并准确放在千分尺测量面间,不得偏斜。测量时,不能先锁紧螺杆,再使螺杆接触工件,容易导致螺杆弯曲或测量面磨损,从而降低准确度。

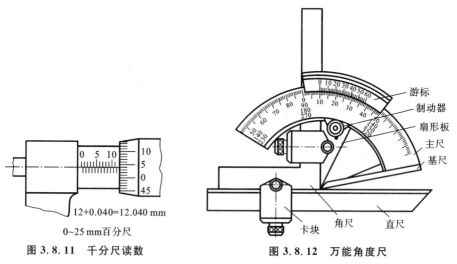

图 3.8.11 千分尺读数   图 3.8.12 万能角度尺

6. 万能角度尺

万能角度尺是用来测量工件内、外角度的量具,万能角度尺的读数机构是根据游标原理制成的。其结构如图 3.8.12 所示。

(1) 万能角度尺读数原理　主尺尺身刻线每格1°,游标的刻线是取尺身的29°等分为30格,因此游标刻线每格为29°/30,即尺身与游标一格的差值为1°－29°/30＝1°/30＝2′,也就是万能角度尺读数准确度为2′。其读数方法与游标卡尺完全相同。

(2) 万能角度尺使用要求　测量时应先校准零位。万能角度尺的零位,是当角尺与直尺装上后,且角尺的底边及基尺与直尺无间隙接触,尺身与游标的"0"线对准。调好零位后,通过改变基尺、角尺、直尺的相互位置,可测量0～320°范围内任意角度。应用万能角度尺测量工件举例如图3.8.13所示。

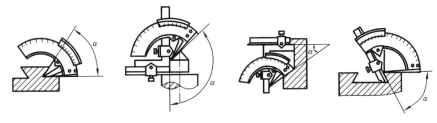

图3.8.13　万能角度尺测量的典型应用

7. 百分表

百分表、千分表属于比较量具,只能测量出相对的数值,是精密测量中用途很广的指示式量具,主要用来测量工件的形状和位置公差(如圆度、平面度、垂直度、圆跳动等),也常用于工件的精密找正。有0.01 mm(百分表)、0.005 mm、0.002 mm及0.001 mm(千分表)几种分度值。

1) 百分表

(1) 百分表组成　百分表的结构如图3.8.14所示,为齿轮传动结构。百分表由测量头、测量杆、大指针、小指针、表壳和刻度盘组成。

(2) 百分表读数原理　测量杆上或下移动1 mm时,通过齿轮传动系统带动大指针转一圈,小指针转一格。刻度盘圆周上100等份,其每格的读数值为1/100 mm＝0.01 mm;小指针每格读数为1 mm。大小指针所示读数之和为尺寸变化量。

(3) 百分表的使用　百分表使用时,通常装在专用百分表架上,典型应用情况如图3.8.15所示。

2) 内径百分表

内径百分表是用来测量孔径及其形状精度的一种精密的比较量具,是测量公差等级IT7以上孔的常用量具。其附有成套的可换插头,读数准确度

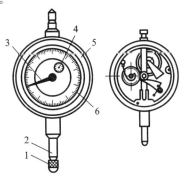

图3.8.14　百分表
1—测量头;2—测量杆;3—大指针;
4—小指针;5—表壳;6—刻度盘

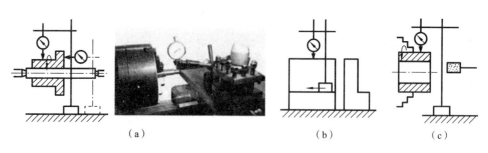

图 3.8.15　百分表常见的应用

(a) 检外圆、端面的圆跳动；(b) 检工件两面的平行度；(c) 内圆磨床四爪卡盘装工件找正外圆

为 0.01 mm。常用的测量范围有 6～10 mm、10～18 mm、18～35 mm、35～50 mm、50～100 mm、100～160 mm 等。内径百分表的结构与使用方法如图 3.8.16 所示。

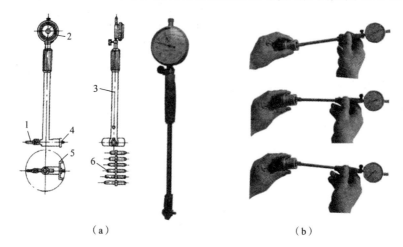

图 3.8.16　内径百分表的组成及应用

(a) 内径百分表组成及实物；(b) 内径百分表测量示意图

1,6—可换插头；2—百分表；3—接管；4—活动量杆；5—定心桥

8. 量规

量规是一种间接量具，是适用于大批量生产的一种专用量具。量规的种类很多，常用量规有以下几种。

1) 塞规

塞规是用来检验孔径或槽宽的，如图 3.8.17(a)所示，它的一端较长，直径等于工件的下限尺寸，称为过端；另一端长度较短，直径等于工件的上限尺寸，称为止端；检验工件孔径时，当过端能过去，止端进不去，说明工件的实际尺寸在公差范围之内，是合格的，否则不合格，如图 3.8.17(b)、(c)所示。

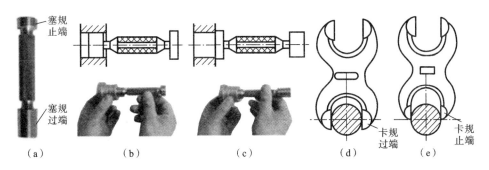

图 3.8.17　塞规和卡规及其用法

(a) 塞规；(b) 塞规过端测量；(c) 塞规止端测量；(d) 卡规过端测量；(e) 卡规止端测量

2) 卡规

卡规是用来检验轴径或厚度的，如图 3.8.17(d)、(e)所示，它和塞规相似，也有过端和止端，但尺寸上下限规定与塞规相反。测量方法与塞规相同。

3) 塞尺

塞尺是测量间隙的薄片量尺。它由一组厚度不等的薄钢片组成，如图 3.8.18 所示。当一片或数片尺片能塞进被测间隙，则尺片厚度即为被测间隙的间隙值。若某被测间隙能插入 0.05 mm 的尺片，换用 0.06 mm 的尺片则插不进去，说明该间隙在 0.05～0.06 mm 之间。

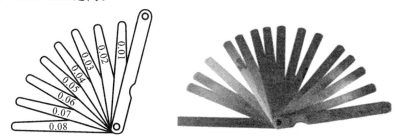

图 3.8.18　塞尺

使用塞尺进行测量时应注意，测量时根据被测间隙的大小，选择厚度接近的薄片插入被测间隙，测量时必须先擦净尺面和工件，选用的尺片数越少越好，用力不能太大，以免折弯尺片。

4) 90°角尺

90°角尺用来检查工件的垂直度，可以检测垂直度误差。它的两边成 90°角，如图 3.8.19 所示。当 90°角尺的一边与工件一面贴紧，检查工件另一面与 90°角尺的缝隙。

5) 刀口形直尺

刀口形直尺是用光隙法检验直线度或平面度的量尺，如图 3.8.19(b)所示。若

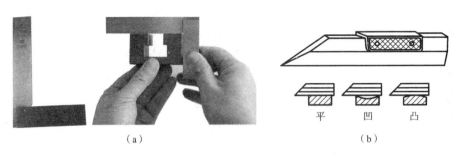

图 3.8.19　90°直角尺、刀口直尺及测量方法
(a) 直角尺的实物及测量方法；(b) 刀口形直尺及其应用

平面不平,则刀口形直尺与平面之间的缝隙,可根据光隙判断误差状况,也可用塞尺测量缝隙大小。

9. 常用的表面粗糙度测量方法

表面粗糙度测量是长度计量技术中对工件加工表面的微观几何形状特性的测量。测量方法主要包括：比较法、针描法、光切法、干涉法、激光反射法等。

1) 比较法

比较法是将被测表面与已知评定参数值的粗糙度样板（简称样块）相比较,根据视觉和触觉比较被测表面与样板,选择并判断被测表面与相应粗糙度数值的样板一致（或接近）来评定被测表面的表面粗糙度。

样块（见图 3.8.20）是一套具有平面或圆柱表面的金属块,表面经磨、车、镗、铣、刨等切削加工或其他工艺加工而成,而具有不同的表面粗糙度。比较样板的选择应使其材料、形状和加工方法与被测工件尽量相同。利用样块根据视觉和触觉评定表面粗糙度的方法虽然简便,但会受到主观因素影响。如被测表面精度要求较高时,可借助放大镜、比较显微镜进行比较,以提高检测精度。

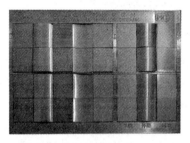 

图 3.8.20　采用刨削、车削、铣削、镗削、磨削及喷砂等工艺方法加工的表面粗糙度比较样块

2) 针描法

利用仪器的触针沿被测表面缓慢滑行,被测表面的微观不平度将使触针作垂直

方向的位移,由传感器将位移量转换为电信号,经放大、滤波、计算后由显示仪表指示出表面粗糙度数值,也可用记录器记录被测截面轮廓曲线。

能显示表面粗糙度数值的测量工具称为表面粗糙度测量仪,如图 3.8.21 所示,能自动计算出轮廓算术平均偏差 Ra、微观不平度十点高度 Rz、轮廓最大高度 Ry 和其他多种评定参数,测量效率高,适用于测量 $Ra0.025 \sim 6.3~\mu m$ 的表面粗糙度。

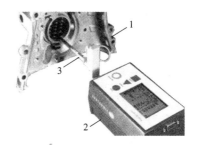

图 3.8.21 表面粗糙度测量仪
1—工件;2—粗糙度测量仪;3—触针

3.8.3 量具的保养及检定

量具的保养直接影响到它的使用寿命和零件的测量精度。因此,必须做到以下几点。

(1) 量具在使用前、后必须擦干净。
(2) 不能用精密量具去测量毛坯或运动中的工件。
(3) 测量时不能用力过猛,不能测量温度过高的工件。
(4) 量具使用过程中应轻拿轻放。
(5) 不能用脏油去洗量具或注入脏油。
(6) 量具用完后应擦洗干净、涂油,并放入专用量具盒内。
(7) 量具需要定期检定。

3.9 机械快速抢修实践

☆ 学习目标和要求
- 了解机械故障的定义和引起装备机械故障的原因。
- 了解机械故障的修复过程和主要的修复方法。
- 熟悉了解电刷镀的工作原理与工艺过程。
- 了解战场抢修的基本概念,了解战时装备机械性损伤的主要表现形式。
- 了解军用方舱的定义与特点。

● 了解军用维修方舱的结构与内部配置。

☆ 安全操作规程

● 严格遵守《学员实习规则》。

● 严格遵守电刷镀安全操作规程。

（1）在刷镀过程中，要注意输出接线柱与输出电缆引线的连接是否紧固，松动时，要及时拧紧，否则会影响电源输出电流或因发热而烧坏接线柱。

（2）刷镀过程中所用镀笔的棉套如出现破损要及时更换，避免造成电源输出短路。

（3）电源输出过载或短路时，保护装置立即切断主电源电路，电压、电流指示均为零。

● 严格遵守方舱使用规程。

☆ 学习方法

先集中讲授，再进行现场教学，按照教学大纲的要求，组织参训人员对机器中失效的零件进行修理。在指导人员的辅导下完成零件的修理，将机器安装好，并进行试运行。

3.9.1 机械故障概述

1. 机械故障及其发生的原因

1）机械故障的概念

所谓机械故障是指机械丧失了它所被要求的性能和状态。机械发生故障后，其技术指标就会显著改变而达不到规定的要求。如原动机功率降低，传动系统失去平衡后噪声增大，工作机构能力下降，润滑油的消耗增加等。

机械故障表现在它的结构上主要是零部件损坏和部件之间相互关系的破坏，如零件的断裂、变形，配合件的间隙增大或过盈丧失，固定和紧固装置松动和失效等。

2）机械故障的类型

机械故障种类很多，按故障发生的时间性可分为渐发性故障、突发性故障和复合型故障；按故障出现的情况可分为实际（已发生）故障和潜在（可能发生）故障；按故障发生的原因或性质不同可分为人为故障和自然故障。

3）机械故障发生的原因

机械设备越复杂，引起故障的原因便越多样化，一般认为有机械设备自身的缺陷和各种环境因素的影响。机械设备自身的缺陷可能是材料有缺陷或人为差错（设计、制造、检验、维修、使用、操作不当）等原因造成。环境因素主要指灰尘、温度、有害介质等。表3.9.1列出了故障产生的主要原因及主要内容。

表 3.9.1　机械故障产生的主要原因及主要内容

序号	主要原因	主　要　内　容
1	设计	结构、尺寸、配合、材料、润滑等不合理,运动原理、可靠性、寿命、标准件、外协件等有问题
2	制造	毛坯选择不适合,铸、锻、热处理、焊、切削加工、装配、检验等工序存在问题,出现应力集中、局部和微观金相组织缺陷、微观裂纹等
3	安装	找正、找平、找标高不精确,防振措施不妥
4	使用保养	违反操作规程,操作失误,超载、超压、超速、超时,腐蚀、漏油、漏电、过热、过冷等超过机械设备功能允许范围;不及时清洁干净,维护修理不当,局部改装失误、备件不合格
5	润滑	润滑系统破坏;润滑剂选择不当、变质、供应不足或错用;润滑油路堵塞
6	自然磨损	正常磨损、材料老化等
7	环境因素	雷电、暴雨、洪水、风灾、地震、污染、共振等
8	人为素质	工人未培训、技术等级偏低、素质差等
9	管理	管理混乱、管理不妥、保管不当等
10	原因待查	其他原因

从具体的机械零件来讲,引起故障的原因有下面几个方面。

(1) 机械磨损　机器故障最显著的特征是构成机器的各个组合零件或部件间配合的破坏,如活动连接的间隙、固定连接的过盈等的破坏。这些破坏主要是由于机件过早磨损的结果。机件的磨损大致可分为自然磨损和事故磨损两类。自然磨损是机件在正常的工作条件下,其配合表面不断受到摩擦力的作用,有时由于受周围环境温度或介质的作用,使机件的金属表面逐渐产生的磨损。自然磨损是不可避免的正常现象。事故磨损是由于机器设计和制造中的缺陷,以及不正确的使用、操作、维护、修理等人为的原因,而造成过早的、有时甚至是突然发生的剧烈磨损。图 3.9.1 为常见的磨损失效件。

图 3.9.1　机械磨损而失效的齿轮与接头

(2) 零件的变形 机械在工作过程中,由于受力的作用,尺寸或形态会发生改变,这种现象称为变形。机件的变形分弹性变形和塑性变形两种,其中塑性变形易使机件失效。机件变形后,破坏了组装机件的相互关系,因此其使用寿命也缩短很多。

(3) 断裂 金属的完全破断称为断裂。与磨损、变形相比,虽然零件因断裂而失效的概率较小,但零件的断裂往往会造成严重的机械事故,产生严重的后果。图3.9.2 所示为断裂损伤实例。

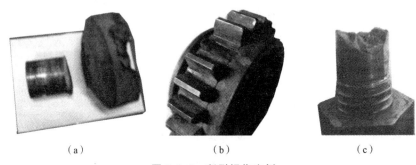

(a)　　　　　　　　(b)　　　　　　　　(c)

图 3.9.2　断裂损伤实例

(a) 断裂的轴颈;(b) 折断的轮齿;(c) 断裂的螺栓

(4) 腐蚀 金属的腐蚀损坏一般从金属表面开始,然后或快或慢地往里深入。发生腐蚀的金属表面会出现不规则形状的凹洞、斑点、溃疡等破坏区域;破坏的金属变为化合物并部分地附着在金属表面上,例如铁生锈(见图 3.9.3)。

图 3.9.3　生锈的铁金属表面　　　　图 3.9.4　蠕变损坏的轴承内圈

(5) 蠕变损坏 零件在一定应力的连续作用下,随着温度的升高和作用时间的延长,将产生变形,这种变形不断地发展,直到零件发生破坏为止,这种破坏称为蠕变破坏。图 3.9.4 所示为因蠕变损坏的轴承内圈。

3.9.2　机械零件的修复

机械修理的工艺过程是指修理单位在进行一台机械或装备的修理时,按照工艺流程所经历的全部工艺步骤。它可用图 3.9.5 表示如下。

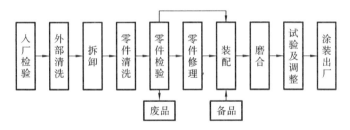

图 3.9.5　机械修理的基本工艺过程

废、旧零件修复的基本出发点主要有以下几个方面。

（1）修复的成本一般应低于更换新件的成本，并满足修复的时间要求。

（2）在保证质量的前提下，尽可能就地取材，使工艺简单便利。

（3）零件修复后应达到原有的技术要求和性能，保持原有的强度和刚度，避免造成事故或达不到检修间隔期。

（4）零件修复既可能是原样恢复，也可以有所改进，通过改进，延长寿命或改善性能，较原样恢复具有更好的效果。"小修小改、大修大改"是维修人员的重要经验总结。

零件的修复工艺和方法有很多，通过长期的实践总结，目前在生产中常用的如下几种。

1．钳工和机械加工

钳工和机械加工修复的方法包括以下七种。

1）换件法

这是工程机械修理中普遍采用的方法之一。许多易损零件都具有可换性，即当原来的零件达到失效程度时，将其从机械中拆卸下来，然后换上一个新的零件，即可恢复机械的功能。例如，达到使用极限程度的滚动轴承、发动机的缸筒活塞组等都可以进行更换。为了缩短机械的停机修理时间和提高修理有效度，还可采取部件（总成）更换法，即对整个有零件损坏的部件等进行更换。

2）换位法

有些零件只有单边磨损或磨损有明显的方向性，这时如果结构允许，将它换一个方向安装即可继续使用。例如许多大型的履带走行机械，其轨链销大都是单边磨损，在修理时，将它转动180°便可恢复履带的功能，并使轨链销得到充分利用，从而降低修理成本。

3）调整法

用增减垫片或调整螺钉的方法来弥补由于零件磨损而引起的配合间隙的增大，不仅是机械修理中常常采用的方法，而且也应用于机械技术保养中。例如径向止推轴承和各种摩擦片的磨损,只要通过调整即能恢复机械的正常状况。

4) 修理尺寸法

工程机械的许多配合件在工作过程中由于磨损而出现零件几何形状的改变和配合间隙的增大,当超过规定的限度时,必须恢复其几何形状和配合间隙。采取修理尺寸法则是常见的恢复方法。这种方法是将配合件中的较贵重的一个零件用机械加工方法恢复其几何形状,并得到一个新的尺寸;再以此尺寸为基准,并按照配合要求制作一个与之相配的零件,从而获得正确的配合关系。

修理尺寸法在内燃机的主要配合副中应用较为普遍。如汽缸与活塞、曲轴与轴承等,通常是对汽缸和曲轴进行整形加工,并使之达到某一修理尺寸,然后换上与此修理尺寸相适应的活塞和轴承。为了便于活塞和轴承等配件的供应,这类常见的修理尺寸已经标准化,即修理尺寸有一定的级别和级差。在此情况下,汽缸和曲轴的整形加工可按一定的级别标准进行,然后配以同级的活塞和轴承即可。

5) 附加零件法

当配合件的两个零件都较贵重,不希望采取尺寸修理法修复时,可同时对孔和轴进行机械加工,除了完成整形任务以外,通常还将孔径加以扩大,然后镶配一个内径与轴有正确配合,外径与扩大了的孔径有一定过盈的轴套。这样,相对原结构来说,是增加了一个零件,所以把这种方法称为附加零件法。

6) 局部更换法

一个很大的零件有时只有一个很小部位损坏。如柴油机的气门座孔由于长期磨损而下沉,它相对发动机机体而言只是一个很小的局部,一般不宜将整个机体报废。因此可采用局部更换法在原有座孔处加工一个座孔,然后配制一个座圈镶上,即达到了局部更换。图 3.9.6 所示为用该法修复火花塞孔。

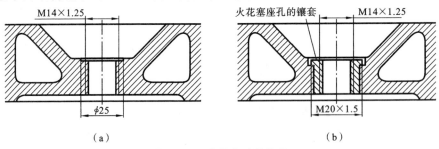

图 3.9.6　火花塞孔的修复
(a) 完好的火花塞座孔;(b) 火花塞座孔的镶套

7) 金属扣合法

对不易焊补的钢件或不许有较大变形的铸件,发生裂纹或断裂时可采用金属扣合法。金属扣合法是利用高强度合金材料制成特殊的连接件,以机械的方式将损坏的机件锁接起来,达到修复的目的。金属扣合法主要适于大型铸件裂纹或折断部位的修复,主要有强固扣合、强密扣合、优级扣合、热扣合。

2. 焊修

焊修技术是指利用焊接方法进行机械零件的修补或在机械零件表面制备抗磨、防蚀等涂敷层的一种维修技术。焊修在机械零件的维修中占有很重要的地位,这是因为它有下列一些优点。

(1) 能修理由各种原因引起损坏的零件,如磨损、断裂、腐蚀等。

(2) 能修理多种材料的零件,机械零件中常用的金属材料绝大部分是可焊的。

(3) 修理质量高,有的零件修后更为耐用。

(4) 生产率高,且成本较低。

(5) 一般常用的焊修设备均较简单,操作容易,且便于野外抢修。

但它也有不足之处:由于焊修时对零件进行局部的、不均匀加热使零件内不可避免地产生应力,形成变形、裂纹等缺陷;零件在焊后进行机械加工时,内应力的释放会影响加工精度;残留的焊接内应力对零件的疲劳强度不利;焊修容易使零件内产生气孔,从而导致焊缝区强度下降,以及焊修后焊层的加工难度增大。

焊修可以修补碳钢、铸铁、合金钢等多种材料零件的裂纹、缩孔、磨损、腐蚀等缺陷,但机械零件所用到的金属材料很多,其焊接性能相差很大,获得优质焊接接头所采取工艺的复杂程度也有很大不同,在实际应用中应根据需要合理选择。图 3.9.7 所示为焊修实例。

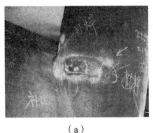  

(a)　　　　　　　　　　(b)　　　　　　　　　　(c)

图 3.9.7　焊修实例

(a) 通风管道焊修效果;(b) 叶轮焊修效果;(c) 轮盘零件焊修效果

3. 金属喷涂

金属喷涂是利用热源把金属粉末或线状材料加热熔化,用高压、高速气流将其雾化成细小的金属颗粒,并以 100～300 m/s 的高速喷到经过准备的零件表面上,形成一层金属覆盖层。喷涂的涂料只是机械地咬附于基体上,而基体金属并不熔化。按照使用的热源不同,喷涂可分为氧-乙炔焰喷涂、电弧喷涂、等离子喷涂和爆炸喷涂等。喷涂层的厚度一般为 0.05～2 mm,必要时可达 10 mm 以上。图 3.9.8 所示为金属喷涂原理与喷涂维修现场。

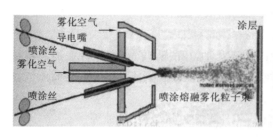

图 3.9.8　金属喷涂原理与喷涂维修现场

1) 金属喷涂的主要特点

(1) 适应性强,可喷涂的材料很多,不受可焊性的限制,几乎各种能加热到熔化或半熔化状态的材料均可喷涂。喷涂温度只有 70～80 ℃,零件不会发生组织变化,热应力变形小。

(2) 能适应对表面性质的多种需要,使零件具有复合性能。

(3) 工艺简单、沉积快、生产效率高;设备不复杂,质量小,移动方便,不受场地限制;修复成本低;耐磨性能好。

(4) 喷涂层与基体的结合强度较低,喷涂层的抗拉强度和疲劳强度也较低,不能承受较高的压力,因此不适用于压延、滚动、切口及冲击零件的修复;淬火时喷涂层容易破裂,喷涂材料损失较多,所以喷涂后不宜再进行热处理。

(5) 虽然喷涂层是由无数细小的微粒铺展和堆积而成,具有多孔性,储油能力强,但是降低了抗蚀性。因此不宜对在有腐蚀性介质条件下工作的零件进行喷涂。

(6) 喷涂层的质量主要靠工艺保证,目前暂无有效的无损检测方法,因而应用受到一定的限制。

2) 喷涂的工艺过程

首先进行喷前准备,去除零件表面上不应有氧化物、油脂、水和其他污物,并能形成一定的粗糙度,这对涂层和基体金属的结合强度影响很大;喷涂时先预热,减少涂层与基体间的温度差,先喷 0.06～0.13 mm 的一薄层作为过渡,然后立即喷工作涂层,喷涂厚度要根据零件磨损量和喷涂后的加工余量确定;喷涂后要对涂层进行检查,然后再进行机械加工、渗油等处理。

3) 金属喷涂的应用

金属喷涂是近年来发展较快的一项新技术,目前已广泛应用于机械、矿山、石油、化工、轻纺、水电、铁路、交通、航空航天、船舶及军工国防等工业领域,并被国家列入重点推广项目。金属喷涂主要应用在以下几个方面。

(1) 恢复磨损零件的尺寸。对圆柱体、内圆、平面等均能进行喷涂。例如:轧辊、机床主轴、机床导轨面、汽车拖拉机的曲轴、缸套、凸轮轴、半轴、活塞环、阀门、压模等。

（2）修补铸造和机械加工的废品，填补铸件的裂纹。

（3）制造和修复减磨材料轴瓦。在铸造或冲压出来的轴瓦上及在合金已脱落的瓦背上，喷涂一层"铅青铜"或"磷青铜"等材料，就可以制造和修复减磨材料的轴瓦。这种方法不但造价低，而且含油性能强，增加耐磨性。

（4）喷涂特殊的合金材料，可以得到耐热、耐蚀的涂层，例如：室外金属构架、壳体结构、铁塔、炉用耐热构件、泵壳内表面、泵零件、搅拌器等。

（5）用于防腐和装饰。

4. 电刷镀

电刷镀是近十几年发展起来的修复新技术，它应用电化学的原理，在金属表面局部，有选择地快速沉积金属镀层，从而达到恢复零件尺寸，保护零件和改变零件表面性能的目的。

1）电刷镀的原理

电刷镀的工作原理如图3.9.9所示。

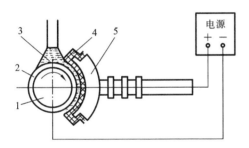

图3.9.9　电刷镀工作原理与操作
1—工件；2—刷镀层；3—刷镀液；4—阳极包套；5—刷镀笔

工作时，电源的负极与被镀工件1相连，电刷镀笔5接正极，刷镀笔上的阳极（石墨材料）包裹着的有机吸水材料（如用脱脂棉或涤纶、棉套或人造毛套等）为阳极包套4，阳极包套4浸蘸或浇注专用刷镀液3，与待镀工件表面接触，并擦拭或涂抹作相对运动。刷镀笔和工件接上电源正负极后，镀液中的金属离子在电场力的作用下向工件表面迁移，不断还原并以原子状态沉积在工件表面上，从而形成镀层。随着时间的延长和通过电量的增加，镀层逐渐增厚，直至达到需要的厚度为止。镀层厚度由专用的刷镀电源控制，镀层种类由刷镀液品种决定。

2）电刷镀的特点

（1）电刷镀在低温下进行，基体金属性质几乎不受影响；镀层具有良好的力学和化学性能；能够刷镀铝、铜、铸铁和高合金钢等难焊接金属，淬硬、渗碳、渗氮等处理层也可刷镀。

(2) 工艺适用范围大,同一套设备可以镀不同的金属镀层。设备轻便简单,工艺灵活,不拆卸解体就可在现场刷镀修复,操作简便。

(3) 经济效益明显,镀层精度可控制在±0.01 mm,适于修复精密零件,对大型工件和贵重金属零件及工艺加工复杂的工件尤有价值;刷镀后一般不需要再进行机械加工,修复时间短,维修成本低。

(4) 操作安全,对环境污染少。

(5) 刷镀液一般都不含氰化物和其他剧毒化学药剂,性能稳定,对人体无毒害,排除废液少,储运时不需防火。

3) 电刷镀的应用范围

(1) 修复零部件中由于磨损或加工后尺寸超差的那部分,特别是精密零件和量具。如滚动轴承内外座圈的孔和外圆、花键轴的键齿宽度、变速箱体轴承座孔、曲轴轴颈等,如图3.9.10所示。

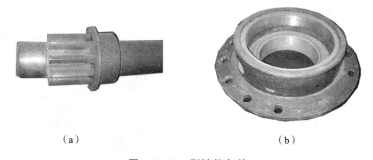

(a)　　　　　　　　　　　(b)

图 3.9.10　刷镀修复件

(a) 刷镀铜修复的轴颈;(b) 刷镀镍修复的内孔

(2) 修复大型、贵重零件,如曲轴、机体等局部磨损、擦伤、凹坑、腐蚀、空洞和槽镀产品的缺陷或槽镀难以完成的工作。

(3) 机床导轨划伤或研伤的修补,它比选用机械加工、锡铋合金钎焊、金属喷涂、黏接等修复技术效果更佳。

(4) 零件表面的性能改善,提高耐磨性和耐蚀性。可选择合适的金属镀层作为防蚀层;作为适合其他加工要求的过渡层,如铝、钛和高合金钢槽镀前的过渡层;作为零件局部防渗碳、渗氮等保护层。

(5) 在工艺美术、建筑装潢等领域应用,如图3.9.11所示。

(6) 使用反向电流用于动平衡去重、去毛刺和刻模具等。

4) 刷镀设备和镀液

(1) 刷镀设备　刷镀设备主要有专用电源(也可用普通直流电源)、不溶性阳极

图 3.9.11　在非金属材料表面金属刷镀后获得的效果

制成的刷镀笔和一些辅助设备,如图 3.9.12 所示。专用电源是电刷镀的主要设备,要求电源能输出电压、无级可调的直流电;有平硬的输出外特性,快速过流保护性能。能准确地计算消耗的电量,控制镀层的厚度。刷镀笔是主要工具,由导电柄和阳极组成。导电柄的作用是连接电源和阳极,用手或机械夹持来移动阳极,做各种规定动作。阳极是工作部分,通常使用碳含量为 99.7% 以上的高纯石墨制成。阳极的表面要包装一层脱脂棉,其作用是为了储存镀液和防止阳极与工件直接接触而产生电弧、烧伤工件。为适应不同工件形状和特殊需要,可把阳极设计成各种专门形状规格。为保证刷镀质量,避免镀液相互污染,阳极必须专用,且一个阳极只用于一种镀液。

图 3.9.12　电刷镀专用电源与镀笔

(2) 镀液　镀液是刷镀过程中的主要物质条件,对刷镀质量有关键性的影响,如图 3.9.13 所示。按其作用可分为四类:预处理溶液、金属刷镀溶液、退镀溶液和钝化溶液。常用的是前两种。

预处理溶液用于刷镀前对工件进行表面处理,包括清洗油污和杂质,清除金属表面氧化膜和疲劳层。

金属刷镀溶液多为有机络合物水溶液,其金属离子含量高,沉积速度快。金属刷镀溶液的品种很多,按获得镀层成分可分为单金属刷镀液和合金刷镀液;根据镀液酸碱程度分为碱性镀液和酸性镀液。碱性镀液其镀层致密,对边角、裂缝和盲孔部位有较好的刷镀能力,不会损坏旁边的镀层和基体,能适用于各种金属材料,但沉积速度慢。酸性镀液的沉积速度快,但它对基体金属有腐蚀性,故不宜用于多孔的基体(如铸铁等)及易被酸侵蚀的材料(如锌和锡等)。常用刷镀溶液性能、特点和应

图 3.9.13　各种镀液

用范围见表 3.9.2 所示。

表 3.9.2　几种主要的刷镀溶液性能、特点和应用范围

溶液名称	代号	主要性能特点	应用范围
特殊镍	SDY101	深绿色，pH＝0.9～1.0，金属离子含量 86 g/L，工作电压 6～16 V，有较强烈的醋酸味，有较高的结合强度，沉积速度较慢	适用于铸铁、合金钢、镍、铬、铜、铝等材料的过渡层和耐磨表面层
快速镍	SDY102	蓝绿色，中性，pH＝7.5～8.0，金属离子含量 53 g/L，工作电压 8～20 V，略有氨的气味，沉积速度快，镀层具有多孔倾向和良好的耐磨性	适用于恢复尺寸和做一般耐磨镀层
低应力镍	SDY103	绿色，酸性，pH＝3～3.5，金属离子含量 75 g/L，工作电压 10～25 V，有醋酸气味，组织致密孔隙少，镀层内具有压应力	可改善镀层应力状态，用做夹心镀层、防护层
镍钨合金	SDY104	深绿色，酸性，pH＝1.8～2.0，金属离子含 15%钨，工作电压 6～20 V，有轻度醋酸气味，镀层致密，耐磨性很好，有一定耐热性，沉积速度低	主要用做耐磨涂层
碱铜	SDY403	蓝紫色，碱性，pH＝9～10，金属离子含量 64 g/L，工作电压 5～20 V，溶液在－21 ℃左右结冰，回升到室温后性能不变，镀层组织细密，孔隙率小，结合强度好	主要做过渡层和防渗碳、防渗氮层，改善钎焊性的镀层，抗黏着磨损镀层，特别适用于铝、锌和铸铁等难镀金属

5) 电刷镀的工艺过程

(1) 镀前准备好电源、镀液和镀笔　对工件表面进行预加工，去除毛刺和疲劳层，并获得正确的几何形状和较低的表面粗糙度（$Ra3.2\ \mu m$ 以下）。当修补划伤和凹坑等缺陷时，还需进行修整和扩宽。对污蚀严重的工件，应先进行除油除锈。

(2) 电净处理　它是对工件欲镀表面及其邻近部位用电净液进行精除油。电净时，工作电压为 4～20 V，阴阳极相对运动速度为 8～18 m/min，时间 30～60 s。电净后,用清水将工件冲洗干净。电净的标准是水膜均摊。

(3) 活化处理　它是用活化液对工件表面进行处理,以去除氧化膜和其他污物,使金属表面活化,提高镀层与基体的结合强度的工艺。活化时间 60 s 左右,活化后用清水将工件冲洗干净。不同的金属材料需选用不同的活化液及其工艺参数。活化的标准是达到指定的颜色。

(4) 镀底层　在刷镀工作层前,首先刷镀很薄($1 \sim 5$ μm)一层特殊镍、碱铜或低氢脆镉作底层,提高镀层与基体的结合强度,避免某些酸性镀液对基体金属的腐蚀。

(5) 刷镀工作层　它是最终镀层,应满足工件表面的力学、物理和化学性能要求。为保证镀层质量,需合理地进行镀层设计,正确选定镀层的结构和每种镀层的厚度。当镀层厚度较大时,通常选用两种或两种以上镀液,分层交替刷镀,得到复合镀层,这样既可迅速增补尺寸,又可减少镀层内应力,保证镀层质量。若有不合格镀层部分可用退镀液去除,重新操作,冲洗、打磨、再电净和活化。

(6) 镀后处理　刷镀后工件用温水彻底清洗、擦干、检查质量和尺寸,需要时送机械加工。剩余镀液过滤后分别存放,阳极、包套拆下清洗、晾干、分别存放,下次对号使用。

影响刷镀质量的主要因素有工作电压、电流、阴阳极相对运动速度、镀液和工件温度、被镀表面的湿润状况,以及镀液的清洁等。

3.9.3　战场快速抢修

战时对损伤装备进行战场抢修由来已久。但是,引起各国军队关注并导致战场抢修理论与应用研究走向深入的则是 1973 年的中东战争。这次战争的开始,以色列和阿拉伯军队双方武器装备损失都很惨重。以军在头 18 小时内有 75% 的坦克丧失了战斗能力,但是,由于他们成功地实施了坦克等武器装备的靠前修理和战场抢修,在不到 24 小时的时间内,失去战斗能力的坦克中 80% 又恢复了战斗能力,有些坦克修复达 $4 \sim 5$ 次之多。在以军修复的坦克中还有被阿军遗弃的坦克。以色列军队出色的战场抢修,使其保持了持续的作战能力,作战武器装备对比由少变多;而阿军可作战的装备则由多变少,最后以军实现了"以少胜多"。以军的经验和做法引起各国高度重视。

1. 战场抢修的基本概念

战场抢修是指在战场上运用应急诊断和修复等技术,迅速恢复装备战斗能力的一系列活动。它包含对装备战场损伤评估和对损伤的修复(battlefield damage assessment and repair,BDAR)。其根本目的是使部队能在战场上继续战斗并取得胜利。

2. 战时装备机械损伤的特点与主要表现形式

1) 战时装备机械损伤的特点

战时装备的机械损伤有着明显的特点:作战时装备的工作环境恶劣,致伤因素不可预见;在精密制导武器的攻击下,装备的损伤往往是严酷而致命的;这类损伤一般都比较复杂,在时间上来看还具有突发性和瞬时性的特点。

2) 战时装备机械性损伤的主要表现形式

与常规情况相类似,战时装备的机械性损伤也包括磨损、变形、断裂和腐蚀四种基本形式,这四种损伤形式的分布及其所占比例显著不同。在战时,装备损伤以硬性毁伤即非正常机械性损伤为主,其中,传统意义上的缓慢摩擦损伤和腐蚀损伤所占比例很少;相反,变形、断裂损伤成了战时非正常机械性损伤的主要表现形式。

(1) 战时装备车辆的易损部位 根据国内外装备车辆损伤试验的有关研究发现,战时履带式装备车辆的常见易损部位主要是负重轮盖帽、履带链节、发动机部件(如水泵管道和排气支管等)、油箱、液压管道、操纵连杆、观察孔挡板、车体等。轮式装备车辆的易损部位主要是轮胎、散热器、制动系统(如制动管道等)、蓄电池、发动机汽缸体、前差速器、液压转向装置软管、供油管道、润滑油滤清器、风扇皮带、驱动轴、燃油滤清器、电气线路等。未来战场上装备车辆损伤的实际情况将要比上述经验总结复杂得多。

(2) 装备零件的变形损伤 装备零件的变形损伤包括以下四种。

① 凹陷或瘪坑损伤 凹坑或瘪坑主要是弹片或轻武器弹丸非直瞄撞击所致,也可能是爆炸冲击波冲压所致,或者装备车辆被爆炸波掀翻及滚动撞击硬物所致。通常发生在装备车辆的薄板或厚板型零部件上,如驾驶室、发动机盖板等。

② 弯曲或扭曲损伤 细长的金属管件、杆件及板件,受到爆炸冲击波的动压作用就会产生弯曲或扭曲变形,装备被冲击波掀起、抛掷、翻滚、跌落及碰撞的过程中,由于受冲击力过度,许多细长或薄弱的零件也会产生弯扭变形。这些变形会直接导致某些机构卡滞、不灵活、不到位或根本不能运动。

③ 烧蚀或翘曲损伤 炮火击中装备时,冲击力本身可能会直接导致装备的整体变形,相关板类零部件则可能受干涉力作用而发生严重翘曲。炮火及燃烧的高温,也会导致有些金属或非金属零件产生翘曲、卷曲或烧熔。紧急状态下的频繁非正常操作,如频繁半离合车辆的离合器,或离合器打滑时强制"带病"运行,会使传动摩擦片及其压盘产生高温,极易导致摩擦片烧蚀和压盘翘曲,恶化离合器工作状况,甚至使动力传动中断。

④ 膨胀和凸起损伤 炮火击中装备的某一部位,或其他原因如局部燃烧所引起的高温,会导致装备其他部位上某些气体或液体密封性容器的膨胀变形,严重时会

引起容器爆炸。对于充气轮胎,环境高温也可导致类似的损伤。装备上许多防护性涂层,在高温作用下会引发其内部气体膨胀,从而导致鼓泡和凸起现象,严重时导致涂层的直接剥落。另外,许多箱体类或薄板类零部件,在受到弹片等物体打击或碰撞时,如果没穿破,就会产生凹陷和凸起。这种情况下,凹陷和凸起变形是互存共生的。

(3) 装备零件的破断损伤　装备零件的破断损伤包括以下四种。

① 穿孔损伤　穿孔是装备受到各种弹丸、炸弹弹片打击或轻武器直瞄射击所致,装备车辆上箱体类部件遭受敌炮火打击的概率最大,正射或斜射所导致的穿破孔是战时装备车辆上最常见的机械性损伤之一。如自行火炮的装甲厚度仅为中型坦克的 1/5 左右,主要用于抵御 12.7 mm 以下的枪弹及普通弹药爆炸碎片的打击,一旦遭到敌反坦克导弹等高能量武器的袭击,很可能导致装甲板及内部其他箱板类等薄壁件的击穿。对于破孔损伤是否需要抢修,取决于破孔对装备的影响程度,如果破孔不会影响装备完成规定功能,且不会造成"三漏",在战场的特殊环境下可不做修理;但对散热器、油箱等部件的穿孔,就必须进行抢修,常用的抢修方法有焊补、胶补和机械法。

② 断裂损伤　承受拉力的金属部件在受到强烈的外力冲击时,易发生断裂的现象。如履带在受到反坦克地雷的袭击后,多数会断裂,导致机动能力的丧失。

③ 破碎损伤　装备车辆上一些易碎易损非金属件,如各种光学瞄准镜、倒车镜、驾驶室玻璃、灯具等,会在冲击、震动或弹片的直接打击下产生破碎损伤,直接影响驾驶员或车长的观察、瞄准和驾驶操作。

④ 剪切损伤　装备车辆上有大量的螺纹连接和铆钉铆接结构,在战时受到炮火打击时,这些结构可能会突然受到很大剪切力的作用,从而导致螺纹脱丝或铆钉切断等损伤模式。

弄清战时与平时装备机械性损伤的共性与区别,有利于有针对性地探讨战时最恰当、最适用、最有效的修复手段和技术,同时也有利于深入地了解和探讨现有修复手段和技术对战时抢修需求的适用性、满足性,以及战时修复方案的可行性,从而使战时装备损伤修复工作有的放矢,最大限度地提高战场抢修速度和战时装备保障效能。

3.9.4　军用维修方舱简介

1. 军用方舱概述

方舱是指能对人员和装备提供适宜的工件环境和安全防护,便于实施多种方式装卸和运输的工作间。军用方舱是在军用厢式车辆及军用集装箱的基础上发展起来的，从外观上看它类似于集装箱；从使用角度看，与目前普遍使用的厢式车辆的金属结构车厢类似，它兼有集装箱和厢式车辆二者的使用性能和优点。

方舱在 20 世纪 50 年代初由美军首先研制发展，目的是解决在侵朝战争中，军用地面电子设备在运输及使用中所遇到的问题——采用散装件装载，运输过程中易丢失损坏；到达指定位置，设备的组装调试要很长时间；而且临时构筑的帐篷、活动房屋不能提供良好的工作环境，影响设备的可靠性。

新中国成立以来，我军仿照苏军的模式，形成了单一的厢式车辆装载体制，即把装载设备的车厢固定在汽车底盘上。由于这种体制所固有的自行性能，使厢式车辆在历年的作战训练、抢险救灾等各项任务中，均发挥了重大作用，较好地履行了所担负的使命。随着现代科学技术的飞速发展，更多的高技术进入了军事领域，武器装备已发生或将要发生质的变化，单一的厢式车辆装载体制也逐渐向着通用方舱的方向发展。

与传统的厢式车辆相比，方舱具有非常明显的优势。

① 舱、车分离，摆脱了对专一车辆的依附，实现一车多用，避免了因车、厢寿命不同步而造成的浪费。而且体积小，质量小，便于隐蔽，具有良好的内部工作条件和各种不同的防护能力。

② 战略机动性好。方舱适于车载、空运、海运、铁路运输、直升机调运、拖曳等多种运输方式，真正达到了部队的高机动性要求。

③ 通用化、系列化、组合化（"三化"）程度高，外形尺寸绝大多数符合相关标准，厢板可作为标准件，易于组织大批量自动化生产，有利于装备的维修、储备和供给。

④ 灵活多变、应用广泛。方舱经简单组合后可组成不同的功能设备单元，利用这些单元可以组成不同类型、不同用途的武器控制系统和后勤装备系统；配以相应设备又可成为具有某种专用功能的设备，如维修方舱等。

2. 方舱的类别与形式

方舱是由舱体、内部设备、装卸及固定装置和附加设备等部分组成的综合体，有三种分类形式。按总体结构形式可分为固定式（见图 3.9.14）、扩展式（见图3.9.15）和可拆式三种。固定式方舱的运输尺寸与使用尺寸相同；扩展式方舱以小尺寸运输，停放后可以拓展其使用空间；可拆卸式多用于非使用状态时能够折叠运输。配合装备使用时主要以固定式为主。按照使用功能的不同可分为简易型、普通型、高级型和特殊型方舱。按舱体结构形式不同可分为骨架式和大板式两种。

我国机械军工企业长期为部队和国防工业部门生产了大量装载装备的厢式车辆，如：修理工程车、测试指挥车、运加油车、空分设备车、生活用车、起重救助车等共 13 大类，500 多个品种。按照军用装备发展的总要求，依据方舱工作与运输的实际需要,可将传统的厢式车辆改装成以下几种类型的方舱式车辆。

1) 修理工程车类

修理工程车族包括飞机修理、光学修理、舰艇修理、雷达修理、坦克修理、机械修理和其他修理的八种方舱式修理工程车。其中方舱式机械修理工程车主要承担一般的机械修理和简单的零件制造,一般采用 CAF40(方舱的一种型号,1990 年由总参、总后正式颁发,外形尺寸为 4 012 mm×2 100(或 2 240)mm×2 100(或 1 800)mm,适于火车、越野汽车、非越野汽车和其他军事专用运输车的运载)简易型框架方舱。图 3.9.14 所示为某型方舱式武器维修工程车。

图 3.9.14　某型方舱式武器维修工程车及内部设备

2) 测试指挥车类

这类车一般舱内装较为精密的测试仪器、数据处理系统和通信设备。

3) 空分设备类

这类车舱内装有空压机、分馏塔、膨胀机、干燥器等。

4) 生活类

为人员在野外提供必要的食宿、办公和医疗服务(见图 3.9.15)。

 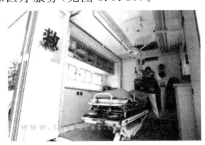

图 3.9.15　各种扩展式医疗方舱

5) 汽车电站类

在野外条件下给用电设备供电。

3. 军用方舱的结构及配置

1) 方舱的结构

军用方舱的舱体有骨架式和大板式两种结构。表 3.9.3 所示为骨架式和大板式方舱的结构和典型产品。

表 3.9.3　方舱的结构和典型产品

舱体结构		结　　构	典　型　产　品
骨架式		型钢骨架、钢板或胶合板蒙皮	法国 Cadre JVC、德国 MAN/doll 方舱
		型钢骨架、铝蒙皮	瑞典 PS70/R、中国 F.4 方舱
		铝型材骨架、铝蒙皮	法国 Cadre JVB 方舱
大板式	蜂窝板	牛皮纸芯、铝蒙皮	美国 Gichner 医疗方舱
	泡沫板	型材框架、玻璃钢蒙皮、泡沫芯	比利时 Beten PB7601 方舱
		铝梁、铝蒙皮、泡沫芯	美国 Graig S280 方舱
		无梁、泡沫芯、铝蒙皮	英国马可尼方舱
		钢框架、铝蒙皮大板	中国红 7 方舱

骨架式是比较传统的一种结构形式,它是在预先焊好的金属框架内增加保温材料,内外铆接或黏接蒙皮,加装吊装包角或吊环。

大板式则采用板块组合。舱体由预先制作的六块壁板与包角、包边焊接或铆接组成。壁板一般是根据需要的形状与结构,在两块金属板内压注泡沫塑料芯材组成一整体板块。预制板方舱是一项较新的工艺,质量小、强度好、荷重比高。

2) 主要技术指标

评价方舱先进性的技术指标主要有三项:荷重比、单位容积质量和空间利用系数。

荷重比是指方舱的额定载荷与自重之比;单位容积质量是指方舱所提供的单位容积所需要的舱体质量;空间利用系数是指方舱的内部容积(使用空间)与外部体积(所占空间)之比。以上三个参数各自从一个方面体现了方舱技术的先进性,但在发展、设计或选用时,还要从全周期费用、维修性、效费比等各方面综合考虑。

3) 方舱内部设施

方舱的内部设施根据方舱的用途和工作需要而定,通常配有:工作机、工作机配套设施、配电装置、通风采暖装置、消防器材、工兵工具、医疗箱等;专用或特种方舱还装有空调器、过滤器、供液供气系统、防电磁系统等。

4. 方舱的运输性能

方舱没有行走能力,要完成从驻地到工作地点的运输或不同运输模式间的转换,必须借助外部设备。首先,方舱的尺寸通常取决于通用运输工具或制式军用运输车辆的货台尺寸,总质量也不能超出运输工具的额定载质量。除此之外方舱还配有装卸与调平机械,大型的如吊车、自装卸运输车、叉车;简单的有手动或液压千斤顶、滚轮式调平千斤顶、悬臂式原地方舱装卸机构。装卸机构一般采用快速卡件与方舱连接,不用时卸下,以减小运输体积。

机动轮运输也是方舱重要的运输方式之一。方舱装上机动轮后类似拖车,对于小型设备可以很方便地组成一牵一拖的机动组合。机动轮由独立的前后桥组成,除具备地面行驶的各种装置以外,还有升降机构,可将方舱升举至行驶高度。由于机动轮具有升降方舱及越野功能,可以独立完成陆-空运输转换,因此在各类方舱中都经常使用。

5. 某型机电设备维修方舱具体配置

图 3.9.16 所示为某型方舱式机电设备维修车,是远程多管火箭炮武器系统的保障装备之一,其用途是供部队在野战条件下完成对火箭炮、弹药装填车、连营指挥车、气象车、测地车的维护、保养、检测、换件修理、战时抢修等基层级维修任务,使武器系统保持良好的技术状态。

图 3.9.16 某型方舱式机电设备维修车

机电设备检测维修车(以下简称维修车)主要由底盘车、车载方舱、方舱附属设备、供电设备、专业检测维修设备、通用检测维修设备、通信设备、工具和备附件等组成。主要用于远程多管火箭炮系统的机械、液压装置、电气电路(电子电路由电子设备检测维修车保障)、发控时序装置、电力驱动装置、气路等的检测与维修。

在该系统中,方舱长度为 4.4 m,通过螺栓与底盘固定,舱体内携带了检测维修任务所需仪器设备、工具、备附件,并为操作人员提供良好的工作环境。方舱主要设施参见表 3.9.4,方舱内通用设施的技术参数见表 3.9.5。

表 3.9.4 方舱式机电维修车主要设施

舱体	舱门、采光窗、电源与信号孔门、登舱梯与脚踏板、线缆盘箱、土木工具箱、天线座
舱内	仪器柜、工作台、检测仪器及相关备件、空调、配电箱、电焊机、照明设施、车内通话器等，工作台面上装有台钻、台钳、砂轮机等检修工具
方舱配套设施	千斤顶、GW89-200 型头盔微光观察镜、温度计、湿度计

表 3.9.5 方舱式机电维修车方舱内通用设施技术参数

序号	名称	技术参数	用途
1	台钻	最大钻孔直径：ϕ13 mm 最大主轴行程：85 mm 外形尺寸（长×宽×高）：565 mm×300 mm×840 mm 净重：40 kg	在临时维修时，用于钻、扩、铰直径 13 mm 以下的孔
2	砂轮切割机	输入功率：600 W 输出功率：340 W 无负载转速：11 000 r/min 质量：1.4 kg	砂轮切割机主要用于临时维修时，磨削和应急切削
3	电焊机	输入电压：220 V 输入频率：50/60 Hz 输入功率：3.4 kV·A 焊接电流：3～120 A 质量：14 kg 外形尺寸（长×宽×高）：364 mm×283 mm×183 mm	在临时维修时焊接金属工件。适用于直径小于 3.2 mm 的焊条焊接
4	示波器	信道数：2 带宽：60 MHz 采样速率：1 次/s	主要用于检测和显示被测电流、电压信号的波形
5	万用表	采样速率：3 次/s 最大共模电压：500 V 电源：9V(NEDA1604 电池) 外形尺寸（长×宽×高）：155 mm×90 mm×48 mm 质量：约 270 g（包括电池）	用于测量直流电压和交流电压、直流电流和交流电流、电阻、电容、二极管、通断测试、温度等参数

复习思考题

1. 机械损伤是如何分类的?
2. 引起装备机械故障的直接原因有哪些?
3. 机械零件修复常用的工艺方法有哪些?
4. 简述焊修的特点。
5. 金属喷涂的工艺过程主要有哪几步?金属喷涂主要用于什么场合?
6. 简述电刷镀的工作原理与工艺范围。
7. 常用的刷镀溶液有哪几种?主要用于什么场合?
8. 简述电刷镀的工艺过程。
9. 何谓"战场抢修"?
10. 战时装备的机械性损伤主要有哪些表现形式?
11. 对机械零件而言,引起故障的原因有哪些?
12. 目前,在生产中常用的零件的修复工艺和方法有哪些?
13. 战时装备的机械性损伤有哪几种基本形式?其中比较重要的损伤有哪些?
14. 与传统的厢式车辆相比,方舱具有哪些优势?

第4章 数控加工、测量与特种加工技术实践

在了解了普通加工方法的基础上,本章主要介绍一些较为先进的设计、制造与测量方法,主要内容包括数控加工原理、数控车削加工、数控铣削加工、快速成形加工、三坐标测量技术、逆向工程技术和特种加工技术。在实际的生产应用中,这些技术已逐渐融入到一个完整的制造系统里,对提高生产效率与经济效益起着非常重要的作用。

4.1 数控加工基础知识

☆ 学习目标和要求
● 了解数控加工在现代制造领域中的地位与重要性、数控加工的原理与方法。
● 熟悉数控机床的基本结构及特点,掌握使用数控设备进行数控加工的过程与步骤。
● 掌握常用数控系统的程序编制方法,能根据零件图,参阅相关资料独立完成编程、加工刀具选用、切削用量等工艺参数选取的过程,通过数控加工,制造出合格零件。
● 建立CAD和CAM的概念,了解数控加工的新工艺、新技术的应用。

☆ 学习方法
集中讲授,根据课程内容的需要,安排观看金属切削加工新技术的相关视频,进行实践、讨论、交流或答疑。

现代制造技术是提高产品质量、提高制造企业竞争力的重要手段。主要包含以下内容。

(1) 随着技术的进步,加工方法朝着更精密、更高效、更灵活的方向发展,如超精密加工、微机械制造、超高速切削、特种加工(电火花加工、线切割加工、激光加工)等。用传统加工方法不能加工或难以加工的材料、形状、精度等,可利用这些加工手段方便

地实现。

(2) 现代制造技术是随着计算机技术的发展,信息技术与制造技术的结合而产生的,是计算机控制和机床加工相结合的制造技术。如数控加工技术、计算机辅助技术(逆向工程)及快速成形技术等。其最大特点是整个制造过程是由程序来控制的,改变加工产品后只需变更程序即可进行新的加工,因此,具有更大的柔性和适应性。可完成传统加工方法无法加工的形状,从而提高加工质量。

使用数控机床(设备)进行制造的方法简称为数控加工。如图4.1.1所示,这些形状复杂、精度要求较高的零件,适合采用数控加工的方法进行制造。数控加工按照编制好的加工程序自动地完成对零件的加工。

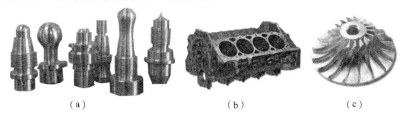

(a) (b) (c)

图 4.1.1 典型数控加工的零件

(a) 回转类零件;(b) 箱体类零件;(c) 复杂曲面零件

数控加工离不开数控机床、数控程序、加工刀具、工装夹具及编程加工的技术人员。它具有以下特点。

(1) 柔性加工程度高　能根据编写不同内容的程序加工不同形状的工件。

(2) 自动化程度高　由数控系统运行数控程序,减轻了操作者的劳动强度。

(3) 加工精度较高　数控机床具有较高的定位精度。

(4) 加工质量稳定　合理的工艺设计、正确的数控程序、满足精度与刚度要求的机床和刀具,加上操作者精心仔细操作,可实现高要求的加工质量。

(5) 生产效率较高　数控机床加工时能在一次装夹中加工出多个待加工区域或部件,节省了通用机床加工时原有的辅助工序(如划线等环节),缩短了生产准备时间,有利于现代化的生产管理。数控系统具有信息交换功能,易实现制造信息化管理。

1. 数控机床概述

1) 数控机床的定义及发展历程

数控机床是一种将加工过程所需要的各种操作和步骤用数字化的代码表示,通过控制介质将数字信息传入数控装置,数控装置对输入的信息进行处理与运算,发出各种控制信号用来控制机床的伺服系统或其他驱动元件,使机床自动加工出所需工件的机床。

1948年,美国Parsons公司在研制加工直升机叶片轮廓样板时提出了数控机床的设想,并与麻省理工学院合作,于 1952 年研制出世界上第一台数控机床;1959 年,美国 Keaney & Treckre 公司开发成功了具有刀库、刀具交换装置的数控机床,在数控机床的基础上形成了自动化程度更高的制造机床——加工中心,并成为当今数控机床发展应用的主流。

2) 数控机床的分类

(1) 按照工艺用途分类,数控机床可分为数控车床、数控铣床、加工中心及其他类型的数控机床,如表 4.1.1 所示。

表 4.1.1 常见数控机床按工艺用途分类表

序号	机床类型	定义
1	数控车床	一般具有 Z 轴与 X 轴两轴联动功能。车削中心增加了 C 轴,提供用于主轴的分度功能,刀架上可安放铣刀,进行铣削加工
2	数控铣床	数控铣床适于加工三维复杂曲面,在汽车、航空航天、模具等行业广泛采用
3	加工中心	有刀库,并能自动更换刀具,对工件进行多工序加工,可进行铣、镗、钻、铰、攻丝等多工序的加工,分为立式加工中心、卧式加工中心等

(2) 按照运动方式分类,数控机床的分类如表 4.1.2 所示。

表 4.1.2 数控机床按运动方式分类表

类型	定义	典型数控机床	图示
点位控制 (一个坐标)	控制刀具从一点到另一点的位置,不控制移动轨迹,在定位移动中不进行切削加工	数控镗床、钻床等(平面定位)	
直线控制 (两个坐标)	控制刀具或机床工作台以给定速度,沿平面的坐标方向,由一个位置到另一个位置的精确移动	数控线切割、数控钻床、数控冲床等(直线控制)	
轮廓控制 (两个及两个以上坐标)	对两个或两个以上的坐标同时控制,不仅控制机床移动部件的起点与终点坐标,而且控制整个加工过程的轨迹,加工出要求的轮廓	数控车床、数控铣床、加工中心等	

(3) 按照控制方式分类,分为开环控制系统、半闭环控制系统、闭环控制系统三种,如表 4.1.3 所示。

表 4.1.3 数控机床按控制方式分类表

序号	分类	特　点	示意图及特点
1	开环控制系统机床	不带反馈的控制系统,常用功率步进电动机作为执行机构。移动部件的移动速度和位移量是由输入脉冲的频率和脉冲数所决定的	结构简单,安装、调试方便,成本低,但精度不高。多为小型或中小型数控机床
2	半闭环控制系统机床	在开环控制系统的丝杠上装有角位移检测装置,机床移动部件不包括在检测范围之内,系统能间接地反映工作台位移,但检测精度较开环系统高	伺服系统结构简单,造价较低,系统不易受到机械传动装置的干扰,工作稳定性较好,调试相对容易。为中等精度的数控机床
3	闭环控制系统机床	在机床移动部件上直接装有位置检测装置,测量的结果直接反馈到数控装置中,与输入的指令位移进行比较,用偏差进行控制,实现精确定位	闭环控制的数控机床加工精度高,但控制系统复杂,成本相对较高,调试与维护较困难

3) 数控加工原理、插补原理及数控系统构成

(1) 数控加工原理　刀具的轨迹是由数控装置进行控制的,该装置按加工程序描述的加工内容进行插补计算,向各坐标轴方向上输出脉冲形式的指令,控制刀具按照设定的进给速度沿各坐标轴移动相应的位移量,从而使刀尖(或刀具中心)到达一系列规定的位置。

(2) 插补原理　数控机床加工时,数控装置需在规定加工轮廓的起点和终点间进行中间点的坐标计算,然后按计算结果向各坐标轴分配适量的脉冲,从而得到相应轴方向上的数控运动。这种坐标点的"密化计算"称为插补。各坐标分量可采用逐点比较插补法、数字积分插补法、时间分割插补法和样条插补计算法等方法进行计算。被加工零件的外形轮廓是由直线、圆弧和其他曲线等几何元素构成,其中直

线和圆弧是最基本的几何元素,其他的曲线可用微小直线或圆弧逼近形成。数控系统一般都具有直线插补和圆弧插补功能。插补功能直接影响系统的控制精度和速度,是系统的主要技术性能指标。

(3) 数控系统构成 数控系统一般采用专用或通用计算机元件与结构及相应的控制软件,并配备适当的输入/输出部件构成。在硬件基础上,通过控制软件来实现数控加工程序的存储、译码、插补运算、辅助动作逻辑控制及其他功能的实现。如图4.1.2所示,数控系统可分为 NC 部分和 PC 部分,NC 部分主要控制机床的运动,由计算机、位置控制、数据输入/输出接口、外部设备及数控系统控制软件组成;PC 部分称为可编程序控制器,其主要工作是从操作面板接收操作指令、控制信号状态显示及各种辅助动作控制。

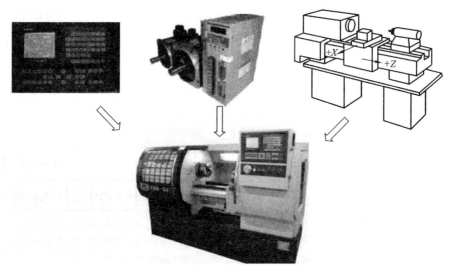

图 4.1.2 数控机床组成示意图

(4) 数控机床的主要功能 数控机床的主要功能如表 4.1.4 所示。

表 4.1.4 数控机床的主要功能

序号	功能名称	作　用
1	存储加工程序	程序输入、编辑与修改功能
2	插补功能	直线、圆弧或其他类型的插补,多坐标控制,即多轴联动
3	进给功能	指定进给速度
4	主轴功能	指定主轴转速,可指定主轴的线速度或转数
5	固定循环加工	包括单一循环和复合循环

续表

序号	功能名称	作用
6	刀具选择及补偿	选择并调用刀具;刀具半径、刀具长度偏置等
7	辅助功能	主轴的启停、旋转,冷却系统的开、关,换刀,程序结束等
8	显示功能	字符图形等信息在显示器上的显示功能
9	故障的诊断	数控系统或数控机床故障的诊断及显示功能
10	通信功能	与外设的联网及通信功能

（5）数控加工的经济性 如图 4.1.3 所示,随着零件复杂程度的提高,数控机床在多品种、小批量生产时,可获得较好的经济效益。

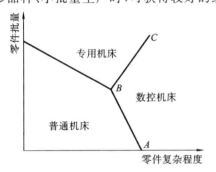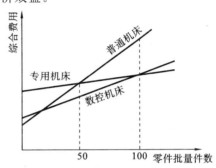

图 4.1.3 数控机床加工的定性分析

2. 数控加工与数控程序的基本知识

根据数控加工工艺,按照数控机床的要求编写数控程序,对工件进行数控加工,数控程序描述刀具在加工坐标系定义下的运动轨迹。

1）数控机床的坐标系

为定量描述数控机床上刀具相对工件的运动位置,就必须在工件上建立编程坐标系,也称为工件坐标系。我国制定了与 ISO441 等效的 JB/T3051—1999《数控机床坐标和运动方向的命名》标准,该标准规定采用右手直角笛卡儿坐标系对机床的坐标系进行命名,如图 4.1.4 所示,坐标系的各个坐标轴与机床的主要导轨平行,直角坐标 X、Y、Z 三者的关系及其正方向用右手定则判定,围绕 X、Y、Z 各轴回转的运动及其正方向＋A、＋B、＋C 分别用右手螺旋定则确定。通常规定刀具远离工件的方向为坐标的正方向。

对于一台具体的数控机床,其坐标系的构建遵循以下三个原则。

（1）符合右手定则。

（2）Z 轴与主轴方向一致。

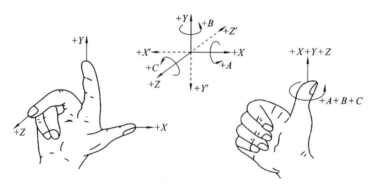

图 4.1.4 右手笛卡儿坐标系

(3) 刀具远离工件的方向为坐标轴的正方向。

在应用上述三个原则确定数控机床的坐标系时,一般先确定 Z 轴,然后再确定 X 轴和 Y 轴。如图 4.1.5 和图 4.1.6 所示为数控车床和数控立式铣床的坐标轴及方向。

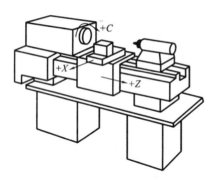
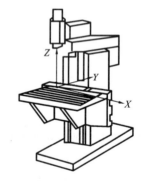

图 4.1.5 数控车床坐标示意图　　图 4.1.6 数控立式铣床坐标示意图

2) 坐标平面的设定

如图 4.1.7 所示,笛卡儿直角坐标系的三个互相垂直的轴 X、Y、Z 构成三个平面,即 X-Y 平面、X-Z 平面和 Y-Z 平面。G17、G18、G19 分别表示在 X-Y、X-Z、Y-Z 平面内运动。对于三个坐标系运动的铣床和加工中心,常用这些指令确定机床在哪一个平面内进行插补加工(如圆弧插补)。数控车床根据坐标轴的定义可知刀具在 X-Z 平面内运动。

3) 机床坐标系与工件坐标系

数控编程与加工一般需要使用机床坐标系和工件坐标系。通常情况下,两个坐标系各个坐标轴的方向一致,原点不重合。如图 4.1.8(a)、(c)所示,数控车床按刀座与机床主轴的相对位置,通常分为前刀座坐标系和后刀座坐标系,前、后刀座坐标

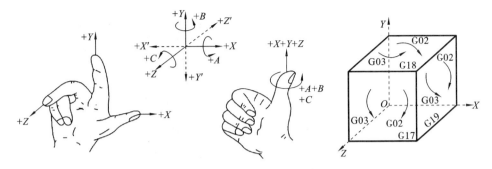

图 4.1.7　笛卡儿直角坐标系判定及三平面示意图

系的 X 轴方向正好相反,而 Z 轴方向相同。在数控车削章节的图示和例子中,主要以前刀座坐标系进行介绍。

机床坐标系及机床原点(或称为机床参考点)由数控机床制造商确定。数控车床一般选定在刀架行程极限位置时的刀架回转中心,数控铣床选定在各坐标进给行程范围的正极限点附近的一个确定位置(使用前,需查阅数控机床操作和使用手册)。用机床原点作为零点设置的坐标系称为机床坐标系。参考点是机床上的一个固定点,使用参考点返回功能,刀具能准确地返回到该位置。

工件坐标系是为了数控程序编制的方便,以工件图样上的某点为原点建立的坐标系,数控程序中的数值按照工件坐标系中加工要素的尺寸参数加以确定。对于确定的加工方法与对象,需要在装夹工件毛坯和刀具以后,正确建立起工件坐标系与机床坐标系之间的准确位置关系。工件坐标系的选择,一般根据数控的加工要求和加工效率等因素综合加以确定。对于形状复杂零件的数控铣削加工,为提高数控铣削编程效率和便于加工,可根据需求,在工件上设置多个工件坐标系及编程零点,分别建立机床坐标系与工件坐标系的准确位置关系并进行坐标系的设置。

如图 4.1.8(e)所示为立式数控铣床的机床坐标系和工件坐标系。

如图 4.1.9 所示,数控车削加工时,通过对刀的方法,根据具体加工要求,建立起车削加工刀具(安装在刀架上,T01,T02 刀位…)在机床坐标系(X-Z)和工件坐标系 1(X_1-Z_1)(如图 4.1.9(a)所示)或者机床坐标系(X-Z)和工件坐标系 2(X_2-Z_2)(如图 4.1.9(b)所示)……之间的准确位置关系,并将此准确的位置关系在数控系统中进行相应的设置。

4) 数控编程

为数控机床进行零件加工,而生成数控加工程序的过程称为数控编程。

(1) 数控编程的步骤　数控编程是在数控加工工艺的框架下为数控加工提供正确、高效的数字化制造信息。数控编程与加工的过程如图 4.1.10 所示,一般包括以下步骤:分析零件图样,确定加工工艺;编写零件加工程序,传送或输入到数控机床;

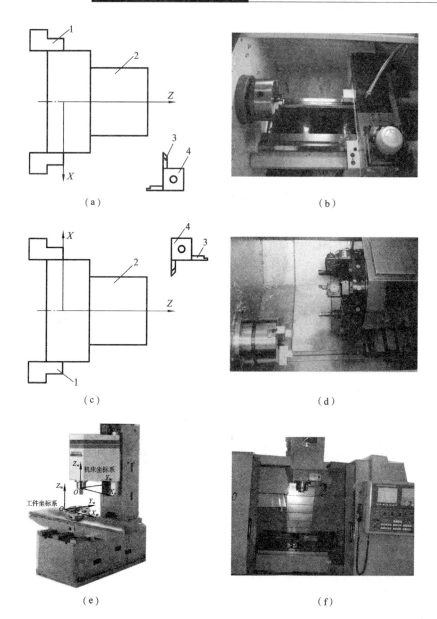

图 4.1.8 常见数控机床坐标系及实物图
(a)前刀座坐标系示意图;(b)前刀座坐标系的数控车床内部图
(c)后刀座坐标系示意图;(d)后刀座坐标系的数控车床内部图
(e)数控铣削机床坐标系与工件坐标系;(f)数控立式铣床
1—卡爪;2—工件;3—车刀;4—刀架

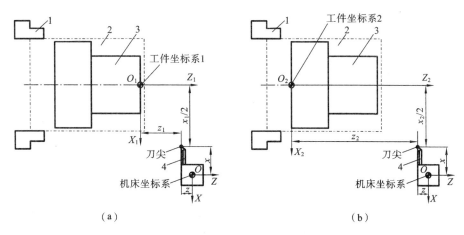

图 4.1.9　数控车床机床坐标系与工件坐标系的位置关系
(a) 机床坐标系与工件坐标系 1 示意图；(b) 机床坐标系与工件坐标系 2 示意图
1—卡爪；2—毛坯；3—工件；4—车刀(T01)

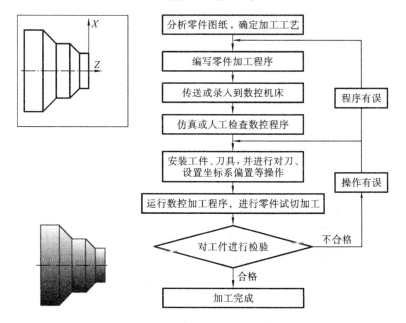

图 4.1.10　数控编程加工流程图

检查数控程序；安装工件、刀具，并进行设置坐标系等操作；运行数控加工程序，进行零件试切加工；结合零件图样，对工件进行检验。

(2) 数控编程的方法　数控编程的方法通常分为手工编程、APT 语言自动编程和 CAD/CAM 集成系统数控编程。

① 手工编程　简单零件的数控编程,应用广泛,例如简单零件的数控车削编程。

② APT 语言自动编程　APT 语言是指一种对工件、刀具的几何形状及刀具相对于工件的运动等进行定义时所用的接近于英语的符号语言。用 APT 语言书写的零件加工程序输入计算机,经 APT 语言编程系统编译后产生刀位文件,再进行后置处理,生成数控系统能接受的数控加工程序。

③ CAD/CAM 集成系统数控编程　为提高数控机床的利用率,有效解决各种复杂零件的加工,常采用计算机辅助编程,即 CAD/CAM 集成系统数控编程。它是以待加工零件 CAD 模型为基础的一种集加工工艺规划及数控编程为一体的自动编程方法,基本流程如图 4.1.11 所示,具有形象、直观和高效等优点。在屏幕菜单等方式下完成刀具定义或选择,刀具相对零件表面运动方式和加工参数的确定,刀轨生成,加工过程的动态仿真、后置处理等过程,实际生产应用广泛。

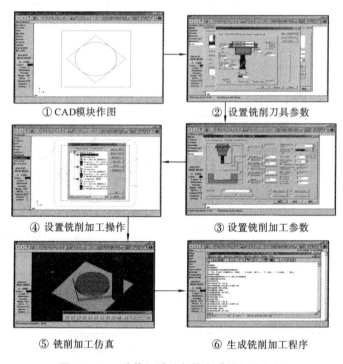

图 4.1.11　计算机辅助数控自动编程流程图

(3) 数控程序的结构与格式　数控编程的过程就是根据数控加工工艺,将切削过程用程序指令组成程序段,将程序段组成数控加工程序。一个完整的数控加工程序由若干个程序段(或称为程序单句)组成,每个程序段又由若干个数控指令或代码(或称为字)根据需要组合而成,数控指令(或代码)是控制系统的具体指令,由表示地址的英文字母或特殊文字与数字集合而成。例如：

```
                            %
              程序名→ O0001 (2D-G0NT0UR-MILL) ←——程序注释
   程序单段选跳符→ / N100 G21
              N102 G0 G17 G40 G49 G80 G90
    程序单段段号→ N104 T01 M6
              N106 G00 G54 X80. Y-50. S800 M03
              N108 G43 H5 Z50.
              N110 Z10.
              N112 G01 Z-2 F15
              N114 Y-30. F500                  ⎫
              N116 G02 X100. Y-10. R20.        ⎬程序段
              N118 G01 X200.                   ⎪
              N120 G03 X210. Y0. R10.          ⎪
              N140 Z8. F15.                    ⎪
              N142 G00 Z50.                    ⎪
              N144 M05                         ⎪
              N146 G91 G28 Z0.                 ⎪
              N148 G28 X0. Y0.                 ⎭
              N150 M30 ←——              程序结束符
                            %
```

程序段一般以序号"N××"开头，括号内的代码作为注释用；"/"可以作为选择跳段用；"M30"或"M02"作为程序结束的字符；"％"为通信用起止和终止符号。

说明：程序中的方框仅作为说明使用，实际编程中不需要。

数控加工程序可分为主程序和子程序，将反复出现的程序单独组成子程序。数控程序以 ISO 代码为参考。每条程序段的具体格式如表 4.1.5、表 4.1.6 所示。

表 4.1.5 程序单段格式

程序段号	准备功能	坐标尺寸或规格字		进给功能	主轴速度	刀具功能	辅助功能
N_	G_	X_Y_Z_ U_V_W_ A_B_C_	I_J_K_ R_	F_	S_	T_	M_

注：① 在数控程序的每一条程序单句中，根据实际加工的要求，可能只使用其中所需的一部分功能。
② 不同的数控系统，程序的结构可能有某些差异，实际编程时请参考数控系统的编程手册。

表 4.1.6　常用地址符的定义

序号	作用	格式	序号	作用	格式
1	基本直线坐标值	X_Y_Z_	4	圆弧圆心的坐标尺寸	I_J_K_
2	基本直线坐标相对值	U_V_W_	5	圆弧半径值	R_
3	基本旋转坐标值	A_B_C_	6	进给速度(螺纹导程)	F_

数控加工编程,将 G 指令作为准备功能指令,用来规定刀具和工件相对运动的插补方式、机床坐标系、坐标平面、刀具补偿、坐标偏置等多种设置。JB3208－1999 标准中规定:G 指令由字母 G 及其后面的两位数字来组成,常用的 G 指令见表4.1.7 和表 4.1.8。

表 4.1.7　数控车削加工的常用 G 功能指令表

代码	意义	组	代码	意义	组	代码	意义	组
*G00	快速定位		*G40	取消刀尖半径补偿		G75	径向切槽循环	00
G01	直线插补		G41	刀尖半径左补偿	07	G76	多重螺纹切削循环	
G02	顺时针圆弧插补		G42	刀尖半径右补偿		G90	轴向切削循环	
G03	逆时针圆弧插补	01	G50	设置工件坐标系	00	G92	螺纹切削循环	01
G32	等螺距螺纹切削		G54~G59	工件坐标系 1~6 选择	11	G94	径向切削循环	
G33	Z 轴攻丝循环					*G90	绝对坐标编程	03
G34	变螺距螺纹切削		G65	宏指令调用	00	G91	增量坐标编程	
G04	暂停延时	00	G70	精加工循环	12	G96	恒线速控制	00
G20	英制单位	02	G71	车外圆复合循环		*G97	取消恒线速控制	
*G21	公制单位		G72	车端面复合循环		*G98	每分钟进给方式	05
G28	自动回参考点	06	G73	闭环切削复合循环	00	G99	每转进给方式	
			G74	轴向切槽循环				

注:① 表 4.1.7 参考《GSK980TD 车床 CNC 使用手册》；

② 表内 00 组为非模态指令,只在本程序段内有效。其他组为模态指令,一次指定后持续有效,直到出现本组其他代码；

③ 标有 * 的 G 代码为数控系统通电启动后的默认状态。

(4) 常用数控指令及含义。

① 快速定位指令 G00(如图 4.1.12 所示)。格式:G00 IP_ 。一般较远距离的移动时使用,注意防止碰撞。说明:IP 代表终点的坐标;数控车削示意图的刀架位置,遵循远离工件的方向为正方向的原则。

表 4.1.8 数控铣削加工的 G 功能指令

代码	意义	组	代码	意义	组	代码	意义	组
*G00	快速点定位		G28	回参考点	00	G52	局部坐标系设定	00
G01	直线插补		G29	参考点返回		G53	机床坐标系编程	
G02	顺圆插补	01	*G40	刀径补偿取消		*G54 ~G59	工件坐标系 1~6 选择	11
G03	逆圆插补		G41	刀径左补偿	09			
G33	螺纹切削		G42	刀径右补偿		G92	工件坐标系设定	
G04	暂停延时	00	G43	刀长正补偿		G65	宏指令调用	00
G07	虚轴指定	00	G44	刀长负补偿	10	G73 ~G89	钻、镗循环	06
*G11	单段允许	07	*G49	刀长补偿取消				
G12	单段禁止		*G50	缩放关	04	*G90	绝对坐标编程	13
*G17	X-Y 加工平面		G51	缩放开		G91	增量坐标编程	
G18	Z-X 加工平面	02	G24	镜像开	03	*G94	每分钟进给方式	14
G19	Y-Z 加工平面		*G25	镜像关		G95	每转进给方式	
G20	英制单位	08	G68	旋转变换	05	G98	回初始平面	15
*G21	公制单位		*G69	旋转取消		*G99	回参考平面	

注:① 表 4.1.8 参考《FANUC 0i M 编程手册》;
② 其他同表 4.1.7。

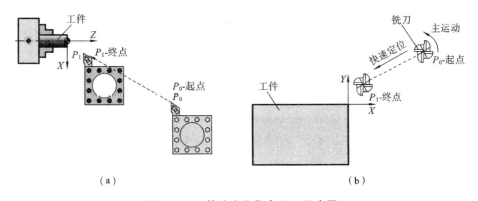

图 4.1.12 快速定位指令 G00 示意图
(a) 数控车削 G00 快速定位示意图;(b) 数控铣削 G00 快速定位示意图

② 直线插补指令 G01(如图 4.1.13 所示)。格式:G01 IP_ F_。刀具以指定进给速度进行直线插补运动。必须有 F 指令来设定进给速度。G01 和 F 都是模态指令。

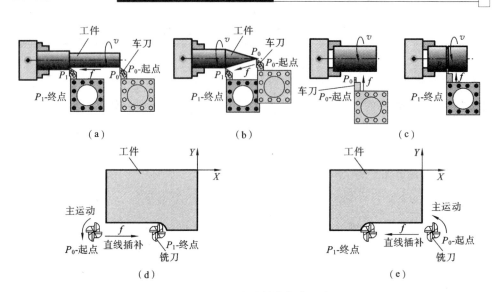

图 4.1.13　G01-直线插补指令示意图

(a) 外圆柱面车削；(b) 外锥面车削；(c) 切槽；(d) 顺铣示意图；(e) 逆铣示意图

例 4-1　如图 4.1.14 所示，外圆车刀刀位点沿 $A \to B$, $B \to C$ 轨迹直线插补，分别使用绝对坐标、相对(增量)坐标的数控代码。

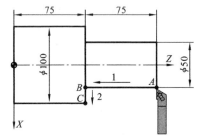

刀具轨迹	绝对坐标编程代码	相对(增量)坐标编程代码
$A \to B$	G01 X50 Z75 F100	G01 U0 W-75 F100
$B \to C$	G01 X100 Z75 F100	G01 U50 W0 F100

图 4.1.14　G01 车削外圆柱面示意图

说明：① 编写程序代码，首先应注意工件坐标系及零点的位置；

② 数控车削 X 向一般用直径编程；

③ 对于代码中的模态指令，后续相同的代码可以省略，比如 $B \to C$ 轨迹段的 G01、Z75、F100。

④ 圆弧插补指令 G02、G03。格式为

$$\left.\begin{array}{l} G02 \\ G03 \end{array}\right\} X(U)\_Z(W)\_ \left\{\begin{array}{l} R\_ \\ I\_K\_ \end{array}\right. F\_$$

圆弧插补分为顺时针、逆时针两个方向，按圆弧所在平面圆弧起点相对于圆心到终点的旋向来确定，顺时针方向圆弧插补为 G02，逆时针方向圆弧插补为 G03。

需要特别注意的是,数控车削分为前刀座坐标系(见图 4.1.15(a))和后刀座坐标系(见图 4.1.15(b))两种情况。

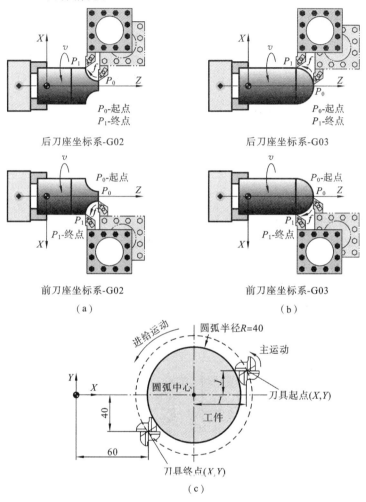

图 4.1.15　G02/G03-圆弧顺时针、逆时针插补指令示意图
(a) 数控车削顺时针圆弧插补-G02;(b) 数控车削逆时针圆弧插补-G03
(c) 数控铣削逆时针圆弧插补

图 4.1.15(c)中的圆弧插补指令(铣刀半径 10 mm):

G03 G17 G90　X60.0 Y-40.0 R50 F200

数控车削编程时,圆弧半径 R 值的正或负,一般取决于圆弧的圆心角小于或大于 180°。

使用圆弧插补指令编程,可根据数控系统的格式要求,使用圆弧半径 R 或者是

圆心坐标 I、J、K。I、J、K 是指圆弧起点到圆心分别在 X、Y、Z 轴的增量值。与坐标轴方向一致时其值为正，反之为负，图 4.1.15(c)圆弧插补指令为

G03 G17 G90 X60.0 Y-40.0 I-45 J-20 F200

例 4-2 如图 4.1.16 所示，外圆车刀刀位点沿 B→C 轨迹移动，编写数控代码。

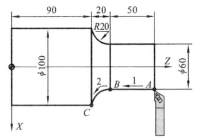

刀具插补轨迹	绝对坐标编程代码	相对(增量)坐标编程代码
B→C	G02 X100 Z90 R20 F100	G02 U40 W-20 R20 F100

图 4.1.16 车削圆弧回转面示意图

说明：用相对坐标编程，一般也是使用直径方式进行坐标的描述。如：B→C 点的相对坐标为 40。

⑤ 返回机械零点指令 G28。指令格式：G28　IP_。

如图 4.1.17 所示，车刀刀位点从当前点 P_0 经中间点 P_1（IP 指定坐标）快速返回机械零点 P_2，机械零点一般为机械原点或指定固定位置的点(参考机床手册)。

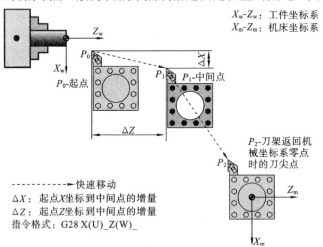

图 4.1.17 G28-返回机械零点指令示意图

IP 为定位中间点的坐标值，可用绝对值或增量值来确定。
使用增量值时中间点相对于当前点的增量坐标值。
如绝对坐标：G28 X30 Z50；相对坐标：G28 U0 W0
G28 以快速移动的速度来完成。通常在程序开始、加工过程中需要换刀、加工

结束等情况下使用。

⑥ M 指令。M 指令是辅助功能指令,它是控制机床或系统开关量的一类命令。如开、停冷却泵,主轴正、反转,程序结束等。JB3208—1999 规定:M 指令由字母 M 及其后面的两位数字组成,从 M00 到 M99 共有 100 种,主要代码见表 4.1.9。

M 指令与控制机床的插补运算无关,一般书写在程序段的后部。

表 4.1.9 常用的 M 指令

序号	代码	含 义	作 用
1	M00	程序停止指令	机床的主轴、进给及冷却液都自动停止,重按"启动"键,便可继续执行后续的程序
2	M01	计划停止指令	在操作面板上的"任选停止"键按下时,M01 才有效,否则机床将忽略该指令程序段
3	M02	程序结束指令	在程序的最后一个程序段,使主轴、进给及冷却液全部停止
4	M03	主轴正转	沿主轴往正 Z 方向看去,主轴处于顺时针方向旋转
5	M04	主轴反转	沿主轴往正 Z 方向看去,主轴处于逆时针方向旋转
6	M05	主轴停止	主轴停止转动
7	M06	换刀的指令	不包括刀具选择功能,用于加工中心机床刀库换刀前的准备工作
8	M07	冷却液开	2 号冷却液或切屑收集器开
9	M08	冷却液(液状)开	1 号冷却液(液状)开或切屑收集器开
10	M09	冷却液关闭	冷却液关闭
11	M19	主轴定向停止	主轴准确地停止在预定的角度位置,如数控坐标镗床、加工中心等
12	M30	程序结束指令	在 M02 的基础上,将程序指针指向程序开始的位置,以便再加工下一个零件

注意:生产数控机床的厂家很多,每个厂家使用的 G 功能、M 功能与 ISO 标准略有差异,因此对于某一台具体的数控机床,必须根据机床说明书的规定进行编程。

⑦ F、S、T 代码。F、S、T 代码在数控程序中分别描述进给速度、主轴转速、刀具参数。

F 代码指定刀具的进给速度,有表 4.1.10 所示的三种方式。

表 4.1.10 进给速度常用的三种方式

序号	指令含义	示意图	例子	备注
1	G99:指定每转进给量(mm/r)		G01 G99 X100 Z-40 F0.2	主轴每转一转,刀具进给 0.2 mm
2	G98:指定每分钟进给量(mm/min)		G01 G98 X100 Z-40 F200	刀具1分钟进给 200 mm
3	G32:指定螺纹切削进给速度(mm/r)		G32 Z-40 F2	主轴每转一转,刀具进给 2 mm

S 代码指定主轴的转速,单位为 r/min 或 m/min。

例如 G97 S500 M03。S500 与 G97 组合使用,指主轴每分钟转速为 500 转,M03 为主轴正转。

例如 G96 S150 M04。S150 与 G96 组合使用,指主轴每分钟切削线速度为 150 m/min。

在自动换刀的数控机床中,T 代码用以选择所需的刀具。

用法:数控车削编程,代码 T 后跟 4 位数字代表刀具的刀位号和刀具参数寄存器号。例如 T0101。

数控铣削编程,代码 T 后跟 2 位数字,再加上刀具交换的辅助功能代码,例如 T02 M06。

复习思考题

1. 数控设备由哪几部分组成?各部分的基本功能是什么?数控设备有哪些特点?
2. 什么是程序编制?有哪些方法?各有何特点?
3. 试解释下列符号的意义:(1)G03;(2)M03;(3) F120;(4)T0101。
4. 说明数控机床坐标轴的确定原则及数控车床、铣床的机械原点和工件坐标系零点之间的关系。
5. 绝对值编程和增量值编程有什么区别?什么叫模态指令和非模态指令?

4.2 数控车削加工

☆ 学习目标和要求

- 理解数控车削加工的原理与方法。
- 熟悉数控机床的基本结构及特点,掌握实习数控车床的操作方法。
- 掌握数控车削的程序编制方法,能根据零件图,参阅相关资料,进行刀具、切削用量等工艺内容的编制及编程。
- 操作数控车床,加工出规定的零件。
- 建立 CAD/CAM 的概念,熟悉工作流程,了解数控车削加工的新工艺和新技术。

☆ 安全操作规程

- 操作机床前,必须熟悉机床操作规程,在操作机床时,应严格遵守;未经指导人员同意,严禁私自接通机床电源进行操作。
- 按照机床润滑指示牌的规定,做好班前加油工作。在加工工件时,严禁擅自离开机床。
- 需要加工的零件建议通过数控车削仿真,经指导人员检验认可后方可进行加工。
- 加工完毕,关闭机床电源,将机床擦拭干净,并及时保养。

● 发现意外情况,立即关闭电源,报告指导人员。
☆ 学习方法
● 集中讲授数控加工、机床的基本原理及工艺特点;结合案例讲解数控车削的编程方法。
● 学员进行数控加工工艺编制与数控程序的编程练习。
● 学员进行数控车床的空车操作练习,熟悉机床结构、数控系统面板及操作步骤。
● 集中讲授数控车削仿真(视实习时间进行)。
● 学员进行仿真作业练习(视实习时间进行)。
● 现场讲解数控车削加工操作步骤与方法。
● 学员进行数控加工实践,总结加工过程,点评加工存在的问题。

4.2.1 数控车削编程基本知识

1. 数控车削加工

数控车床是目前使用最广泛的数控机床之一,其主要加工原理与传统车削加工相似,如图 4.2.1(a)所示,工件回转作为主运动,刀具与工件之间的相对运动作为进给运动。

(a)　　　　　　　　(b)　　　　　　　　(c)

图 4.2.1　数控车床车铣复合加工中心及车削加工中心的主要加工方法
(a) 数控车削;(b) 车铣复合加工中心铣削;(c) 车削加工中心钻孔

在数控车床上发展了车铣复合加工中心、车削加工中心,如图 4.2.1(b)、(c)所示,在工件一次装夹过程中,由于刀架具有动力装置,不仅能实现车削加工,还能实现钻、铣、攻丝等具有铣削加工特征的内容(主运动和进给运动发生变化),从而实现数控加工工艺的复合化。车铣复合加工中心、车削加工中心的高精度,保证了所加工的复杂零件的精度和效率。

数控车床的刚度好、精度高,能精确和方便地进行刀尖半径补偿,车削出的零件表面粗糙度值小。如图 4.2.2 所示为典型数控车削加工件。

图 4.2.2　典型数控车削加工件

数控车削适合下列加工：尺寸精度要求高、表面粗糙度要求高、表面形状复杂的回转体零件；精度要求高或带一些特殊类型螺纹的零件，例如磁盘、激光打印机的多面反射体、照相机等光学设备的透镜及其模具等要求高的轮廓精度和超低的表面粗糙度值。

2. 数控车床的组成及其作用

数控车床一般由数控系统、机床主机（包括床身、主轴箱、刀架、进给传动系统、液压系统、冷却系统、润滑系统等）组成，其作用见表 4.2.1。

表 4.2.1　数控机床组件及作用一览表

序号	组件名称	作　用	说　明
1	数控系统	用于对机床的各种动作进行自动化控制	包括专业型数控系统和开放式数控系统
2	床身和导轨	构成机床主机的基本骨架、运动基准	主要有水平床身、倾斜床身、水平床身斜滑鞍
3	传动系统及主轴部件	通过皮带传动或通过联轴器与主轴直联，带动主轴旋转，实现自动无级调速及恒切削速度控制	一般采用交流无级调速电动机
4	进给传动系统	由安装在各轴上的伺服电动机，通过齿形同步带传动或通过联轴器与滚珠丝杠直连，实现刀架的纵向和横向移动	一般采用滚珠丝杠-螺母副传动
5	自动回转刀架	用于安装各种切削加工刀具	加工过程中能实现自动换刀
6	冷却系统	通过手动或自动方式为机床提供冷却液，对工件和刀具进行冷却	根据加工对象，选择相应种类的冷却液
7	润滑系统	集中供油润滑装置，能定时定量地为机床各运动部件提供合理润滑	X-Z 向导轨、轴承等

3. 数控车削加工刀具

根据不同的加工条件正确选择刀具是编制程序的重要环节。数控车床刀具种类繁多,功能互不相同,如图4.2.3所示。目前,数控机床用的主流刀具是可转位刀片的机夹刀具。

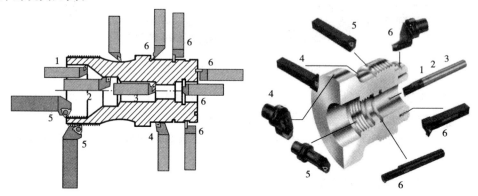

图 4.2.3　常用数控车削加工方法及车刀示意图

1,2,3—内孔车刀;4—外圆车刀;5—内、外螺纹车刀;6—越程槽、端面槽、内槽车刀

4. 数控车削加工工艺

1) 制定零件加工工艺

合理制定机械零件的加工工艺是保证零件优质、高效、低耗进行制造的重要前提,在制定数控车削加工工艺之前,首先要对加工对象的零件图认真进行加工工艺分析。如表4.2.2所示。

表 4.2.2　数控车削加工工艺考虑的主要内容一览表

序号	内容	要求	备注
1	构成零件轮廓的几何条件	手工编程,计算节点坐标;自动编程,对构成零件轮廓的所有几何元素进行定义	零件图几何尺寸是否完备;零件图的图线位置是否清晰
2	尺寸精度要求分析	根据零件图样尺寸精度的要求,分析车削工艺能否达到	确定控制尺寸精度的工艺方法
3	形状和位置精度的要求	图样给定的形状和位置公差是零件精度的保证	加工时,按照要求确定定位基准和测量基准,有效控制精度
4	表面粗糙度、材料与热处理要求	合理选择数控车床、刀具及确定切削用量	加工时,按照确定的切削用量进行试切与调试

2) 切削用量的选择

(1) 背吃刀量 a_p 的确定　在工艺系统刚度和机床功率允许的情况下,尽可能选取较大的背吃刀量,以减少进给次数。当零件精度要求较高时,则应考虑留出 $0.1\sim 0.5$ mm 精车余量。

(2) 进给量 f 的确定　f 的选取应该与背吃刀量和主轴转速相适应。在保证工件加工质量的前提下,可选择较高的进给速度。在切断、车削深孔或精车时,应选较低的进给速度。

(3) 主轴转速的确定　根据零件上被加工部位的直径,并按零件和刀具材料及加工性质等条件所允许的切削速度来确定。切削速度一般参考切削工艺手册进行选取,也可以根据实践经验确定。

5. 工序和装夹方法的确定

(1) 工序的划分　按粗、精加工划分工序,保证数控车削加工的精度。先切除整个零件的大部分余量,再将表面精车一遍,以保证加工精度和表面粗糙度的要求。应遵循基面先行原则,将精基准的表面应优先加工出来,以降低装夹误差。

(2) 确定零件装夹方法和选择夹具　尽量选用通用夹具装夹,如选用三爪自定心卡盘夹持工件,轴类工件可采用尾座顶尖支撑工件。做到零件定位基准与设计基准重合,一次装夹中尽可能多地把加工表面加工出来,以减少定位误差对尺寸精度的影响。

6. 数控车削对刀

数控车削加工中,在编程零点的基础上,确定工件毛坯的加工原点(即工件坐标系零点),并基于机床坐标系寻找和建立准确的工件坐标系。因此,在工件毛坯进行定位装夹以后,需要通过对刀来确定数控车削机床坐标系与被加工对象工件坐标系之间的准确位置关系,如图 4.1.9 所示。

4.2.2　数控车削手工编程及实例

数控车削加工,一般包含粗加工和精加工,采用手工编程和自动编程编制加工程序。

1. 数控车削编程

如图 4.2.4 所示为精车零件外轮廓,数控车削编程与刀具加工轨迹严格对应,步骤如下。

图 4.2.4 所示零件加工程序如表 4.2.3 所示。

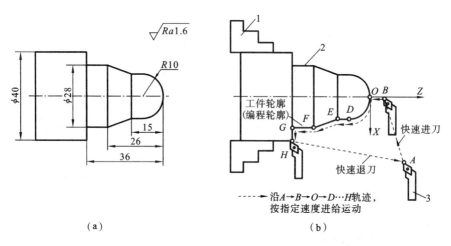

图 4.2.4 数控车削零件及外轮廓精车加工示意图

(a) 车削零件；(b) 精车加工示意图

1—卡盘卡爪；2—工件毛坯轮廓；3—外圆车刀

表 4.2.3 数控车削加工程序一览表

程序内容	注　释	编程轨迹
O0003	程序号	
N001 G40 G90 G98	绝对坐标方式编程，F 进给速度为 mm/min	
N002 G00 X60 Z15	刀具快速定位到点 A	刀具移动到点 A
N003 T0202	调用 T02 外圆车刀及 2 号刀具偏置补偿	
N004 S500 M03	主轴正转，转速 500 r/min	
N005 G00 X0 Z5	刀具快速定位到点 B	A→B
N006 G01 Z0 F60	直线插补到点 O，进给速度 60 mm/min	B→O
N007 G03 X20 Z-10 R10	逆时针圆弧插补，圆弧半径 10，车半球面到点 D	O→D
N008 G01 Z-15	直线插补到点 E，车外圆柱面	D→E
N009 G01 X28 Z-26	直线插补到点 F，车锥面	E→F
N010 G01 Z-36	直线插补到点 G，车外圆柱面	F→G
N011 G01 X42	直线插补到点 H，车端面	G→H
N012 G00 X60 Z15	刀具快速返回点 A	H→A
N013 M05	主轴停止	
N014 M02	程序结束	

步骤 1 工件坐标系零点 O 设在工件右端面与回转轴线交点，刀具起点设在点 A。

步骤 2 根据工件轮廓，车刀加工的轨迹为 A→B→O→D→E→F→G→H，再回到点 A。

步骤 3 计算刀尖运动轨迹坐标值。根据工件坐标系零点和零件尺寸得加工轮廓各点的坐标。

步骤 4 按照轮廓图素(直线或圆弧)顺序及代码,编写相应刀具轨迹的数控程序。

注意:X 坐标用直径方式编程;选择中心线以上的轮廓进行描述和编程。

在实际数控车削编程和加工中,需要根据毛坯的几何形状采取不同的加工方法与过程,从车削毛坯到合格的零件,有时不仅需要精车,也需要去除毛坯余量的粗车。数控粗车的编程,一般需使用数控代码描述多次车削,常见的数控车削过程的描述方法如表 4.2.4 所示。

表 4.2.4 常用车削加工程序编制方法

序号	方法	实施手段	特点	实习要求
1	手工编写程序	计算中间运动点,编数控程序	计算、编写工作量大	掌握,实践基础
2	使用 G71、G73 等循环指令编程	结合加工要求,选择并按循环指令要求输入参数,编写数控程序	快捷、高效;专注于工艺参数	掌握,实践重点
3	CAM 软件编程	在 CAD/CAM 软件中经造型、创建刀具等步骤处理得到加工程序	对复杂零件加工具有明显的优势	演示,实践
4	采用子程序	建立主程序和子程序结构,在主程序中调用循环的子程序	主程序调用子程序,循环较多时,易混淆	案例,自学
5	采用宏程序	能加入变量和相应的运算功能,提高数控系统的功能	数控系统须支持宏程序,宏程序可读性不高	案例,自学

2. 常用数控车削循环指令

使用具有循环指令的数控系统进行数控编程,加工快捷高效。按照循环指令的要求设置相应的参数,数控车床即可根据数控程序自动地进行循环切削,直到将工件加工到符合要求为止。目前大多数的数控系统具备此功能,下面以 GSK980TD 数控系统为例进行介绍。其他数控系统的格式可能会有区别(参考数控系统的编程手册),编程方法与过程相似。

如图 4.2.5 所示为外圆轮廓工件的粗、精加工过程,粗加工是一个循环切削,逐渐去除余量的过程。下面以常用的 G71、G73、G70、G92 为例,介绍循环指令在数控车削编程中的用法。

1) 轴向粗车循环切削指令 G71

指令格式如下:

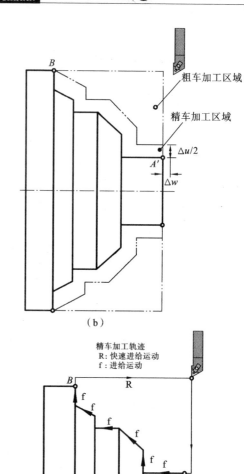
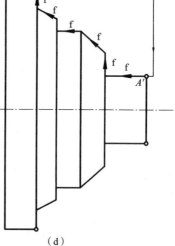

图 4.2.5 数控车削零件粗、精车加工过程示意图
(a) 工件余量及刀具示意图;(b) 工件粗、精加工余量示意图;
(c) 工件粗加工刀具轨迹示意图;(d) 工件精加工刀具轨迹示意图

G71 U(△d) R(e) F_S_T_   /(1)
G71 P(ns) Q(nf) U(△u) W(△w)   /(2)
N(ns)   /(3)
⋮
N(nf)

参数说明如下:

△d 为背吃刀量,正值,半径输入。e 为退刀量。

ns 为循环加工程序的第一程序段的顺序号,到点 A'。

nf 为循环加工程序的最后一程序段的顺序号,到点 B。

△u、△w 带±号,△u、△w 分别为 X、Z 方向精加工的余量及方向,△u 直径输入;

G71 指令分为三个部分,图中指令参数"/"后的代码为注释序号,如图 4.2.6 所示,说明如下。

(1) 定义粗车时的切削用量、退刀量和进给速度、主轴转速、刀具功能的程序段。

(2) 定义精车轨迹的程序段区间、精车余量的程序段。

(3) 定义精车轨迹 $A' \to B$ 的若干连续的程序段,执行 G71 时,这些程序段仅用于计算粗车的轨迹。

数控系统根据循环指令 G71 中编写的精车轨迹、精车余量、进刀量、退刀量等参数自动计算粗加工路线,沿与 Z 轴平行的方向切削,通过多次进刀→切削→退刀的

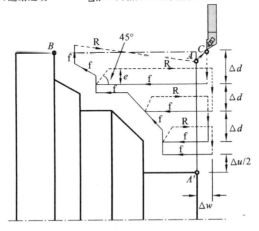

图 4.2.6　G71 循环加工轨迹及指令参数图

切削循环完成工件的粗加工。G71 的起点和终点相同。内孔循环加工编程时，Δu 为负值。

例 4-3 用指令 G71 编写图 4.2.7 所示的零件的外轮廓车削程序。

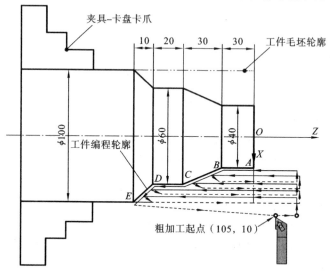

图 4.2.7　G71 循环指令应用示意图

数控程序如下。

O0001	/程序名
N01 G00 X105 Z10 M03 S800	/快速定位 X105 Z10，主轴正转，800 r/min
N03 G71 U2 R1	/粗车循环，背吃刀量 2 mm，退刀量 1 mm
N05 G71 P10 Q20 U0.5 W0.2 F200	/对 A→E 之间轮廓进行粗车，X 向直径留 0.5 mm，Z 向留 0.2 mm 余量
N10 G01 X40 S1200 F100	/精加工主轴转速设置 1 200 r/min
N12 G01 Z−30 F100	/A→B
N14 X60 W−30	/B→C
N16 W−20	/C→D
N20 X100 W−10	/D→E
N22 G70 P10 Q20	/对 A→B→C→D→E 轮廓进行精加工
N23 M05	/主轴停止
N24 M30	/程序结束

G71 指令适用于规则毛坯（如棒料、管料等）的车削循环加工，工件加工轮廓沿轴线方向，半径递增（外轮廓）或递减（内轮廓）变化，即加工区域的轮廓线（母线）上

的节点 X 坐标沿 Z 轴方向呈单一规律的变化(递增或递减),G71 循环粗加工刀具轨迹平行于 Z 轴,最后一次粗加工则沿工件编程轮廓,留精加工余量的轨迹移动。

2) 封闭切削循环指令 G73

指令格式如下。

```
G73 U(Δi) W(Δk) R(d) F_S_T_    /(1)
G73 P(ns) Q(nf) U(Δu) W(Δw)    /(2)
N(ns)                           /(3)
 ⋮
N(nf)
```

参数说明如下:

Δi 为 X 方向粗加工总余量,半径表示;

Δk 为 Z 方向加工余量;

d 为粗切削次数,为正整数;

ns、nf、Δu、Δw 与 G71 用法一致。

G73 指令分为三个部分,指令参数"/"后的代码为注释序号,如图 4.2.8 所示,说明如下。

(1) 设置粗加工余量、切削次数和进给速度、主轴转速、刀具功能的程序段。

(2) 设置精车轨迹的程序段区间[(ns),(nf)]、精车余量的程序段。

(3) 定义精车轨迹 $A'→B$ 的若干连续的程序段,执行 G73 时,这些程序段仅作为轮廓边界条件用于粗车轨迹的计算,实际并未被执行,运行 G70 精加工循环指令时执行。

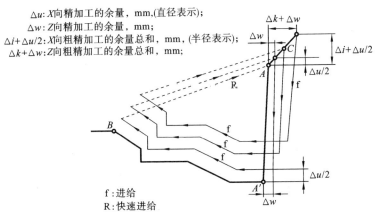

图 4.2.8 G73 循环指令加工轨迹及参数示意图

例 4-4 用 G73 循环指令编写图 4.2.9 所示零件的外轮廓车削程序,毛坯 φ32×100。

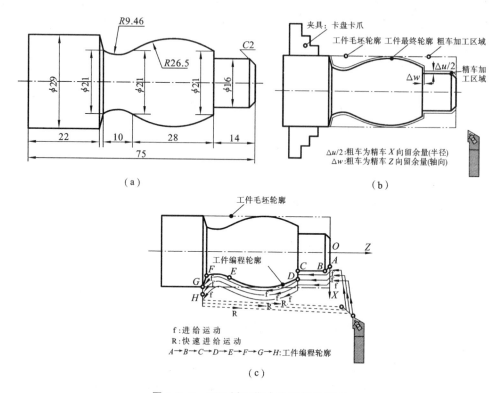

图 4.2.9 G73 循环指令及案例示意图

(a) 零件示意图;(b) 毛坯-加工余量示意图;(c) G73 循环指令走刀轨迹

数控程序如下。

O0002	/程序名
N01 G00 X40 Z10 M03 S800	/快速定位 X40 Z10,主轴正转,800 r/min
N03 G73 U12 W0.5 R8	/粗车循环 8 次,粗车总余量,半径方向 12 mm,Z 向 0.5 mm
N05 G73 P30 Q40 U0.5 W0.1 F200	/对 A→B 间轮廓粗车,精车留余量,X 向直径 0.5 mm,Z 向 0.1 mm
N30 G01 X12 S1200 F100	/精加工主轴转速设置 1 200 r/min
N31 G01 Z0 F100	/直线插补到达 A 点
N32 X16 W-2	/A→B
N33 Z-14	/B→C
N34 X21	/C→D
N35 G03 X21 W-28 R26.5	/D→E

N36 G02 X21 W-10 R9.46　　　　　/E→F
N37 G01 X29 Z-53　　　　　　　　/F→G
N40 U4　　　　　　　　　　　　　/G→H
N42 G70 P30 Q40　　　　　　　　　/(对 A→B→C→D→E→F→G→H 轮廓
　　　　　　　　　　　　　　　　　进行精加工)
N43 M05　　　　　　　　　　　　（主轴停止）
N44 M30　　　　　　　　　　　　（程序结束）

数控系统根据 G73 循环指令中设置的粗车、精车余量、切削次数等参数自动计算粗车偏移量、粗车的单次进刀量和粗车轨迹。每次粗车轨迹都可视为精车轨迹的偏移，粗车逐步靠近精车轨迹，最后一次粗车切削轨迹为按照精车余量偏移的精车轨迹。G73 的起点和终点相同。

G73 指令适用于铸造、锻造等成形毛坯的车削循环加工，毛坯表面分布较为均匀的加工余量。零件轮廓 X 坐标沿 Z 轴方向有起伏变化，循环加工刀具轨迹与工件最终轮廓一致。

3）精车循环指令 G70

如图 4.2.4(d)所示，刀具刀位点沿指定的轮廓进行精车。

指令格式：G70 P(ns)Q(nf)。

参数说明：

ns 为精加工程序的第一程序段的顺序号；

nf 为精加工最后程序段的顺序号。

G70 通常用于 G71、G73 等粗加工循环之后。G71、G73 命令行中的 S、F、T 用于粗车削循环，而 ns、nf 之间的 S、F、T 用于 G70 精车循环。

4）螺纹切削循环指令 G92

指令格式：G92 X(U)_ Z(W)_ F_ J_ K_ L_

参数说明：

G92 为模态 G 指令，执行 G92 指令可以加工公制或英制等螺距的直螺纹、锥螺纹。

螺纹车刀进行螺纹循环车削。如图 4.2.10 所示，螺纹车刀从切削起点 A 开始；沿 X 轴进刀至点 B；沿 Z 轴车削直螺纹或 X、Z 轴车锥螺纹，到达切削终点 C；沿 X 轴快速移动退刀至点 D；再沿 Z 轴返回起点 A，完成 G92 螺纹循环切削。

参数说明：

X 为切削终点 X 轴绝对坐标(mm)；

U 为切削终点与起点 X 轴绝对坐标的差值(mm)；

Z 为切削终点 Z 轴绝对坐标(mm)；

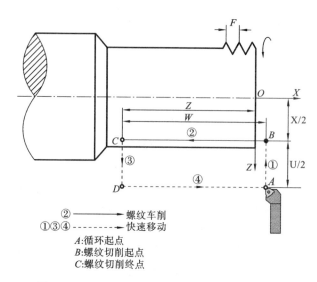

图 4.2.10　G92 循环指令加工轨迹及参数示意图

W 为切削终点与起点 Z 轴绝对坐标的差值(mm);
F 为公制螺纹螺距,F 执行后保持,可省输入;
J 为螺纹退尾时在短轴方向的移动量,模态参数,如短轴是 X 轴,半径指定;
K 为螺纹退尾时在长轴方向的长度,模态参数;
L 为多头螺纹的头数,省略 L,默认单头螺纹。

例 4-5　用 G92 螺纹车削循环指令编写如图 4.2.11 所示零件的外螺纹的车削程序。

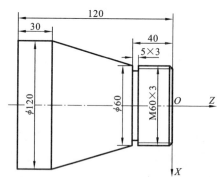

图 4.2.11　G92 螺纹车削循环指令及编程实例图

数控程序如下。

O0004
N01 G28 U0 W0　　　　　/刀架回机床参考点

N03 T0101 S350 M03	/调用外螺纹车刀,主轴正转,350 r/min
N05 G00 X70 Z10	/快速定位,接近工件
N07 G92 X58.8 Z−38 F3	/外螺纹车削循环,第1次进刀(直径)1.2 mm
N09 X58.1	/第2次进刀(直径)0.7 mm
N11 X57.5	/第3次进刀(直径)0.6 mm
N13 X57.1	/第4次进刀(直径)0.4 mm
N15 X56.8	/第5次进刀(直径)0.3 mm
N17 X56.7	/第6次进刀(直径)0.1 mm
N21 M05	/主轴停止
N23 M02	/程序结束

常用的螺纹切削指令还有 G32、G76 等,具体用法请查询编程手册。

4.2.3 数控车削仿真与实例

1. 数控仿真的特点及作用

通过数控加工仿真软件,可快速掌握数控程序结构及代码用法;通过仿真检查加工程序的语法正确性,检验数控加工工艺顺序的合理性,加工过程中可能出现的干涉等问题;熟悉数控机床的操作方法与步骤,发现数控加工操作过程中的问题,并解决问题。

2. 常用的仿真软件基本功能

数控仿真软件的界面如图 4.2.12 所示。其使用过程、内容与实际数控机床及其数控系统一致,一般具备的主要功能如下。

图 4.2.12 数控车削仿真软件及数控系统界面

(1) 屏幕配置的功能与工业系统使用的 CNC 数控机床一致。
(2) 实时解释 NC 代码并编辑机床进给命令。
(3) 提供与真正的数控机床类似的操作面板。
(4) 包括单程序段操作、自动操作、编辑方式、手动方式等功能。
(5) 移动速率调整,单位脉冲转换开关等。

3. 数控仿真的主要步骤

在数控加工仿真软件上进行仿真的主要步骤如图 4.2.13 所示,按步骤逐步开展仿真。如图 4.2.14(a)、(b)所示分别是本节例 4-3、例 4-4 的仿真图形,按照数控车削仿真步骤,得出数控车削仿真的结果。其特点是:使用一把车刀和循环指令完

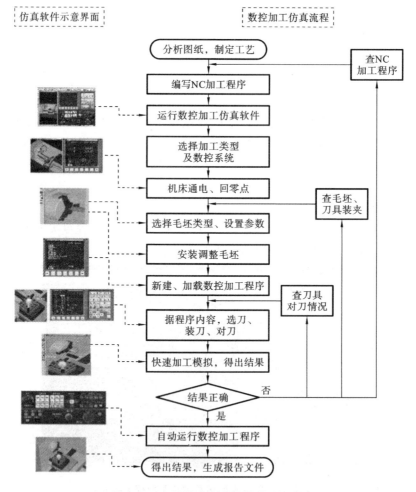

图 4.2.13　数控车削仿真软件流程图

成的数控车削仿真,由于仅加工外轮廓,因此,数控加工工艺简单,程序较短,是数控编程与仿真的基础。

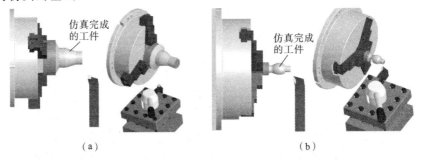

图 4.2.14 使用一把车刀进行数控车削仿真的示意图
(a) G71 数控车削仿真(例 4-3);(b) G73 数控车削仿真(例 4-4)

实际数控车削加工经常包含多把刀具进行加工,如图 4.2.15 所示。多把刀具的加工是以一把车刀的数控编程、仿真加工为基础的,不论加工对象的复杂程度如何,使用一把还是多把车刀进行数控加工或仿真,应以数控加工工艺为依据,按照步骤进行实践。具体细节请参考使用手册和教师的讲解。

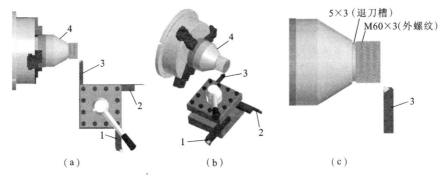

图 4.2.15 使用多把车刀进行数控车削仿真的示意图
(a) 仿真结果 X-Z 向俯视图;(b) 仿真结果轴侧图;(c) 仿真完成的工件视图
1—外圆车刀;2—切槽刀;3—外螺纹车刀;4—仿真完成的工件

4.2.4 数控车削加工实践

1. 数控车削加工的一般步骤

实际的数控车削加工过程与数控仿真步骤基本一致。在实际进行数控加工时,按照数控车床的数控系统指令要求进行编程,按照相应的操作步骤进行数控车削加工。

2. 数控车床简介

数控车床的种类很多,型号各不相同。图 4.2.16 所示的 CAK3665ni 数控车床是采用计算机控制和伺服电动机驱动的一种典型的数控车床,具有车削圆柱面、圆锥面、圆弧面、内孔、切槽,加工各种螺纹(包括锥螺纹)等功能。

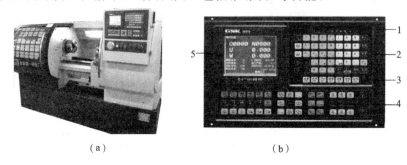

图 4.2.16 数控车床外观及数控系统外观

(a) CAK3665ni 数控车床外形;(b) GSK980-TD 数控系统面板

1—状态指示;2—编辑键盘;3—显示菜单;4—机床面板;5—LCD 显示器

GSK980-TD 数控系统编程采用 ISO 国际代码,键盘手动输入,并配有 RS-232 通信接口,设有断电保护和各种自诊断功能。车床纵横向走刀用伺服电动机驱动,精密滚珠丝杠传动,机床具体参数见表 4.2.5。

表 4.2.5 CAK3665ni 数控车床主要参数一览表

序号	项目	参数	序号	项目	参数
1	床身上最大回转直径	360 mm	6	主轴转速范围	200～2000 r/min
2	滑板上最大回转直径	180 mm	7	主轴通孔直径	53 mm
3	横向最大行程(X 轴)	220 mm	8	刀架	四工位
4	最大工件长度	750 mm	9	最大刀具尺寸	20 mm×20 mm
5	X 轴、Z 轴快速进给	3.8 m/min、7.8 m/min	10	最小输入单位	0.001 mm

GSK980TD 有编辑、自动、录入、机械回零、单步/手轮、手动、程序回零等七种操作方式,如表 4.2.6 所示。

表 4.2.6 GSK980TD 操作方式与实现的功能

序号	操作方式	实现的功能	备注
1	编辑	加工程序的建立、删除和修改,实现 CNC 与 CNC、CNC 与 PC 机的双向通信操作	

续表

序号	操作方式	实现的功能	备注
2	自动	在自动操作方式下,自动运行程序	
3	录入	进行参数的输入以及指令段的输入和执行	
4	机械回零	分别执行 X、Z 轴回机械零点操作	
5	手轮/单步操作	CNC 按选定的增量进行移动	
6	手动操作	进行手动进给、手动快速、进给倍率调整、快速倍率调整及主轴启/停、冷却液开关、润滑液开关、主轴点动、手动换刀等操作	

3. 数控车削编程与加工实例

采用数控车削的方法,完成如图 4.2.17(a)所示的零件的加工。

工件材料为 45 钢,毛坯尺寸为 $\phi48$ mm×110 mm(热轧圆钢),10 件。

要求:制定数控车削加工工艺;编制程序;在现场准备刀具,操作数控车床进行数控车削加工。

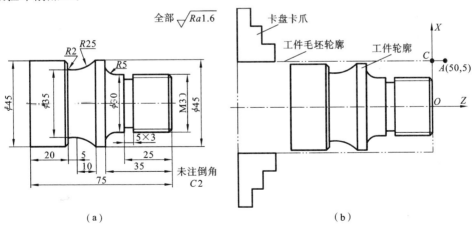

图 4.2.17 数控车削加工实例

(a) 数控车削加工零件图;(b) 数控车削加工零件装夹及坐标系示意图

前提条件:熟悉 GSK 980TD 数控车削系统的操作要求与方法,参考数控车床的操作说明书,在手工编制数控车削加工程序的基础上,参考数控仿真软件的操作步骤,开展编程与加工实践。

实践步骤如下。

步骤1 设置数控车削坐标系。如图 4.2.17(b)所示,以工件右端面圆心 O 为原点建立工件坐标系,起刀点 A 设在 X50、Z5 处。

步骤2 进行数控车削工艺分析。工件外表面轮廓(先忽略 5 mm×3 mm 的槽和 ϕ35 mm 处的凹槽)在 X 方向上单调递增,刀具选择 T01(外圆车刀,也是基准刀),用 G71 循环加工指令进行外径粗车,车出外螺纹大径等外轮廓,外表面留精加工余量 0.5 mm;刀具选择 T02(切槽刀,注意刀宽小于等于槽宽),切出 5 mm×3 mm 外槽;刀具选择 T03(60°外螺纹车刀),用 G92 螺纹固定循环车出 M30 外螺纹;刀具选择 T04(副偏角 55°的外圆车刀,注意车刀的副偏角,避免车刀与工件外轮廓面干涉),用 G73 复式循环指令车削出 ϕ35 mm 部分的凹槽。

步骤3 确定切削用量,制定数控车削工序卡。根据工件加工的形状和要素,确定加工过程与步骤,参考《切削加工工艺手册》,根据刀具、工件材料,选择并计算出相应的切削用量,如表 4.2.7 所示。

表 4.2.7 数控车削步骤参数

	加工步骤	刀具与切削参数			
序号	加工内容	刀具规格		主轴转速 n /(r/min)	进给速度 v_f /(mm/min)
		类型	材料		
1	粗/精加工外轮廓面(忽略退刀槽和 $R25$、$R2$ 的凹面)	90°外圆车刀	硬质合金	800/1 000	100/80
2	切 5 mm 宽,底径为 24 mm 的退刀槽	3 mm 宽的槽刀	硬质合金	300	50
3	车削外螺纹 M30	60°外螺纹车刀	硬质合金	300	3.5 mm/r
4	粗/精加工 $R25$、$R2$ 的凹面	35°外圆车刀	硬质合金	800/1 000	100/80
5	切断(使用切槽车刀)	3 mm 刀宽的槽刀	硬质合金	200	30

步骤4 编制程序,仿真验证。根据以上加工工艺,编制加工程序如表 4.2.8 所示。

步骤5 加工操作。使用数控车床 CAK3665ni,刀具如表 4.2.7 所示。经数控车削仿真验证正确后(如图 4.2.18(a)),在数控车床上进行正式加工,简要步骤如下。

表 4.2.8 数控车削程序及相应仿真结果

程 序	注 释	仿真加工示意图
O0001 T0101 G00G90X50Z5 S800M03 N10G71U2R0.5 N11G71P100Q200U0.5W0F200 N100G01X29.244F100 Z-25 X30 Z-30 G02X40.0Z-35R5 G01X45 N200Z-75.0 G70P100Q200 M05 G28U0	程序号 1号刀具。90°外圆车刀 （刀具参数存储在1号寄存器） G71外径粗车循环，背吃刀量为2 mm，退刀量0.5 mm，为精加工直径方向留0.5 mm余量 计算出M30螺纹大径X29.244 G70外径车削精加工循环	1号外圆刀具车削示意图
T0202 S600M03 G00X35Z-25 G01X24F100 G01X35F400 Z-23 G01X24F100 G01X35F400 G28U0 M05	2号刀具。3 mm宽的切槽刀 （刀具参数存储在2号寄存器） 注意：用切槽刀左刀尖对刀和坐标定位 注意：当切槽宽度大于刀宽时，需进行多次车削或循环车削。在加工之前，应测量切槽刀的准确宽度（刀宽不一定是整倍数）	2号切槽刀车削示意图
T0303 G00X35Z5 S300M03 G92X28.8Z-23F3.5 X28.1 X27.5 X27.1 X26.7 X26.4 X26.2 M05 G28U0	3号刀具，60°外螺纹车刀（刀具参数存储在3号寄存器） 使用G92单循环多次程序渐进地进行外螺纹车削，直到满足螺纹小径尺寸为止。M30粗牙螺纹，螺距为3.5，小径为26.211	3号外螺纹刀车削示意图
T0404 G00X50Z-35 S800M03 G73U10W0R8 G73P300Q400U0.8W0F300 N300G01X47Z-39F200 X45Z 10 G02X35Z-50R25 G01Z-53 G02X39Z-55R2 G01X41 X45Z-57 N400Z-75 G70P300Q400 G28U0 M05	4号刀具。35°外圆车刀 （刀具参数存储在4号寄存器） G73复式循环外径粗车削 G70外径精车削	4号外圆车刀车削示意图
T0202 G00X55Z-78 S600M03 G01X-1F50 X55F300 G28U0 M05 M30	2号刀具。2号车刀切断工件。3 mm宽的切断刀 说明：2号刀具有切槽与切断的功能，切断需要注意刀尖在切断方向距离刀体的长度应大于切断工件处的半径 程序结束	

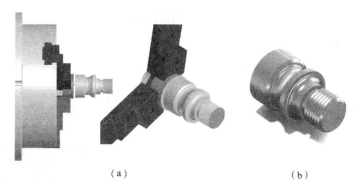

(a)　　　　　　　　　　(b)

图 4.2.18　数控车削加工仿真及加工结果

(a) 数控车削仿真结果；(b) 数控车削加工结果

(1) 开机通电　开主机电源→开数控系统电源。

(2) 手动回参考点　按机床操作面板上的"回参考点"(⊕)键，选择"回参考点"工作方式→选轴 X→按方向键"＋"→X 轴即返回参考点；选轴 Z→按"＋"→Z 轴返回参考点。

(3) 装夹工件毛坯　毛坯 $\phi48$ mm×110 mm，毛坯右端面伸出卡盘端面 85 mm 左右。

(4) 安装加工刀具　根据加工工序内容分别在刀架的 1、2、3、4 刀位安装 90°外圆车刀、3 mm 宽的切槽切断刀、60°外螺纹车刀、35°外圆车刀。

(5) 确定工件坐标系零点　手轮方式(⊕)下，使用 1 号刀位的 90°外圆车刀车削工件端面，将工件右端面与回转中心线交点 O 设定为工件坐标系的零点。

(6) 传输加工程序　进入编辑工作方式(⊘)，传输编写好的加工程序到数控系统存储器中。

(7) 对刀　采用试切法，分别将刀架上的 1、2、3、4 号刀位的刀具参数设置到刀补的相应位置，确定出每把刀具刀尖从机床坐标系零点到达工件坐标系零点时的坐标值。

(8) 程序检验和轨迹仿真　如果在数控仿真软件中检查正确，则可以省略这一步。

(9) 加工　切换至自动工作方式(▢)，按下"循环启动"按钮，执行加工过程，直到零件加工完毕为止，结果如图 4.2.18(b)所示。

(10) 检验　依图样要求，对加工对象的内容进行检测。

(11) 关机并清理机床　关闭系统电源→关主机电源→清理、维护机床。

说明：不同的数控车床与数控系统，操作的方法会有区别，主要步骤和过程相

似,实际操作之前,请仔细阅读相应数控车床和数控系统的操作说明书,在指导老师的协助下进行实践。

复习思考题

1. 数控车削零件时,为什么需要对刀?对刀点设置的原则是什么?如何对刀?
2. 如何在数控车削编程时确定切削用量?粗精加工的选择依据是什么?
3. 数控车床的机床原点、参考点和工件原点之间有何区别?试以某数控车床为例,用图表达出它们之间的相对位置关系。
4. 在数控车削加工时,使用刀具半径补偿时应注意些什么问题?
5. 手工编程题。零件图样如图 4.2.19 所示,要求:(1) 编写加工工艺;(2) 根据加工工艺,手工编写车削加工程序。

说明:① 图 4.2.19(a)所示零件,件数 5 件,棒料毛坯,材料为 2A12,刀具材料为硬质合金,毛坯尺寸自定。

② 图 4.2.19(b)所示零件,件数 2 件,棒料毛坯,材料为 HT200,刀具材料除钻头采用高速钢外,其余刀具采用硬质合金,毛坯尺寸自定。

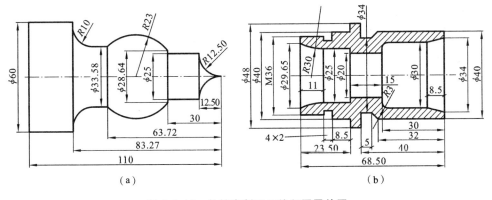

图 4.2.19 数控车削手工编程题零件图
(a) 外轮廓零件;(b) 含内外轮廓零件

6. 数控车削实践操作题。试用相应的数控系统(机床),编制图 4.2.20 所示各零件的数控车削加工工艺及程序,根据实际条件,在数控车床上加工出合格零件。

说明:① 对图 4.2.20(a)所示零件,单件,棒料毛坯,材料为 45 钢。刀具材料:除切槽刀采用高速钢,其余刀具采用硬质合金。毛坯尺寸为 $\phi 22$ mm×172 mm。

② 对图 4.2.20(b)所示零件,单件,棒料毛坯,材料为 1Cr18Ni9,刀具材料为

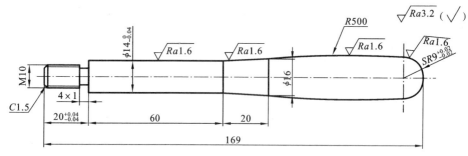

技术要求
1. 未注倒角C0.5，未注公差按IT12级标准执行；
2. M10粗牙外螺纹(小径$\phi 8.38$)与钳工手锤螺孔配合；
3. SR9半球面用样板检验；
4. 去毛刺。

（a）

（b）

图4.2.20 数控车削手工编程操作实践题零件图
（a）手柄（与钳工榔头相配）零件图；（b）连接件零件图

硬质合金，毛坯尺寸为$\phi 56$ mm×150 mm。

7. 数控车削工艺分析、自动编程、数控车削仿真综合题。

要求：如图4.2.21所示，制定各零件的数控车削工艺；根据加工对象及自动编程的方法，在CAM软件中绘图；CAM编程；结合实际条件，进行数控车削仿真。

说明：单件，棒料毛坯，材料为45钢，刀具材料为采用硬质合金，毛坯尺寸自定。

提示：工艺编制时，可以考虑采用心轴等装夹方法。

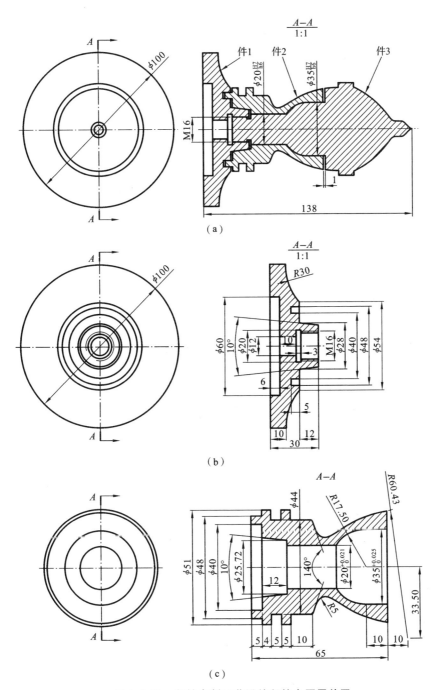

图 4.2.21 数控车削工艺及编程综合题零件图
(a) 装配图；(b) 件 1 零件图；(c) 件 2 零件图；(d) 件 3 零件图

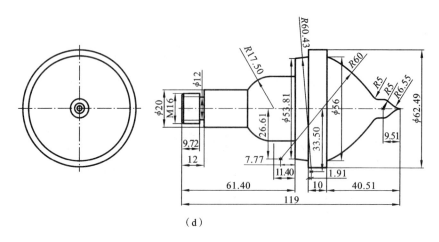

(d)

续图 4.2.21

4.3 数控铣削加工

☆ 学习目标和要求

● 理解数控铣削加工的原理与方法。

● 熟悉数控机床的基本结构及特点,掌握数控铣削实习加工设备的操作方法。

● 掌握数控铣削的程序编制方法,能根据零件图,参阅相关资料进行刀具、切削用量等工艺内容的编制及编程。

● 操作数控铣削机床,加工出规定的零件。

建立 CAD/CAM 的概念,熟悉工作流程,了解数控铣削加工的新工艺和新技术。

☆ 安全操作规程

参考数控车削安全操作规程。

☆ 学习方法

● 现场讲授数控铣削加工原理及编程方法,结合案例进行手工和自动编程讲解。

● 学员进行数控铣削加工工艺编制和编程练习。

● 讲解数控铣削的数控仿真过程与方法。

● 学员进行数控铣削加工操作。

4.3.1 数控铣削编程基本知识

1. 数控铣削加工

数控铣削是常见的数控加工方法,其加工的基本表面主要特征如图 4.3.1 所示。

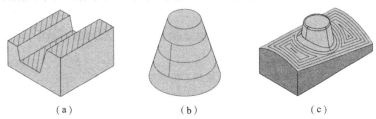

图 4.3.1 数控铣削加工零件典型的轮廓面

(a) 轮廓面 A;(b) 轮廓面 B;(c) 轮廓面 C

1) 数控铣削加工对象

如图 4.3.2 所示,根据数控铣削零件的特点,通常可以将数控铣削零件分为三种类型。

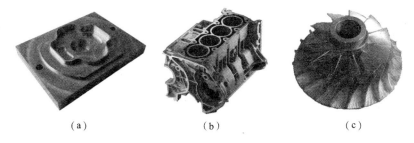

图 4.3.2 数控加工的典型零件

(a) 平面类零件;(b) 箱体类零件;(c) 复杂曲面类零件

(1) 平面类零件。如图 4.3.2(a)所示,平面类零件是指加工面与水平面平行、垂直或夹角为一定值的零件,这类加工面可展开为平面,精度高,加工内容较多,适合于数控铣削进行加工。

(2) 箱体类零件。箱体类零件一般包含多工位孔系、轮廓及平面等要素需要加工,在机械行业、汽车、飞机制造等各个行业应用广泛,如汽车的发动机缸体、变速箱体;机床的床头箱、主轴箱、齿轮泵壳体等。图 4.3.2(b)所示为控制阀壳体。适合于加工中心进行加工。

(3) 曲面类零件。如图 4.3.2(c)所示,曲面类零件可在数控铣床上采用行切加工等方法实现铣削加工,对于曲面类零件的加工面不能展成平面,一般使用三轴或更多轴的数控铣床,选择球头铣刀铣削加工曲面类零件。

数控铣床、加工中心可以对零件进行面铣削、轮廓铣削、钻、扩、铰、镗、锪孔等内容的编程与加工,如图4.3.3所示。

图 4.3.3　数控加工的常见加工方法

(a) 面铣削;(b) 轮廓铣削;(c) 钻孔、攻丝;(d) 使用回转轴进行铣削;(e) 使用两个回转轴铣削

2) 数控铣削机床的特点

以加工中心为代表的数控铣削机床,具有以下特点。

(1) 如图4.3.4所示,具有刀库和自动换刀装置,能够通过程序或手动控制更换刀具,在一次装夹中完成铣、镗、钻、扩、铰、攻丝等加工,工序高度集中。通常具有多个进给轴联动,如三轴联动、四轴联动、五轴联动,能实现复杂零件的高精度定位和精确加工。

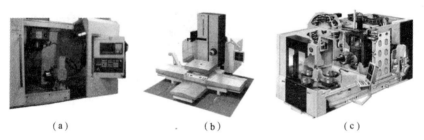

图 4.3.4　常见的数控铣削加工中心

(a) 立式加工中心(含回转轴);(b) 卧式加工中心;(c) 卧式加工中心(含交换工作台)

(2) 如图4.3.4(c)所示,加工中心上带有自动交换工作台,一个工件在加工的同时,另一个工作台可以实现工件的装夹,从而大大缩短辅助时间,提高加工效率。

(3) 数控回转工作台可以增加一个或两个回转坐标(A、B 或 C 坐标),如图4.3.3(d)、(e)所示,通过数控系统实现四坐标或五坐标联动,从而有效地扩大工艺范围,加工更为复杂的工件。

3) 数控铣削加工刀具

(1) 数控铣削刀具的基本要求。与普通铣床的刀具相比较,数控铣床刀具需能高速、高效率加工,因此,要求制造精度更高,刀具使用寿命更长。对数控铣削刀具的基本要求可概括为:刚性要好;耐用度要高,尽可能减少换刀引起的调刀与对刀次数;切削刃的几何角度参数的选择及排屑性能合理。刀具的材质常选用高强度高速钢、硬质合金、立方氮化硼、人造金刚石等。高速钢、硬质合金通常采用 TiC 和 TiN 涂层及 TiC-TiN 复合涂层来提高刀具使用寿命。

国际标准化组织规定,切削加工用硬质合金按其排屑类型和被加工材料分为三大类:P 类(钢类)、M 类(不锈钢类)和 K 类(铸铁类)。在确定选择加工刀具和工件的材料之后,即可根据刀具的《切削用量手册》确定切削用量,在试切和实际切削过程中加以修订。

【提示】 根据被加工工件材料的热处理状态、切削性能及加工余量,选择刚性好,耐用度高的铣刀,是充分发挥数控铣床的生产效率和获得符合加工质量的前提。

(2) 数控铣刀的类型及一般选择原则。数控铣床上所采用的刀具要根据被加工零件的材料、几何形状、表面质量要求、热处理状态、切削性能及加工余量等,选择刀具。数控铣削加工的主要刀具有平底立铣刀、面铣刀、球头刀、环形刀、鼓形刀和锥形刀等。常用刀具类型及加工特点如图 4.3.5 所示。

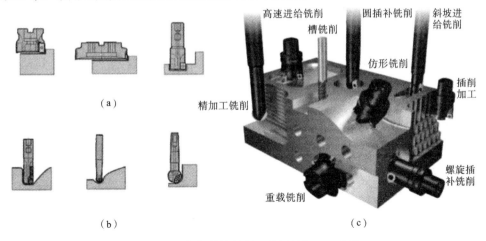

图 4.3.5 常用数控铣削刀具及其加工示意图
(a) 平面及槽铣削刀具;(b) 曲面及槽铣削刀具;(c) 铣削刀具加工示意图

选择刀具类型的主要依据见表 4.3.1。

2. 数控铣削加工工艺制定

1) 零件工艺分析

数控铣削,通常考虑工件在一次装夹下,完成粗、半精、精加工,合理地安排各工序顺序,提高精度和生产率。立式数控铣床一般适用于加工平面凸轮、样板、形状复杂的平面或立体零件,以及模具的内、外型腔等。卧式数控铣床适用于加工箱体、泵体、壳体等零件。

表 4.3.1 刀具类型的选择依据表

序号	加工对象	策略	一般选择的加工刀具
1	铣较大平面	提高效率	刀片镶嵌式盘形面铣刀
	铣小平面或台阶面	根据加工尺寸进行选择	通用铣刀、立铣刀
	铣键槽	保证槽的尺寸精度	键槽铣刀或立铣刀
2	曲面类零件	保证刀具切削刃与加工轮廓在切削点相切,避免刀刃与工件轮廓发生干涉	球头刀等成形铣刀
3	孔加工	根据加工精度进行选择	采用钻头、镗刀等孔加工刀具

2) 工序和装夹方法的确定

(1) 加工工序的划分。划分加工工序的方法有以下几种。

① 刀具集中分序法。按所用刀具来划分工序,用同一把刀具加工完成所有可以加工的部位,然后再换刀。可以减少换刀次数,缩短辅助时间,减少不必要的定位误差。

② 粗、精加工分序法。根据零件的形状、尺寸精度等因素,按照从简单到复杂、粗精加工分开的原则,先粗加工,再半精加工,最后精加工。

③ 加工部位分序法。即先加工平面、定位面,再加工孔;先加工简单的几何形状,再加工复杂的几何形状;先加工精度比较低的部位,再加工精度比较高的部位。

(2) 零件装夹和夹具的选择。零件的定位基准应尽量与设计基准及测量基准重合,以减少定位误差。选择夹具时应尽量做到在一次装夹后,将零件要求加工表面都加工出来。常用的夹具有通用夹具、专用夹具、组合夹具等,一般根据零件的特点和经济性选择使用。

① 通用夹具。如图 4.3.6(a) 所示为机械平口钳,这种通用夹具具有较大的灵活性和经济性,应用广泛。

② 组合夹具。是机床夹具中一种标准化、系列化、通用化程度很高的新型工艺装备。它可以根据工件的工艺要求,采用搭积木的方式组装成各种专用夹具,如图 4.3.6(b) 所示。

(3) 加工顺序和进给路线的确定。加工顺序的安排。通常按照从简单到复杂的原则,先加工平面、沟槽、孔,再加工内腔、外形,最后加工曲面;先加工精度要求低的表面,再加工精度要求高的部位;先进行内形内腔加工,后进行外形加工;以相同定位、夹紧方式或同一把刀具加工的工序,最好连续进行,以减少重复定位次数与换刀次数。

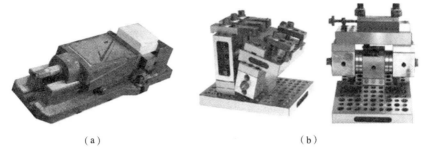

图 4.3.6 平口虎钳及组合夹具装夹工件示意图
(a) 通用夹具-平口钳夹持工件；(b) 组合夹具夹持工件

进给路线的确定。进给路线的确定应能保证零件的加工精度和表面粗糙度要求的前提下，使走刀路线最短，尽量减少空行程，提高加工效率；应使数值计算简单，程序段数量少，以减少编程工作量。铣削平面类零件外轮廓时，尽量采用立铣刀侧刃进行切削。为减少接刀痕迹，保证零件表面质量，需补充对刀具的切入和切出程序；铣刀的切入和切出点应沿零件轮廓曲线的延长线上切入和切出零件表面，保证零件轮廓光滑。铣削曲面类零件时，由于型面复杂，需用多坐标联动加工。如果工件存在加工盲区，须考虑采用四坐标或五坐标联动的机床。

(4) 坐标系统的设定。

① 机床坐标系。有关数控铣床坐标轴方向的确定已在前面章节中说明，厂家一般会确定固定的位置，是加工的位置基准。通常机床加电后，需要返回机床坐标系零点。

② 工件坐标系。用于数控铣削加工的程序和坐标数据一般建立在工件坐标系上。如图 4.3.7 所示，工件坐标系的各坐标轴方向和机床坐标系一致，两者一般不重合。加工之前，工件毛坯经过定位夹紧以后，需确定与其相关联的工件坐标系零点在机床坐标系下的确定位置，数控系统才能按照程序的内容，驱动各坐标轴在工件坐标系中进行移动，完成切削过程。

③ 工件坐标系的确定方法。常用 G92 指令或使用 MDI(手动数据输入)的方法进行工件坐标系的确定。

用 G92 方法确定工件坐标时，在程序中，用 G92 代码指定当前的位置在工件坐标系下的坐标，如图 4.3.8 所示。

使用 MDI(手动数据输入)确定工件坐标，当工件尺寸很多且具有多个不同的标注基准时，可将工件坐标系在机床坐标系下的偏置值用 G54～G59 指令来预置。一旦程序执行到 G54～G59 指令，则该工件坐标系原点即为当前程序零点，如图 4.3.9 所示。操作步骤如下。

● 通过对刀确定工件坐标系 1 零点在机床坐标系的坐标；

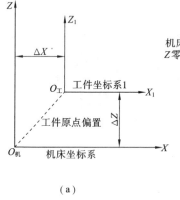

图 4.3.7 数控铣削机床坐标系与工件坐标系示意图
(a) X-Z 坐标系偏置;(b) X-Y-Z 坐标系偏置

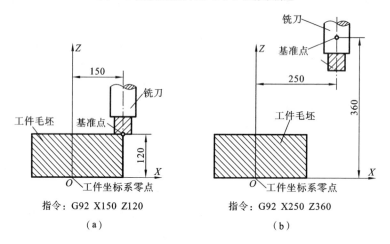

图 4.3.8 使用 G92 设置工件坐标系示意图
(a) 以刀尖为基准点的设置;(b) 以其他指定点为基准点的设置

● 使用 MDI 方式,坐标设置在数控系统 G54 工件坐标系;

● 编写程序时调用工件坐标系指令,例:G00 G54 G90 X150 Z180;(快速定位到点 A)。

④ 对刀基本过程。数控铣削对刀内容包括:基准刀具(或对刀测头)的对刀和其他各刀具相对基准刀偏差的数值测定两个部分。对刀前,先从零件加工所用到的刀具中选取一把作为基准刀具,进行对刀操作;再分别测出其他各刀具与基准刀具刀位点的长度、直径偏差值。如果零件加工仅需一把刀具,则只对该刀具进行对刀操作即可。简要操作步骤如下:

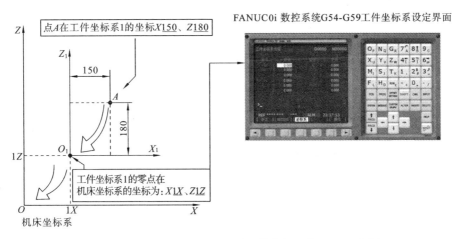

图 4.3.9 使用 G54～G59 设置工件坐标系及 MDI 示意图

- 在 X-Y 平面,用对刀测头分别沿 X-Y 方向得到并计算点 A 在机床坐标系的坐标;
- 要 Z 方向,用基准刀具沿 Z 方向得到点 A 在机床坐标系的坐标;
- MDI 方式,将工件坐标系零点 A 在机床坐标系的坐标在工件坐标系设定界面输入。

X、Y 方向对刀。如图 4.3.10 所示,装夹工件之前,找正工件侧面与 X、Y 轴

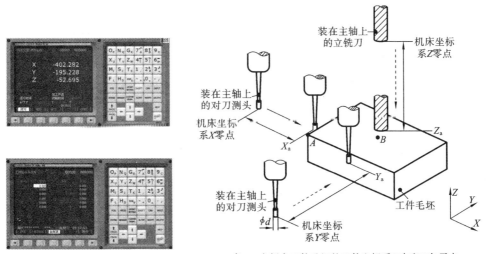

点 A—本例中工件毛坯的工件坐标系 X 向和 Y 向零点
点 B—常见的工件毛坯的工件坐标系 Z 向零点

图 4.3.10 采用对刀进行工件坐标系设定的简要步骤及示意图

平行(或者装夹以后再加工出侧面)。以工件相互垂直的基准边线的交点 A 作为工件坐标系 X-Y 的零点,即 X、Y 轴对刀点。使用对刀测头(基准刀具或者寻边器)分别沿 X-Y 方向对刀,使测头接触工件毛坯的左侧面和前侧面(使用塞尺或者目测等方法),分别记下测头在机床坐标系中的 X 坐标 X_a 和 Y 坐标 Y_a(X_a 和 Y_a 通常为负值),由对刀测头的直径为 d 可知,点 A 处的坐标应为 ($X_a - d/2$, $Y_a - d/2$);

Z 向对刀。当对刀测头(即主轴中心)在完成 X、Y 方向上的对刀后,可换上基准刀具,刀具移动到工件毛坯顶面,记下机床坐标系中的 Z 坐标 Z_a,原理与对刀测头相同。

工件坐标系零点 A 在机床坐标系中的坐标应为($X_a - d/2, Y_a - d/2, Z_a$),采用 MDI 方式,将坐标输入到 G54~G59 的工件坐标系中,从而建立数控铣削加工的工件坐标系与机床坐标系的准确位置关系。

(5) 刀具半径补偿、长度偏置以及刀具调用。

① 刀具半径补偿指令(G40、G41、G42)。平面轮廓的数控铣削编程,如图 4.3.7 所示,一般以工件轮廓为编程依据,实际刀具运动轨迹相对工件轮廓有一个偏移量(即刀具半径)。

如图 4.3.11(a)所示,沿着刀具前进的方向观察,刀具在工件轮廓的左侧,使用 G41 指令,刀具半径左补偿;反之,使用 G42 指令;利用刀具半径补偿功能,数控系统能根据补偿方向指令和补偿数值,计算出实际刀具中心轨迹,实现以工件轮廓编程,使用半径补偿功能,方便地加工出零件轮廓。取消刀具半径补偿,使用 G40,即取消 G41、G42 指令所产生的半径补偿。

② 刀具长度偏置指令(G43,G44,G49)。如图 4.3.12(a)所示,在多把刀具加工时,所选用的刀具长度不同,为便于统一定位基准,非基准刀就必须根据其与基准刀的长度差值使用相应的刀具长度偏置功能。因此,刀具长度偏置用于刀具轴向的长度补偿,使相应的刀具在 Z 方向的实际位移量大于或小于数控程序中的给定值,与实际刀具长度和移动距离一致。

偏置方向和刀具沿 Z 轴移动的坐标值,由 G43/G44 代码和由 H 代码设定的偏置量(刀具长度)确定。使用 G43 时,与程序给定移动量的代数值做加法,使用 G44 时做减法,从而得到实际的移动的终点坐标,G43 称为正偏置,G44 称为负偏置,G49 偏置取消。

例如:H1:刀具长度偏置值 30; G90 G43 Z100 H1;(Z 将移动到 130.0)

如图 4.3.12(b)所示,数控铣削对刀通常使用对刀仪进行,测量并记录每一把刀

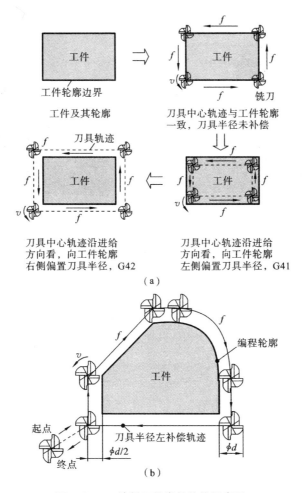

图 4.3.11 铣削刀具半径补偿示意图

(a) 刀具半径补偿示意图；(b) 刀具半径左补偿实例图

具刀位点到基准 X（直径方向）及 Z（轴线方向）的数据，完成准确测量后，再将所测刀具装上机床主轴或按刀具卡片的要求，将刀具安装到刀库指定位置，将刀具参数输入相应刀具补偿号。

③ 刀具的调用。数控铣削加工的刀具调用指令，如 M06 T××。M06 表示自动换刀的指令，T 指令后跟的两位数字，表示所选择机床上的刀具号码，执行 M06 T××指令，刀库转动到该位置后，完成换刀动作。加工中心和数控铣床编程的一个不同之处是，加工中心具有刀库，从而具备 M06 和 T×× 进行自动换刀的功能。

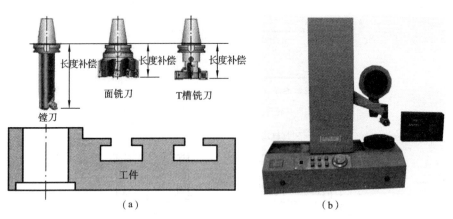

图 4.3.12 铣削刀具长度补偿
(a)刀具长度补偿示意图;(b)光学式对刀仪示意图

【提示】 换刀的方法根据批量等情况决定,一般批量在 10 件以上,采用自动换刀为宜。对加工用的第一把刀具,可考虑作为基准刀。自动换刀应留出足够的换刀空间,要注意避免发生撞刀事故。为提高机床利用率,尽量采用刀具机外预调,并将测量尺寸填写到刀具卡片中,以便操作者在运行程序前,及时修改刀具补偿参数。

4.3.2 数控铣削手工编程

数控手工铣削编程是自动编程的基础,内容包含对加工对象的工艺分析、程序代码的正确描述等环节。与数控车削手工编程的过程与方法相似,但坐标系和主运动、进给运动不同。

例如图 4.3.13 所示的板件,要求铣削出如图 4.3.13(a)所示粗实线的外形轮廓。

(1)工艺分析:铣削时以其底面和 $2\times\phi10$ 的孔定位,从 $\phi60$ mm 孔对工件进行定位并压紧。

(2)加工路线:如图 4.3.13(b)所示,工件坐标系零点建立在 X—Y 平面的点 A,Z 向建立在工件的顶平面处。选择使用 $\phi10$ mm 铣刀从对刀点(起点),沿 Z 负向定位到 $Z-16$,经过刀具半径左补偿,沿 X-Y 方向插补,经外轮廓点 B、C、D、E、F、G、H、A、B,返回对刀点(终点),沿 Z 向撤回到 $Z40$。

如图 4.3.13(a)所示的外轮廓数控铣削程序及注释见表 4.3.2。

【提示】 注意刀具半径补偿与方向;如果还有孔的钻削等加工内容,请参考数控系统的编程手册,根据加工工艺,按照手工编程的要求,进行程序的编写。

表 4.3.2 外轮廓铣削程序一览表

程 序 内 容	含 义
O0001	数控程序号 O0001
N01 G92 X-25.0 Y10.0 Z40.0	当前点 S 设置为工件坐标系 X-25.0,Y10.0,Z40.0
N02 G90 G00 Z-16.0 S300 M03	主轴每分钟 300 转,正转,刀具快移到 Z-16.0
N03 G01 G41 X0 Y40.0 D01 F100 M08	冷却液开,刀具调用 D01,左补偿,直线插补移动到点 B
N04 X14.96 Y70.0	直线插补移动到点 C
N05 X43.54	直线插补移动到点 D
N06 G02 X-102.0 Y64.0 R20.0	顺时针圆弧插补移动到点 E
N07 G03 X-150.0 Y40.0 R30	逆时针圆弧插补移动到点 F
N08 G01 X170.0	直线插补移动到点 G
N09 Y0	直线插补移动到点 H
N10 X0	直线插补移动到点 A
N11 Y40.0	直线插补移动到点 B
N12 G00 G40 X-25.0 Y10.0 M09	冷却液关闭,刀具快速定位终点的过程中,执行半径补偿取消
N13 Z40.0	刀具快速移动撤回到 Z40
N14 M05	主轴停转
N15 M30	数控程序结束

4.3.3 数控铣削自动编程

在实际的数控铣削加工中,大多采用 CAD/CAM 集成的自动编程软件进行数控编程,按照零件加工工艺内容,生成符合数控系统要求的数控程序以后,传输到数控铣床或加工中心,准备相应的刀具、工件、夹具,开展数控加工工作。

常见的 CAD/CAM 集成的数控加工编程软件,如:MasterCAM、UG NX、CATIA、Cimatron E 等软件,其功能和用法有所不同,编程过程基本相似,需要根据需求进行学习与实践。

1. MasterCAM 数控编程简述

MasterCAM 软件具有 CAD/CAM 等模块,在其 CAM 模块中,提供多种类型的加工方法,用于各种表面形状零件的粗加工、半精加工和精加工,在可视化功能下,进行刀具运动轨迹及加工过程的模拟。

2. 数控铣削编程的一般步骤

(1) 分析加工零件。确定待加工表面及其约束面并进行分析,根据零件毛坯形状以及待加工表面及其约束面的几何形态,结合现有机床设备情况,在零件毛坯上

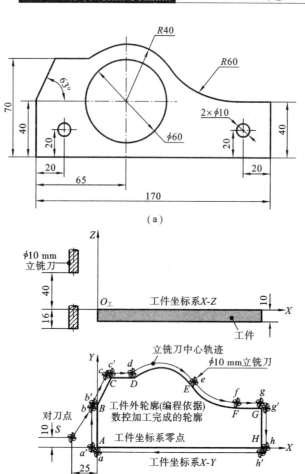

图 4.3.13　平板外轮廓及铣刀轨迹示意图
(a) 零件图；(b) 外轮廓铣削刀具轨迹示意图

选择合适编程坐标系(工件坐标系)。

(2) 对加工表面及其约束面进行几何造型，或者从 CAM 软件的外部导入零件的 CAD 模型。

(3) 确定工艺步骤并选择合适的刀具。分析加工表面及其约束面的要求，选择并确定合适的刀具类型和尺寸，根据刀具和工件的材料，查询加工工艺手册，正确选择切削用量。

(4) 刀具路径生成、编辑及验证。用 CAM 软件，生成刀具数控铣削的加工路径，并进行验证，对可能过切、干涉与碰撞的刀位点，进行修改，一直到满足加工要求为止。

(5) 后置处理。根据数控机床所配备的数控系统,选择并运行相应的后处理程序,将刀位源文件转换成代码格式的数控加工程序,获得描述数控铣削过程的数控指令与坐标的集合。

3. 编程实例

要求使用数控铣床加工出如图 4.3.14(a)所示的零件(底面和四周表面已加工出来)。

(1) 工艺分析 如图 4.3.14(a)、(b)所示,加工内容包含面、孔、槽、薄壁的加工,采用平口钳对工件进行定位压紧,对加工要素采取"从顶面逐层向下分层加工;由外部向中心逐步加工"的策略,依次安排加工内容,选择相应的加工刀具。

(2) 加工路线:如图 4.3.14(c)所示,先铣削出 A 所指向的底面和外侧面,接着

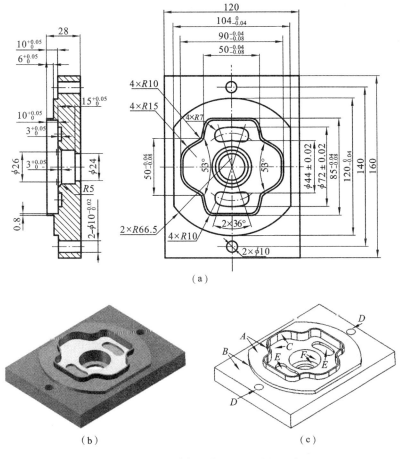

图 4.3.14 数控铣削零件及工艺分析示意图
(a) 零件图;(b) 工件立体效果图;(c) 工艺分析示意图

铣削出 B 所指向的底面和外侧面，然后铣削出 C 所指向的底面和内侧面，再对 D 指向的两个内孔分别钻中心孔和钻孔，然后铣削出 E 所指向的两处腰型槽，最后铣削出 F 指向的中心孔及底面及 R5 圆弧回转面。

（3）选择并确定加工刀具及材料。根据切削工艺手册，按照切削刀具和工件材料选择相应的切削参数，将切削速度经计算转化为转速，结合如表 4.3.3 所示的加工步骤进行加工。

表 4.3.3 数控铣削加工工艺简表

工步号	工步内容	刀具号	刀具规格	主轴转速 (r/min)	进给速度 (mm/min)	背吃刀量 /mm	备注
1	粗精铣 A 所指向的外轮廓与底面	T01	φ20 mm 立铣刀	1200	200	2	轮廓铣，分层铣削
2	粗精铣 B 所指向的外轮廓与底面	T01	φ20 mm 立铣刀	1200	300	2	轮廓铣，分层铣削
3	粗精铣 C 所指向的内轮廓与底面	T01	φ20 mm 立铣刀	1200	300	1.5	轮廓铣，分层铣削
4	钻 D 指向的 2 处中心孔及 φ24 中心孔	T02	φ3 mm 中心钻	1500	60	1.5	
5	钻 D 指向的 2 个孔	T03	φ10 mm 钻头	700	100	5	啄钻
6	粗精铣 E 所指向的 2 处腰型槽	T04	φ10 mm 立铣刀	650	60	1	轮廓铣，分层铣削
7	粗精铣 F 所指向的孔	T01	φ20 mm 立铣刀	1200	300	2	可根据条件，选择镗削加工
8	粗精铣 F 所指向的孔	T01	φ20 mm 立铣刀	1200	300	2	
9	铣削 R5 圆角曲面	T05	φ10R5 球头铣刀	800	200	0.5	曲面铣削

（4）自动编程。在 CAM 软件中绘制或者通过 CAD 文件的格式转换读取图形。如图 4.3.15 所示，分析零件图，为便于对刀加工，选择工件坐标系零点（X-Y 的零点在顶面中心，Z 向的零点在工件顶面）。毛坯的大小 160 mm×120 mm×28 mm，底面和四周在进行数控加工前已加工到尺寸。

表 4.3.3 所列的加工内容，可以分为如图 4.3.16 所示的挖槽铣削（表 4.3.3 中的工步 1、2、3、6、7、8、9）和钻中心孔、底孔（表 4.3.3 中的工步 4、5）两种典型的加工方法。

① 粗精铣 A 所指向的外侧面与底面。如图 4.3.17 所示，按 Z 向切削深度，完

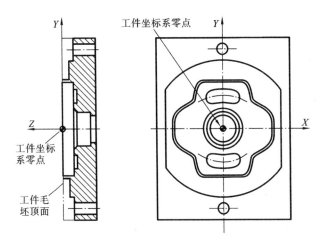

图 4.3.15 数控铣削工件坐标系示意图

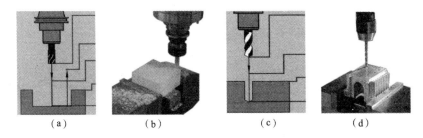

图 4.3.16 数控铣削、钻削示意图
(a) 铣削自动编程示意图;(b) 铣削实际加工图;
(c) 钻削自动编程示意图;(d) 钻削实际加工图

成边界 1 和 2 之间的区域铣削。

② 粗精铣 B 所指向的外侧面与底面。如图 4.3.18 所示,在上一步的基础上,从工件顶面沿 Z 负向进行加工,从 $Z-6$ 到 $Z-10$,在 X-Y 平面,完成边界 1 和 2 之间的区域铣削。

③ 粗精铣 C 所指向的内侧面与底面。如图 4.3.19 所示,铣削出边界 1 定义的区域。注意:所选刀具半径需小于或等于轮廓圆角半径。

④ 分别钻出 D 指向的 2 处孔。如图 4.3.20 所示,分别使用中心钻和钻头进行钻孔。

⑤ 粗精铣 E 所指向的 2 处腰形槽。如图 4.3.21 所示,铣削边界 1、2 所定义的区域,注意:所选刀具半径需小于或等于轮廓圆角半径。

⑥ 粗精铣 F 所指向的孔。如图 4.3.22 所示,粗精铣 F 所指向区域的孔加工。此外,对于孔加工,数控铣床上也可采用先钻削,再镗削(需要相应的镗刀)的工艺方

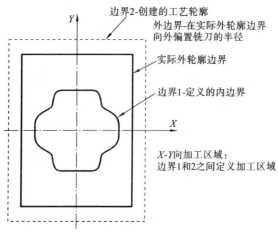

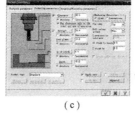
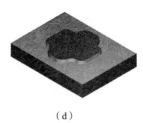

图 4.3.17 数控铣削加工区域及主要步骤示意图
(a)切削区域定义与选择;(b)定义与选择刀具;
(c)铣削参数设置;(d)铣削仿真结果

法进行。

⑦ 铣削 R5 圆角曲面。如图 4.3.23 所示,用球头铣刀分层铣削加工 R5 圆角曲面,也可定义曲面或成形铣刀进行相应的加工。按照表 4.3.3 制定的加工工艺路线,本步骤的加工完成后,零件全部的数控铣削加工内容完成,仿真结果如图 4.3.23 (e)所示。

不同的数控加工对象与内容,是在数控加工工艺的基础上,由技术人员来开展数控加工编程与加工的工作。如图 4.3.24 所示,各类平面、曲面和实体的不同形状与轮廓,可以参考图 4.3.14 所示的加工零件及其加工过程,结合待加工对象的特点与要求,进行相应的数控加工工艺制订和数控编程与加工。有关 CAM 软件进行数控编程的具体使用方法,限于篇幅,不作详细介绍,建议根据数控铣削实践教学安排或相应的参考书进行相应的学习。

【总结】 数控加工自动编程,在数控加工工艺的基础上,结合加工内容和精度

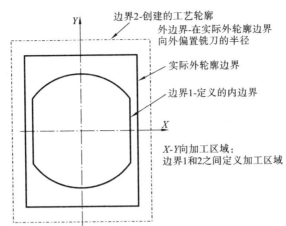

图 4.3.18 数控铣削加工区域及主要步骤示意图

(a) 切削区域定义与选择;(b) 选择刀具;(c) 铣削参数设置页面1;
(d) 铣削参数设置页面2;(e) 计算出的刀具铣削轨迹;(f) 铣削仿真模拟过程;(g) 铣削仿真模拟结果

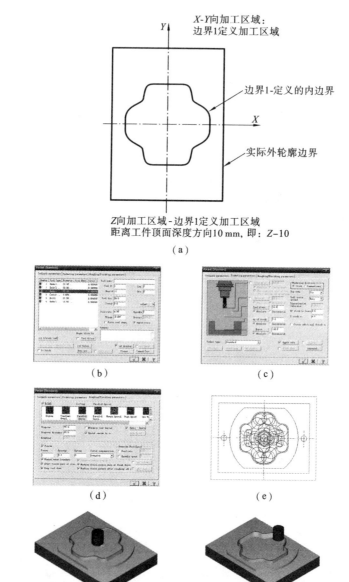

图 4.3.19 数控铣削加工区域及主要步骤示意图

(a) 切削区域定义与选择；(b) 选择刀具；(c) 铣削参数设置页面 1；
(d) 铣削参数设置页面 2；(e) 计算出的刀具铣削轨迹；(f) 铣削仿真模拟过程；(g) 铣削仿真模拟结果

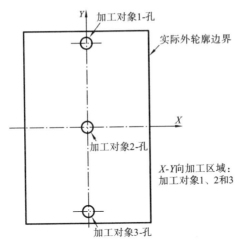

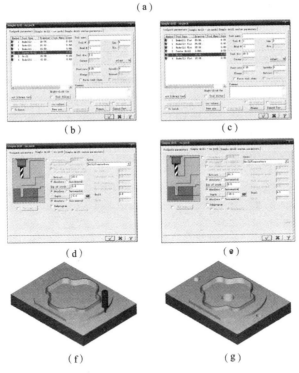

图 4.3.20 数控钻削加工区域及主要步骤示意图

(a) 切削区域定义与选择;(b) 选择中心钻;(c) 选择钻头;
(d) 中心钻钻削参数设置;(e) 钻头钻削参数设置;(f) 中心钻钻削仿真;(g) 钻削仿真结果

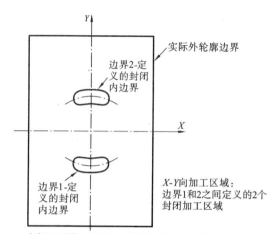

图 4.3.21 数控铣削加工区域及主要步骤示意图

(a)切削区域定义与选择;(b)选择刀具;(c)铣削参数设置页面1;
(d)铣削参数设置页面2;(e)计算的刀具铣削轨迹;(f)铣削仿真模拟过程;(g)铣削仿真模拟结果

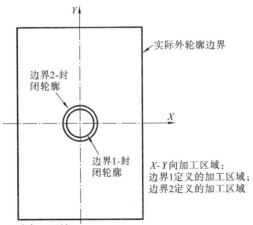

图 4.3.22 数控铣削加工区域及主要步骤示意图

(a) 切削区域定义与选择;(b) 选择刀具;(c) 铣削参数设置页面;
(d) 计算的刀具铣削轨迹 1;(e) 计算的刀具铣削轨迹 2;(f) 铣削仿真模拟结果;(g) 铣削仿真模拟结果

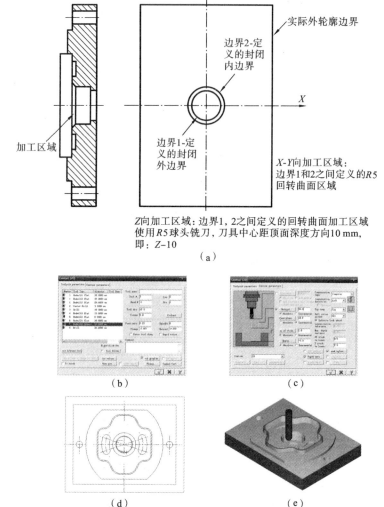

图 4.3.23 数控铣削加工区域及主要步骤示意图
(a) 切削区域定义与选择；(b) 选择刀具；(c) 铣削参数设置；
(d) 计算的刀具铣削轨迹；(e) 铣削仿真模拟结果

要求，选择相应的加工方法和检测量具，在软件中分步骤定义加工内容，设置相应的加工参数，并生成加工轨迹。通常，结合软件的可视化仿真功能，对加工轨迹进行相应的检查与修改，能有效发现存在的问题，加以修改，提高效率。

（5）后置处理。通常数控系统接受相应格式的数控程序，使用数控编程软件，产生符合要求的数控加工刀具轨迹（即计算出刀具在坐标系下的运动数据等信息），大

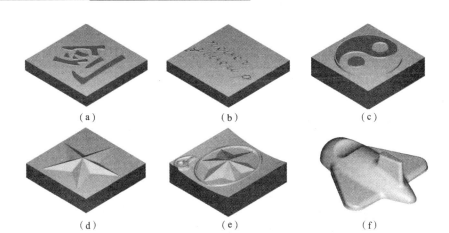

图 4.3.24 典型数控铣削实习零件-自动编程仿真结果示意图
(a) 2D-中文文字铣削仿真;(b) 2D-英文文字铣削仿真;(c) 2D-图形图案铣削仿真;
(d) 3D-直纹面铣削仿真;(e) 3D-曲面铣削仿真;(f) 3D-实体铣削仿真

部分数控系统并不能直接接受刀具轨迹的信息。因此,在进行数控铣削加工之前,需要将刀具轨迹处理(或编译)成为数控系统能够识别的数控程序,此过程称为数控程序的后置处理。

后置处理所产生的数控程序(格式在数控车削一节中有介绍),主要步骤如图 4.3.25 所示,不同厂家生产的数控系统需要相应的后置处理模块支持,采用数控加工自动编程的方法,可在数控编程软件的后置处理环节进行选择或定制(如五轴或特殊的数控机床)。

图 4.3.25 数控铣削后置处理框架示意图

在完成数控加工程序编程之后,可通过数控加工仿真,来检查数控加工程序及过程的正确性,使用网络接口、存储卡、串行通信接口 RS-232、键盘输入(适合程序短小的情况)等方式将程序存放到数控机床的存储器。

4.3.4 数控铣削仿真与实例

1. 数控铣削加工仿真综述

在数控加工编程软件中,通常包含验证数控加工程序:轨迹与切削效果的仿真功能,用于检查加工轨迹的合理性与正确性,属于数控加工轨迹的验证。与数控车削加工仿真相似,实际的数控铣削加工还包括夹具位置、安全平面、加工干涉过切检查等内容。因此,通过基于数控铣削机床整机的数控铣削过程仿真,能更为直观、全面地检查数控加工工艺的合理性、加工程序正确性及夹具安装、坐标系对刀、加工过切、干涉等加工过程中可能出现的问题,能按照加工步骤进行仿真,与实际加工的过程更为接近,在复杂零件的多轴数控加工中有广泛应用。

2. 数控铣削仿真的主要步骤

数控铣削仿真的操作步骤与数控车削的仿真步骤基本相同,其流程见图4.2.11,由于车削与铣削加工方法有所不同,数控铣削在工件坐标系的建立及对刀等环节与数控车削有区别。

3. 数控仿真实例

对如图4.3.14所示的零件,在数控铣床或加工中心进行加工。采用数控铣削加工仿真软件检查整个数控加工的环节,其主要过程有:在确定了工件毛坯几何信息、装夹方式的基础上,结合数控加工工艺的内容,选择相应的刀具进行安装和对刀,确定工件坐标系,输入数控铣削加工程序,经检查调试后,由数控系统自动运行数控程序,完成加工过程。

如图4.3.26所示,在虚拟数控铣削加工中心的工作台上,采用平口钳装夹工件毛坯;通过对刀,建立工件坐标系;在编辑状态下,将程序加载到数控系统的存储器中;如图4.3.26(a)、(b)所示,在自动运行方式下,进行铣削加工过程的细节检查。

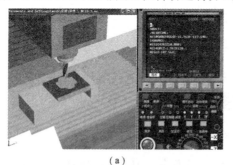

(a)   (b)

图4.3.26 自动运行加工程序

(a) 自动运行加工程序;(b) 数控铣削仿真过程

如图 4.3.27 所示，数控铣削零件的 CAD 模型，经过 CAM 编程与仿真，或者整机的数控铣削仿真得到正确的结果，为正确、快速地加工出合格零件提供有力的支持和效率的保证。

图 4.3.27 典型数控铣削零件 CAD 模型、仿真与实物图

(a) CAD 模型；(b) CAM 软件编程及仿真；(c) 在仿真软件中进行整机仿真；(d) 实际数控铣削加工的零件

【提示】 在使用数控加工仿真的软件时，需要选择数控系统的类型和机床制造厂家，编程与操作步骤查询相应的操作手册。

4.3.5 数控铣削加工实践

1. 数控铣削加工的一般步骤

实际的数控加工过程与数控仿真的步骤基本一致，操作前，需认真阅读数控机床的操作说明书和数控系统编程说明书，根据数控机床的具体操作要求，认真细致地进行实践。

2. 加工中心(数控铣床)简介

加工中心(数控铣床)种类很多，型号各异，如图 4.3.28 所示为 VMC600 立式加工中心，它采用立式主轴，十字形床鞍工作台布局，可以完成铣、镗、钻、铰、攻丝等多种工序的加工。主运动采用主轴电动机，同步齿形带传动，主轴无级调速，X、Y、Z

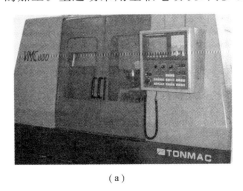
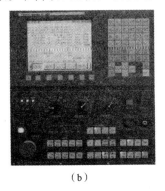

(a) (b)

图 4.3.28 VMC600 立式铣削加工中心外观及数控系统界面

(a) VMC600 加工中心外形图；(b) FANUC 0i MC 数控系统外观图

三向导轨采用铸铁淬硬后精磨,配合面贴塑,三个方向的运动由伺服电动机驱动、滚珠丝杠传动实现。

VMC600立式加工中心基本参数见表4.3.4。

表 4.3.4　VMC600加工中心主要参数一览表

序号	项目	参数	序号	项目	参数
1	工作台面积	400 mm×800 mm	8	主轴转速范围	80～8000 r/min
2	工作台允许最大承重	500 kg	9	主轴孔锥度	BT40#(7∶24)
3	工作台纵向行程(X轴)	600 mm	10	刀库容量	16 把
4	工作台纵向行程(Y轴)	410 mm	11	分辨率	0.001 mm
5	垂向行程(Z轴)	510 mm	12	重复定位精度	0.016 mm
6	X轴/Z轴进给速度	1～5 000 mm/min	13	主轴电动机	5.5 / 7.5 kW
7	X轴/Z轴快速进给	15 m /min	14	机床质量	4500 kg

VMC600立式加工中心配备的FANUC-0i MC具有手动(机械回零)、编辑、自动、录入、单步、手轮等操作方式。具体的数控铣削加工实习,需预先参考机床的操作说明书或者根据教师的讲解,熟悉数控铣削系统的使用方法,在手工编制数控车削加工程序的基础上,参考数控仿真软件的操作步骤,在实践现场按照操作步骤,进行数控铣削加工,主要步骤如图4.3.29所示。

(a)　　　　　　(b)　　　　　　(c)　　　　　　(d)

图 4.3.29　数控铣削的主要步骤及典型加工零件

(a)装夹工件;(b)对刀操作;(c)自动运行程序,加工;(d)典型实习加工零件(部分)

复习思考题

1. 数控铣床有哪些种类?各有何特点?主要加工对象有哪些?
2. 数控铣削零件的零件图工艺分析包括哪些内容?数控铣削加工工序安排有何原则?
3. 如何选用数控铣刀的种类和尺寸?加工时,立铣刀和球头铣刀有何特点与区别?

4. 数控铣削的刀具半径补偿一般在什么情况下使用,如何进行?
5. 选择两种不同数控铣削系统,查找机床数控系统说明书,按照其操作面板上功能按键,解释其含义及用法?
6. 结合实际实习环境,现场论述实习所使用的数控铣床的加工操作步骤,解释工件坐标系建立方法与步骤,阐述并实现数控程序传输到数控系统的方法。
7. 数控自动编程有何特点?国内外有哪些常用 CAM 软件,查找并了解其中的一个 CAM 软件,就其功能进行附图说明。
8. 结合实习内容,查找资料,结合实例阐述数控铣削加工的趋势与特点。
9. 如图 4.3.30 所示,使用手工编程,按照 ISO 数控代码的格式要求,完成轮廓 1 和轮廓 2 数控铣削加工程序编写练习。

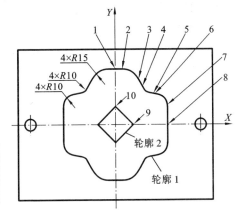

图 4.3.30 数控铣削手工编程零件示意图

各点坐标一览表

端点序号	X	Y
10	0	14.142
9	14.142	0
8	42.5	0
7	42.5	15
6	32.5	25
5	31.18	25
4	22.236	30.528
3	19.146	36.708
2	5.729	45
1	0	45

(1) 编写点 1 至点 8 所形成的封闭轮廓(包含其他三个象限)边界的内轮廓铣削程序 1;
(2) 编写点 9 至点 10 所形成的封闭轮廓(包含其他三条线段)边界的外轮廓铣削程序 2;
(3) 注意程序的完整性,正确选择铣刀半径,使用铣刀进行半径补偿(注意补偿方向);
(4) 可以用数控铣削仿真软件进行模拟。
10. 如图 4.3.31 所示,使用 CAM 软件,按照形状要求,编制数控加工工艺,按照工艺内容,进行数控编程,仿真得出与图 4.3.31 一致的几何形状;并生成相应的数控程序。
11. 使用数控铣削仿真软件,结合所产生的数控程序,按照数控加工的步骤,整机仿真出与图 4.3.31 一致的几何形状,生成数控仿真报告。
12. 如图 4.3.32 所示,进行三维 CAD 造型、CAM 编程和数控加工仿真。

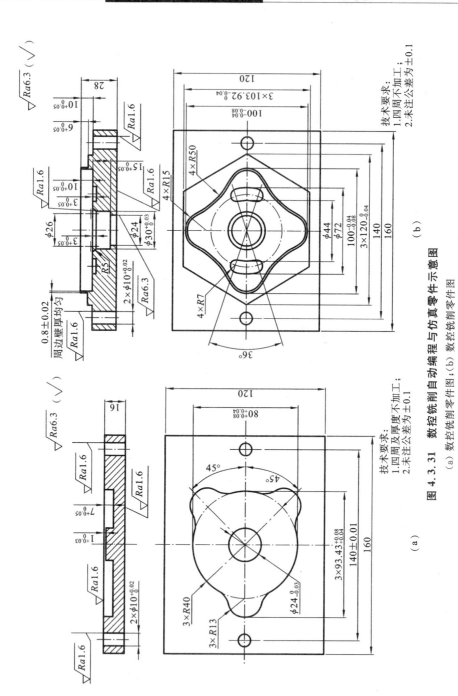

图 4.3.31 数控铣削自动编程与仿真零件示意图
(a) 数控铣削零件图；(b) 数控铣削零件图

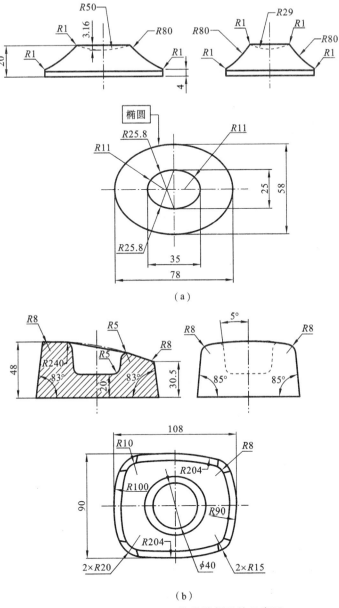

图 4.3.32 CAD-CAM 数控铣削零件示意图
(a) 数控铣削零件图；(b) 数控铣削零件图

4.4 快速成形加工

☆ **学习目标和要求**

- 了解 CAD、CAE、CAM、RPT 的意义,了解相关软件及其实现方法。
- 初步掌握一种三维建模软件(如 SolidWorks)的基本功能(如拉伸、旋转、扫描、放样等)。
- 了解快速成形技术的基本原理与工作过程。
- 了解快速成形主要的工艺方法。
- 了解熔融挤压成形的工艺过程。
- 以 SolidWorks 和 MEM 快速成形为对象,了解 CAD/CAM 的全过程。
- 了解快速成形技术的应用范围与发展方向。

☆ **安全操作规程**

1. 遵守计算机房的各项规章制度

- 上机学员要爱惜机房的用具,讲究机房卫生,不得在计算机中装与教学、生产、管理无关的软件,不得随意拆卸计算机,变更计算机配置,移动计算机的位置。
- 不得在机房做与学习无关的事情。
- 保持计算机房的安静,不得在计算机房大声喧哗、打闹。
- 不得将无关人员带入计算机房。
- 按照指导老师要求使用计算机,不得随意拷入或拷出文件,遵守各级各项计算机保密规定。
- 计算机使用完毕需如实填写设备使用登记本,若有问题及时向指导教师汇报。

2. 遵守快速成形机的安全操作规程

- 原材料需保持干燥,不能因潮湿而影响快速成形性能。
- 开机前检查电源线、网线,确保连接良好。
- 加工操作前仔细校平工作台面,确保喷头与台面平行。
- 合上电源后要检查面板上的按钮,确保全部处于工作状态。
- 加工前要设置好恰当的工艺参数,确保设备运行平稳。
- 加工前要仔细进行对高操作,确保喷头与台面保持适当间距。
- 任何时候都要保持喷头清洁与畅通,不可与工作台相碰。

- 加工前要调定好运丝的拉力,确保喷头所喷出丝的质量。
- 加工结束后,需保温 15~20 min 方可取出工件。

☆ 学习方法

先集中讲授,再到生产现场进行参观,然后在机房上机。通过讲授、指导、自由练习等方法,让参训人员了解相关 CAD 软件的使用;参训人员按照要求自行设计零件或产品,将设计的零件或产品输入快速成形机床,完成模型相关处理,模拟加工后再完成实物的加工。后阶段安排观看教学视频。

要求参训人员独立完成至少一个零件或产品的设计与快速成形制造工作。

4.4.1 快速成形加工原理与过程

1. 快速成形的基本原理

快速成形技术(rapid prototyping technique,RPT)是以三维数据模型为基础,将三维模型切分为一系列二维平面,又按照一定的顺序沉积或固化出物理实体的过程。快速成形技术是将计算机辅助设计(CAD)、计算机辅助制造(CAM)、计算机控制(CNC)、精密伺服驱动、激光和材料科学等先进技术集于一体的新技术。

任何三维实体都可以看作是许多等(或不等)厚度的二维平面轮廓沿某一坐标方向叠加而成的。这样,用分层切片的方法可将三维 CAD 模型切分成一系列二维几何信息,得到各层截面的轮廓,按照这些轮廓,激光束可选择性地切割一层层的纸,或固化一层层的液态树脂,或烧结一层层的粉末材料,或喷射一层层的黏结剂和热熔材料等,形成各截面轮廓,并逐层叠加成三维产品。

"分层制造,逐层叠加"是各种不同类型的快速成形的基本原理。快速成形技术彻底摆脱了传统加工完全依靠"去除"的加工方法,采用全新的"增长"法加工,将复杂的三维零件分解成简单的二维加工的组合,使复杂零件,特别是复杂曲面零件的加工变得更加方便和快捷。

2. 快速成形的工艺过程

1) 三维模型构造

由于 RP 系统一般只接受计算机构造的产品的三维模型,然后才能进行切片处理,因此首先应在计算机上用 CAD 软件(如 Pro/Engineer、SolidWorks 等),根据产品要求设计三维模型;或通过扫描机对已有的产品实体进行扫描,得到三维模型,即反求工程的三维重构。

2) 三维模型的近似处理

由于产品上往往有一些不规则的自由曲面,加工前要对其进行近似处理。最常用的方法是用一系列小三角形平面来逼近自由曲面。每个小三角形用三个顶点坐标和一个法向量来描述。经过上述近似处理的三维模型称为 STL 模型。

3）三维模型的切片处理

由于 RP 工艺是按一层层截面轮廓来进行加工的，因此加工前必须从三维模型上沿成形高度方向每隔一定的层高进行切片处理，以便提取截面的轮廓。

4）截面加工

根据切片处理的截面轮廓，在计算机控制下，RP 系统中的激光扫描头或喷头在 X-Y 平面内自动按截面轮廓进行扫描、切割或固化材料，得到一层层截面。

5）截面叠加

一层截面成形之后，下一层材料被送至待成形层面，然后进行后一层截面的成形，并与前一层截面黏结，从而将一层层的截面逐步叠合在一起，最终形成三维产品。

6）后处理

从成形机中取出成形件，进行打磨、涂覆，进一步提高其强度。快速成形完整的工艺过程如图 4.4.1 所示。

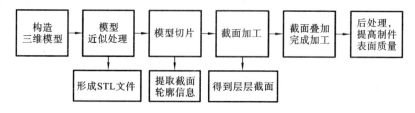

图 4.4.1　快速成形的工艺过程

3. 快速成形的特点

快速成形技术的出现，开辟了不用刀具、模具来制作原型和各类零件的新途径。从理论上讲，快速成形可以制造任意复杂形状的零件，原材料的利用率很高。目前在工业应用中，快速成形的精度可达到 0.01 mm 以上；速度为数小时至数十小时一件。快速成形技术的出现，创立了产品开发研究的新模式，使设计师以前所未有的直观方式体会设计的感觉并迅速得到验证，检查所设计产品的结构、外形，从而使设计、制造工作进入了一个全新的境界。快速成形加工的典型运用如图 4.4.2 所示。

快速成形制造技术有以下特点。

1）快速制造

快速成形制造技术是并行工程中进行复杂原型和零件制作的有效手段。从产品 CAD 或从实体反求获得数据到制成原型，一般只需要几小时至几十小时。新技术改善了设计过程中的人机交流，使产品设计和模具生产并行，从而缩短了产品设计、开发的周期，加快了产品更新换代的速度，大大地降低了新产品的开发成本和企业研制新产品的风险。

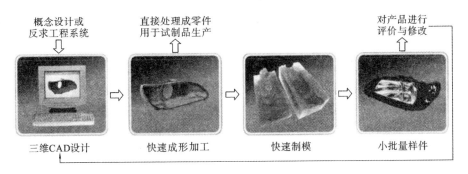

图 4.4.2　快速成形加工的典型运用

2）技术高度集成

快速成形制造技术是计算机技术、数据采集与处理技术、材料工程、激光技术与控制技术的综合体现。只有高新技术的迅速发展,才可能使 CAD 和 CAM 很好地结合,实现设计与制造一体化。

3）自由成形制造

自由成形的含义有两个:一是指可以根据原型或零件的形状,无需使用工具、模具而自由地成形,由此大大缩短新产品的试制时间并节省工具或样件模具费用;二是指不受形状复杂程度限制,能够制造任意复杂形状与结构的原型或零件。

4）制造系统的高度柔性

快速成形的工艺方法很多,但工作原理都基本相同,不同的加工对象体现在实际的生产过程中,只是在模型建立、加工参数设置等环节有所区别,绝大多数的加工过程是相同的,这就使得该加工方法体现出较大的柔性,能够很快地变更自己的工作对象。

5）可选材料的广泛性

快速成形制造技术可以采用的材料十分广泛。如可以采用树脂类、塑料类原料,纸类原料,也可采用复合材料、金属材料或陶瓷材料等。

6）广泛的应用领域

除了制造原型外,这项技术也特别适合于新产品开发,快速单件及小批量零件制造,不规则零件或复杂形状零件的制造,模具及模型设计与制造,外形设计检查,装配检验,快速反求与复制等,也适合于难加工材料的制造等。

7）突出的技术经济效益

快速成形技术使得零件的复杂程度与零件的制造成本基本无关,也降低了单件及小批量产品的生产周期和成本。快速成形制造属非接触加工,不需要机床切削加工所必需的刀具和夹具,避免了刀具磨损和切削力影响,制造过程无振动、噪声,没有或极少有下脚料,是一种环保型制造技术。

4.4.2 快速成形工艺方法

第一台快速成形机床由美国 3D Systems 公司于 1987 年推出。在其后短短二十多年时间里,快速成形技术得到了飞速的发展,不但加工精度等工艺指标有了很大的提高,快速成形机床的种类也极大丰富,目前应用得比较多的有下面几种。

1. 立体光固化快速成形

立体光固化快速成形(stereo lithography apparatus,SLA)是最早出现的快速成形方法,它是基于液态光敏树脂的光固化原理进行工作的。如图 4.4.3 所示,紫外波激光束在偏转镜作用下对液面按离散路径信息扫描,光点经过的地方,受辐射的液体就固化,这样一次平面扫描便加工出一个与分层平面图形相对应的层面,并与前一层已固化部分自动结合起来,而每一层内的激光扫描路径完全由数据处理软件根据 CAD 模型的分层信息自动生成。当一层加工完成后,系统读入下一层路径信息,使工作台下降一层厚度,液体重新浸铺上来,激光再次扫描加工下一层。这样层层加工,直到整个过程结束为止,得到三维实体模型。

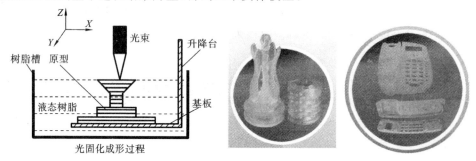

图 4.4.3 立体光固化快速成形工作原理及典型零件

该工艺需要支撑,其作用是支撑零件的倒挂结构部分,当零件成形完成后,这些支撑结构必须去除。支撑结构由数据处理软件自动生成,必要时需要进行一定的人为干预。立体光固化快速成形的支撑结构与零件本体部分一样也是层层堆积而成的,主要区别仅在于激光扫描的参数不同。立体光固化快速成形是目前世界上研究最深入、技术最成熟、应用最广泛的一种快速成形工艺,尺寸精度高,可以达到±0.1 mm 以上。

2. 选择性激光烧结成形

与立体光固化快速成形工艺相比,选择性激光烧结成形(selected laser sintering,SLS)工艺在材料、激光器和材料进给方式上存在着较大差别,使用 CO_2 激光器产生的强功率激光束(功率为几十瓦或更高),有选择地烧结固体粉末材料,当一层烧结完毕后,供料活塞顶出一部分材料,由专用辊子把这些粉末材料推到成形表面上铺平,这样层层烧结获得三维实体。图4.4.4为其工作原理示意图,图中未烧结的部分粉末对下一层的烧结具有支撑作用,因而选择性激光烧结成形工艺不需要支撑。

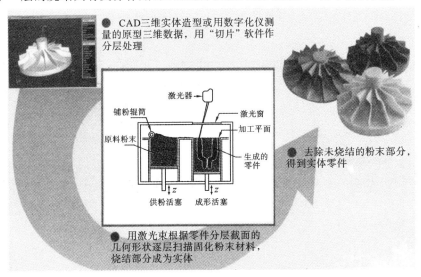

图4.4.4　选择性激光烧结成形工作原理

选择性激光烧结成形工艺的材料适应性好,目前使用的材料包括各种塑料、蜡、尼龙,甚至陶瓷和金属粉末。图4.4.5是通过选择性激光烧结成形加工的典型零件。

普通粉末烧结件　　　树脂砂件　　　高分子材料功能件　　　直接烧结金属件

图4.4.5　选择性激光烧结成形典型零件

3. 分层实体制造快速成形

在材料形态上,分层实体制造快速成形(laminated object manufacturing,LOM)使用具有均匀厚度的片状材料,片材的一面涂敷有热熔胶,用于将相邻两层黏接起来。另外在该工艺中,零件的每一层不是通过点堆积起来,而是通过在片材上用强功率激光束切割层面轮廓获得的。对于轮廓内部的材料不予加工,而轮廓外部的多余材料则用激光束切碎,它对下一层具有支撑作用,因而分层实体制造快速成形工艺也不需要支撑。这种工艺的特点是:片材便宜、成形过程中无材料相变应力,不易发生翘曲变形,加工速度快,模型强度大、韧度好,可替代传统木模翻制模具零件,所用材料为纸、合成材料、塑料等片状材料。分层实体制造快速成形示意图如图4.4.6所示。

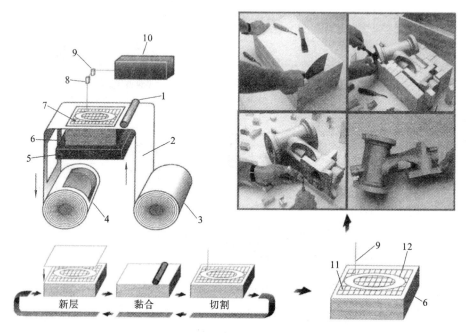

图 4.4.6 分层实体制造快速成形工作原理
1—热压辊;2—原料片;3—材料供应卷;4—回收卷;5—工作平台;6—制成块;
7—单层轮廓;8—X-Y定位器;9—激光线;10—激光器;11—余料;12—模型

4. 熔化沉积成形

熔化沉积成形(fused deposition modeling,FDM)也称丝状材料选择性熔覆,其原理如图4.4.7(a)所示,典型零件如图4.4.7(b)所示。三维喷头在计算机控制下,根据截面轮廓的信息,作 X、Y、Z 三方向运动。丝材(如塑料丝)由供丝机构送至喷头,并在喷头中加热、熔化,然后被选择性地涂覆在工作台上,快速冷却后形成一层截面。一层完成后,工作台下降一个层厚,再进行下一层的涂覆,如此循环,形成三维产品。这种方法适合成形小塑料件,制件的翘曲变形小,但需要设计支撑结构。由于是填充式扫描,因此成形时间较长。为了克服这一缺点,可采用多个热喷头同时进行涂覆,以提高成形效率。

5. 三维打印

三维打印(three dimensional printing,3D-P)也称粉末材料选择性黏结,其原理

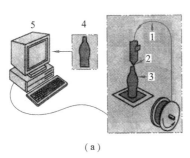 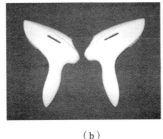 

图 4.4.7 熔化沉积成形工作原理与典型零件

(a) 熔化沉积成形工作原理；(b) 熔化沉积成形典型零件

1—材料；2—喷嘴；3—零件；4—零件图；5—计算机

如图 4.4.8 所示。喷头在计算机的控制下,按照截面轮廓的信息,在铺好的一层粉末材料上有选择性地喷射黏结剂,使部分粉末黏结,形成截面层。一层完成后,工作台下降一个层厚,再铺粉、喷黏结剂,进行后一层的黏结,如此循环形成三维产品。黏结得到的制件一般要置于加热炉中进一步的固化或烧结,以提高黏结强度。

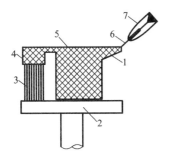  

图 4.4.8 三维打印工作原理与典型零件

1—悬臂部分；2—升降台；3—支撑；4—"不连通"部分；
5—零件；6—材料微粒；7—压电喷射头

常见快速成形方法的优缺点对比如表 4.4.1 所示。

表 4.4.1 常见快速成形方法的对比

RP 工艺	开发者	使用材料	优、缺点
立体光固化成形 SLA	美国 3D Systems 公司	光敏树脂	应用广泛,工艺成熟,材料性能较差
选择性激光烧结成形 SLS	美国 DTM 公司	粉末热塑性材料、石蜡、金属粉末	应用广泛,工艺成熟,材料性能好,表面精度较差

续表

RP 工艺	开 发 者	使用材料	优、缺点
分层实体制造成形 LOM	美国 Helisys 公司	纸	强度适中,材料便宜,材料耗费较大
熔融沉积成形 FDM	美国 Scott Crump 公司	ABS 塑料	不使用激光,强度好,分辨率低

4.4.3 熔融挤压成形

1. 熔融挤压成形的工作过程

熔融挤压成形(meltdown extrusion model,MEM)是熔化沉积成形方法中的一种,其工作原理与熔融沉积造型方法相同。MEM 快速成形技术将 CAD 模型处理后得到确定的几何信息,并控制 MEM 喷嘴的运动。使用的材料为 ABS 塑料,通过加热器将 ABS 塑料丝熔化成液态,并通过喷嘴挤出;喷嘴沿零件每一截面的轮廓准确运动,挤出的 ABS 塑料沉积固化,覆盖于已建造的材料之上,并在短时间内(一般为 10 s)迅速凝固,形成一层材料;之后,挤压头沿轴向方向运动一个微小距离(即层厚),进行下一层材料的建造。这样从底到顶逐层堆积,形成一个实体模型或零件。

该系统对温度控制的要求很高,一般要在温度达到 245 ℃时才能够喷丝,而且在加工过程中成形室温度应低于喷嘴表面温度 2 ℃左右。该系统机床结构如图 4.4.9 所示。

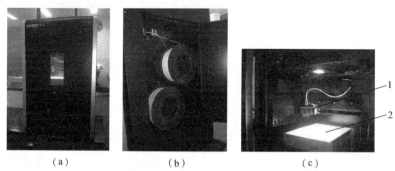

图 4.4.9 MEM 熔融挤压成形机床的结构

(a)机床外形;(b)喷丝;(c)工作室

1—喷头;2—工作台

2. 熔融挤压成形机床的基本结构

熔融挤压成形机床主要包括硬件系统、软件系统、供料系统。

1) 硬件系统

硬件系统由两部分组成,一部分是以机械运动承载、加工为主,另一部分以电器运动控制和温度控制为主。机械系统包括运动控制系统、喷头、成形室、材料室、控制室和电源室等单元。运动控制系统用来控制 X 轴和 Y 轴的联动、Z 轴的分层运动,喷头压力控制则一般由步进电动机及传动部件完成。温控系统需配备加热器、温度传感器和智能温度控制表等,至少需要两套独立的温度控制器,分别检测与控制成形喷嘴和成形室的温度。

2) 软件系统

软件系统包括几何建模和信息处理两部分。几何建模部分是由设计人员借助通用的三维 CAD 软件构造产品的实体模型或由三维测量仪获取的数据重构产品的实体模型,然后以 STL 格式输出模型的几何信息。信息处理部分由 STL 文件处理、工艺参数设置、加工时间计算、模拟加工等模块组成,分别完成 STL 文件错误数据的检验与修复、层片文件生成、填充线计算、数控代码生成和控制机床加工。

3) 供料系统

熔融挤压成形使用的原材料为直径 2 mm 的 ABS 丝材,成卷的丝材由专门的运丝系统送至喷头,如图 4.4.9(b)所示。ABS 具有耐热、表面硬度高、尺寸稳定、良好的耐化学腐蚀性及绝缘性能、易成形和机械加工方便等特点,表面还可以电镀。由于 ABS 塑料综合性能良好、成本低廉,在机电行业常用来制造齿轮、泵叶轮、轴承、管道、电机外壳、蓄电池槽、冷藏库和冰箱衬里等各类制品,在工业领域应用广泛。

3. 熔融挤压成形的工作特点

(1) 熔融挤压成形的加工成本较低　它无须其他快速成形系统中昂贵的关键部件——激光器,故 MEM 快速成形系统成本较低;成形材料 ABS 相对其他快速成形系统价格低廉;MEM 特有空隙结构,节约材料与成形时间。

(2) 零件成形以后的后续处理比较简单。

(3) MEM 工艺特别适用于薄壳体零件及微小零件,如电器外壳、手机外壳、玩具等;零件强度比较好,可以作为概念产品直接验证设计。

(4) 成形材料广泛　成形系统既可使用 ABS 塑料、尼龙、橡胶等热塑性材料丝,MEM 还可以用丝状蜡作为成形材料,直接用于消失模具制造,符合现代快速成形技术的发展要求。

(5) 成形速度快　熔融挤压成形过程中喷头的无效运动很少,大部分时间都在堆积材料,特别是成形薄壁类制件的速度很快。

(6) 无环境污染　成形系统所用的材料为无毒、无味的热塑性材料,废弃的材料还可以回收利用,因此材料对周围环境不会造成污染;设备运行时噪声也很小,符合绿色制造的要求。

4. 熔融挤压成形精度分析

精度是考察加工方法的重要指标。MEM 熔融挤压快速成形作为一种经济型的快速成形方法,影响其制件精度的因素很多,最主要的体现在下面几个方面。

1) CAD 模型的数据处理

快速成形加工的数据处理包括"从 CAD 模型→切片分层→分层数据处理"的全过程,中间会发生有用数据丢失的现象,主要包括 CAD 模型三角形面化造成的数据误差及切片分层造成的数据误差。

(1) STL 模型误差　目前快速成形制造技术使用的数据交换格式主要有 STL[①]、IGES[②] 等。虽然 STL 模型已成为事实上的工业标准,但还存在一些问题。STL 是用一系列三角形面片来表示曲面,成形过程虽然简单,但会丢失一些信息,特别是曲率较大的曲面,产生的误差比较大。如图 4.4.10 所示为常规模型与 STL 模型对比图。

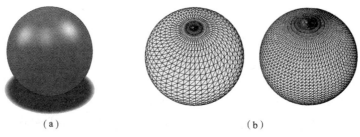

图 4.4.10　常规模型与 STL 模型对比
(a) 常规 CAD 模型;(b) 转换为 STL 的不同精度 CAD 模型

(2) 分层切片及相关误差　在选定了加工方向后,需对模型进行一维离散,即分层切片。分层厚度直接影响原型精度、表面粗糙度及成形的时间和成本,是快速成形最为重要的加工参数之一,图 4.4.11 所示为不同分层厚度对曲面精度的影响。为了在制造精度和速度之间取得较好的平衡,可以考虑选取最优加工方向及采用自适应分层算法等方式解决。

2) 工艺因素的影响

工艺因素的影响主要包括以下几个方面。

---

① STL(stereo lithography):由 3D System 公司于 1998 年制定的接口协议,由多个三角形面片的定义组成,每个三角形面片的定义包括各顶点的三维坐标以及三角形面片的法矢量,是一种为快速成形技术服务的三维图形文件格式。

② IGES(the initial graphics exchange specification)是基于不同的计算机辅助设计与制造系统间通用的信息文件标准。采用该标准后,可读取来自不同平台的数据。

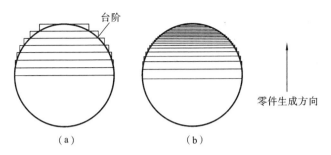

图 4.4.11 不同分层厚度对曲面精度的影响
(a) 等距分层；(b) 变距分层

（1）挤丝速度与扫描速度相匹配　由于液态材料具有黏弹性,会引起出丝启停动作对凝固成形的滞后,使得在扫描的开始或停止阶段将会出现喷头已开始扫描但喷嘴尚未出丝或喷头已停止扫描但喷嘴仍在出丝的现象。为此挤丝速度必须与喷头扫描速度相匹配,一般通过出丝启停补偿与超前控制来实现。

（2）温度控制　喷嘴出口温度决定了材料成形时的黏度,成形室环境温度和对流换热条件则对当前工作层的黏度和表面质量影响很大。为提高成形质量和精度,防止出现零件翘曲、层间剥离的现象,需有完善的温度控制系统,使得成形过程中喷嘴出口温度和成形室环境温度处于允许范围之内,且相互能够较好地匹配。

（3）偏置的设定　MEM 系统是靠喷头挤出的细丝堆积成形的,从喷嘴挤出一定直径的细丝形成路径宽度,由于细丝会有一定的流动变形,使得堆积过程形成的实际轮廓线可能与理论路径宽度产生误差。具体到每条轮廓线,则根据其边界确定偏置补偿方向,内环向外偏,外环向内偏。偏置后的轮廓线即为实际喷头的数控轨迹中心线。

3）数控系统对加工的影响

熔融挤压造型加工过程是一个两轴半联动过程。数控系统精度包括定位精度、重复精度等,将直接影响成形的尺寸精度。X 和 Y 方向应能联动实现准确的插补运动,插补精度将影响每一层的轮廓加工精度；Z 方向位移误差将影响加工件在高度方向的尺寸和形状精度。目前,数控系统,包括导轨、电动机的控制精度一般可达到微米数量级,当采用精密的运动及控制装置时,这部分误差对加工精度的影响可以忽略。此外,工作平台与 Z 轴方向的垂直度,喷头扫描平面与工作台面的平行度也会对成形精度有所影响,这主要通过机器装配调试来保证。

4）材料因素对加工的影响

成形材料 ABS 在加工过程中会发生两次相变,一次是由固态丝状受热熔化成液态,第二次是由液态经喷嘴挤出后凝固冷却成固态。这两个过程中材料性能的变化直接影响成形过程控制及加工精度。ABS 凝固过程中的体积收缩将导致内应力,甚至出现层间剥离等现象。改进材料配方,降低材料收缩率,在设计时考虑对体积收缩进行补偿都是提高精度的措施。

【实践操作】

(1) 学习相关的 CAD 软件,在初步了解快速成形工作特点的基础上完成快速成形零件的设计。

(2) 在指导老师的协助下,完成零件的快速成形加工。

(3) 完成快速成形零件的后续处理工作。

4.4.4 快速成形实例

用三维 CAD 软件与熔融挤压成形机床完成零件(小车模型)的设计与制造,过程如表 4.4.2 所示。

表 4.4.2 小车模型的设计与快速成形加工过程

序号	工 作 简 图	工 作 内 容	注 意 事 项
1		设计零件,运用三维 CAD 软件,建立零件模型(左图为用 SolidWorks 建模得到的模型)	(1) 设计绘图时应建立实体模型,便于后面的模型处理; (2) 按照软件规范来建模,避免出现模型错误; (3) 模型体积较大时,可将内部做成空腔(抽壳),以减少制造的时间
2	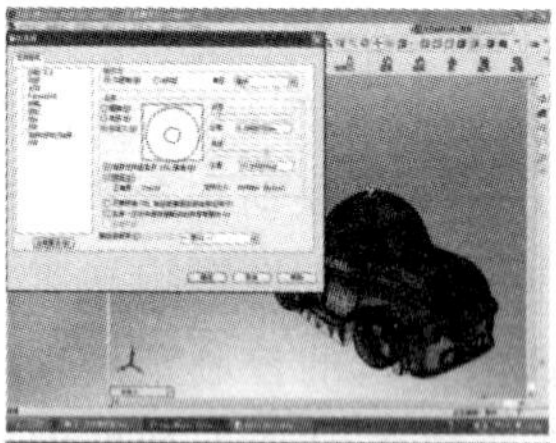 	将文件转存为 STL 模型	转换时应合理设置 STL 各项参数,保证模型精度与数据大小符合运行要求

续表

序号	工作简图	工作内容	注意事项
3	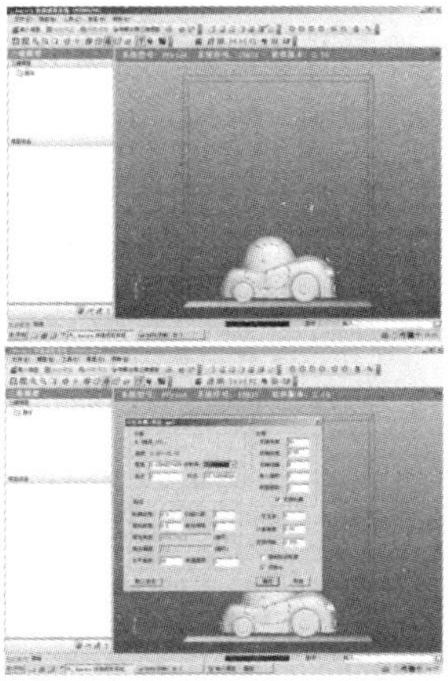	(1) 将模型导入到 MEM 机床控制软件,确定零件的大小与位置,选择加工方向、设置支撑方式、设置参数; (2) 模型分层设置	综合考虑加工精度与加工时间,合理设置分层厚度、喷丝速度、走丝速度等加工参数
4		快速成形加工	
5	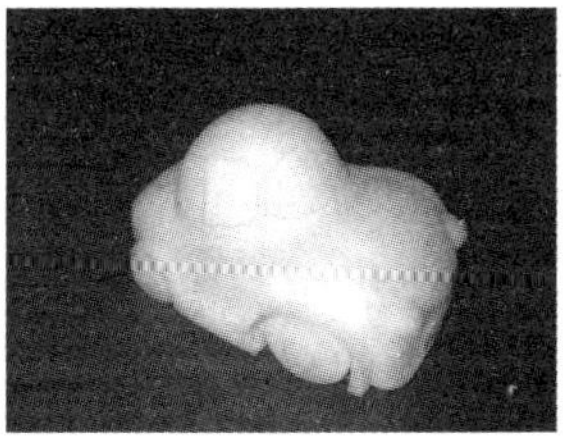	(1) 取出模型,去除衬垫与支撑等辅助装置; (2) 进行表面处理与零件后续加工	小心剥离衬垫与支撑等辅助装置,不要损坏零件
6		检验	

4.4.5 快速成形技术的应用与发展方向

快速成形技术是当今世界上发展最迅速的先进制造技术之一,在短短20多年的时间里,从只有一家公司的一台设备发展到数百家机构从事成形设备、工艺和相关材料的研究开发,成批的加工中心面向社会承揽来图加工服务,更多的企业利用它直接为生产和新产品开发服务。美国在这一领域一直处于领先地位,欧洲一些国家及日本和中国在此领域也取得了长足的进步。

1. 快速成形的应用

快速成形技术可在国民经济极为广阔的领域内得到应用,而且,应用领域还在拓展。快速成形技术在制造业(产品快速开发)、美学(建筑、桥梁、古建筑修复)、医学、文化(电影、动画)、军事教学(三维地图、光弹模型)等领域有着良好的应用前景;例如,在国外已利用三维扫描仪和计算机断层扫描(computer tomography,CT)结合来复制腿骨,通过 CT 生成 CAD 模型,再直接进行快速成形制作出不锈钢骨,可省去制造铸模的工序。快速成形的具体应用有以下几个方面。

1) 原型制造

原型在新产品开发过程中的地位是极其重要的。快速成形技术可以很方便地生产和更改原型,使设计评估及更改在很短时间内完成。快速成形技术是实现并行工程强有力的工具。应用快速成形技术后,大大加快了产品的开发速度,迅速完成从设计到投产的转换。

2) 模具制造

模具制造是快速成形技术应用的重要领域。快速成形技术不仅能适应各种生产类型特别是单件小批的模具生产,而且能适应各种复杂程度的模具制造。既能制造金属模,也能制造塑料模。

快速成形技术模具制造主要用于制造注塑模、冲压模和铸模等。对于单件、小批量产品制造,可以用快速成形技术和真空注塑技术,直接制造树脂模具;对于大批量零件的模具生产,可先利用快速成形技术制造石墨电极,再通过电火花加工钢模。

3) 模型制造

快速成形技术可以用来制作建筑物模型和工程结构模型,并可以使数值分析与模型实验一体化。快速成形技术可用来制作艺术品、商业展示模型,可用于文物复(仿)制、雕塑、工艺美术装饰品的设计和制造。

2. 快速成形的发展方向

目前,由于快速成形技术的成本高,加之制件的精度、强度和耐久性能还不能完全满足用户的要求,所以在一定程度上阻碍了该技术的推广和普及。此外,CNC 切削机床的价格大幅度下降,不少企业使用 CNC 切削机床快速制造金属或非金属模具及零件,向快速成形技术提出了新的挑战。但是,在复杂零件成形方面,CNC 切削机床还不能取代快速成形技术。快速成形技术的进一步研究与发展主要从以下几个方面来展开。

(1) 提高系统的速度、控制精度和可靠性　优化设备结构,选用性价比高、寿命长的元器件，使系统更简洁，操作更方便，可靠性更高，速度更快。开发不同档次、不同用途的机型也是快速成形系统发展的一个方面。

(2) 提高数据处理速度和精度　研究开发利用 CAD 原始数据直接切片的方法，减少数据处理量，减少由 STL 格式转换过程而产生的数据缺陷和轮廓失真。

(3) 开发新的成形能源　在前述的主流成形技术中，SLA、LOM 和 SLS 均以激光作为能源，而激光系统（包括激光器、冷却器、电源和外光路）的价格及维护费昂贵而传输效率（输出激光能量/输入电能）较低，影响了制件的成本。新成形能源方面的研究也是快速成形技术的一个重要方向。

(4) 研究开发新的成形方法　研究者开发出了十几种成形方法，基本上都基于立体平面化—离散—堆积的思路。这种方法还存在着许多不足，今后有可能研究集堆积和切削于一体的快速成形方法，即快速成形与 CNC 机床和其他传统的加工方式相结合，以提高制件的性能和精度，降低生产成本。还可能从快速成形原理延伸出一些新的快速成形方法。

(5) 继续研究快速模具制造技术　一方面研究开发制件的表面处理技术，提高表面质量耐久性；另一方面研究开发与注塑技术、精密铸造技术相结合的新途径和新工艺，快速经济的制造金属模具、金属零件和塑料件。

(6) 研究能使不同的材料同时进行堆积加工的方法　从快速成形的特点出发，结合各种应用要求，发展全新的快速成形材料，特别是复合材料，例如纳米材料、非均质材料、其他方法难以制作的复合材料等。降低快速成形材料的成本，发展全新的更便宜的材料。有很多复杂的零件，不是由单一的材料构成的，那么就需要在加工时采用不同的材料，就目前来看，快速成形技术都是局限于用单一的材料加工，因而，在制造过程中这是一个最大的瓶颈。

(7) 在应用方面，通过对现有系统的改进和新材料的开发，使之能够经济地生产出直接可用的模具、工业产品和民用消费品；制造出人工器官，用于治疗疾病。

复习思考题

1. 简述快速成形技术的工作原理，其成形过程与传统的切削加工有什么不同？
2. 快速成形技术有哪些优点？
3. 快速成形加工是如何实现将复杂曲面简单化并最终完成加工的？
4. 快速成形工艺分类的依据是什么？常用的快速成形工艺有哪些？
5. 最早出现的快速成形方法是什么？其精度如何？

6. 结合自己的理解,谈一谈各种快速成形工艺一般都用在什么场合。
7. 快速成形加工的工作原理是什么?其主要工作过程有哪些?
8. 简述熔融挤压快速成形的工作过程,熔融挤压快速成形有哪些优点?
9. 熔融挤压快速成形中 CAD 模型的数据处理主要包括哪些内容?可能引起误差的因素有哪些?
10. 简述温度对 MEM 成形精度的影响。
11. 简述偏置设定对 MEM 成形精度的影响。
12. 举例说明快速成形技术与模具制造的关系。
13. 结合 CAD、CAM,谈一谈快速成形与现代设计制造的关系。

4.5 三坐标测量技术

☆ **学习目标和要求**

- 了解三坐标测量机的工作原理。
- 了解三坐标测量机的种类与基本组成。
- 了解三坐标测量技术在现代制造领域中的地位与作用。
- 了解三坐标测量机的工作过程,在一定程度上掌握相关测量软件的使用。
- 完成典型零件的测量编程与误差评价,能够正确分析检测得到的参数。

☆ **安全操作规程**

- 严格遵守《学员实习规则》。
- 测量实验室是精密实验室,应爱护环境卫生,遵守实验室的各项规定。
- 开机前,检查实验室内温度、气压、相对湿度、电压等是否达到要求,清洁三轴导轨面和光栅尺,做好开机前准备工作。
- 启动测量机系统。首先保证供气压力达到要求后才能开机。打开控制柜电源→打开计算机进入系统→机器加电→进入 PC-DMIS 软件→机器回零。
- 未经指导人员同意,严禁私自接通机床电源和操作机床。
- 待机和运行过程中,禁止手扶机器或倚靠机器的主腿或辅腿。
- 禁止在工作台导轨面上放置任何物品、禁止用手直接接触导轨工作面。
- 在旋转测头、校验测头、自动更换测头、运行程序等操作时,应保证在测头运行路线上无阻碍。
- 测量完毕后,把机床移到安全位置,把测针调到 A0B180 的位置,按要求将机床擦拭干净,并及时做好保养。

● 关闭测量机系统:退出 PC-DMIS 软件→关闭计算机→关闭控制柜、计算机、除湿机电源→关闭气源。

☆ 学习方法

先集中讲授,再到实习现场进行参观;在机房上机,通过讲授、指导、自由练习等方法,让参训人员了解三坐标测量机的测量原理、测量方法与特点;通过测量仿真软件了解三坐标测量的过程,完成规定零件模型的测量,得出测量报告。

4.5.1 三坐标测量基础知识

三坐标测量机(three dimensional corrdinate measuring machine, 3D-CMM)是近 30 年发展起来的一种高效新型精密测量仪器。它广泛应用于机械制造、电子、汽车和航空航天等领域,可以进行零件和部件的尺寸、形状及相互位置的检测,还可以用于划线、定中心孔、光刻集成电路等,能够对连续曲面进行扫描及制备数控机床的加工程序等。由于它通用性强、测量范围广、精度高、性能好,能够与柔性制造系统相连接,已成为一类大型精密仪器,有"测量中心"之称。

1. 三坐标测量原理

将被测对象置于三坐标测量机的测量空间,获得被测对象上各测点的坐标位置,再根据这些点的空间坐标值,经过数学运算,求出被测的几何尺寸、形状和位置。这就是三坐标测量的基本原理。

如图 4.5.1 所示,要测量一水平放置的平板上两孔的孔径大小与孔心距 L,传统

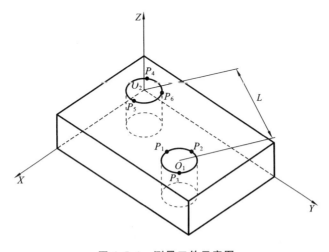

图 4.5.1 测量工件示意图

的做法一般是用卡尺借助心棒来测量,准确度与重复性差;采用三坐标测量机,首先分别测出点 P_1、P_2、P_3 和点 P_4、P_5、P_6 的坐标值,依据坐标值可以求出孔心 O_1 和孔心 O_2 的坐标、两个孔的半径 R_1 与 R_2;有了孔心 O_1 和孔心 O_2 的坐标值,就可以利用三角函数关系求出孔心距 L。

从前面的过程可知,三坐标测量是通过测量得到的特征点,再用数学的方法计算出测量结果的。因此,对于任何复杂的几何表面与形状,只要测量机能够瞄准(或感受),就能测量并计算出它们的几何尺寸和相互位置关系。三坐标测量机的工作过程如图 4.5.2 所示。

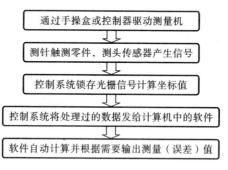

图 4.5.2 三坐标测量机的工作过程

2. 测量机的类型

坐标测量机分为直角坐标测量机与非正交系坐标测量机两大类,其中三轴直角坐标测量机在工业生产中应用最广,主要由主机(包括光栅尺)、控制系统、软件系统和测头组成,如图 4.5.3 所示。

按照结构形式的不同,三坐标测量机主要可分为以下几种。

(1) 固定工作台悬臂式坐标测量机 该机型开敞性好,一般用于小型零件的测量。

(2) 移动桥式坐标测量机 如图 4.5.4 所示,该机型是目前中小型测量机的主要结构形式,承载力大,拥有高精度的花岗岩工作台,工件取放方便,精度较高。

(3) 龙门式坐标测量机 如图 4.5.5 所示,该机型为大中型测量机,最大测量长度可达数十米。

(4) 固定桥式测量机 如图 4.5.6 所示,工作台面实现 Y 轴运动,这种形式的测量机结构稳定、刚度好、综合误差小、精度高。目前,该类机型的最高空间探测误差已经达到 $0.3~\mu m$,是精度最高的坐标测量机。

(5) 水平悬臂坐标测量机 如图 4.5.7 所示,该类测量机在 X 方向很长,Y 方向很高,整机开敞性比较好,是测量汽车各种分总成及车身时最常用的测量机。

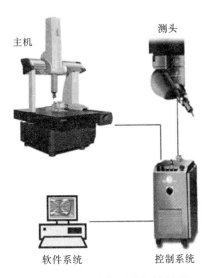

图 4.5.3 三坐标测量机的组成

图 4.5.4 移动桥式坐标测量机

图 4.5.5 龙门式测量机

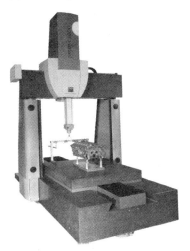

图 4.5.6 固定桥式坐标测量机

图 4.5.7 水平臂式测量机

4.5.2 三坐标测量机典型结构件

1. 三坐标测量机的机床主体

1) 测量机的材料

测量机的机械结构最初是在精密机床的基础上发展起来的。三坐标测量机的结构材料对其测量精度、精度稳定性和使用性能有很大影响,随着各类新型材料的研究开发和应用,三坐标测量机的结构材料越来越多,性能也越来越好。常用的结构材料主要有以下几种。

(1) 铸铁 铸铁在三坐标测量机中主要用于底座、滑块、导轨、立柱、支架、床身等。它的优点是变形小、耐磨性好、易加工、成本低、线膨胀系数与大多数被测件(钢件)接近,可避免复杂的变形;而且铸铁经过长时间的自然失效可以保持较长的稳定性,是三坐标测量机广泛使用的材料。铸铁的缺点是易锈蚀、耐磨性低于花岗石,强度不高。

(2) 钢 钢材主要用于外壳、支架等结构,有的测量机底座也采用钢材。一般采用经过热处理的低碳钢。钢材的优点是刚度和强度好,缺点是钢在加工之后,内部残余应力释放时容易产生变形。

(3) 花岗石 花岗石的质量比钢小,比铝大,是目前应用较为普遍的一种材料。花岗石变形小、稳定性好、不生锈,易于做平面加工,可以达到比铸铁更高的平面度,适合做高精度的平台、导轨、基座、立柱、横梁等,是多种类型的三坐标测量机采用的材料。花岗石的缺点是质量大,难以做成空心结构,难以加工螺栓孔与光孔,遇水会产生微量变形,因此禁止使用混水的清洁剂擦拭花岗石表面。我国山东省出产的泰山青花岗石弹性模量为 1.28×10^5 MPa,与一般的灰铸铁相近(灰铸铁的弹性模量为 $(1.15 \sim 1.60) \times 10^5$ MPa),是制造三坐标测量机台面的理想材料。

(4) 陶瓷 陶瓷是近年来发展很快的材料。它是将陶瓷材料压制成形后烧结,再研磨得到。陶瓷是多孔结构,质量小、强度高、易加工、耐磨性好、不生锈,适合于做导轨,但毛坯制造复杂,一般在高精度测量机上选择采用。

(5) 铝 三坐标测量机主要是使用高强度铝合金,其优点是质量小、强度高、变形小、导热性能好,而且能够进行焊接,适合做测量机上的很多部件。应用高强度铝合金是目前三坐标测量机发展的主要趋势,6A02 铝合金是较为通用的一种。

三坐标测量机的结构材料的发展经历了由金属到陶瓷、花岗石,再由这些自然材料发展到铝合金的过程。现在合成材料的研究应用也正在深入,很多公司已经开始采用碳素纤维做结构件。对精度要求的不断提高,使得对材料性能的要求也越来越高。可以看出,三坐标测量机的材料正向着轻型化、变形小、易加工的方向发展。

2) 标尺系统

标尺系统也称测量系统,是三坐标测量机的重要组成部分。按照性质的不同,测量系统可以分为机械式测量系统、光学式测量系统和电气式测量系统。测量系统直接影响坐标测量机的精度、性能和成本,对提高整机精度十分重要。目前国内外三坐标测量机上使用的测量系统,主要有精密丝杠、高精度刻线尺、光栅、感应同步器、磁尺、码尺、激光干涉仪等。其中使用的最多的是光栅,其次是感应同步器和光学编码器,对于高精度测量机可采用激光干涉仪测量系统。

光栅测量是由一个定光栅和一个动光栅合在一起作为检测元件,靠它产生莫尔条纹来检测位移值的。光栅主要有用玻璃制成的透射光栅、用金属制作的反射光栅和具有一定衍射角的光栅。金属光栅是在钢尺或不锈钢带的镜面上用照相腐蚀工艺或用钻石刀直接刻划制作的光栅线纹。金属光栅的特点是:标尺光栅的线膨胀系数与测量机的材料接近一致,标尺光栅安装调整方便;安装面积小,易于接长或制成整根的钢带长光栅;测量精度高而且不易碰碎,经细分后测量的分辨能力可以达到甚至小于 0.000 5 mm。但光栅尺怕油污和灰尘,需要一个清洁的工作环境。

3) 导轨

导轨部件是精密测量仪器中最重要的部件之一。导轨不仅能可靠地承受外加载荷,更主要的是能保证运动件的定位及运动精度、相互位置精度,这对于三坐标测量机非常重要。

常见的导轨形式有滑动摩擦导轨、滚动导轨、气浮导轨,其中气浮导轨是目前三坐标测量机广泛使用的导轨形式。气浮静压导轨摩擦因数小、工作平稳、运动精度高、磨损小,通过合理分布气浮块能够得到较好的支承效果。缺点是需要全套的空压设备及气动控制组件,对气源有一定要求。

4) 测头系统

三坐标测量机是用测头来拾取信号的,其功能、工作效率、精度与测头系统密切相关,没有先进的测头,就无法发挥测量机的功能。测头系统由测座回转体、测头和测端组成,其中测端直接接触被测零件,测头感应测量信号,测座完成测量信号的转化,并通过数据线传入控制器。具体连接方式如图 4.5.8 所示。

测头是测头系统中最重要的一个环节,相当于一个传感器。测头的种类很多,结构并不是很复杂,但精度要求特别高。按照结构原理的不同,测头可分为机械式测头、光学式测头、电气式测头等多种;按照测量方式的不同,测头又可分为接触式测头与非接触式测头。接触式测头有软硬之分,硬测头多为机械式测头,主要用于手动测量,测力不易控制(测量力过大会引起测头和被测件的变形,测量力过小则不能保持测头与被测件的可靠接触,测量力的变化也会使瞄准精度下降),而软测头的

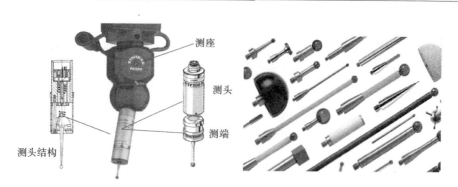

图 4.5.8 测头系统的基本结构与测针

测端与测件接触后会有一定的偏移,在感应触动的同时输出偏移信号。如果测头的测端接触工件后仅发出瞄准信号的测头称为触发式测头;除发出信号外还能进行偏移量读数的称为模拟式测头。模拟式测头不仅能做触发测头使用,更重要的是能输出与探针偏转角度成比例的信号。

测座位于测头系统的上端,其回转体有手动与自动之分,可以实现测头在两个垂直方向调节测量角度,以适应于不同位置的测量对象。

测头系统的测端也有多种类型,常用的测端(测球)有红宝石测端、陶瓷测端、碳化硅测端和钢制测端,适用于不同的测量情况。测端的长短由测杆来确定,较短的测杆常用钢制,当测量深度较大时则应选用碳纤维或陶瓷材料的测杆,以减小测端质量,保持测量精度。

5) 测量软件简介

三坐标测量机本体只能提取零件表面的空间坐标点,要准确可靠而且快速地完成具体对象的测量,还要依赖于性能优越的测量软件。

按照功能的不同,测量软件一般可分为通用测量软件(菜单驱动式软件)、专用测量评价软件(可编程式软件)两大类,另外还有数据统计分析软件、误差补偿与驱动软件等。优秀的测量软件不但能够实现对离散采样的数据点集中采用一定的数学模型进行计算,以获得测量结果,还能够校正探针,进行温度等误差补偿;对三坐标测量机的运动状态也能进行适时调整与监控,是测量机的"大脑"。

目前市面较为成熟的三坐标测量软件主要有:德国 Leitz 公司的 QUINDOS、德国 Zeiss 公司的 UMESS、意大利 DEA 公司的 TUTOR、海克斯康公司的 PC-DMIS 等。

2. 三坐标测量机的误差来源及注意事项

虽然三坐标测量机的测量精度比普通量具要高很多,但在其工作过程中仍然存在较为复杂的误差综合,造成了三坐标测量结果的不确定性。测量机的示值与被测量的真实值之差称为三坐标测量机的测量误差。误差有系统误差和随机误差之分,只有系统误差是可以被检测到并进行补偿的。引起三坐标测量误差的原因有两大类:一是机床本身的测量不确定度,二是因为工作环境条件变化引起的误差。

1) 由测量机本身的误差而引起测量误差

(1) 机构误差　测量机的机构误差会引起相应的测量误差,主要体现在具体的零部件上,如标尺和由标尺读数引起的误差、由导轨形状不准确引起的误差等。

(2) 力变形误差　测量机在运动的过程中,由于零部件、被测零件质量与位置的变化会使一些构件或零件自身发生变化,气浮导轨的气膜厚度也会发生变化;测量力会引起测针和测件发生变形;运动过程中的加速度会使这些误差的合成更为困难,因此力变形是影响三坐标测量机测量精度中较为重要的一个方面。

(3) 热变形误差　测量机的工作温度是 20 ℃。形成热变形误差的主要因素有两个:一是被测物体和测量仪器的工作温度偏离 20 ℃,二是被测物体的尺寸和性能随温度变化。对被测件而言,其尺寸会随温度发生变化;但对测量仪器而言,不但结构尺寸发生变化,也有可能引起其他性能的变化。

(4) 探测误差　探测误差是专门针对三坐标测量机的测头而言的。探测误差可以分为瞄准误差、测端误差和测向误差三大部分。瞄准误差是由测头的结构和触发方式的不同决定的。测端误差由测针、测球的变形引起的。

图 4.5.9 所示为测量工件外尺寸和内尺寸的情形。被测尺寸为 L,测外尺寸时测头的实际位移量 $L_1=L+d_0$,测内尺寸时测头的实际位移量 $L_2=L-d_0$,其中 d_0 为测端直径,为了要得到正确的测值,对于外尺寸要从 L_1 中减去 d_0,对于内尺寸要从 L_2 中加上 d_0。实际上,由于测杆变形的影响,在测量外尺寸时,测头的实际位移量 L_1' 总是比测杆不变形情况下的位移量 L_1 要小;而测量内尺寸时,测头的实际位移量 L_2' 总是比测杆不变形情况下的位移量 L_2 要大,所以实际引入的测端直径修正

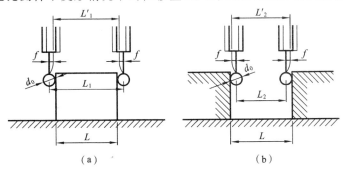

图 4.5.9　测端等效直径的影响

(a) 测量外尺寸;(b) 测量内尺寸

量为 d，d 称为测端作用直径，可表示为
$$d=d_0-2f$$
测量外尺寸时，被测尺寸
$$L=L_1'-d$$
测量内尺寸时，被测尺寸
$$L=L_2'+d$$
其中 L_1'、L_2' 分别为坐标测量机读出的测头位移量。

用上述方法进行补偿可以消除一部分测端误差，但由于测力的变化，测端作用直径具有不确定性，通过多次标定能够减小这一误差的随机成分，但仍然难以完全消除。

测向误差就是测头的各向异性，是指当测头从不同方向去探测同一工件参数时，所得的结果不同。该项误差是测头的固有误差，是由测头的结构决定的，在实际使用中常从不同方向进行多次探测，当探测点数足够多时，测端作用直径值趋近于它的平均值。

(5) 动态误差　动态误差是指三坐标测量机在运动取样过程中产生的误差。目前，对三坐标测量机的动态误差研究较少，一般认为三坐标测量机主要工作在准静态的状况下，动态误差较小，但随着生产节奏的加快，对三坐标测量机的工作速度提出了更高的要求，同时也要求对其动态误差有更多的了解。

2) 工作环境条件变化引起的误差

三坐标测量机属于精密仪器，应选择安装在温度、湿度、振动等都可以被稳定控制的环境中，中间任何一个环节达不到要求都有可能引起测量的误差。

(1) 温度　在各种环境参数中，温度是最为重要的，因为几乎所有的工程材料都会随温度膨胀或收缩；温度的高低、温度在空间的分布、温度随时间的变化会对三坐标测量机的零部件及被测物体的形状与尺寸产生较大的影响。

一般来讲，三坐标测量机的工作温度是 20 ℃，允许温度误差范围±2 ℃。除此之外，在温度梯度方面有时间和空间的要求，时间梯度是指一段时间内室温的变化情况，一般要求 1 ℃/h，2 ℃/d。空间梯度是指在左右、上下各 1 m 的距离温度差，一般要求在 1 ℃。

(2) 相对湿度　相对湿度是指保证机器达到最佳性能时所需的湿度范围。一般来讲，三坐标测量机的工作湿度要求为 40%～60%。过低的湿度容易受静电的影响，过高的湿度会产生漏电或元器件锈蚀，特别容易使钢质标准球锈蚀报废，湿度的变化还会影响花岗石的变形。

值得注意的是，人的举动能以某一种形式使测量机及被测对象受潮，如：人的呼吸具有很高的湿度（相对湿度100%），能引起水汽的凝结；对大部分的工程材料，人

的指印都有侵蚀作用。

（3）供气系统　由于三坐标测量机一般采用气浮轴承，需要压缩空气，所以压缩空气的质量直接影响测量机的正常工作和使用寿命。三坐标测量机对使用的气压有严格的要求，而且空气中不能含有油、水和杂质，否则将对气动系统的正常工作造成危害。

空气中的油容易变质，变质的油黏度增大，会堵塞气浮块的气孔，造成气动元器件内的相对运动件动作不灵活。水分会锈蚀金属零件，管道内滞留的冷凝水会导致流量不足，压力损失增大。铁屑和粉尘使运动件磨损，造成元件动作不良、密封件损伤，导致漏气。要得到合格的压缩空气，可以将压缩空气分别通过自动排水器、压力表、油水分离器后进入气罐，经过再次精密过滤、冷冻干燥后再输送给气动系统。

（4）振动　生产区域经常遭受到来自地面的各种振动，这些振动一般由压力机、锻压机、冲床等振动较大的机床、交通工具及提升装置等产生并传向地面。即使机器的电气和主机部件再牢靠，来自外界的振动也会影响到测量精度，产生错误结果。为了避免这一类误差，在测量机安装时应选择合适的地点。测量机不适合安装在楼上，一般情况下要采取适当的减振措施，如使用减振器、加挖隔振沟、做与外界独立的基础等。

（5）电气要求　测量机需要使用独立的电源，以防线路干扰，同时应配备不间断电源，并应远离较强的电冲击源。设备必须有可靠的接地装置，接地电阻应小于 4 Ω。

4.5.3　三坐标测量步骤

三坐标测量与传统的量具量仪测量有着很大的区别，其中测量方案的规划、测量程序编制的好坏、检验人员对图样和测量误差的理解等对测量精度都有很大的关系。利用三坐标测量机测量工件可以分为以下几个步骤。

1. 读图，明确测量意图，设计测量方法，制定测量路径

读懂零件图，对零件的加工要求进行全面的了解，读图主要包括以下几个方面。

（1）零件精度　零件精度主要包括零件的尺寸精度、形状精度和位置精度要求。测量前，应根据零件精度选择合适的测头，以满足经济测量精度。

（2）表面粗糙度　了解零件表面的成形方法和微观表面不平度的要求。

（3）技术要求　了解零件有无其他的加工和测量要求，便于选择合适的测量要素。

（4）零件材料、数量等信息　零件的材料对测球的选择有要求（如扫描测量时不宜用红宝石测头，以免出现铝屑堆积的现象）；测量数量的不同对测量方式的选用有重要影响，批量较大时可以编制专门的程序，制作专用夹具，以提高测量精度与测量效率。

(5) 零件的装配使用情况　了解零件在装配体中的实际作用,了解其运动、受力、摩擦等实际状态,为测量规划提供依据。

读图完毕后,根据图样要求来设计测量方法,制定测量路径。这主要指三坐标测量策略的规划,包括选择测量原点、理清测量顺序、确定评价方式等,同时还要按照零件选择合适的测头系统,在测量实际要素时要选择合适的点测方式等。这些工作一般不用在纸上列出,但应在头脑里形成非常清晰的路线,才能保证整个测量过程的顺利进行与测量结果的准确性。

2. 校验(校准)测头

在测量工件之前,首先要对测量使用的测头系统进行校准,以实现测端半径的补偿,并消除从不同方向进行测量时测头系统的变形。校准要使用一个准确度非常高的标准球,测头需要用到的每一个工作角度都要校准,以建立不同测量方向的参数关系。为了得到准确稳定的参数值,校准的测点数应大于或等于5,测量层数应大于或等于2。具体的校验过程如图4.5.10所示。

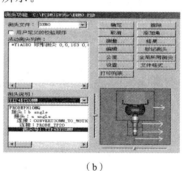

(a)　　　　　　　　　　　　(b)

图 4.5.10　校验测头

(a)校标准球;(b)对应选取测量参数

3. 建立测量基准

采用三坐标测量机测量零件必须建立适当的测量基准,而测量基准应该根据零件的实际情况来选择。建立测量基准包括以下两项工作。

(1) 安装工件　零件的安装实例如图4.5.11所示。工件的安装有一定的讲究与技巧,要注意零件安装在工作台面的位置与高度,还要保证能够在一次装夹中完成所有对象的测量;尽量避免运动超程、测头更换角度受阻的位置;在实际生产中多采用专用夹具,有时还会使用一些胶水、弹片来辅助夹紧,以达到便于测量的目的。

(2) 找正工件,建立坐标系　三坐标测量机有自身的机器坐标系,但测量者在进行检测规划、测点确定和路径生成时都是在工件坐标系下进行的,因此在实际测量之前首先要确定工件坐标系在机床坐标系中的位置,即在机床坐标系中找正工件,

图 4.5.11　部分零件的装夹方式

建立正确的测量坐标系。常用的找正方法是"3-2-1"六点测量法[①]。

4. 编制测量程序

现代三坐标测量机一般通过手动测量、示教和自动测量三种方式来获得测量程序。手动测量在单件测量中使用，即在手动控制方式下完成全部测量，测量程序随着测量过程依次生成，程序的内容实际上是由操作人员根据对零件图的理解得到的，如图 4.5.12 所示。在示教的工作方式下，测量机的所有动作都必须由操作人员预先执行一遍，测量机将这些动作以程序的方式记录成文件，再自动执行完成测量。这种方式适合于批量零件的测量。自动测量是直接利用 CAD 模型自动生成检测点，并进一步生成检测路径，传到测量机后由测量机执行，自动完成测量任务。

图 4.5.12　手动测量工件与编制的测量程序

---

① 海克斯康技术(青岛)有限公司.实用坐标测量技术[M].北京:化学工业出版社,2007.

5. 输出并分析测量结果

完成要素测量以后要选择正确的评价方式。误差评价一般是以零件图为依据、以零件的装配需求为基础的，对于形状误差可以直接评价，对于位置误差要选择正确的基准要素。评价结束可以用图表的方式输出(见图 4.5.13)，以便于对得到的结果进行分析。

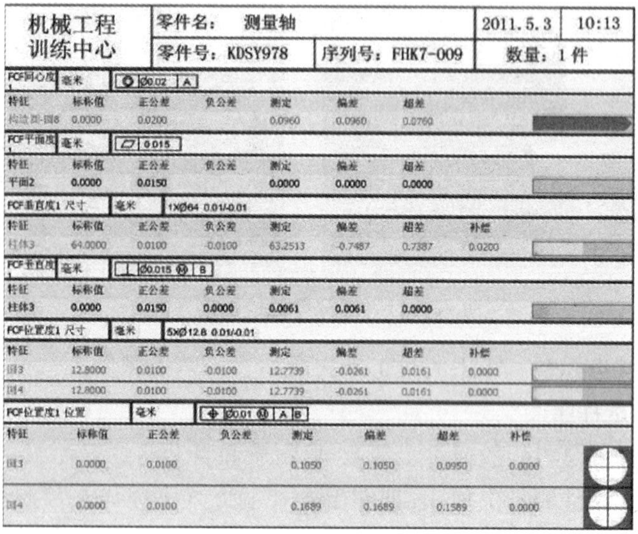

机械工程训练中心	零件名：测量轴		2011.5.3	10:13
	零件号：KDSY978	序列号：FHK7-009	数量：1 件	

FCF同心度1	毫米	◎ Ø0.02 A					
特征	标称值	正公差	负公差	测定	偏差	超差	
构造圆-圆8	0.0000	0.0200		0.0960	0.0960	0.0760	
FCF平面度1	毫米	▱ 0.015					
特征	标称值	正公差	负公差	测定	偏差	超差	
平面2	0.0000	0.0150		0.0000	0.0000	0.0000	
FCF垂直度1 尺寸	毫米	1XØ64 0.01/-0.01					
特征	标称值	正公差	负公差	测定	偏差	超差	补偿
柱体3	64.0000	0.0100	-0.0100	63.2513	-0.7487	0.7387	0.0200
FCF垂直度1	毫米	⊥ Ø0.015 Ⓜ B					
特征	标称值	正公差	负公差	测定	偏差	超差	
柱体3	0.0000	0.0150	0.0000	0.0061	0.0061	0.0000	
FCF位置度1 尺寸	毫米	5XØ12.8 0.01/-0.01					
特征	标称值	正公差	负公差	测定	偏差	超差	补偿
圆3	12.8000	0.0100	-0.0100	12.7739	-0.0261	0.0161	0.0000
圆4	12.8000	0.0100	-0.0100	12.7739	-0.0261	0.0161	0.0000
FCF位置度1 位置	毫米	⊕ Ø0.01 Ⓜ A B					
特征	标称值	正公差	负公差	测定	偏差	超差	补偿
圆3	0.0000	0.0100		0.1050	0.1050	0.0950	0.0000
圆4	0.0000	0.0100		0.1689	0.1689	0.1589	0.0000

图 4.5.13 测量评价结果

【实践操作】

(1) 了解三坐标测量机的测量步骤，能够在指导教师的指导下完成测量机的基本操作。

(2) 通过教学版测量软件，进一步熟悉三坐标测量机的工作过程。

4.5.4 三坐标测量实例

Global Performance 7107 三坐标测量机是由海克斯康测量技术有限公司生产的活动桥式三坐标测量机，测量行程 700 mm×1 000 mm×660 mm，最大承重 900 kg，长度测量最大允许示值误差 $MPE_E = 2.5 + \frac{3.3L}{1\,000}$ (μm)，最大允许探测误差 $MPE_P = 2.5$ μm。该三坐标测量机采用花岗石工作台面、铝合金桥架和非接触式的光栅尺，整机采用气浮导轨或轴承支承，可以根据需要安装各类测头和测量软件系统，以满足测量的需要。

【实例】 利用三坐标测量机完成如图 4.5.14 所示零件的测量。

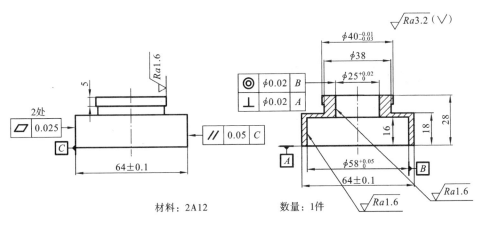

图 4.5.14 端盖零件图(测量用)

手动测量过程如表 4.5.1 所示。

表 4.5.1 三坐标测量工作过程

序号	工作步骤	工作内容	注意事项
1	读零件图,确定检测对象和测点位置、明确检测路径	明确检测思路	应读懂零件图,确定检测对象,明确零件的作用,按照实际需要来考虑检测路径
2		校准测头	(1)确定零件安装方式,选择合适的测针组,在测量软件中选择对应的测头系统; (2)添加测头角度; (3)校准测头,查看校准参数是否可用
3		安装工件	(1)零件安装应稳固可靠,便于测量; (2)应避免测头系统与零件发生碰撞

续表

序号	工作步骤	工作内容	注意事项
4		找正工件,建立坐标系	(1)根据零件图的要求,结合测量的可行性,选择合适的零件坐标系; (2)确定建立坐标系的方法; (3)手动测量几何要素,建立坐标系
5		编制测量程序进行测量	(1)使用操纵盒和相关指令来控制机床运动; (2)对于圆、柱、锥、球等特征要素可以使用自动测量模块; (3)测量过程中应注意设置安全平面与安全点,避免测头意外碰撞; (4)测量过程中应注意观察随之生成的测量程序,并根据需要及时调整与修改; (5)程序编制完成后应在自动模式下再运行一次,避免因测力不均匀引起的误差
6	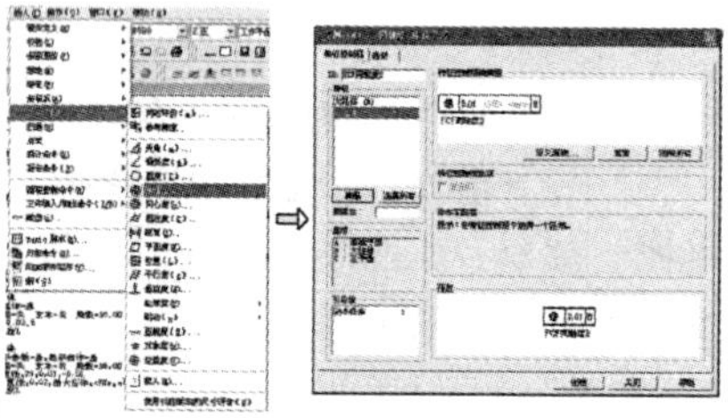	选择误差评价方式	(1)按照零件图的要求进行误差评价; (2)形状误差直接评价,位置误差必须选择正确的基准
7	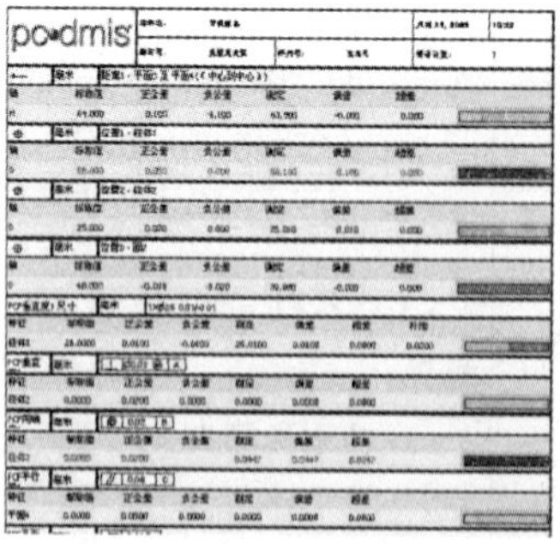	输出并分析测量结果	(1)选择报告模板形式和模板显示命令; (2)对显示的报告进行分析; (3)输出、打印测量报告

复习思考题

1. 简述三坐标测量的基本原理。
2. 按照结构形式的不同,三坐标测量机主要有哪几种类型?它们各应用于什么场合?
3. 三坐标测量机多用哪种材料制造工作台面?为什么选用这种材料?
4. 按照测量原理的不同,三坐标测量机常用的测头有哪几种?各有什么特点?
5. 测量软件对三坐标测量机的精度有哪些影响?
6. 简述三坐标测量机的主要误差来源及注意事项。
7. 三坐标测量机的工作步骤主要有哪些?
8. 三坐标测量机的机床坐标系可否直接用于测量?为什么?
9. 简述在手动方式下如何得到测量程序。
10. 三坐标测量机中手动测量、示教和自动测量三种测量方式有何异同?
11. 为以下零件选择合适的测量方法:
    (1) 箱体内孔及孔心距;(2) 玩具车模型;(3) 汽车车身;(4) 大汽轮机叶片。

4.6 逆向工程

☆ 学习目标和要求
- 了解逆向工程技术在现代制造领域中的地位与重要性。
- 理解逆向工程技术的原理与方法。
- 熟悉数据采集设备的基本结构及特点,掌握设备操作方法。
- 掌握基本的逆向建模技术,能按照要求进行几何建模。基于逆向工程开展快速制造实践。

☆ 安全操作规程
- 三维光学扫描设备属于高精度仪器,在搬运、使用、存放时要防震、防摔,轻拿轻放,不得托运。

● 三维光学扫描设备不得暴露于沙尘、雨中、潮湿、滴水或溅水的环境中,不得在设备上放置物品。
● 机器的镜头只能用镜头纸来擦拭干净,不得用手接触镜头。
● 按照设备操作步骤进行操作,合理设置扫描曝光参数并及时保存点云数据。

☆ 学习方法
● 集中讲授逆向工程的基本原理、组成以及数据采集和建模的技术与方法。
● 完成指定对象的数据采集。
● 完成指定对象的逆向工程CAD造型。
● 利用快速成形机完成CAD模型的快速制造。

4.6.1 逆向工程概述

逆向工程技术 RE(reverse engineering)是20世纪80年代末期由美国3M公司、日本名古屋工业研究所及美国UVP公司提出并研制开发成功的。逆向工程技术通过数字化测量设备(如坐标测量机、激光测量设备等)获取的物体表面的空间数据,利用相关软件建立产品的三维模型,进而利用CAM系统完成产品的制造。目前,该技术已广泛用于家电、汽车、玩具、轻工、医疗、航空、航天、国防等行业,并取得了巨大的经济效益。

1. 逆向工程定义

逆向工程是相对传统的产品设计流程的正向工程而提出的,是数字化与快速响应制造大趋势下的一项重要技术,也称反向工程或反求工程。逆向工程技术是对现有模型,利用3D数字化测量仪器获得模型的数据,经曲面建构、编辑和修改,在CAD/CAM系统中,产生NC加工路径和程序,由CNC机床加工出模具或零件,或者在快速成形设备中将样品模型制造出来,可进一步实现基于模具的产品快速批量生产。

2. 逆向工程应用

如图4.6.1所示,逆向工程主要适用于需要将实物转化为CAD模型的场合,具有以下广泛的应用背景。

(1) 逆向工程与快速成形制造相结合。如在模具制造领域,将实物零件转换为CAD模型,利用CAD/CAE/CAM技术来设计、分析、加工模具。

(2) 在有样件但文档信息不完整的情况下,需要对样件进行分析、加工或修改,需要利用逆向工程的手段将实物模型转化为CAD模型,从而提高设计制造的自动化程度。

(3) 复杂曲面零件设计领域。如汽车外形设计、玩具设计、艺术品造型等对外形美学、空气动力学等要求较高的产品设计中。

(4) 在单件产品快速定制生产领域。

图 4.6.1　逆向工程的应用

（5）医学领域。利用层析 X 射线（CT）及核磁共振（MRI）等设备采集病变部位的外形数据，进行三维数字化模型重建，为疾病的确定与诊断提供重要依据。

（6）地理信息领域。利用现代的卫星遥感测量技术，对大地遥测数据进行特征识别和建模，建立三维数字化真实感地形图；利用声呐测量设备，获得海底及港口的地下形貌数据，进行几何模型重建。

（7）计算机辅助检测领域。利用自动测量设备，快速采集到零件的大量数字化点，通过软件自动分析测量到的数据点与理论模拟的误差。

（8）艺术品、考古文物的复制。

3. 逆向工程系统组成及工作流程

逆向工程系统主要由三部分组成：产品实物几何外形的数字化、CAD 模型重建和产品或模具制造。逆向工程的工作流程如图 4.6.2 所示。[①]

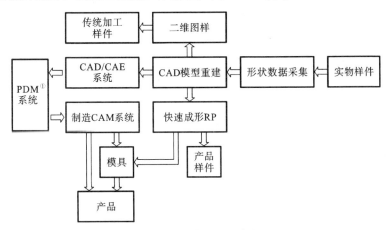

图 4.6.2　逆向工程流程

---

① PDM（product data management）产品数据管理，是一门用来管理所有与生产相关信息（包括零件、配置、文档、CAD 文件、结构、权限信息）和所有与产品相关过程的技术。

逆向工程一般可分为以下几个阶段。

(1) 零件原型的数字化　通常采用三坐标测量机或激光扫描仪等测量装置来获取零件原型表面点的三维坐标值。

(2) 从测量数据中提取零件原型的几何特征　按测量数据的几何属性对其进行分割，采用几何特征匹配与识别的方法来获取零件原型所具有的几何特征。

(3) 零件原型 CAD 模型的重建　将分割后的三维数据在 CAD 系统中分别作表面模型的拟合，获取零件原型表面的 CAD 模型。

(4) CAD 模型的检验与修正　检验重建的 CAD 模型是否满足精度或其他试验性能指标的要求，对不满足要求者重复以上过程，直至达到零件的设计要求为止。

(5) 后续的制造　包括传统的加工和以快速成形、数控加工为特征的加工方法。

4. 逆向工程系统

逆向工程系统包括以下四个方面。

(1) 数据获取系统　测量机和测量探头是实现实物数字化的关键设备。测量机有三坐标测量机、多轴关节式机械臂、各类光学测量仪等；测量探头分接触式探头(触发探头、模拟探头)和非接触式探头(激光位移探头、激光干涉探头、线结构光及 CCD 扫描探头、面结构光及 CCD 扫描探头)两类。

(2) 数据处理　由测量得到的外形点数据在进行 CAD 模型重建以前必须进行格式转换、噪声滤除、平滑、对齐、测头半径补偿等数据处理。

(3) 模型重构软件　模型重建软件包括三类：一是用于正向设计的 CAD 软件，如 UG NX、SolidWorks 等；二是集成有逆向功能模块的正向 CAD/CAE/CAM 软件，集成有点云处理、曲线曲面拟合造型功能的 UG NX、Pro/Engineer 和 CATIA 等；三是专用的逆向工程软件，如 Imageware、Geomagic、CopyCAD、Trace 等。

(4) 模型加工设备　包括 CNC 加工设备，快速成形机和各种注塑成形设备。

4.6.2　常见逆向工程测量技术

1. 测量方法

在逆向工程的测量技术应用中，通常分为接触式测量和非接触式测量两种，如图 4.6.3 所示。

1) 接触式数据采集

接触式数据采集包括使用基于力触发原理的触发式数据采集和连续模拟扫描数据采集。接触式测量的相关内容参见 4.5.2 节。

2) 非接触式数据采集

使用激光、结构光测头等方法进行数据采集。

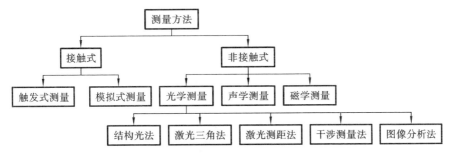

图 4.6.3　常见测量方法

2. 常用测量设备

1）三坐标测量机

三坐标测量机的相关内容参见 4.5 节。

2）关节臂测量仪

如图 4.6.4 所示,关节臂测量仪是基于旋转关节和测量手臂的非正交三坐标测量设备,适合复杂曲面和非规则物体的测量,可接激光扫描测头进行扫描和点云对比检测。具有质量小、移动性好、测量范围大、死角较少、对被测物体无特殊要求、操作简便易学、可在线检测、对外界环境要求较低等优点,但测量精度较正交三坐标测量机低。

图 4.6.4　关节臂式三坐标测量仪

3）光学三维扫描仪

光学三维扫描仪是具有多光投影功能的扫描测量系统,该系统结构轻巧、方式灵活、解析能力强、扫描速度快,可实现对物体多方位多角度的自由扫描,是中小型物体和复杂工件扫描测量的理想选择。

光学三维扫描仪多采用结构光法,将一定模式的光源（如光栅）投影到被测零件表面,由于被测表面起伏及曲率变化,光栅影像发生变形,利用两个镜头获取不同角度的图像,通过解调变形的光栅影线,就可以得到被测表面的整幅图像上像素的三维坐标。

该方法被认为是目前三维形状测量中最好的方法之一,其主要缺点是测量精度不高,而且只能测量表面曲率变化不大的物体,对于表面变化大的陡峭处会发生相位突变,使测量精度大大降低;零件的表面状态(色泽、透明度、粗糙度等)也会影响测量精度,为此可在表面喷涂反差增强剂,以减小误差。光学三维扫描仪现已得到了非常广泛的应用,其典型结构如图4.6.5所示。

图4.6.5 光学三维扫描仪的基本结构

1—测量头;2—包装搬运箱;3—三脚架;4—数据线;5—控制盒;6—控制转台;7—控制软件

4)激光跟踪仪

激光跟踪仪又称激光跟踪测量系统(laser tracker system),是工业测量系统中一种高精度的大尺寸测量仪器。它集合了激光干涉测距技术、光电探测技术、精密机械技术、计算机及控制技术、现代数值计算理论等各种先进技术,对空间运动目标进行跟踪并实时测量目标的空间三维坐标。

3. 测量方法的选用

如表4.6.1所示,各种测量方法均有其优缺点及适用范围。在具体应用中,应综合其特点,选择合适的测量方法,获取准确、精度较高的三维测量数据。

表4.6.1 典型常用的数据采集方法的比较

序号	典型测量方法	精度	速度	测内轮廓	形状限制	材料限制	成本
1	坐标测量法	高	慢	否	无	无	高
2	结构光法	较高	快	否	有,表面变化不能过大	无	低
3	激光三角形法	高	快	否	有,表面不能过于光滑	无	较高
4	CT扫描和核磁共振法	较低	较慢	能	无	有	很高

续表

序号	典型测量方法	精度	速度	测内轮廓	形状限制	材料限制	成本
5	自动断层扫描仪法	较低	较慢	能	无	无	较高
6	逐层去除物体扫描法	较高	较快	能	无	无	较低

4.6.3 逆向工程模型重建技术

三维 CAD 模型的重建是逆向工程的另一个重要任务,它将测得的散乱的点数据通过差值或拟合,构建一个近似的模型来逼近产品原型,是整个逆向工程中最关键、最复杂的一环。根据逆向建模系统实现曲面重建的特点,曲面重建方式可分为传统曲面造型方法和快速曲面造型方法。

1. 传统曲面造型方法

传统曲面造型方法又分为曲线拟合法与曲面拟合法两种。曲线拟合法是以 NURBS(非均匀有理 B 样条)曲线、曲面为基础的矩形域参数曲面拟合法,该方法先将测量点拟合成曲线,再将曲线构建成曲面,最后对各曲面直接添加过渡约束和拼接操作,完成曲面模型的重建。曲面拟合法是以三角 Bézier 曲面为基础的曲面构造方法,该方法直接对测量数据进行拟合,生产曲面或曲面片,然后通过对曲面的过渡、拼接和裁剪,完成曲面模型的重建。该造型方法体现了点→线→面→体的经典逆向建模流程,其代表软件有 Imageware、ICEM Surf、CopyCAD 等,下面以鼠标模型为例介绍用 Imageware 实现逆向设计的具体技术路线。

1) 测点

选择合适的量具量仪来获取零件原型表面的三维坐标值。剖面、分型线、轮廓线等特征线需要重点保证,在曲率变化比较大的区域多采集一些点,保证在重构的时候准确、快捷。

2) 连线

利用处理过的点,构建需要的线框。

(1) 点整理 数据处理包括以下几方面的内容:数据预处理,如噪声处理,多视拼合等,其目的是增强数据的合理性及完备性;数据分块,整体曲面的拟合往往较难实现,通常采用分片曲面的拼接来形成整块曲面;数据光顺,通常采用局部回弹法、圆率法、最小二乘法和能量法等来实现;数据优化,压缩不必要的曲面片内的数据点,减少后期计算量。

图 4.6.6 所示为点云处理的基本过程。

在此如果采用曲面拟合法,对单值点云进行精简后,可利用均匀方式直接生成

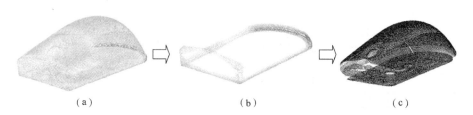

图 4.6.6 点云在 Imageware 中曲率分析及提取的基本过程
(a) 曲率分析后的点云结果;(b) 提取高曲率的点云;(c) 去除高曲率点云后的点云

曲面。对曲面进行光顺分析,对曲面与点云进行误差分析,通过调整曲面的控制点,使其逼近点云。在满足精度要求的前提下,使用最少数量的控制点,提高曲面的光顺性,构建出符合要求的基础面。图 4.6.7 所示为直接由点云生成曲面的基本过程。

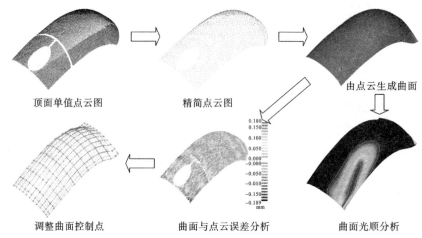

图 4.6.7 直接由点云生成曲面基本过程

(2) 点连线 连分型线点尽量做到误差最小并且光顺。连线要根据样品的形状、特征,大致确定构面方法;连线可用直线、圆弧、样条线;选点间隔尽量均匀,有圆角的部位可先跳过,做完曲面后再倒圆角。图 4.6.8 所示为点云拟合的曲线。

(3) 曲线调整 因测量有误差及样件表面不光滑等原因,连成样条曲线的曲率半径变化存在突变,对以后的构面的光顺性有影响。因此曲线必须经过调整,使其光顺。

3) 曲面重构

曲面重构用拟合光顺好的样条线,利用放样、扫掠和四边曲面等曲面重构功能进行曲面模型重建,最后通过延伸、求交、过渡、裁剪等操作,将各曲面片光滑拼接或缝合成整体的复合曲面模型;曲面模型建立起来后,需要对其进行检验和修正,使曲

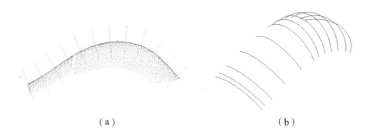

图 4.6.8 建立顶面单值点云的截面点云

(a)沿点云法向建立截面点云;(b)由截面点云拟合的曲线

面的质量达到要求。如通过曲面曲率对曲面进行反射分析,以检查曲面的光顺性、连续性等,能直观地将曲面效果表示出来;采用重新测量所获取的 CAD 模型和加工出样品的方法来检验重建 CAD 模型是否满足精度或其他试验性能指标的要求。

图 4.6.9 所示为鼠标上的曲面重建与光顺分析的基本过程。

4)构造实体模型

在外表面完成后,可根据需要构建实体模型。图 4.6.10 所示为最终构建的实体模型。

2. 快速曲面造型方法

快速曲面造型方法是通过对点云的网格化处理,建立多面体化表面来实现的,其典型代表有 Geomagic studio 和 Re-soft 等。下面以汽车模型为例,介绍用光学三维扫描仪和 Geomagic studio 实现逆向设计的具体技术路线。

1)利用相关设备获取模型表面数字信息

图 4.6.11 所示为利用光学三维扫描仪获取模型表面数据的过程。汽车模型表面是个较为复杂的曲面,必须通过多面扫描测量才能获得完整的曲面点云信息。将多面点云拼接后得到汽车模型表面的完整点云信息。

2)建立三角网格曲面

从 Geomagic studio 中读入点云,使用相关指令从点云中重建三角网格曲面,再对这个三角网格曲面分片,得到一系列有四条边界的子网格曲面;然后对这些子网格逐一参数化。图 4.6.12 所示为通过点云建立的三角网格曲面。

三角网格曲面是用一系列三角面片来表示的曲面,成形简单、直观,但是各三角形面片间难以实现曲率的连续性,光滑过渡困难,对高级曲面的创建有一定困难。因此,三角网格曲面必须经过曲面拟合,才有可能获得优良的连续曲面,如图 4.6.13 所示。

3)建立连续曲面

用曲面拟合每一片子网格曲面,得到保持一定连续性的曲面样条(见图

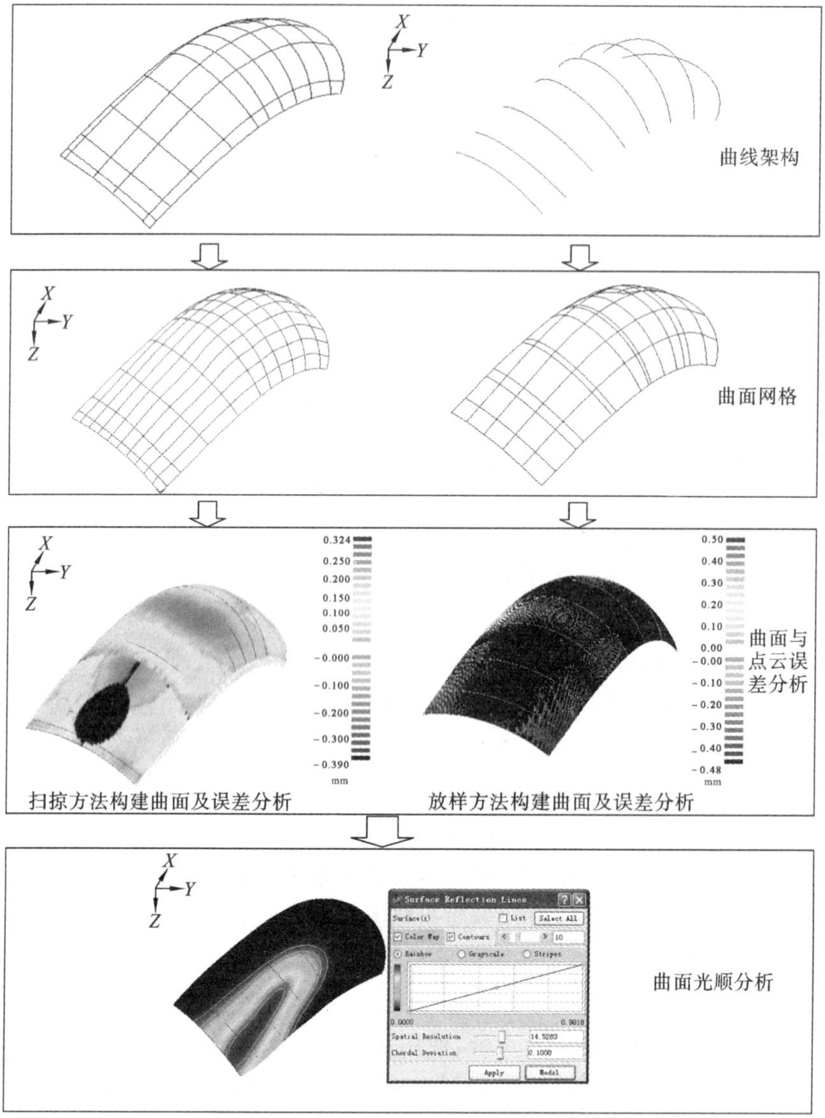

图 4.6.9　曲面重建与光顺分析的基本过程

4.6.14),并由此建立 CAD 模型。得到的 CAD 模型可以用相关软件进行后续处理,并最终得到实体模型。

3. 两类逆向建模技术的比较

传统曲面造型与快速曲面造型这两类建模方式的差异主要体现在以下几个方面。

图 4.6.10　利用生成曲面构建的实体模型

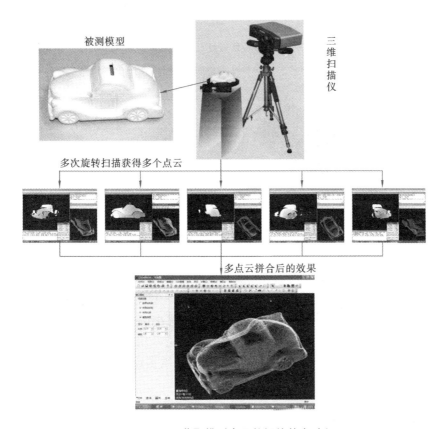

图 4.6.11　获取模型表面数据的基本过程

1) 处理对象的差异

在传统曲面造型的逆向系统中,所处理的点云涵盖了从低密度到高密度的整个范围,基本没有点云密度和点数量大小的限制;在快速曲面造型时,为了获得较好的建模精度,往往要求用于重建的点云具有一定的密度和较好的点云质量,否则无法创建多边形模型或创建的模型破洞过多,影响后续构建质量。

从这个角度来看,传统曲面造型比较适合处理三坐标测量机、激光跟踪仪等逐

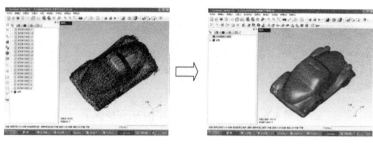

点云　　　　　　　　　　　重建获得的三角网格曲面

图 4.6.12　对点云进行三角网格曲面化

(a)　　　　　　　　　　　　(b)

图 4.6.13　三角网格曲面的线架图

(a)模型线架表示图；(b)局部放大的线架图

图 4.6.14　获得的曲面模型

点测量获得的数据。这类点数量虽然不大，但能体现被测表面的基本特性，对创建曲线与曲面的干扰小；光栅式测量机、手持式激光扫描仪等测量系统工作效率高，获取的数据量大，数据精度也比较高，则更适合于快速曲面造型。

2) 重建对象的异同

对工艺品、雕塑、人体设计等表面特征丰富的曲面重建，因为其曲率变化无规律可循，用曲线难以描述其截面特性，应考虑采用快速曲面造型法；而对汽车车身、飞机机身、船体、大型叶片来说，它们的外形既不是简单的二次曲线，也不像人脸一样毫无规律可言，则更适合采用传统的曲面造型法造型。

3) 建模质量的比较

逆向建模质量表现在曲面的光顺性和曲面重新构建精度两个方面。从曲面的光顺性而言，如前所述，快速曲面造型一般只能够实现曲面的一阶联系，从而无法构建高品质的曲面;相对而言,传统曲面造型方式提供了结合视觉与数学的检测与管理工具,能够及时分析与检测构建的曲线与曲面,容易获得高品质的曲面。

在精度方面,两种方法均可获得高精度的重建结果,但快速曲面造型遵循相对固定的操作步骤,而传统曲面造型方式则更依赖于操作人员的经验。

4.6.4 基于逆向工程的产品快速制造

随着计算机技术的发展,逆向工程与计算机辅助测量(CAT)、辅助设计(CAD)、辅助制造(CAM)、计算机辅助工程分析(CAE)的结合日趋紧密,逆向工程成功应用的关键不仅在于各子模块能够较好地独立完成各项工作,还很大程度上取决于各子模块的集成程度。

在完成CAD模型重建以后,选择一种快速而有效加工方法是逆向工程得以完整实现的重要环节。实现快速制造的方法很多,如利用CAD模型生成NC程序控制加工、采用快速成形方法加工等。

以快速成形为例,其主要用于加工原型和少量产品。在原型方面主要用于设计的探讨、实验分析、样品造型设计等;少量生产则主要结合快速模具或脱蜡制造。下面从这两个方面,结合4.6.3节(逆向工程模型重建技术)的实例,介绍基于逆向工程的快速制造方法。

1. 利用快速成形制造原型或零件

利用逆向工程的模型重构技术能够建立实物的CAD模型,CAD模型有多种表达形式,可以是实体的,也可以是曲面的,应根据后续的需要合理选择。快速成形加工一般需要STL格式的三角面片模型。封闭的STL模型可以直接用于快速成形加工。逆向工程与快速成形相结合的工作过程如图4.6.15所示。

图 4.6.15 逆向工程与快速成形相结合的工作过程

如图4.6.11所示的汽车模型,在通过逆向工程重构以后获得了如图4.6.12所示的三角网格曲面以后,就可以导入到快速成形机床中完成加工,加工的过程参见表4.4.2小车模型的设计与快速成形加工过程,加工的结果如图4.6.16所示。

2. 借助快速成形进行快速模具设计与制造

模具种类很多,主要包括注射模、冲压模等类型。模具CAD/CAE/CAM系统通常由硬件和软件组成,硬件包括计算机及其常用外围设备、数控加工和检测设备;应用软件包括UG NX、Pro/E等CAD/CAM软件和Moldflow、C-flow等CAE软件。

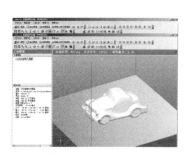

图 4.6.16　汽车原始模型与通过逆向工程获得的快速成形加工件

以注射模为例,在 CAD 阶段,完成模具及模架结构的三维实体设计(造型),绘制出模具零件图和装配图;在 CAE 阶段,对注塑产品进行注射流动、保压模拟、冷却过程分析和力学分析等,以便在模具制造之前及时采取补救措施;在 CAM 阶段,根据凸、凹模的实体模型和形状复杂的曲面,应用 CAM 软件生成机床所需的数控线切割指令、曲面的三轴、五轴数控铣削刀具运动轨迹及相应的数控代码,从而加工出模具。基于逆向工程的产品/模具快速开发流程图如图 4.6.17 所示。

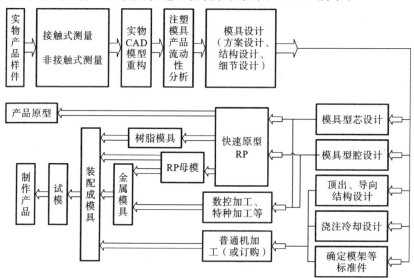

图 4.6.17　基于逆向工程的模具开发流程图

以 4.6.3 节的鼠标模型为例,封闭的曲面模型缝合后形成实体,根据实际产品的部件数量和位置,将实体模型进行功能区域的划分,如图 4.6.18 所示。

如图 4.6.19 所示,根据整体划分出的上表面模型,结合实际鼠标上表面的塑料制件绘制出产品的 CAD 模型。在此技术上设计出相应的注塑模具(见图 4.6.20)。加工出注塑模具后,采用注塑的方法制造出相应的塑料制品。

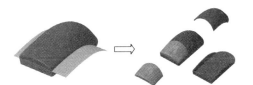

根据实际部件划分部件　　模型分解成为三个部分

图 4.6.18　模型划分为部件

(a)　　　　　　　　　(b)

图 4.6.19　上表面塑料制件的 CAD 重构

(a) 从整体模型划分得到的上表面；(b) 根据实物构建的塑料制品模型

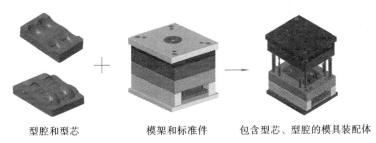

型腔和型芯　　　　模架和标准件　　包含型芯、型腔的模具装配体

图 4.6.20　模具装配体图

采用快速成形技术完成造型零件的快速制造,在此基础上进行快速制模也是一种小批量的快速制模的方法。如图 4.6.21 所示,中间鼠标是进行逆向工程的原型件,左边是去除按键区域曲面的快速成形制件;右边是完整型面的快速成形制件。

图 4.6.21　MEM 快速成形工艺制作的制件

4.6.5 逆向工程实例

【实例】 用 3D CaMega PCP-300 便携式三维扫描仪、Geomagic studio 软件完成人脸曲面的数据采集、曲面重建工作,然后用 MEM350 熔融挤压成形机床完成加工,如表 4.6.2 所示。

表 4.6.2 人脸模型的设计与快速成形加工过程

序号	工作简图	工作内容	注意事项
1		工作准备: (1) 调试设备,保证 3D CaMega PCP-300 便携式三维扫描仪可靠使用; (2) 软件准备,包括 PCP 标定软件、Winmoire 扫描软件、Cloudform 编辑软件和 Geomagic studio11 软件	(1) 重点检查、调试设备接线情况,保证连线畅通; (2) 熟悉四个软件的工作环境,了解相关性能
2	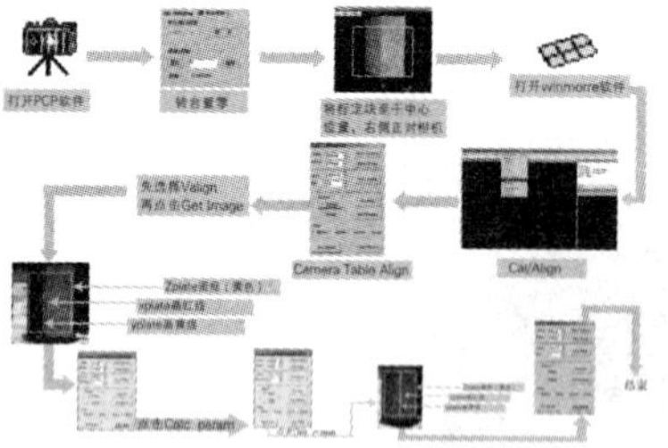	标定设备: (1) 打开 PCP 软件,调整曝光条件,将标定块置于工作台面中央,调整好焦距; (2) 使用 Winmoire 扫描测量标定块,旋转 30°再次扫描测量标定块,比较两次测量的数据,差值小于 0.5 则表示标定正确,否则重新标定	(1) 调整焦距应做到视窗中间白点重合即可; (2) 标定比较的目的是计算同一个点在两次测量中的差值,如果差值大于 0.5,则意味着测量系统存在较大误差,应调整相关参数,重新标定; (3) 该差值可依据精度进行调整

续表

序号	工作简图	工作内容	注意事项
3		安排测量策略,设计测量步骤	了解被测对象,确定测量方案。在此例中,测量正面一次即可
4	 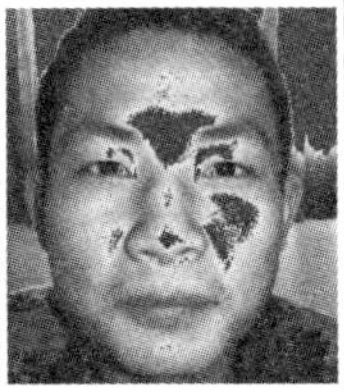	拍摄人脸正面,获得图像	合理选择曝光参数,确保获得准确的数据
5	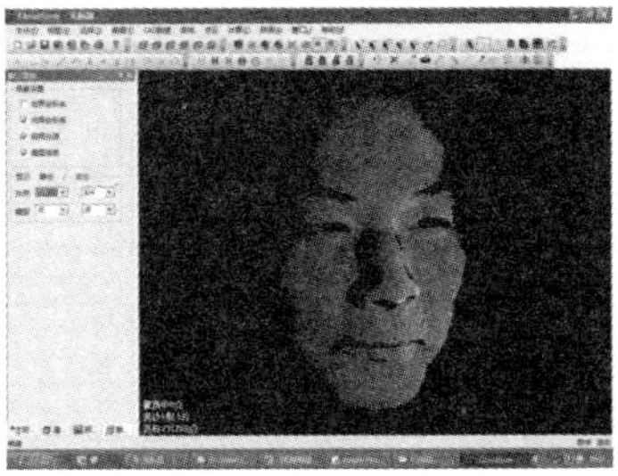	(1) 由拍摄的图像转化为点云; (2) 用 Cloudform 软件编辑点云,输出点云文件	
6	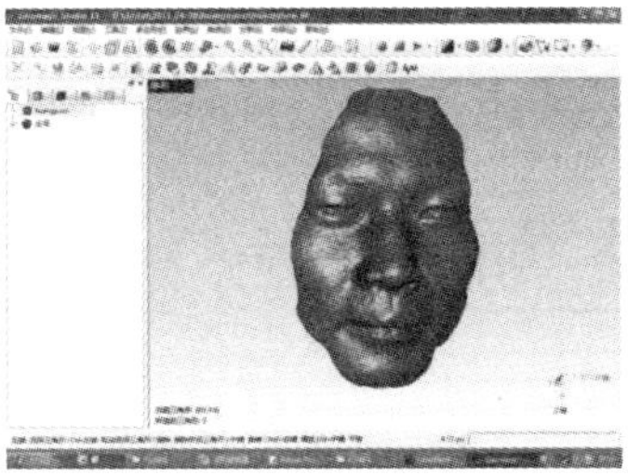	用 Geomagic studio 11 软件对点云进一步编辑,生成三角面片文件,然后输出	(1) 生成的曲面应该完整、无缺陷,否则应做修补; (2) 曲面文件用 STL 的格式输出,便于后续使用
7	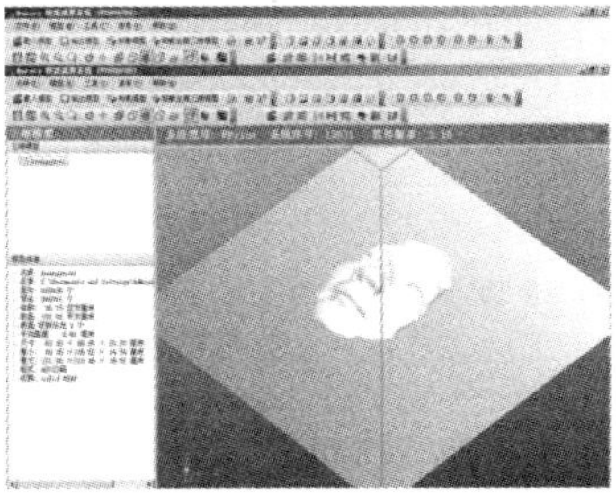	将文件转入到 MEM350 熔融挤压成形机床	参照"表 4.4.2 小车模型的设计与快速成形加工过程"完成模型加工

· 389 ·

续表

序号	工作简图	工作内容	注意事项
8	 	完成加工	

复习思考题

1. 逆向工程的主要技术环节是什么？
2. 简述逆向工程中 CAD 造型的一般步骤。
3. 试分析非接触测量的特点及举例说明其典型应用。

4.7 特种加工

☆ 学习目标和要求

● 了解特种加工的发展。
● 了解特种加工的工作特点。
● 了解电火花加工、激光加工、电解加工、电子束加工、离子束加工、超声波加工的工作原理及其应用范围。
● 熟悉电火花线切割加工的程序编制方法，初步掌握电火花线切割机床的基本操作。
● 了解激光雕刻切割机的工作过程，初步掌握激光雕刻切割机的基本操作。
● 了解超声波清洗的基本知识。

☆ **安全操作规程**

1. 遵守电火花线切割机床安全操作规程
- 按照机床润滑指示牌规定的部位,做好班前加油工作。
- 工件在安装和拆卸的过程中,必须断开高频电源。
- 严禁加工时空手或手拿金属物品与切丝、工件、金属框接触。
- 严禁两手同时进行带电对刀,以免形成回路。
- 工件加工过程中,严禁擅自离开机床。
- 严禁在切削液中清洗工件。
- 加工完毕后,机床要擦拭干净,及时保养。
- 机床用电脑要及时杀病毒,定时维护,严禁使用外单位的存储设备。
- 出现意外情况时,必须立即关闭电源,报告指导人员。

2. 遵守激光雕刻切割机安全操作规程
- 遵守一般切割机安全操作规程,并严格按照激光器启动程序启动激光器。
- 操作者须经过培训,熟悉设备结构、性能,掌握操作系统有关知识。
- 按规定穿戴好劳动防护用品,在激光束附近必须佩戴符合规定的防护眼镜。
- 在未弄清某一材料是否能用激光照射或加热前,不要对其加工,以免产生烟雾和蒸气。
- 设备开动时操作人员不得擅自离开岗位或托人代管,如的确需要离开时应停机并切断电源开关。
- 要将灭火器放在随手可及的地方,不加工时要关掉激光器或光闸,不要在未加防护的激光束附近放置纸张、布或其他易燃物。
- 开机后应手动低速开动机床,检查确认有无异常情况。
- 对新的工件程序输入后,应先试运行,并检查其运行情况。
- 工作时,注意观察机床运行情况,以免切割机走出有效行程范围或发生碰撞造成事故。
- 保持激光器、床身及周围场地整洁、有序、无油污,工件、板材、废料按规定堆放。
- 在加工过程中发现异常时,应立即停机,及时排除故障或上报主管人员。
- 维修时要遵守高压安全规程。每运转 40 h 或每周维护、每运转 1 000 h 或每 6 个月维护时,要按照规定和程序进行。

☆ **学习方法**

先集中讲授,再到生产现场进行参观;然后在机房上机,通过讲授、指导、自由练习等方法,让参训人员了解线切割与激光加工实习所涉及的软件的使用;按照要求,参训人员自行设计零件或产品;将设计的零件或产品绘成矢量图,输入线切割机床,模拟加工后在指导教师的指导下完成实物的加工。教学中安排观看特种加工教学视频。

要求参训人员独立完成至少一个零件或产品的设计工作。

传统的机械加工采用"以硬克软"的方法,即硬度较高的材料作为刀具,对较软的材料表面施加机械力,靠机械力使之变形和分离,达到切削加工的目的。

科学技术的发展,对现代化的工业产品也提出了更高的要求,如零件的强度、硬度、韧度要求越来越高,对耐高温、耐高压等特殊性能指标也有一定的要求,因而经常采用一些新材料与新结构,如高强度合金钢、耐热钢、钛合金、硬质合金等难加工材料,陶瓷、人造金刚石、玻璃等非金属材料,用传统的加工方法难以完成加工。另外,零件形状日趋复杂,加工面的要求也越来越高,这需要一些新的方法来解决加工问题。特种加工就是在这种形势下迅速发展起来的。作为机械制造技术中的全新领域,特种加工发展迅速,已在现代加工技术中占有非常重要的地位。

1. 特种加工的定义与主要加工方法

特种加工是直接利用各种物理的、化学的能量在材料上去除或添加材料,以达到零件设计要求的加工方法的总称。常用的特种加工方法有:电火花加工、激光加工、超声波加工、等离子加工、电解加工等。特种加工发展很快,种类也越来越多,快速成形、直接成形、胶接成形、高压水射流加工等,都是最新的加工方法。

电火花加工是利用工具与工件(即正、负极)之间脉冲性火花放电(直接利用电、热能)的电蚀现象来蚀除多余金属,以达到对工件尺寸、形状、表面质量的预定要求。

激光加工是利用激光这种强度、亮度高,方向性、单色性好的相干光,将工件的被加工处瞬时熔化和蒸发,同时产生很强的冲击波,使熔融物质爆炸式地喷射去除,从而实现打孔、切割等各种加工。

超声波加工是利用工具进行超声频振动,通过磨料悬浮液的高频撞击和抛磨作用使工件成形的加工方法。

高压水射流加工是利用高压发生器,将普通水增压至 $100 \sim 400$ MPa,通过直径仅 0.2 mm 的宝石喷嘴产生一束速度达 $1\,000$ m/s(近三倍音速)的水射流,用来切割各种物质的加工方法。

离子束加工是在真空条件下,把氩(Ar)、氪(Kr)、氙(Xe)等惰性气体,通过离子源产生离子束,并经过加速、集束、聚焦后,投射到工件表面的加工部位,以实现去除加工的加工方法。

电铸加工是在原模上电解沉积金属,然后电离,以制造或复制金属制品的加工方法。

电解加工是利用金属在电解液中产生阳极溶解,将工件作为阳极,加工工具作为阴极,放入电解液中通入直流电,工件便按照所需的形状溶解,直至完成加工的加工方法。

2. 特种加工的优点

和传统的机械加工方法比较,特种加工有很大优势,体现在以下几个方面。

(1) 充分利用各种能量,不完全依赖机械能。

(2) 加工时不受工件材料物理力学性能的制约,可加工超硬、脆材料和精密细微零件,实现了"以柔克刚"。

(3) 加工过程中工具与工件之间一般不存在宏观的机械切削力,适合加工薄壁工件、弹性件。

(4) 被加工零件精度与表面粗糙度有确定的规律性,便于加工质量的控制。

(5) 加工能量便于转换,工序少、生产效率高、劳动强度低,能大大缩短新产品的试制时间。

(6) 能够对各种不同特点的特种加工进行工艺的复合,扬长避短,形成有效的新生加工技术体系,满足日益增长的技术需求。

4.7.1 电火花成形与穿孔加工

1. 电火花加工原理

在电器开关合上或打开时,会因两极放电而导致接触部位烧蚀,造成"电蚀"现象。电火花加工就是利用工具与工件(正极与负极)之间脉冲性火花放电的电蚀现象来熔蚀工件表面材料,以达到对工件的形状、尺寸和表面质量的预定要求。电火花加工是最早的特种加工方法,在诸多特种加工方法中,无论是技术性还是经济性都达到了相当高的水平,是应用最广泛的特种加工技术。常见的电火花加工方法主要有电火花成形加工、电火花穿孔加工、电火花线切割加工、电解磨削加工等。

图 4.7.1 所示为电火花成形加工系统示意图。工件与工具浸在工作液中,分别接脉冲电源的两个输出端;自动调节装置使工具与工件间保持很小的放电间隙。当脉冲电压加到两极时,工具与工件间绝缘强度最低处被击穿,发生局部放电,产生瞬时高温,熔化、气化局部金属,形成一个金属小坑。脉冲放电结束一段时间后,工作液恢复绝缘,第二个脉冲继续工作,如图 4.7.2 所示。这样以相当高的频率连续不断地放电,工具电极不断地向工件电极进给,就可将工具的形状复制到工件上,加工出所需的零件。

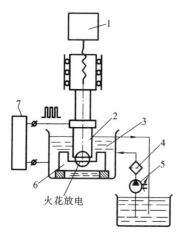
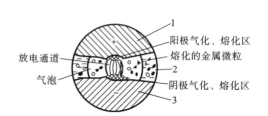

图 4.7.1　电火花成形加工系统
1—高度调节装置；2—工具电极；3—工作液；
4—过滤装置；5—工作液泵；6—工件；7—脉冲电源

图 4.7.2　脉冲放电过程
1—阳极；2—工作介质；3—阴极

2. 电火花加工的特点及应用

电火花加工与传统的机械加工有着本质的不同，具体体现如下。

（1）对电火花加工而言，材料的加工性能主要取决于它的热学性质，如熔点、比热、导热系数等，而与其机械性能（硬度、韧度、强度等）没有关系，这样可以降低电极制造的难度。

（2）加工时，工具（相当于刀具）与工件不直接接触，没有因切削力产生的工艺系统变形、振动等问题，适合低刚度与细微复杂零件的加工。

（3）直接利用电能加工，便于实现过程自动化。可随时调整电参数，简化工艺过程，方便进行粗、精加工。

电火花成形加工特别适合各种模具的型腔加工，可用来加工高温合金、淬硬钢、硬质合金等难加工材料，还可用来加工细微精密零件和各种成形零件。电火花成形加工已逐渐渗透到零件加工的各个领域，在现代企业的生产中占有重要地位。

3. 电火花成形机床的组成

电火花成形机床主要由主机、脉冲电源、伺服进给系统、工作液循环系统等几大部分组成，具体布局如图 4.7.3 所示，加工的典型零件与使用的成形电极如图 4.7.4 所示。

主机用于支承工具电极及工件，保证它们之间的相对位置，实现稳定的伺服进给。它主要由床身、立柱、主轴头、工作台及润滑系统等组成。床身是电火花成形机床的基础，立柱和纵横拖板安装在床身上，主轴又安装在立柱上，它们的刚度与精度直接影响加工精度。主轴头下端安装工具电极,是机床的关键部件,也是伺服进给系统的执行机构,因此设计上有严格要求:工具电极必须保证加工稳定性,并维持最佳放电间隙;要有一定轴向和侧向刚度及精度,主轴运动的直线性和防扭转性好;要有足够的进给和回升速度、高灵敏度等。

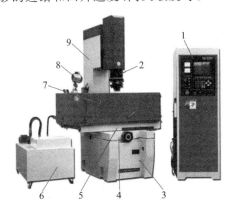

图 4.7.3 电火花成形机床的外形与结构

1—电源、运动控制柜;2—主轴头;3—床身;4—横向工作台;
5—纵向工作台;6—工作液箱;7—工作槽;8—照明灯;9—立柱

图 4.7.4 成形电极与加工的工件

1—成形电极;2—加工工件

电源、运动控制柜包括脉冲电源、伺服进给系统及其他电气系统。脉冲电源把工频正弦交流电流转变成一定频率的单向脉冲电流,向工件和工具电极间的加工间隙提供能量以蚀除金属。它的性能直接影响电火花加工的加工速度、表面质量、加工精度、工具电极损耗等工艺指标,因此要求脉冲电源有一定的放电能量,尤其在粗加工时有较大的加工速度;单向脉冲的主要参数调节方便,性能稳定,抗干扰能力强。伺服进给系统保证在加工过程中工具电极与工件之间保持一定的放电间隙,以获得稳定的加工过程与良好的加工效果。

工作液在放电过程中也起着重要作用:除了绝缘、清洗功能之外,还要压缩放电通道,使能量高度集中;加速放电间隙的冷却,消除电离,冲走电离产物,避免引起短路、拉弧和二次放电,提高加工稳定性等。工作液循环系统过滤工作液,并保证工作液有正确的循环方式。

数控电火花成形机床还有一个重要组成部分——数控系统。电火花机床的数控系统可以专用,也可以在通用的数控系统上增加电火花加工所需的专用功能。数控系统对位置、轨迹、脉冲参数和辅助动作进行编程和实时控制,要求很高。

4. 电火花成形加工特点

1) 极性效应

在电火花加工中,阳极和阴极分别受到电子与离子的轰击而产生瞬时高温,因此它们都会被电蚀。但即使两电极材料相同,它们的蚀除量也不同,这种现象称极性效应。放电时,电子奔向阳极,由于质量小,加速度大,容易获得较高的运动速度;而正离子质量大,加速度小,短时间内不宜获得高速。所以当放电时间较短时(例如小于 10 μs),电子传给阳极的能量大于正离子传给阴极的能量,使阳极蚀除量大于阴极,这时工件接正极,工具接负极,称为正极性。反之,当放电时间足够长(例如大于 100 μs)时,离子已加速到较高的速度,因其质量大,轰击阴极时的动能也大,使阴极的蚀除量大于阳极,这时工件应接负极,工具电极接正极,称为负极性。极性效应不仅与放电时间有关,还与电极材料和脉冲能量有很大关系。在加工中必须合理选择加工极性,以提高加工速度和降低电极损耗。

2) 拉弧现象

在电火花加工中,如果放电间隙排屑不良,间隙间电蚀产物的浓度会提高。这样放电点不能转移分散,使其温度升高,产生结碳,放电更加集中,引起拉弧,烧伤工具、工件表面,影响加工精度,甚至造成工件报废。为防止拉弧的产生,应在加工中增大冲油压力;增加抬刀频率与高度;加大脉冲间隔,减少峰值电流,降低加工面电流密度等。

3) 电极材料的选用

常用的电极材料有紫铜、石墨、黄铜、铜钨合金等。电极材料应根据工件材料及要求来合理选择,电极材料的基本要求如下。

(1) 导电性能好。

(2) 热物理性能好,导热系数大,熔点、沸点高,相对损耗小。

(3) 易于加工成形,价格低。

4) 工作液种类及要求

电火花加工必须在有一定绝缘性能的液体介质中进行,工作液要求如下。

(1) 有一定绝缘强度。

(2) 流动性能好,化学稳定性好,无毒害。

(3) 燃点、闪点高,不易起火爆炸。

(4) 价格低廉。

常用的工作液有电火花专用油、煤油、机油、锭子油等。

5. 电火花成形加工图例

图 4.7.5 和图 4.7.6 所示分别为用紫铜和石墨做电极电火花成形加工的产品。

【教师演示】

向参训人员演示电火花成形加工的全过程。

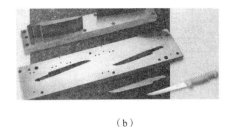

(a) (b)

图 4.7.5 用紫铜做电极加工的零件及产品

(a) 纯铜电极与工件;(b) 用电极加工的冷冲模模具和最终的产品

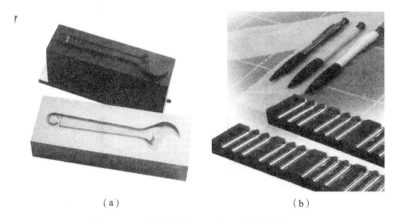

(a) (b)

图 4.7.6 用石墨做电极加工的零件及产品

(a) 石墨电极与工件;(b) 用电极加工的塑料模模具和最终的产品

4.7.2 电火花线切割加工

电火花线切割是电火花加工的一个重要分支。它不需要制作专门的工具电极,而是用一根移动着的金属丝(钼丝、铜丝或镀层金属线)来代替。加工时,贮丝筒在交流电动机的作用下,带动金属丝在丝架的导轮上上下移动;工件安装在工作台面上,由伺服电动机驱动工作台 X、Y 两轴的滚珠丝杠实现任意位置的平面移动。线切割加工就是利用电极丝与工件间的相对运动和火花放电现象来切割工件的。图 4.7.7 所示为电火花线切割加工机床结构及原理。

1. 数控电火花线切割加工的应用范围及特点

1) 应用范围

电火花线切割适于加工二维形状的工件,特别是像碳钢、合金钢、硬质合金等难

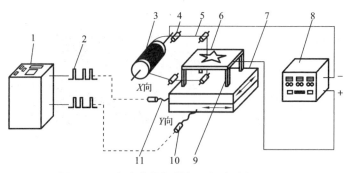

图 4.7.7 电火花线切割加工机床结构及原理

1—数控装置；2—电脉冲信号；3—贮丝筒；4—导轮；5—钼丝；6—工件；
7—工作台；8—脉冲电源；9—绝缘块；10—步进电动机；11—丝杠

图 4.7.8 线切割运用实例

加工材料及各种形状复杂的二维零件；可以加工出精密冲模（包括凹凸模、固定板、卸料板）、挤压模、样板、盘形凸轮等，特别适合多品种、小批量零件和试制品的生产。如图 4.7.8 所示为线切割加工的产品。

2）加工特点

电火花线切割具有如下特点。

（1）电火花线切割以柔软的金属线作为电极，是"以软克硬"的典型代表。

（2）线电极损耗小，加工精度高。

（3）采用乳化液或去离子水等工作液，不必担心发生火灾，可以昼夜无人连续加工。

（4）无论被加工工件的硬度如何，只要是导体或半导体材料都能加工。

（5）对任何形状复杂的二维零件来说，只要能编制程序就可以加工。

（6）能够加工小锥度的零件。

（7）只对工件轮廓进行切割，可有效地利用材料。

2. 数控电火花线切割的基本组成与分类

1）基本组成

电火花线切割机床主要由机械装置、脉冲电源、工作液供给装置、数控系统和编程系统组成，如图 4.7.9 所示。

电火花线切割机床的运动是由机械装置实现的。机械装置由床身、坐标工作台、运丝系统及辅助装置组成。

床身机座为方形箱体，是其他各构件的基础。坐标工作台由导轨、滚珠丝杠和

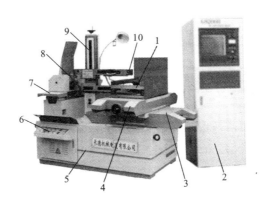

图 4.7.9 电火花线切割机床构成

1—坐标工作台；2—电源、运动控制柜；3—纵向工作台；4—横向工作台；
5—床身机座；6—开关面板；7—运丝拖板；8—贮丝筒；9—丝架；10—导轮

齿轮组成，由两台步进电动机带动，沿着导轨在 X、Y 方向移动，传动精度高；工作台呈框架形式，是工件安装的基准面，应注意保护。

运丝系统由贮丝筒、丝架、导向器、导轮等部分组成。贮丝筒由一台交流电动机带动，由行程开关控制行程长短与正反转，使电极丝均匀地绕在贮丝筒上；加工过程中，切丝的方向与张紧程度由导轮组件与可调线架来调整。切丝上下移动不但能避免细丝在放电时因局部蚀除量过大而断丝，还能将工作液带入工作区，带走切削热，冲走蚀除物，优化工作区的加工条件。

脉冲电源是影响线切割加工效果的重要工艺指标。在条件一定的情况下，机床的加工速度、加工尺寸精度、表面粗糙度等都主要取决于脉冲电源的性能。因此，对脉冲电源的峰值电流、脉宽等都有比较严格的要求。

线切割加工需要连续稳定地供给有一定绝缘性能的工作液，它一边冷却电极丝与工件，一边排除电蚀产物，保证火花放电持续进行。工作液系统包括：工作液箱、离心泵、调节阀、供水管、回水管、过滤器等。线切割加工采用专门的工作液，如乳化液、去离子水等。

电火花线切割机床采用 CNC 控制系统，可以分为控制计算机、线切割软件、数据和控制接口几部分。加工时可以手工编程：读懂图样后由人工编制加工程序并输入线切割软件；程序信号由接口传到电源箱，通过脉冲电源控制步进电动机带动工作台运动。也可利用线切割软件自动编程：在编程系统中直接画图，然后确定起切点和切割顺序，依据数控系统提示输入加工条件后自动生成加工程序，再进行加工。

电火花线切割机床还配有常用附件，如精密平口钳、钼丝垂直度校正器、回转工作台、磁性夹具等。

2) 机床分类

(1) 快速走丝电火花线切割机床　快速走丝电火花线切割机床是我国于20世纪60年代研制成功的。这种机床线电极运丝速度快(300～700 m/min)，而且切丝双向往返循环运行。线电极主要是钼丝(ϕ0.1～0.2 mm)，工作液通常是乳化液，也可采用矿物油、去离子水等。它切割速度高，利于冷却与清洗，而且机床结构简单，价格便宜。但是机床和切丝振动较大，导轮导丝损耗也大，给提高精度带来困难。目前能达到的精度为0.01 mm，表面粗糙度 Ra 0.63～1.25 μm。

(2) 慢速走丝电火花线切割机床　慢速走丝电火花线切割机床如图4.7.10所示，这种机床运丝速度较慢(3～15 m/min)，切丝单向运行。可使用紫铜、钨、钼和各种合金及金属涂覆线作为电极，其直径为0.03～0.35 mm。工作液主要用去离子水和煤油，精度达±0.001 mm。能实现自动卸除加工废料、自动搬运工件、自动穿丝、运用自适应控制技术，已实现无人加工。

图4.7.10　慢走丝电火花线切割机床及其运丝机构

3. 数控电火花线切割机床的基本操作与零件加工步骤

常用的数控电火花线切割机床往往采用机床本体与控制系统相分离的结构，其操作方法也是相对独立的。

1) 线切割机床的基本操作

线切割机床的具体操作过程如下。

(1) 开启机床总电源。

(2) 进入编程系统，画出加工路线图(或直接读出图形)，通过仿真后，运用相关指令，生成加工程序，传输到控制系统。

(3) 安装工件，调整切丝位置。

(4) 设置或调节有关加工电参数，将工作按钮拨至适当位置，准备加工。

(5) 开启机床运丝电动机，开启机床工作液电动机，按下加工按钮，开始加工。

(6) 调节各项进给参数及电流参数,使加工稳定。

(7) 加工结束,按开机步骤倒序停机。

2) 线切割加工的基本要求

(1) 正确理解零件图,确定线切割的加工对象。在理解图样时,首先要挑出不能或不宜用电火花线切割加工的工件图样,大致有以下几种。

① 表面粗糙度和尺寸精度要求特别高,而且切割后无法进行手工研磨的工件。线切割加工是由无数的小坑和凸起组成的,粗细较均匀,所以在相同的粗细程度下,耐用度比机械加工的表面好,但表面粗糙度较切削加工法低半级至一级。

② 窄缝小于电极丝直径与放电间隙之和的工件,内拐角圆弧半径过小的图形。

③ 非导电材料。

④ 厚度超过丝架跨距的零件。

(2) 正确编制加工程序。编制程序时应注意要合理确定过渡圆半径;计算和编写加工用的程序时,要根据坯料的情况,选择合理的装夹位置、起割点和切割路线。起割点应取在图形的拐角处,或在容易将凸尖修去的部位。

3) 工件的装夹方式

工件装夹的方式对加工精度有直接影响。电火花线切割加工机床的夹具比较简单,一般是在通用夹具上采用压板、螺栓固定工件。为了适应各种形状工件加工的需要,还可使用磁性夹具、旋转夹具或专用夹具等。工件支撑装夹常用的有悬臂支撑方式、两端支撑方式、桥式支撑方式、板式支撑方式、复式支撑方式等。

4. 线切割加工的程序编制方法

1) 手工编程简介

线切割编程系统一般都提供了 3B、4B、5B、G 代码等多种程序格式,其中快走丝一般采用 3B 格式,慢走丝则多采用 4B 格式,也有一些系统直接采用 G 代码。在编程时,只要使用其中的一种即可。手工编程时,首先应看懂零件图,并选择合适的坐标原点,定出坐标系;考虑切丝偏差值,计算出切丝中心所走过切割路线的所有交点坐标;然后按照拟订的加工路线编写加工程序,控制机床进行加工。下面以 3B 代码(见表 4.7.1)为例,对线切割加工的程序编制方法作简单介绍。

表 4.7.1 无间隙补偿的程序格式(3B)

B	X	B	Y	B	J	G	Z
分隔符	X轴坐标值	分隔符	Y轴坐标值	分隔符	计数长度	计数方向	加工指令

(1) 分隔符 B　X、Y、J 均为数码,之间用字母"B"隔开。

(2) 坐标值 X、Y　并不是真正意义上的坐标值,而是指被切割线段在 X、Y 方向上的投影长度，单位为 μm。

（3）计数方向 G　加工斜线时，斜线在哪个坐标轴上的投影长度最长，那个坐标方向就为计数方向。

（4）计数长度 J　被切割线段在计数方向上的投影长度，单位为 μm。计数长度应写满 6 位数，例如：1 998 μm 应写为 001998。

（5）加工指令 Z　加工直线时用 L1、L2、L3、L4。在待加工直线的起始点作一与初始坐标系平行的参考坐标，设该直线与参考坐标系 X 正方向的夹角为 θ。当 $0°\leqslant θ<90°$ 时，用 L1；当 $90°\leqslant θ<180°$ 时，用 L2；当 $180°\leqslant θ<270°$ 时，用 L3；当 $270°\leqslant θ<360°$ 时，用 L4。加工圆弧时用 SR1、SR2、SR3、SR4 或 NR1、NR2、NR3、NR4。SR 用于顺时针方向切割，NR 用于逆时针方向切割。

【实例】用线切割的方法加工如图 4.7.11 所示形状，设 $A(0,15)$ 为起切点，切丝的偏移量为 0，列出 3B 程序。

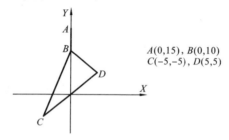

图 4.7.11　实例图

因为切丝的偏移量为零，所以切丝运动轨迹的各交点坐标即为图 4.7.11 中各交点的坐标，可直接使用。

列出加工程序如下。

```
B0      B5000    B005000   GY   L4   X=0    Y=15   /切割线段 AB
B5000   B15000   B015000   GY   L3   X=0    Y=10   /切割线段 BC
B5000   B10000   B010000   GY   L1   X=-5   Y=-5   /切割线段 CD
B5000   B5000    B005000   GX   L2   X=5    Y=5    /切割线段 DB
B0      B5000    B005000   GY   L2   X=0    Y=10   /回到线段 AB
```

2）线切割自动编程技术

现有的线切割机床都配有自动编程系统，其总体功能大致分为三部分，即系统作图、自动编程和控制加工。自动编程加工时先要分析图样、选定编程坐标和确定切割方向，利用相应的画图指令画出加工路线；然后根据切丝的起切位置添加切入线；整理排序后，检查已编好的切割路线，如与预先确定的切割路线不符，应及时修改，直至预览显示的切割路线正确为止。

3) 采用其他方式画图,借助专用编程系统进行线切割加工

对于最初接触线切割加工的操作者来说,难以在短时间内完全掌握某种编程系统,可以采用常规的绘图工具,借助线切割软件中的自动编程与控制加工部分来完成整个加工过程。

这种方式得到的图形需要转换成特定的格式。*.DXF 文件是一种具有特定格式的 ASCII 码文件,也是目前使用较多的一种图形转换文件。在 *.DXF 文件的实体段中,包含了丰富的几何信息,现有的各种线切割编程系统,基本上都能自动从 *.DXF 文件中提取几何信息,并加以转化、处理,最终获得线切割机床所需的 3B 指令。

(1) 采用 AutoCAD(或其他二维 CAD 软件)绘图　AutoCAD 是通用的工程制图软件。用于线切割加工时,可以先在 AutoCAD 中直接设计绘图,将需要作线切割的部分单独取出,并存储为 *.DXF 文件形式;在线切割编程系统中读出该文件,即可得到加工路线。

(2) 手工作图　用纸、笔画出切割路线图,将图形扫描后输入计算机;对图形进行矢量化处理后转入到图形处理软件进行修正和完善;最后生成程序并控制机床加工。对手工作图,难以解决的是尺寸的精确度问题,因此它只适用于尺寸要求不高的外形切割。

4) 刀补的设置

绘制切割路线图时,一般是按照切丝几何中心的运行轨迹进行,而在加工中因为存在切丝直径和放电间隙的影响,零件加工后的实际值与作图值会存在偏差,偏差量为切丝半径与单边放电间隙的之和,即

$$偏移量 = 切丝半径 + 单边放电间隙$$

一般快走丝刀补偏移量为 $(0.09 + 0.01)\,\text{mm} = 0.1\,\text{mm}$。偏移方向与切丝运动方向和工件的位置有关,判断方法为:顺着加工方向看去,切丝在工件左边为左补,反之为右补。刀补方向设定好后,就可按尺寸直接加工。例如,按图 4.7.12 所示的加工条件,切割外轮廓应设为左补,$L = 6.9 + $ 偏移量。

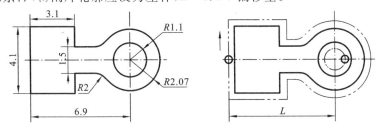

图 4.7.12　切丝偏移量的设置

5. 线切割用电极丝与工作液简介

1）电极丝

根据线切割机床种类的不同,应选用不同的电极丝。单向慢走丝线切割机采用黄铜丝、锌包铜复合电极丝。快走丝线切割机的运丝速度快,而且双向往复运行循环使用,线电极的振动大,磨损比较严重,因此多选用钼丝、钨钼合金丝。钼丝韧度好,在频繁的急热急冷变化中,切丝不易变脆、折断;钨钼丝是钨、钼各占50%的合金(见图4.7.13),具有两重金属的特性,使用寿命较长,加工速度较高。

图4.7.13 快走丝机床专用切丝

切丝的直径根据加工要求和工艺条件选取。直径大,抗拉力大,承受电流大,可采用较强的电参数,以提高加工速度;同时,切丝粗则切缝宽利于排屑;但粗丝无法加工尖角,而且电蚀物增多又反过来影响加工速度。切丝细则抗拉力降低,而且不便排屑,但能得到小的内尖角,可在精密细微加工中采用。

2）工作液

线切割中的工作液起着冷却、绝缘、清洗的作用。线电极在火花放电过程中产生极高的温度,不及时冷却很容易断丝,因此必须使工作液充分包围电极丝。乳化液主要用于快走丝机床,其母液乳化油是由基础油、乳化剂、洗涤剂、润滑剂等组成。将10%的乳化油与蒸馏水或去离子水混合就成为线切割加工的工作液。

6. 数控电火花线切割加工的一般工艺规律

数控电火花线切割加工的工艺规律是指各项参数对加工工艺指标的影响。衡量电火花线切割工艺指标的主要参数有切割速度、切割精度、切割表面粗糙度和线电极在加工中的损耗等。

1）切割速度及影响因素

线电极沿图形加工轨迹的进给速度乘以工件厚度表示线切割的切割速度v_{wa}。

$$v_{wa} = v_f H$$

式中:v_{wa}——切割速度(mm^2/min);

v_f——加工进给速度(mm/min);

H——工件厚度(mm)。

电参数中峰值电流的大小决定单个脉冲对加工速度的影响。切割速度与峰值电流的1.4次方成正比,平均加工电流与切割速度成正比,因此增大峰值电流或缩短脉冲周期可以提高加工速度;在其他加工条件不变的情况下,切割速度随着脉宽的增加而增加;减小脉冲间隔相当于提高脉冲频率,也可以提高切割速度。

2) 加工精度及影响因素

线切割加工精度大致分为四个方面,即加工面的尺寸精度、间距尺寸精度、定位精度和角部形状精度等。它们取决于切缝的宽窄、线电极的振动程度、机床的机械精度等。其影响因素很多,主要有脉冲电源、线电极、工作液质量、工件材料、进给方式、机床和环境等。一般来讲,快走丝机床精度可达 0.01 mm,慢走丝机床精度可达 0.001 mm。

3) 加工表面形状及影响因素

线切割加工钢件时,表面会出现黑白相间的条纹,这与切丝的正反向运动有关,是因为排屑与冷却的条件不同造成的。如切丝正向运动时,工作液由切丝从上部带入,上部冷却比下部好,但排屑比下部差,这时放电产生的炭黑物质聚附在上加工表面,呈黑色;而下表面排屑好,炭黑少,而且放电常常在气体中进行,所以呈白色,如图 4.7.14 所示。

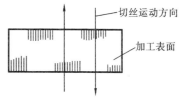

图 4.7.14 线切割已加工表面

由于热作用和电解作用的影响,加工表面通常会产生变质层,如显微裂纹或表面硬度降低等,致使切割加工表面发生早期磨损,缩短使用寿命。表面形状好坏涉及的因素很多,放电参数、走丝方式、切丝张力振动程度、切削液的选用等都有影响。一般条件下,表面粗糙度值 Ra 可达 $0.63\sim1.25~\mu m$。

4) 线电极损耗

在满足切割速度和加工表面粗糙度的情况下,增大脉冲电流的时间和增加脉冲电流宽度有利于减少线电极在加工中的损耗。

【实践操作】

(1) 学习相关的 CAD 软件,在了解线切割工作过程的基础上完成线切割零件的设计。

(2) 对自行设计的图样进行处理,完成从设计—扫描—矢量化—加工路径调整的仝过程。

(3) 在指导老师的协助下,完成零件的线切割加工。

(4) 完成线切割零件的过塑等后续处理工作。

【操作要点】

(1) 机床操作时要注意安全,尽量不要直接或手持金属物与带电的工作台接触,以免形成回路。

(2) 线切割作图编程时应注意以下几个问题。

① 分析图样要透彻,起切点、切割线制定要明确,最好能绘出草图。

② 用 AutoCAD 作图时严格按图样尺寸进行，为了保证加工路线的连续性，可依据走丝顺序，从起切点到终点依次作图。

③ 加工路线图必须是连续且封闭的图形，不允许有断点与交叉点。

④ 加工路线应充分考虑机床的实际情况，图形中的窄缝宽度应大于刀补偏移量的两倍，图形连接处要考虑加工时的放电区域和加工后的连接强度。

⑤ 用纸、笔手工作图需选用合适的笔种，注意图形的难易和线条的疏密程度，并合理选择扫描参数。

4.7.3 激光加工

激光是一种受激辐射产生的加强光，强度、亮度高，方向性、相干性和单色性都很好，通过光学系统可将激光束聚焦成几十微米甚至只有几微米的光斑，焦点处功率密度可达 $10^7 \sim 10^{11}$ W/cm²。当激光器输出的激光照射到工件表面时，光很快被工件吸收并迅速转化为热能。由于聚焦后的光斑很小，光斑区域内瞬时可达上万度的高温，使材料迅速熔化甚至汽化。随着激光的不断输入，材料不断吸收新的激光能量，使得材料凹坑内的金属蒸汽迅速膨胀，压力随之突然增大，在工件内部形成方向性很强的冲击波，引起熔融物爆炸式地高速喷射出来。因此，激光加工是工件材料由瞬时的光热效应引起的高温熔融和冲击波综合作用的结果。1960 年，美国科学家梅曼研制成功世界上第一台可实际应用的红宝石激光器（如图 4.7.15 所示），标志着激光技术的诞生。

图 4.7.15　第一台可实际应用的红宝石激光器

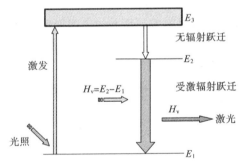

图 4.7.16　激光形成的基本原理（红宝石激光器）

激光产生的基本原理如图 4.7.16 所示。在一定外来光子能量的激发下，某些具有亚稳态能级结构的物质（如铬、钕离子，二氧化碳分子等）在吸收光能后，使处在较高能级（亚稳态）的原子数目大于低能级（基态）的原子数目，这种现象称为"粒子数反转"。在产生粒子数反转时，如果用一束光子（如来自光泵）照射该物质，而光子的能量又恰好等于这两个能级之间的能量差,则产生受激辐射,输出大量的光能。而且所输出的这束光与入射光具有完全相同的特性。光的频率、相位、传播方向和偏振方向都完全一致。这就相当于把入射光放大和加强了,这种发光过程即称为受激辐射。通常所说的激光就是由这样一种受激辐射而产生的加强光。

激光加工的优点如下。

① 激光可以用于蚀除材料加工,也可以进行焊接、热处理、表面强化或涂敷等加工。

② 激光的功率密度高,可以加工任何能熔化而不产生化学分解的固体材料,如各种金属、陶瓷、石英、金刚石等。透明材料只要采取一些色化和打毛,仍可采用激光加工。

③ 激光可透过透明物质,如空气、玻璃等,故激光可以在任意透明的环境中操作,包括空气、惰性气体、真空,甚至某些液体。

④ 激光加工不需要工具,不存在设计制造工具和加工过程中的工具损耗问题,适宜自动化连续操作。

⑤ 激光束能聚焦成 $1~\mu m$ 以下的光斑,加工孔径和窄缝可以小至几微米,其深度与直径、缝宽比可达 5~10 以上,适于细微加工。

⑥ 激光加工没有机械力作用,没有因机械力而引起的缺陷,故微孔、窄缝和低刚度工件,用激光加工是很有利的。

⑦ 激光加工热作用时间短,对整个加工区来说几乎不受热的影响,可以加工对热冲击敏感的材料,如硬质合金、陶瓷等。

⑧ 激光加工速度快,效率高,如打一个小孔一般只需 $0.001~s$。

激光加工的缺点如下。

① 有高热传导率或高反射率的材料的加工比较困难。

② 激光光斑内光强分布不均匀,同时受加工过程中其他一些因素的影响,加工精度难于进一步提高。

③ 激光输出功率的精确控制是目前激光加工的一大难题。

1. 激光加工的基本设备

通用的激光加工的基本设备包括激光器、电源、光学系统和机械系统四部分,如图 4.7.17 所示。

1) 激光器

激光器是激光加工的主要设备,它的任务是将电能转变为光能,产生所需要的激光束,是激光加工设备的核心部分。

2) 激光器电源

根据加工工艺的要求,激光器电源为激光器提供所需要的能量,包括电压控制器、储能电容组、时间控制器和触发器等组成部分。

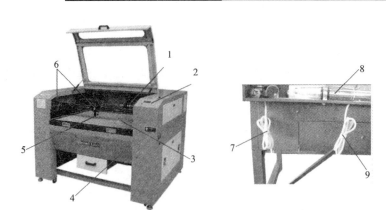

图 4.7.17 低功率非金属激光切割雕刻机的外形结构与组成
(a) 机床基本结构;(b) 机床背面的激光器
1—机床导轨;2—控制面板;3—工作台面;4—床身支架;5—聚焦加工点;
6—光学系统;7—入水口;8—激光器;9—出水口

3) 光学系统

光学系统将激光束聚焦,同时观察和调整焦点位置。光学系统主要包括显微镜瞄准、激光束聚焦及加工位置在投影仪上的显示等。

4) 冷却系统

冷却系统将激光在传输过程中产生的热通过冷却水及时散出,以保护工作介质和镜头。

5) 机械系统

机械系统包括床身、数控坐标工作台及机电控制系统等。

2. 激光器简介

按照工作介质的不同,激光器可以分为固体激光器、气体激光器、液体激光器和半导体激光器四大类。常用激光器的性能和特点如表 4.7.2 所示。

表 4.7.2 常用激光器的性能和特点

工作介质	激光波长/μm	发散角/rad	输出方式	能量或功率	用途
红宝石 (Al_2O_3,Cr^{+++})	0.69	$10^{-2} \sim 10^{-3}$	脉冲	几个至几十个焦耳	打孔、焊接
钕玻璃 (Nd^{+++})	1.06	$10^{-2} \sim 10^{-3}$	脉冲	几个至几十个焦耳	打孔、焊接
掺钕钇铝石榴石 (YAG)	1.06	$10^{-2} \sim 10^{-3}$	脉冲	几个至几十焦耳	打孔、切割、焊接、微调
			连续	一百至一千瓦	

续表

工作介质	激光波长/μm	发散角/rad	输出方式	能量或功率	用 途
二氧化碳(CO_2)	10.6	$10^{-2} \sim 10^{-3}$	脉冲	几焦耳	切割、焊接、微调、热处理
			连续	几十至几千瓦	
氩(Ar^+)	0.5145 0.4880				存储

激光加工中广泛应用固体激光器(工作物质有红宝石、钕玻璃及钇铝石榴石 YAG)和气体激光器(工作介质为 CO_2 分子)。固体激光器一般采用光激励,具有输出能量大、峰值功率高、结构紧凑、牢固耐用、噪声小等优点,用于切割、打孔、焊接、刻线等。红宝石激光器如图 4.7.18 所示。随着激光技术的发展,固体激光器的输出能量逐步增大,单根 YAG 晶体棒的连续输出能量已达数百瓦,几根棒串联起来可达数千瓦。但固体激光器的能量效率较低,如 YAG 激光器为 $1\% \sim 2\%$。

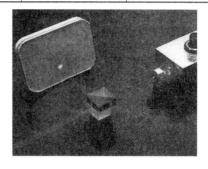

图 4.7.18 红宝石激光器

气体激光器一般采用电激励,分子受激辐射,其效率高、寿命长、连续输出功率大,现已广泛用于金属热处理、钢板切割、焊接、金属表面合金化及难加工材料的加工等方面。CO_2 激光器具有能量效率高(可达 $20\% \sim 25\%$),工作介质 CO_2 来源丰富、结构简单、造价低廉等优点,所输出的激光波长 10.6 μm 的红外光,对眼睛的危害比 YAG 激光小。其缺点是体积大,输出的瞬时功率不高,噪声较大。CO_2 气体激光器的一般结构与工作原理如图 4.7.19 所示,它主要包括放电管、气体谐振腔、激

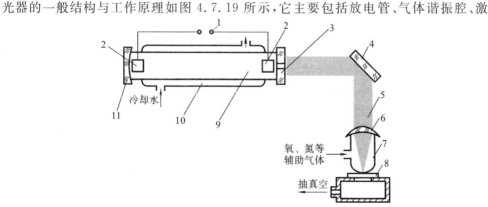

图 4.7.19 气体激光器工作原理图

1—电源;2—电极;3—反射平镜;4—转向反射镜;5—激光束;6—聚焦透镜;
7—喷嘴;8—工件;9—CO_2 气体等;10—放电管;11—全反射凹镜

励电源、反射镜和冷却系统等部分。当激光器中的工作介质(即 CO_2 气体)受到电流激发后,在一定条件下可实现亚稳态粒子数高于低能级粒子数,实现"粒子数反转",通过少量激发粒子产生受激辐射跃迁就会造成光的放大。放大的光通过谐振腔内的全反射凹镜与反射平镜的反馈作用产生振荡,并由反射平镜一端的小孔输出激光。系统中的聚焦透镜将激光聚焦成高能光斑,照射在工件表面即可进行加工。

放电管一般用硬质玻璃管做成,对要求高的 CO_2 气体激光器可以采用石英玻璃管来制造。放电管的直径约几厘米,长度可以从几十厘米至数十米。CO_2 气体激光器的输出功率与放电管长度成正比,通常每米长的管子,其输出功率平均可达 40~50 W。玻璃管 CO_2 气体激光器的外形如图 4.7.20 所示。

图 4.7.20 玻璃管 CO_2 气体激光器

3. 激光加工工艺

1) 激光打孔

激光打孔是激光加工的重要应用领域之一。利用激光加工微型孔或利用激光束的成形运动加工形孔,已成功地应用于火箭发动机和柴油机燃料喷嘴加工、化纤喷丝板孔加工、钟表仪表中的宝石轴承孔加工、金刚石拉丝模及其他模具加工。如钟表行业的红宝石轴承孔,直径为 0.12~0.018 mm,孔深为 0.6~1.2 mm,在工件自动传动系统下采用激光加工,每分钟可连续加工几十个;又如生产化纤用的硬质合金喷丝板,在直径为 100 mm 的板上有 12 000 多个直径为 60 μm 的小孔,用机械方法加工,需要 5 个工人工作一星期左右,采用激光加工,不到半天就可完成。图 4.7.21 为用激光打孔的方法得到的零件。

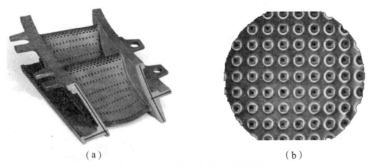

(a) (b)

图 4.7.21 激光打孔典型零件

(a) 航空叶片上的微孔,孔径为 0.5 mm;(b) 陶瓷材料上的微孔,直径为 0.5 mm

打孔用的激光束是一个高强的热源。当材料表面温度升高到稍低于其蒸发温度时,材料开始被破坏。此时的主要特征是固态金属发生了强烈的相变,首先出现液相,继而出现气相。金属蒸气对光的吸收比固态金属对光的吸收要强得多,使得蒸气的温度与亮度显著提高,在开始相变区域的中心底部形成了强烈的喷射中心。开始是在较大的范围内向外喷,而后逐渐收拢,形成稍有扩散的喷射流。由于相变来得极快,横向熔区还来不及扩大就已被蒸气全部携带喷出,所以激光几乎是完全沿轴向逐渐深入材料内部,实现整个加工过程。

打孔时,一般聚焦后光斑的直径愈小,所打的孔径也愈小。但最终孔的形状与焦点对孔的相对位置密切相关,如图 4.7.22 所示。从图中可以看出,当焦点位置位于工件上孔的入口处时,孔形最好,如图 4.7.22(c)所示,其他过低或过高,孔形都不是很理想,如图 4.7.22(a)、(b)、(d)、(e)所示。为了增加孔的深度,可以采用多次照射的方法,这样孔的深度可以大大增加,加工产生的锥度相应减小,但孔径几乎保持不变。但当超过一定深度后,孔前端的能量密度不断减小,直到最后不能继续加工。

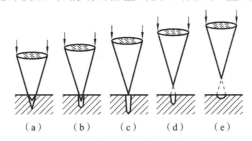

(a)　　(b)　　(c)　　(d)　　(e)

图 4.7.22　激光焦点位置与孔的剖面

激光打孔的特点如下。

(1) 打孔的材料广泛,在极软和极硬的材料上都能打孔。

(2) 加工效率高,加工孔深径比大,可达 10~15。

(3) 可以实现任意位置和任意角度的加工。

(4) 无需刀具,工件也无需夹紧,没有因切削力而引起的各种误差。

2) 激光切割

激光切割是激光加工技术领域应用最广的一种加工方法,占整个材料加工应用的 60%。激光切割以连续或重复脉冲方式工作,切割过程中激光焦点的功率密度可达到 10^7 W/cm² 以上。这时光束输入的热量远远超过材料的反射、传导与扩散,材料很快被加热至汽化温度,蒸发形成孔洞。随着光束与材料相对线性移动,使孔洞形成宽度很窄的切缝,且切缝受热影响很小。

激光可用于切割各种各样的材料。既可以切割金属(见图 4.7.23),也可以切割非金属(见图 4.7.24);既可以切割无机物,也可以切割皮革之类的有机物。它可以代替锯切割木材,代替剪子切割布料、纸张,还能切割无法进行机械接触的工件,如从电子管外部切断内部的灯丝。由于激光对被切割材料几乎不产生机械冲击和压力,故适宜于切割玻璃、陶瓷和半导体等既硬又脆的材料。再加上激光光斑小、切缝窄,且便于自动控制,所以更适宜于对细小部件进行各种精密切割。

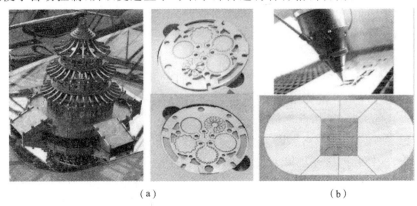

(a) (b)

图 4.7.23　激光切割的金属件

(a)激光切割的复杂曲面;(b)用激光进行精细切割

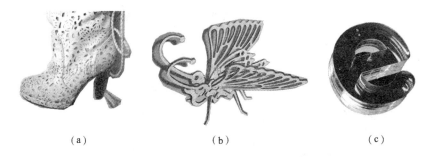

(a) (b) (c)

图 4.7.24　激光切割的非金属件

(a)激光切割的皮革;(b)激光切割的木板;(c)激光切割的有机玻璃板

用激光切割硬、脆材料主要采用热应力法。材料受热后产生明显的温度梯度,表面温度较高要发生膨胀,内层温度较低要阻止其膨胀;结果,内层产生沿径向的挤压力,表层则相对内层产生拉应力。脆性材料的抗拉强度比抗压强度要低得多,使材料先从内部裂开,实现切割。

激光切割的特点如下。

① 切口窄且光洁,无圆角及毛刺。

② 属于非接触加工,无机械冲裁力,工件排列紧密,可节约材料。

③ 切割速度快,热影响区小,热应力与热变形均小。

④ 无需刀具、模具,可以在数控装置控制下切割任意形状、尺寸的板材,特别适

宜多品种、小批量生产。

3）激光焊接

激光焊接时，所需的能量密度较低，只要将工件的加工区"烧熔"，并将其黏合在一起即可。因此，可以减小激光的输出功率。

按照接头形式的不同，激光焊接也可分为对接、搭接、直角连接、深穿入熔化焊等。激光焊接既可采用脉冲焊，也可采用连续焊。采用脉冲焊时，可以通过点焊的重叠形成连续的焊缝，重叠系数在 0.3~0.9 之间。如果重叠系数一定，可以增大光斑直径或把光束拉成直条来增加焊接移动速度。

激光焊接有如下优点。

① 光照时间短，焊接过程迅速，不仅有利于提高生产率，而且热影响区小，不易氧化，适于焊接热敏感的材料。

② 激光焊接没有焊渣，也不需要除氧化膜，可以透过玻璃在真空中进行，适用于微型机电仪表的焊接。

③ 激光焊接的工作范围广，可以实现各种材料的连接，如陶瓷与金属的连接。就金属材料而言，可焊性如图 4.7.25 所示。

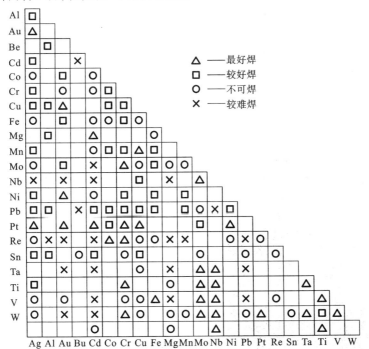

图 4.7.25　激光条件下各种材料的可焊性

"只要看得见,就能够焊接"是激光焊接的重要优势。激光焊接可以在很远的工位、通过窗口或在普通工具不能深入的三维零件内部进行。激光焊接只需从单面实施就能将叠层零件焊接在一起,这一优势为接头设计开辟了许多新的可能性。激光焊接机虽然较传统焊接设备要昂贵,但同它所能获得的高生产率和优异的焊接质量相比,采用激光焊接仍然比较经济。激光焊接件如图 4.7.26 所示。

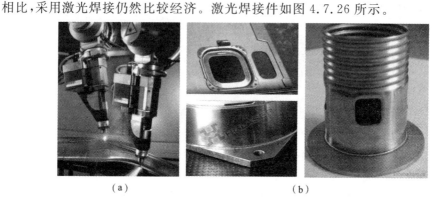

图 4.7.26 激光焊接与焊件
(a) 激光焊接汽车车身;(b) 激光焊接的焊点与焊缝

4) 激光表面处理

采用 10^3 W/cm² 以上功率密度的激光高能束流集中作用在金属表面,通过表面扫描或伴随有附加填充材料的加热,使金属表面由于加热、熔化、气化而产生冶金、物理、化学或相结构的转变,达到金属表面改性的目的。这种加工技术称为激光表面(处理)技术。

激光表面处理技术是通过激光与材料的相互作用使材料表面发生所希望的物理、化学变化。激光高能束流作用在金属材料表面,被材料表面吸收并转换为热能。该热量通过热传导机制在材料表层内扩散,造成相应的温度场,从而导致材料的性能在一定范围内发生变化,实现对金属表面的不同处理,如图 4.7.27 所示。

图 4.7.27 激光表面热处理

当激光束加热材料的温度低于其熔点时,首先发生材料的固态加热现象。对于钢铁材料和其他具有固态相变的金属或合金而言,当激光束的加热温度超过材料的相变点时,则将发生固态相变,如钢铁材料将形成奥氏体,并在激光束停止照射作用之后,通过冷基体的内冷效应实现自淬火硬化;当激光束的加热温度超过材料的熔点后,材料处于液态,这将形成表面熔化层,在表面熔化层与基体相邻部位是固态加热区,如果附以填充材料,则可以在金属表面形成合金层或冶金结合的表面熔覆层;当温度继续升高,即吸收的热量超过材料的升华潜热,则促使材料由固态直接转变为气态,可以实现材料表面的冲击硬化,此时在材料表面不存在熔化层。因此,同一台激光加工系统,通过控制激光的功率密度和作用时间,就可以实现材料表面相变硬化、表面合金化、表面涂敷、表面非晶态化、激光"上亮"、激光冲击硬化等多种表面处理工艺。

激光表面处理技术有如下所述特点。

(1) 激光束流能量密度高,可以在瞬间熔化和气化材料,实现对难熔材料、高导热材料和各种非金属材料的加工。

(2) 激光加热快,功率密度高,半秒钟内就可将工件表面从室温加热到临界点以上,所以热影响区少,工件变形小,处理简单。

(3) 光束移动方便,易于控制,可以对形状复杂的零件或零件的局部,如盲孔底、深孔内壁、小槽等进行处理,也可根据需要在同一零件的不同部位进行不同的处理。

(4) 激光加热点小,金属本身的热容量足以使被处理的表面骤冷,在大块的基体上散热快而形成自淬火,不需冷却介质。

(5) 节约能源,不产生环境污染。

4. 激光加工的应用与发展

20世纪60年代激光问世之后即开始应用于小型、精密零件的打孔和脉冲焊接。目前激光加工已经形成了包括激光焊接、切割、打孔、快速成形制造、金属零件激光直接成形等十几种应用工艺,并迅速地取代传统的加工方法,在汽车、电子、航空航天、机械、冶金等工业部门得到越来越广泛的应用。激光已经不再属于特种加工工具,而是一种通用的制造手段而广为人知。

激光切割已在汽车工业中广泛采用,取代冲孔和修边模具,不仅节省大量的模具材料,而且缩短新车型的开发周期,实现轿车的小批量、多品种的生产制造。激光切割的发展方向是大范围、二维化、高速度、高质量、高精度和高智能化。除工业应用之外,激光切割也已渗透到生物医学领域,如心血管支架的光纤激光精细切割等。

激光焊接也已成为汽车工业的标准生产工艺。在减小汽车质量、提高汽车的整体性和安全性、节能环保等方面发挥重要作用。在飞机制造上,欧洲空中客车公司已成功采用激光焊接取代铆接,实现了飞机机身高强铝合金结构连接技术的革命。目前及今后一段时间,激光焊接的重点领域仍然是针对运输机械的轻型化,轻金属结构材料如铝合金、镁合金的焊接、大厚度板的焊接及与传统热源叠加的复合焊接将得到快速发展。

4.7.4 超声波加工

1. 超声波加工的机理

声波是人耳能感受的一种纵波,它的频率在 16~16 000 Hz 范围内,频率超过 16 000 Hz 就称为超声波。超声波具有波长短、能量大,传播过程中反射、折射、共振、损耗等现象显著的特点。

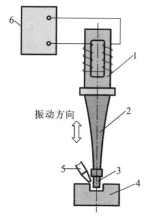

图 4.7.28 超声波加工原理图
1—换能器;2—变幅杆;3—工具;4—工件;
5—工作液喷嘴;6—超声波发生器

超声波加工是利用工具端面做超声频振动,通过磨料悬浮液加工脆性材料的一种成形加工方法,加工原理如图 4.7.28 所示。超声波发生器产生 1.6×10^4 Hz 以上高频交流电源,输送给超声换能器,产生超声波振动,并借助变幅杆将振幅放大到 0.05~0.1 mm 左右,使变幅杆下端的工具产生强烈振动;含有水与磨料的悬浮液由工具带动也产生强烈振动,冲击工件表面。加工时,工具仅以很小的力作用在工件上,工件表面受到磨料以很大速度和加速度的不断撞击,被粉碎成很细的微粒,从工件表面脱落下来。虽然每次打击下来的材料很少,但由于每秒钟打击的次数多达 1.6×10^4 次以上,所以仍能获得一定的加工速度。循环流动的悬浮液带走脱落下来的微粒,并使磨料不断更新。同时,悬浮液受工具端部的超声振动作用产生的液压冲击和空化现象,也加速了工件表面被机械破坏的效果。工具连续进给,加工持续进行,工具的形状便"复印"在工件上,直到达到要求的尺寸为止。

声波的传递依照正弦曲线纵向传播,依次传递。当弱的声波信号作用于液体中时,会对液体产生一定的负压,即液体体积增加,液体中分子空隙加大,形成许多微小的气泡,而当强的声波信号作用于液体时,则会对液体产生一定的正压,即液体体积被压缩减小,液体中形成的微小气泡被压碎。研究表明,液体中气泡的破裂会产生能量极大的冲击波,相当于瞬间产生几百度的高温和高达上千个大气压,这种现象被称为"空化作用"。

综上所述,超声波加工就是磨料在超声振动作用下的机械撞击和抛磨作用与超声波空化作用的综合结果,其中磨粒的撞击作用是主要的。正是因为这样,超声波加工特别适合加工硬脆材料,而工具材料本身只是像 45、65Mn、40Cr 这样的韧度材料。

2. 超声波加工的特点

（1）特别适合加工各种硬脆材料，尤其是电火花加工等无法加工的不导电的非金属材料，如玻璃、陶瓷、人造宝石、半导体等。

（2）加工精度高，加工表面质量好。尺寸精度可达 0.01～0.02 mm，表面粗糙度可达 Ra 0.63～0.08 μm，加工表面也无组织改变、残余应力及烧伤等现象。

（3）工件在加工过程中受力较小，对于加工薄壁、窄缝等低刚度工件非常有利（见图 4.7.29）。

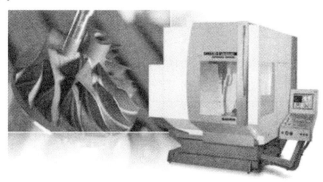

图 4.7.29　超声波机床与超声波叶片（薄壁零件）加工

（4）加工出工件的形状与工具形状一致，只要将工具做成不同的形状和尺寸，就可以加工出各种复杂形状的型孔、型腔、成形表面，不需要使工具和工件做较复杂的相对运动。因此，超声波加工机床结构比较简单，操作维修方便。

（5）与电火花加工、电解加工相比，采用超声波加工硬质金属材料的效率较低。

3. 超声波清洗

1）超声波清洗的原理

由于超声空化作用的影响，当液体中的微小气泡被压破时，会产生强大的激能，将固附在物件死角内的污垢打散，以达到清洗的效果。图 4.7.30 为超声波清洗装置结构。

由于超声波的频率很高，在液体中由于空化现象所产生的气泡数量众多且无所不在，因此对于工件的清洗可以非常彻底，即使是形状复杂的工件内部，只要能够接触到溶液，就可以得到彻底的清洗；又因为每个气泡的体积非常微小，因此虽然它们的破裂能量很高，但对于工件和液体来说，不会产生机械破坏和明显的温升。图 4.7.31 所示为超声波清洗机的换能器，图 4.7.32 所示为换能器正在工作的情况。

超声清洗主要用于几何形状复杂、清洗质量要求高的中、小精密零件，特别是工

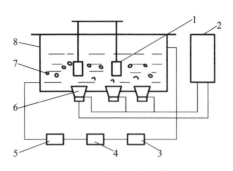

图 4.7.30 超声波清洗装置结构

1—工件;2—超声波发生器;3—泵;4—过滤器;5—加热器;6—换能器;7—空化泡;8—清洗槽

件上的深孔、小孔、微孔、弯孔、盲孔、沟槽、窄缝等的精清洗。采用其他清洗方法效果差,甚至无法清洗,采用超声清洗则效果好、生产率高。

图 4.7.31 超声波清洗机的换能器

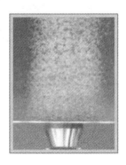

图 4.7.32 正在工作的换能器

2) 超声波清洗的工作特点与应用领域

超声波清洗是当前世界上清洗效率和清洗精度最高的一种清洗方式,通常它的清洗时间仅为普通清洗方式的 1/4~1/2。配合不同的清洗溶液,可达到不同的处理效果,如除油、除锈、脱脂、磷化等。

(1) 超声波清洗的特点。

① 不论工件形状多么复杂,将其放入清洗液内,只要是能接触到液体的地方,超声波都能对其进行清洗。

② 清洗时,液体内产生的气泡非常均匀,工件的清洗效果也将非常的均匀一致。

③ 配合清洗剂的使用,加速污染物的分离和溶解,可有效防止清洗液对工件的腐蚀。

④ 无需手工清理,杜绝了手工清洗对工件产生的伤害,避免繁重肮脏的体力劳动。

(2) 超声波清洗的应用领域。

① 机械行业 防锈油脂的去除,量具刃具的清洗,机械零部件的除油除锈,发动机、化油器及汽车零件的清洗(如图 4.7.33 所示),过滤器及滤网的疏通清洗等。

图 4.7.33 超声波清洗前后零件的对比

② 表面处理行业　电镀前的除油除锈,离子镀前清洗,磷化处理,清除积炭、氧化皮、抛光膏,金属工件表面活化处理等。

③ 医疗行业　医疗器械的清洗、消毒、杀菌,实验器皿的清洗等。

④ 仪器仪表行业　精密零件的高清洁度清洗,装配前清洗等。

⑤ 机电电子行业　印刷线路板除松香、焊斑、高压触点、接线柱等机械电子零件的清洗等。

⑥ 光学行业　光学器件的除油、除汗、清灰等。

⑦ 半导体行业　半导体晶片的高清洁度清洗。

⑧ 科教文化　化学生物等实验器皿的清洗、除垢。

⑨ 钟表首饰　清除油泥、灰尘、氧化层、抛光膏等。

⑩ 石油化工行业　金属滤网的清洗疏通,化工容器、交换器的清洗等。

⑪ 纺织印染行业　清洗纺织锭子、喷丝板等。

4. 超声波加工的其他应用

超声波加工的效率虽然低于电火花加工和电解加工,但加工精度及表面粗糙度均优于二者。特别对于脆硬的半导体和非导体材料,超声波加工是一种主要的加工方法,其主要应用范围如下。

1) 型孔、型腔加工

用超声波加工型孔、型腔是模具生产的主要方法。硬质合金制造的拉深模、拉丝模等模具耐用度好,但硬质合金加工困难,可采用超声波或电火花加工。电火花加工的表面经常会发现微小裂纹,而超声波加工则无此缺陷。因此,可先用电火花加工出预制孔,再作超声波加工。图 4.7.34 所示为用超声波在玻璃上打孔。

2) 超声波切割

超声波切割主要用于切割金刚石、半导体、石英、宝石等脆硬材料。过去这类工作都是由金刚石刀具完成,与之相比,超声波切割的主要优点是:精度高、切口窄、可切出很薄的切片,工具价格便宜、生产率高。加工实例如图 4.7.35 所示。

图 4.7.34 用超声波在玻璃上打孔　　图 4.7.35 用超声波切割的硅片与钇铝石榴石零件

3) 超声波复合加工

超声波加工速度较低，工具损耗较大，若与其他加工方法复合，可以克服这两个缺点。如超声波与电解复合加工、超声波与机械加工相复合等。

4.7.5　电化学加工

1. 电化学加工的基本原理

将两块金属片作为电极浸入电解溶液，接通直流电源后，电极及电解液中有电流通过。所不同的是金属依靠自由电子的运动导电，而电解液则依靠阴、阳离子的定向移动形成电流，这种由电子到离子的过渡称电极反应。

电解液是电解质（如 HCl、H_2SO_4、NaOH、NaCl 等）的溶液，一般情况下呈中性，接上直流电后，在电场作用下，正离子向阴极迁移，阴极得到电子，进行还原反应；负离子向阳极迁移，阳极表面失去电子，进行氧化反应。这样，在阴、阳极表面所发生的得、失电子的化学反应称为电化学反应。以这种电化学反应为基础，对金属进行加工（如镀覆或蚀除）的方法称为电化学加工。

2. 电化学加工的特点

（1）电化学加工主要依靠电化学作用来去除或镀覆金属，不受加工材料硬度、强度、韧度的限制。

（2）加工过程中无机械切削力的作用，加工后表面无残余应力、冷硬层，加工后也无毛刺及棱角。

（3）加工可以在大面积上同时进行，无需划分粗、精加工，一般都具有较高的生产率。

（4）电化学加工精度难以严格控制，设备初始投资大，电解产物处理困难。

（5）电化学作用的产物对环境有污染，电解液对设备也有腐蚀，应特别注意。

3. 电化学加工的分类

1) 电解加工

电解加工是利用金属在电解液中发生"阳极溶解"的原理将工件加工成形的,如图 4.7.36 所示。加工时,工件接正极,工具接负极,两极间保持 5~10 V 的直流电和 0.1~1 mm 的加工间隙;同时,电解液以 0.49~1.96 MPa 的压力从间隙间流过。在电化学作用下,工件被加工表面的金属按工具阴极的形状被迅速溶解,并被高速流动的电解液带走;工具电极不断向工件缓慢进给,就得到了尺寸及形状符合图样要求的零件。

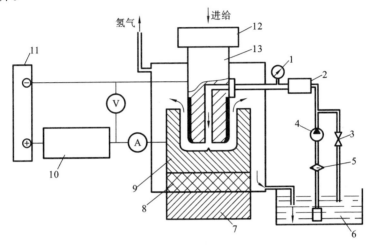

图 4.7.36 电解加工原理

1—压力表;2—流量计;3—溢流阀;4—泵;5—过滤器;6—电解液槽;7—机床工作台;
8—绝缘底板;9—工件阳极;10—短路保护等控制装置;11—电源;12—机床动力头;13—工具阴极

2) 电解磨削

电解磨削是电解作用与机械磨削相结合的复合加工方法,加工原理如图 4.7.37 所示。磨削前,工件接阳极,导电磨轮接阴极,工件与磨轮间保持一定的压力;由于磨轮上突出的砂粒与工件接触,形成了磨轮与工件间的电解间隙,间隙间有喷嘴专门提供电解液;磨轮不断旋转,将工件表面由电化学反应所形成的硬度较低的钝化膜刮去,新金属露出后继续产生电化学反应,如此反复下去,直至达到加工要求为止。与电解加工相比,电解磨削具有较高的加工精度和表面粗糙度,其生产效率高于机械磨削。

3) 电镀、电铸和涂镀

电镀、电铸和涂镀加工都是利用电解液中正离子在阴极的沉淀作用来得到镀覆层的。电镀、电铸和涂镀的加工原理虽然相同,但它们的加工要求各不相同:电镀是

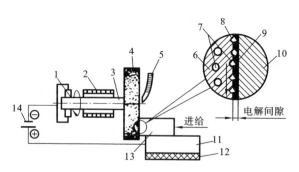

图 4.7.37　电解磨加工原理
1—电刷；2—绝缘套；3—主轴；4—导电磨轮；5—电解液喷嘴；6—导电性基体；7—磨料；
8—电解液；9—电解产物；10,13—工件；11—工作台；12—绝缘层；14—直流电源

在零件表面上镀覆 0.01～0.05 mm 的金属层，主要起装饰和防蚀的作用，要求镀层表面光滑且与被镀零件表面的结合紧密。电铸属于成形加工方法，有尺寸及形状精度要求，沉淀层较厚，约在 0.05～5 mm 以上，能与原模分离成独立的模腔。涂镀主要用来增大零件个别表面尺寸或改善零件表面的性能，也有一定的尺寸及形状精度要求，涂镀层一般在 0.001～0.5 mm 以上，与零件本体表面结合牢固。

4.7.6　超高压水射流加工

超高压水射流切割是 20 世纪 70 年代发展起来的一门高新技术，它是利用高压、高速的细径液流作为工作介质，对工件表面进行喷射，依靠液流产生的冲击作用去除材料，实现对工件的切割。稍微降低水压或增大靶距和流量，还可以进行高压清洗、破碎、表面毛化、去毛刺及强化处理。超高压水射流与激光、离子束、电子束一样，属于高能束加工的技术范畴。世界上第一台纯水高压水切割设备诞生于 1974 年，第一台磨料高压水切割设备诞生于 1979 年。目前，该项技术得到了广泛的应用，在机械、建材、建筑、国防、轻工、纺织等领域正发挥着日益重要的作用。

1. 超高压水射流切割原理、分类和特点

1）超高压水射流切割的原理

中国自古有"滴水穿石"之说，如今利用超高压水射流技术切割石材和其他材料已成为现实。将过滤后的工业用水加压至 100～400 MPa，再经过直径为 0.08～0.5 mm 的喷嘴孔口后，形成 500～900 m/s 的超音速细径水柱，功率密度高达 10^6 W/mm^2，可以用来切割各类材料。

图 4.7.38 所示为超高压水射流切割原理。储存在水箱 1 中的水，经过过滤器 2 处理后，由水泵 3 抽出送至蓄能器 4 中。液压机构 5 驱动增压器 6，使水压增高。高压水经控制器 7、阀门 8 和喷嘴 9 喷射到工件 10 上的加工部位，进行切割。切割过

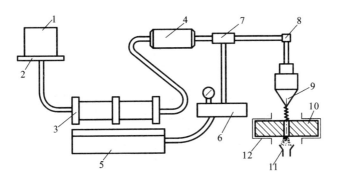

图 4.7.38 超高压水射流切割原理图

1—水箱;2—过滤器;3—水泵;4—蓄能器;5—液压机构;6—增压器;
7—控制器;8—阀门;9—喷嘴;10—工件;11—水槽;12—夹具

程中产生的切屑和水混合在一起,排入水槽 11。

2) 超高压水射流切割的分类

根据高压射流工作介质的不同,超高压水射流切割技术可分为两类:纯水高压水切割和磨料高压水切割。

纯水高压水切割使用经过处理的工业用水作为工作介质,经过精细过滤,不掺杂任何固体颗粒物料,用于切割软质材料,如纸张、纸板、玻璃纤维制品、食品等。磨料高压水切割则是在液流中掺加了一定比例的细粒度磨料,磨料比例最高可达 20%(质量比),目的在于增加射流的能量密度,提高切割效率,用于切割硬脆材料,如各种金属材料、石材、玻璃、塑料、陶瓷等。

3) 超高压水射流切割的特点

超高压水射流使用廉价的水作为工作介质,是一种冷态切割新工艺,属于绿色加工范畴,是目前世界上先进的切割工艺方法之一。它可以切割各种金属、非金属材料,各种硬、脆、韧性材料。特别是在石材加工等领域,超高压水射流切割具有其他工艺方法无法比拟的技术优势。与传统的火焰切割工艺相比,超高压水射流切割具有切缝窄(0.8～1.2 mm),切口平整,无热变形,无边缘毛刺,切割速度快,效率高,加工成本低,无尘,无味,无毒,无火花,振动小,噪声低等优点,尤其适合在恶劣的工作环境和有防爆要求的危险环境下加工。与机械切削(如锯切、铣削等)相比,可以方便地获得复杂形状的二维切割轨迹,并且高压射流永不变钝,无刀具损耗。与冲压工艺相比,水射流切割加工柔性高,可节省模具设计及制造的费用。

目前,超高压水射流切割存在的主要问题是:喷嘴的成本较高,使用寿命、切割速度和精度仍有待进一步提高。

2. 超高压水射流切割设备的特点

超高压水射流切割被形象地称为"水刀",设备的外形结构与组成如图 4.7.39

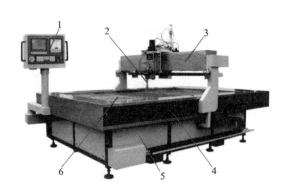

图 4.7.39　超高压水射流切割设备的外形结构与组成
1—控制面板；2—切割头；3—横梁（X 轴）；4—Y 轴导轨；5—底座；6—工作台（水槽）

图 4.7.40　红宝石高压喷嘴

所示。其组成部分主要有：超高压水发生装置、切割头、超高压管路系统、执行机构和控制系统等。

切割头上的喷嘴（见图 4.7.40）是切割系统中的重要部件，其结构、工作性能和使用寿命直接影响到工件切割质量和生产成本。根据切割工艺的不同，喷嘴可分为纯水切割喷嘴和磨料切割喷嘴两种。纯水切割喷嘴用于切割密度较小、硬度较低的非金属软质材料，喷嘴内孔的直径范围为 0.08～0.5 mm。磨料切割喷嘴用于切割密度较大、硬度较高的硬质材料。超高压水从喷嘴孔中高速喷射时，将形成负压真空，在负压的作用下，磨料通过砂入口被吸入喷嘴，在混合室中与高压水混合之后，形成砂射流。根据使用的磨料种类和粒度不同，喷嘴孔的直径范围为 0.5～1.65 mm。

在切割工件时，喷嘴受到极大的液体内压力，以及磨料的高速磨削作用（采用磨料高压水切割），要求制造喷嘴的材料应具有优良的耐磨性、耐蚀性和较高的综合力学性能。目前，通常采用蓝宝石、红宝石、硬质合金和金刚石等材料。考虑到成本及制造方面的因素，以宝石材料应用最为广泛。

3. 超高压水射流切割的应用

超高压水射流切割技术在许多部门得到了广泛应用。例如在建材工业及建筑装潢业，超高压水射流切割具有其他切割技术缺少的技术优势，可用于切割大理石、花岗岩、陶瓷、玻璃纤维、石棉等材料，可切割出复杂形状的石材拼花，切割尺寸精确，无粉尘污染，如图 4.7.41 所示。在汽车制造业，用于切割仪表盘、内饰及外饰件、门板、车窗玻璃，不需要模具，可提高生产线的加工柔性。在航空航天工

图 4.7.41 水射流切割范例

业,用于切割硼纤维、碳纤维等复合材料,切割时不产生分层,无热聚集,工件切割边缘质量高。切割铝合金、不锈钢、钛合金、耐热合金等金属材料无金相变化,无热影响区,无热应力,切缝窄,切口质量高,材料利用率高。在食品工业,用于切割松脆食品、菜、肉等,可减少细胞组织的损坏,增加存放期。在造纸工业,用于牛皮纸、波纹箱板等的分卷切条,无粉尘污染,切速高达1 828 m/min。在电子工业,用于印制电路板的轮廓切割。在纺织工业,用于切割多层布料,可提高切割效率,减少边端损伤。

总之,超高压水射流切割技术的应用范围在日益扩展,潜力巨大。随着设备成本的不断降低,其应用的普遍程度将进一步得到提高。

4.7.7 特种加工实例

【实例一】 圣诞图片的电火花线切割加工。

依据电火花线切割的特点与要求,自行设计加工线切割零件一件。

材料:1 mm 厚的不锈钢板,尺寸为 80 mm×60 mm。

设备:DK7725 数控电火花线切割机床、AutoCAD 软件、PhotoShop 软件。

加工过程如表 4.7.3 所示。

表 4.7.3 圣诞图片的线切割加工

序号	工作简图	工作内容	注意事项
1	创意设计,确定图形加工方案	自主设计	应充分发挥想象力
2		根据自己的创意设计利用相关软件绘制或加工图形	(1) 可借助相关软件如:PhotoShop、Windows 的画图工具,或纸、笔画图通过扫描得到; (2) 图形格式可采用 JPGE 或 TIFF 等

续表

序号	工作简图	工作内容	注意事项
3		图形简化,得到便于进一步处理的标量图	图形的色彩尽量简单,黑白的轮廓图(如本例)、线框图均为较好选择
4		将处理好的标量图形转化为有数值、有方向的矢量图	(1)应借助矢量化软件进行,如VPstudio; (2)得到的矢量化图形应该是一条单一的加工线路
5		将得到的矢量图进行修改和优化,以满足线切割加工的需要	可在通用的工程绘图软件中进行,如AutoCAD等,主要工作有以下几项: (1)检查图形的大小是否符合要求; (2)检查加工路线是否连续,有无断点、交叉点等缺陷; (3)检查图中窄缝的宽度与连接强度是否足够; (4)检查加工路线与最初设计是否一致; (5)转换成为".dxf"的格式
6	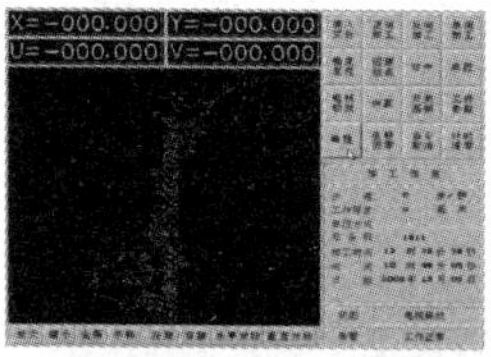	加工路径的仿真,生成加工路径(加工指令),准备加工	检查加工路径的正确与否,可在通用的CAM软件中进行,如CAXA、MasterCAM,也可用线切割编程软件进行仿真
7		零件的加工	注意电加工机床操作安全
8		零件清洗与后置处理	(1)可采用超声波等方式完成清洗; (2)清洗完毕用过塑机完成作品的封塑

【实例二】 部分参训人员线切割实习作品。

如图 4.7.42 所示为部分学生的线切割实习作品。

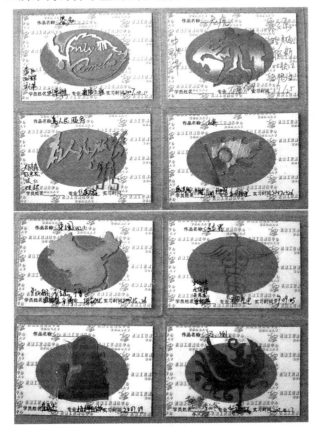

图 4.7.42 部分参训人员的线切割实习作品

【实例三】 图片的处理与激光加工。

依据激光雕刻切割加工的特点与要求,自行设计加工零件一件。

材料:3 mm 厚的木制三合板,尺寸为 100 mm×100 mm。

设备:R80 激光雕刻切割机床、计算机、AutoCAD 软件、PhotoShop 软件、CoreDraw 软件。

R80 激光雕刻切割机是一种通用的激光加工机床,采用玻璃管 CO_2 气体激光器,连续直流电源激发,直流高压 20~40 kV,功率为 40 W。该机床适合于木板、竹板、塑料板、有机玻璃等各类非金属材料的切割与雕刻。切割采用高能激光将材料切透即可;雕刻则通过图片色点的深浅程度来控制激光烧蚀材料的厚度实现。

R80 激光雕刻切割机床的操作要注意以下几个方面。

(1) 设备所处环境应干燥、无污染、无振动。切割机内存在高压环境，湿度过大容易引起高压打火，烧坏主板、电源，所以机床不宜在过于潮湿的环境中工作。

(2) 工作前应接通循环冷却水系统，避免玻璃管在工作中发热而导致激光器破裂损坏。冷却水接好以前禁止开机。

(3) 正确连接安装通风除尘系统，保证材料燃烧后的废气及时排出。

(4) 正确连接电源线与打印线，保证文件传输畅通。

(5) 激光加工机属精密光学仪器，对光路调节要求较高，如果激光不是从每个镜片的中心射入，就会影响切割效果，所以每次工作前务必检查一下光路是否正常。

加工过程如表 4.7.4 所示。

表 4.7.4 激光雕刻切割加工过程

序号	工作步骤	工作内容	注意事项
1	创意设计，确定图形加工方案	自主设计	应充分发挥想象力
2		将自己的创意设计绘制成图片	（1）可借助 PhotoShop、Windows 的画图等工具，或纸、笔画图通过扫描得到； （2）图形格式可采用 BMP 位图或 JPGE 等； （3）该部分图像由激光雕刻得到
3	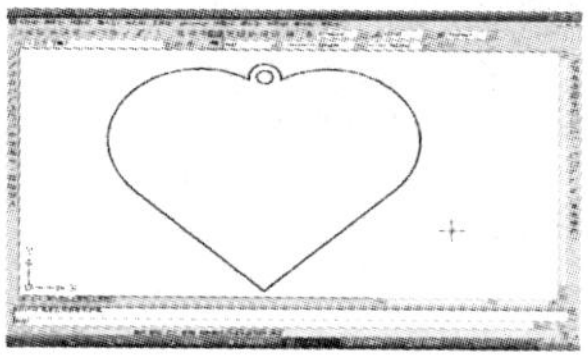	绘制图片的切割方案	（1）借助 AutoCAD 软件完成切割外形图的绘制； （2）存储为 *.dwg 或 *.dxf 格式； （3）该部分图形由激光切割得到
4	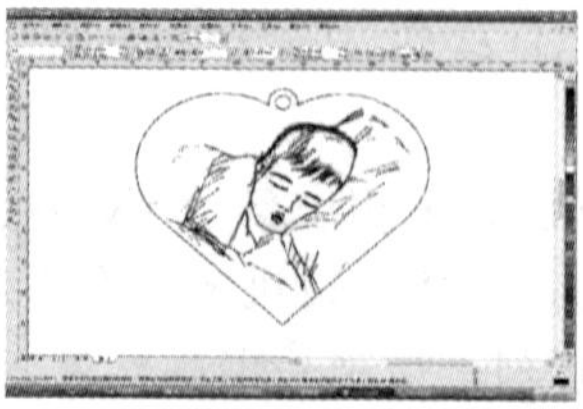	将设计的图片和切割方案组合成整体，调整好相互的位置	（1）从 CoreDraw 软件分别打开切割图、导入雕刻图； （2）将切割图线设为"发丝"模式，其他通过菜单转换为"位图"； （3）如有必要可组为"群组"模式，防止位置移动

续表

序号	工作步骤	工作内容	注意事项
5		设置加工参数，通过"打印"指令输入到机床	（1）正确选择打印机的类型； （2）正确选择纸张与图像的模式； （3）在打印的输出选项中填写适当的加工参数； （4）填写输出程序名称； （5）生成数据并输出
6		设置机床加工参数进行图片的雕刻与切割加工	（1）从机床控制面板选择加工程序名称； （2）根据图像特点选择电流参数； （3）确定加工起始位置，完成对刀； （4）开始雕刻与切割加工； （5）注意机床安全工作与工作区内的排尘
7		零件后置处理	

【**实例四**】 部分参训人员激光加工实习作品。

图 4.7.43 所示为部分参训人员的激光加工实习作品。

图 4.7.43　部分参训人员激光加工实习作品

复习思考题

1. 简述特种加工的定义与主要的特种加工方法。
2. 特种加工的优点有哪些?
3. 简述电火花成形机床的结构组成。
4. 电火花加工的极性与损耗有什么关系?拉弧现象是怎样产生的?
5. 电火花加工的精度与哪些因素有关?精加工时电参数应如何选择?
6. 电火花加工工具电极材料选择的依据是什么?常用的电极材料有哪些?
7. 电火花线切割加工有什么特点?
8. 电火花线切割机床由哪些部分组成?工作台有何特点?
9. 电火花线切割加工中快走丝与慢走丝的机床有什么不同?
10. 影响电火花线切割加工效率的因素有哪些?影响电火花线切割加工精度的因素有哪些?
11. 自行设计并制造一个线切割零件。
12. 以红宝石激光为例,简述激光产生的基本原理。
13. 激光是如何对被照射材料进行加工的?
14. 激光加工有哪些优点和缺点?
15. 简述激光打孔、激光切割、激光焊接、激光热处理的原理。
16. 激光切割能加工哪些材料?
17. 激光切割有什么优点?
18. 激光加工设备一般由哪些部分组成?作用如何?
19. 简述玻璃管 CO_2 气体激光器的基本工作原理。
20. 何谓超声空化?简述超声波加工的原理与特点。
21. 谈一谈超声空化作用在超声波清洗中的作用。
22. 简述超声波清洗的特点与应用领域。
23. 电解加工的基本原理是什么?常见的电解加工方法有哪些?
24. 常用的电涂覆方法有哪些?应用领域有什么区别?
25. 试述超高压水射流切割技术的原理和特点。
26. 试述纯水高压水切割与磨料高压水切割之间的异同及各自的应用。
27. 结合自己的理解,谈一谈超高压水射流的应用场合。

第5章 机械加工工艺编制

☆ **学习目标和要求**
- 了解生产过程与工艺过程的定义,了解工序、安装、工步、走刀的基本概念。
- 了解机械零件加工精度与表面质量的相关知识,正确理解基准的概念。
- 了解制订工艺规程的步骤、方法与进行简单的经济分析。
- 能够独立完成零件工艺规程制订的工作,能够独立完成零件的加工与装配。

☆ **学习方法**

先通过课堂讲授的方式了解工艺的基本概念,学习识图的基本方法;然后以分组讨论的形式逐步了解并掌握工艺规程的编制方法,编写零件的工艺规程;按工艺规程加工零件,并以组为单位完成装配。

5.1 机械加工工艺过程的基本概念

1. 生产过程与工艺过程

在机械制造中,将原材料转变为成品之间的各个相互关联的劳动过程的总和称为生产过程。在生产过程中,直接改变生产对象的形状、尺寸、相对位置和性能,使之成为成品或半成品的过程称为工艺过程。材料成形生产过程的主要部分称为成形工艺过程(如铸造工艺过程、锻造工艺过程、焊接工艺过程等);机械加工车间生产过程中的主要部分称为机械加工工艺过程;装配车间生产过程中的主要部分称为装配工艺过程。生产过程与各工艺过程间的关系如图 5.1.1 所示。机械制造工艺过程一般就是指零件的机械加工工艺过程和机器的装配工艺过程。

一个完整的机械加工工艺过程是由多个工序组成的,每个工序又可分多次安装来实现,每一次安装可分为几个工步,每一个工步又有多次走刀。工序、安装、工步、走刀的定义如表 5.1.1 所示,它们之间的相互关系如图 5.1.2 所示。

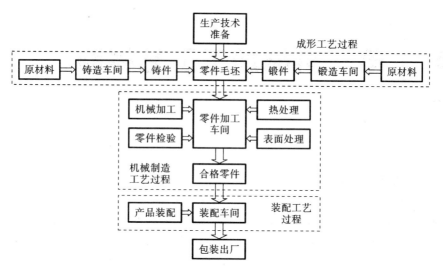

图 5.1.1　产品的生产过程与各工艺过程间的关系

表 5.1.1　工序、安装、工步、走刀的定义

名称	定　义
工序	一个或一组工人在一个工作场地对同一个(或几个)工件连续完成的工艺过程
安装	工件(或装配单元)经一次装夹后完成的工序内容
工步	在加工表面、加工工具、加工参数不变的条件下,连续完成的那部分工序
走刀	同一工步中,若加工余量大,需要用一把刀具多次切削,每次切削就是一次走刀

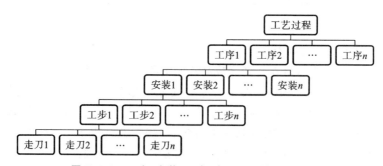

图 5.1.2　工序、安装、工步、走刀之间的相互关系

2. 加工精度与表面质量

衡量机械零件的加工质量的指标有两大类:一是加工精度,二是加工表面质量。

1) 加工精度

加工精度是指零件在加工以后的实际几何参数(尺寸、形状和位置)与图样规定的零件几何参数的符合程度。符合程度越高,加工精度也越高。在实际加工中,不可能把零件做得绝对精确,总会产生一些偏离,这种偏离就被称为加工误差。只要能保证零件在机器中的功能,把零件的加工精度保持在一定的范围内是完全允许的。所以,国家给机械工业规定了各级精度和相应的公差标准。只要零件的加工误差不超过零件图上按零件设计要求和公差标准所规定的偏差,就算是保证了零件加工精度的要求。控制加工精度的公差标准有以下两项。

(1) 尺寸公差　零件图样上的尺寸公差标注方式一般有如下几种:

$\phi 50 H7(^{+0.025}_{0})$,$\phi 50 H7$,$\phi 50^{+0.025}_{0}$,$\phi 50 \dfrac{H7}{g6}$

其中,"$\phi 50$"为基本尺寸,单位为 mm(一般省写);"H"和"g"为基本偏差代号,用拉丁字母表示,大写代表孔,小写代表轴。基本偏差表示出公差带相对于基本尺寸的位置;"7"和"6"表示公差等级。国标将标准公差分为 20 个等级,用代号"IT"及数字"01,0,1,2,…,18"表示。知道了基本尺寸和公差等级就能计算出公差值的大小,如基本尺寸为 $\phi 50$ 的 7 级公差值为 25 μm(即 0.025 mm);"$^{+0.025}_{0}$"为尺寸的上下偏差,"$\dfrac{H7}{g6}$"表示孔与轴的配合方式。

尺寸公差是"极限与配合"标准的主要内容之一,是工业生产的基本准则,在实际工作中要读懂尺寸公差要求,按照零件图要求进行加工。

(2) 形状与位置公差　形状和位置公差简称形位公差,它是针对构成零件几何特征的点、线、面的几何形状和相互位置的误差所规定的公差。GB/T 1182—2008 规定了 19 种形位公差的特征项目。各形位公差项目的名称及其符号如表 5.1.2 所列。

形位公差标注一般由被测对象、指引箭头、公差框格和基准要素组成。指引箭头直接指向被测要素。形位公差框由二至五格组成,形状公差一般为两格,位置公差为三至五格,第一格填写项目符号,第二格填写公差值(单位 mm)和相关符号,三至五格填写基准字母和相关符号。基准要素用大写的英文字母表示。形位公差的标注方法一般有两种。具体表示方法如图 5.1.3 与图 5.1.4 所示。

2) 加工表面质量

机械零件的机械加工质量,除了加工精度以外,表面质量也是极其重要而不容忽视的一个方面。零件的使用性能,如耐磨性、抗疲劳强度、耐蚀性等,除了与材料本身的性能和热处理有关外,主要取决于加工后的表面质量。加工表面质量用表面粗糙度值来表示。造成零件表面的凹凸不平,形成微观几何形状误差的较小间距(通常波距小于 1 mm)的峰谷,就称为表面粗糙度。

表 5.1.2　形位公差项目及其符号

公差类型	几何特征	符号	有无基准	公差类型	几何特征	符号	有无基准
形状公差	直线度	—	无	位置公差	位置度	⊕	有或无
	平面度	▱	无		同心度（用于中心点）	◎	有
	圆度	○	无		同轴度（用于轴线）	◎	有
	圆柱度	⌀	无		对称度	═	有
	线轮廓度	⌒	无		线轮廓度	⌒	有
	面轮廓度	⌓	无		面轮廓度	⌓	有
方向公差	平行度	∥	有	跳动公差	圆跳动	↗	有
	垂直度	⊥	有		全跳动	⌭	有
	倾斜度	∠	有				
	线轮廓度	⌒	有				
	面轮廓度	⌓	有				

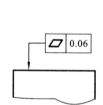

图 5.1.3　形状公差标注示例

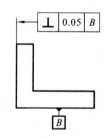

图 5.1.4　位置公差标注示例

按照 GB/T3505—2009 的要求，主要可以从表面微观几何形状幅度、间距和形状三个方面来评定表面粗糙度。各评定参数如表 5.1.3 所示（具体计算公式参见 GB/T3505—2000）。

目前，常用的表面粗糙度测量方法有比较法、光切法、针描法、干涉法、激光反射法等。

3. 基准及其选择

零件表面间的各种相互依赖的关系引出了基准的概念。基准是零件上用来确定

表 5.1.3　表面粗糙度的评定参数与标注方法

	参数名称	表示方法	定义方式	标注方法
幅度参数	算术平均偏差	Ra	在一个取样长度内纵坐标值 $Z(x)$ 绝对值的算术平均值	a——表面结构的单一要求； a、b——两个或多个表面结构要求； c——加工方法； d——表面纹理和方向； e——加工余量
幅度参数	轮廓最大高度	Rz	在一个取样长度内,最大轮廓峰高 Zp 和最大轮廓谷深 Zv 之和的高度	
间距参数	轮廓单元平均宽度	Rsm	在一个取样长度内轮廓单元宽度 Xs 的平均值	
混合参数	轮廓支承长度率	$Rmr(c)$	在给定水平位置 c 上轮廓的实体材料长度 $Ml(c)$ 与评定长度的比率	

其他点、线、面位置的那些点、线、面。

1) 基准的分类

根据功能的不同,基准又可分为设计基准与工艺基准两大类。设计基准是在零件图上用来确定其他点、线、面的位置的基准。工艺基准是在加工及装配过程中使用的基准。按照用途的不同,工艺基准又可分为定位基准、度量基准和装配基准三种。

(1) 定位基准　在加工中,为保证工件在机床或夹具中相对于刀具占有正确位置所采用的基准。

(2) 度量基准　检验时采用的基准。

(3) 装配基准　装配时用来确定零部件在产品中的位置所采用的基准。

2) 工艺基准的选用

在毛坯粗加工阶段,首先应选择工件上较为重要的表面作为基准；毛坯上尺寸和位置比较可靠、表面质量较好的面作为基准；如果加工面与不加工面间有位置要求,则以不加工面为基准。

在精加工阶段,基准的选择原则如下。

(1) 基准重合原则　尽量选择设计基准作为定位基准。

(2) 基准统一原则　尽可能用统一的基准加工各个表面。

(3) 互为基准、反复加工原则　基准和与之关系密切的加工面互为基准,反复加工,直至达到图纸要求。

(4) 自为基准原则　对于一些加工余量小而且均匀的表面可自为基准加工。

复习思考题

1. 什么叫生产过程？什么叫工艺过程？两者有什么关系？
2. 何谓工序、安装、工步、走刀？它们四者之间有什么关系？
3. 机械零件的加工质量包括哪些内容？分别用什么方式来评价？
4. 基准是如何定义的？结合实例谈一谈如何正确选择工艺基准。

5.2 制订工艺规程的步骤、方法与经济分析

把工艺过程的操作方法按一定的格式用文件的形式规定下来便成了工艺规程。工艺规程是一切有关的生产人员都应严格执行、认真贯彻的纪律性文件，对于稳定生产秩序、保证产品质量、严格生产计划与组织有着重要作用。工艺规程的制订与修改应该体现出以下思想。

(1) 制订的工艺规程能够保证产品质量，可靠地达到图样要求。
(2) 提高生产效率，降低生产成本。
(3) 降低劳动强度，保证安全生产。
(4) 充分利用现有设备，挖掘技术潜力，提高经济效益。
(5) 注重技术革新与新技术的应用，不断更新与优化工艺规程。

1. 制订机械加工工艺规程所需的原始资料

在制订机械加工工艺规程时，必须具备下列原始资料。
(1) 产品的整套装配图和零件图。
(2) 产品的质量验收标准。
(3) 产品的生产纲领和生产类型。
(4) 毛坯情况。
(5) 本厂的生产条件和国内外生产技术的发展情况。

2. 制订机械加工工艺规程的步骤

(1) 分析研究产品的装配图和零件图　要熟悉产品性能、用途和工作条件，在此基础上对装配图和零件图进行工艺性审查。审查图样的工艺条件是否合理，零件的

结构性是否良好,是否缺少必要的尺寸。

(2) 确定毛坯。

(3) 拟订工艺路线,选择定位基准 主要包括确定加工方法、安排加工顺序、确定定位夹紧方法以及安排热处理、检验及其他辅助工序。这是制订工艺过程中关键性的一步,需要提出几个方案,进行分析对比,寻求最经济合理的方案。

(4) 确定各工序所采用的设备。

(5) 确定各工序所采用的刀、夹、量具和辅助工具。

(6) 确定各主要工序技术要求及检验方法。

(7) 确定各工序的加工余量,计算工序尺寸和公差。

(8) 确定切削用量 一般小规模的生产不规定切削用量,而由操作者结合具体生产情况来选取;但对流水线,尤其是自动线生产,各工序、工步都需规定切削用量,以保证各工序生产节奏的均衡。

(9) 确定工时定额 一般依据实践经验来确定工时定额。工时定额是进行成本核算、工人工作业绩考核的基本依据,应认真填写。

(10) 技术经济分析。

(11) 填写工艺文件。

3. 工艺路线的拟订

拟订工艺路线是制定工艺规程中关键性的一步,工艺路线的优劣不但影响加工质量和效率,而且影响到工人的劳动强度、设备投资、车间面积、生产成本等问题,必须周密考虑。拟订工艺路线主要考虑下列问题。

1) 加工方法的选择

各种加工方法所能达到的加工精度都有一定的范围。在正常的加工条件下(使用符合质量标准的设备、工艺装备和标准技术等级的工人、合理的工时定额)所能达到的加工精度和表面粗糙度称为经济精度。典型表面的各种加工方法所能达到的经济精度如表 5.2.1、表 5.2.2、表 5.2.3 所示。在拟订工艺路线时应按照经济精度来选择加工方法。

2) 制订工艺路线的主要问题

拟定工艺路线时要特别注意以下几个方面的问题。

(1) 明确加工阶段 一般来说,零件的加工可划分为粗加工、半精加工、精加工(光整加工、超精加工)等多个阶段。粗加工主要去除大量加工余量,精加工则主要达到图样要求,在确定各工序的加工余量等问题时应有针对性地选取。

(2) 工序的集中与分散 工序集中就是将许多工步集中在一台机床上完成(如采用加工中心、组合机床),其结果是设备数量少,机械化、自动化程度高,工件装夹

表 5.2.1 外圆表面加工方案及其经济精度

加工方案	经济精度	表面粗糙度/μm	适用范围
粗车	IT11～IT13	Rz 50～100	适用于淬火钢以外的金属材料
→半精车	IT8～IT9	Ra 3.2～6.3	
→精车	IT7～IT8	Ra 0.8～1.6	
→滚压(或抛光)	IT6～IT7	Ra 0.08～0.2	
粗车→半精车	IT6～IT7	Ra 0.4～0.8	适用于淬火钢
→粗磨→精磨	IT5～IT7	Ra 0.1～1.4	
→超精磨	IT5	Ra 0.012～0.1	
粗车→半精车→精车→金刚石车	IT5～IT6	Ra 0.025～0.4	用于有色金属
粗车→半精车→粗磨→精磨→镜面磨	IT5 以上	Rz 0.025～0.2	用于高精度要求的钢件
→精车→精磨→研磨	IT5 以上	Ra 0.05～0.1	
→粗研→抛光	IT5 以上	Rz 0.025～0.4	

表 5.2.2 内孔表面加工方案及其经济精度

加工方案	经济精度	表面粗糙度/μm	适用范围
钻	IT11～13	$Rz \geqslant 50$	加工未淬火钢及铸铁的实心毛坯,也可用于有色金属
→扩	IT10～11	Rz 25～50	
→铰	IT8～9	Ra 1.6～3.2	
→粗铰→精铰	IT7～8	Ra 0.8～1.6	
钻→(扩)→拉	IT7～8	Ra 0.8～1.6	大批大量生产
粗镗(或扩)	IT11～13	Ra 25～50	除淬火钢外的各种钢材,毛坯上已有铸出或锻出的孔
→半精镗(或精扩)	IT8～9	Ra 1.6～3.2	
→精镗(或铰)	IT7～8	Ra 0.8～1.6	
→浮动镗	IT6～7	Ra 0.25～0.4	
粗镗(或扩)→半精镗→磨	IT7～8	Ra 0.2～0.8	用于淬火钢,不宜用于有色金属
→粗磨→精磨	IT6～7	Ra 0.1～0.2	
粗镗→半精镗→精镗→金刚镗	IT6～7	Ra 0.05～0.2	用于高精度的有色金属
钻→(扩)→粗铰→精铰→珩磨	IT6～7	Ra 0.025～0.2	用于精度要求很高的孔
→拉→珩磨	IT6～7	Ra 0.025～0.2	
粗镗→半精镗→精镗→珩磨	IT6～7	Ra 0.025～0.2	

表 5.2.3 平面加工方案及其经济精度

加 工 方 案	经济精度	表面粗糙度/μm	适用范围
粗车	IT11～13	$Rz \geqslant 50$	适用于工件的端面加工
→半精车	IT8～9	$Ra3.2～6.3$	
→精车	IT7～8	$Ra0.8～1.6$	
→磨	IT6～7	$Ra0.2～0.8$	
粗刨(或粗铣)	IT11～13	$Rz \geqslant 50$	用于不淬硬的平面
→精刨(或精铣)	IT7～9	$Ra1.6～6.3$	
→刮研	IT5～6	$Ra0.1～0.8$	
粗刨(或粗铣)→精刨(或精铣)→宽刃精刨	IT6～7	$Ra0.2～0.8$	批量较大,宽刃精刨效率高
粗刨(或粗铣)→精刨(或精铣)→磨	IT6～7	$Ra0.2～0.8$	适用于精度要求较高的平面
→粗磨→精磨	IT5～6	$Ra0.025～0.4$	
粗铣→拉	IT6～9	$Ra0.2～0.8$	适用于精度高不淬火的平面
粗铣→精铣→磨→研磨	IT5～6	$Ra0.025～0.2$	用于精度要求很高的平面
→抛光	IT5 以上	$Ra0.025～0.1$	

次数少、工序少,运输管理简化,缩短了生产周期,但是设备结构复杂、维修调整不便,生产准备的量较大。

工序分散就是每台机床只完成一个(或很少)工步的加工。这种加工方法一般采用较为简单的机床设备,对工人的技术要求低,但设备数量较多,工人数量也较多,生产面积大。

一般情况下,单件小批量生产只能工序集中,而大批大量生产则既可集中生产也可分散生产,但从总体发展趋势来看,工序集中将成为发展的主流。

(3)工序顺序的安排 工序顺序的安排应遵循以下原则。

① 先粗后精 先安排粗加工,再安排半精加工、精加工、光整加工等。

② 先主后次 先加工主要表面,再加工次要表面。

③ 先基面后其他 先加工精基准和主要加工面,再加工其他的表面。

④ 合理安排热处理工序 根据零件加工的需要,合理安排预备热处理、最终热处理和去除应力的热处理工序。

4. 工艺过程的工艺成本分析

1) 工艺成本

生产一件产品或一个零件所需一切费用的总和称为生产成本。通常生产成本中大约有60%~75%的费用与工艺过程直接相关，称为工艺成本。工艺成本分为两部分。

（1）可变费用　包括材料费、操作工人工资、机床电费、通用机床折旧与维修、通用夹具和刀具费等与年产量有关并与之成正比的费用。

（2）不变费用　包括调整工人的工资、专用机床折旧费和修理费、专用刀具和夹具费等与年产量变化没有直接关系的费用（年产量在一定范围内变化时，该费用基本保持不变）。

因此，一种零件（或者一道工序）的全年工艺成本 S 可表示为

$$S = NV + C$$

式中：V——每个零件的可变费用，元/件；

　　　N——零件的生产纲领，件/年；

　　　C——全年的不变费用，元。

2) 时间定额

时间定额是在一定的生产条件下，规定完成一道工序所消耗的时间。零件生产的单件核算时间 T_{pc} 可表示为

$$T_{pc} = t_p + \frac{t_{r \cdot f}}{N'} = t_m + t_a + t_s + t_{r \cdot n} + \frac{t_{r \cdot f}}{N'}$$

式中：t_p——单件时间定额；

　　　t_m——基本时间（直接改变生产对象的尺寸、形状、相对位置、表面状态或材质性质等工艺过程所消耗的时间）；

　　　t_a——辅助时间（各种辅助动作所消耗的时间，包括装卸工件、开动和停止机床、调整切削用量、测量工件、进刀、退刀等）；

　　　t_s——布置工作的时间（如换刀、加润滑油、清理切屑、修正砂轮、整理工具等）；

　　　$t_{r \cdot n}$——工人在工作班内为恢复体力和满足生理上的需要所消耗的时间，一般为作业时间的2%；

　　　$t_{r \cdot f}$——准备－终结时间（成批生产中，进行准备和结束工作所消耗的时间）；

　　　N'——一批零件的数量。

3) 单件生产零件工艺成本的计算

单件生产零件工艺成本的计算则更为简单，主要考虑材料费、通过时间定额计算的加工费、机床损耗、刀具损耗、工量夹具损耗、生产管理费用等。一般情况下可以将前五项的费用相加，再考虑生产管理费用乘以一个系数即得到某一零件的工艺成本。

机械加工工艺过程卡片		产品型号		零件图号		共 页 第 页
		产品名称		零件名称		
材料牌号	毛坯种类	毛坯外形尺寸		每毛坯可制件数	每台件数	备注
工序号	工序名称	工序内容	车间 工段	设备	工艺装备	工时 准终 单件
						描图
						描校
						底图号
						装订号
					设计(日期)	审核(日期)	标准化(日期)	会签(日期)
标记 处数 更改文件号 签字 日期				标记 处数 更改文件号 签字 日期		

图 5.2.1 机械加工工艺过程卡片

5. 工艺文件

工艺文件是用于生产、工艺管理和指导工人操作的各类技术文件的总称。工厂常见的工艺文件有机械加工(装配)工艺过程卡片、机械加工(装配)工序卡片、典型工艺卡片、机床调整卡片、检验工序卡片等。

机械加工(装配)工艺过程卡片是以工序为单位简要说明产品或零、部件加工过程的一种工艺文件。该卡片主要列出了零件加工所经过的整个工艺路线,粗略地介绍各工序的加工内容、生产车间、加工设备、工艺装备和工时等,适用于单件与小批量生产。机械加工工艺过程卡片的格式与内容如图5.2.1所示。

机械加工(装配)工序卡片是在工艺过程卡的基础上按每道工序所编制的一种工艺文件。该卡片详细说明工序中每个工步的加工(装配)内容、工艺参数、操作要求、设备与工装、工步工时等,一般还配有示意图,说明尺寸及其公差、定位基准和工件夹紧方法等,适用于大批量生产,或者成批生产中的重要和复杂工序。

复习思考题

1. 制定机械加工工艺规程之前要准备哪些原始资料?
2. 制定机械加工工艺规程的步骤有哪些?
3. 何谓经济精度?如何依据经济精度的需要来选择加工方法?
4. 拟订工艺路线时要注意哪些问题?在工序顺序的安排上有什么要求?
5. 零件的工艺成本主要由哪些要素组成?时间定额是如何计算出来的?
6. 常用的工艺文件主要有哪些?各适用于什么场合?

5.3 典型零件加工工艺分析

零件因其功用不同被设计成各种不同的形状,其中轴类零件、盘套类零件和箱体支架类零件是常见的三类,如图5.3.1至图5.3.3所示。

每一类零件,其加工方法都有一定的特点与共性,本节以芯子零件为例,简单介绍零件机械加工工艺编制的方法和步骤。

芯子的零件如图5.3.4所示,装配关系如图5.3.5所示。

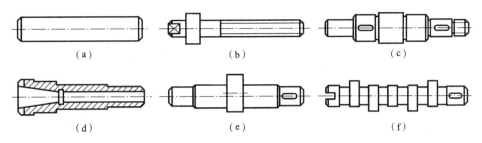

图 5.3.1 轴类零件

(a)光滑轴;(b)拉杆;(c)传动轴;(d)主轴;(e)偏心轴;(f)凸轮轴

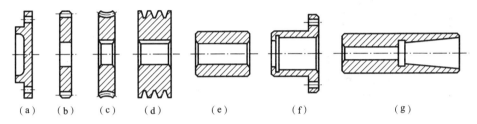

图 5.3.2 盘套类零件

(a)端盖;(b)齿轮;(c)蜗轮;(d)带轮;(e)轴套;(f)轴承套;(g)尾座套筒

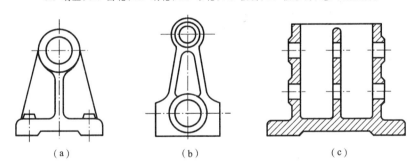

图 5.3.3 箱体支架类零件

(a)单孔支架;(b)连杆;(c)箱体

1. 零件图样分析

该零件是在轴类零件的基础上切割成四块,总体应按照轴类零件的特点来考虑。从图样上来看,该零件有外圆、内孔、锥面、台阶、沟槽,还有键槽、倒角等特征;加工精度为 IT9 级左右;材料为 45 钢,热处理后要求硬度为 280~320 HBS;数量为一套四件。

(1) 图中 $\phi40_{-0.062}^{0}$ 外圆轴线为径向基准,左端面为轴向基准,外圆长度 $22_{0}^{+0.052}$,外圆表面粗糙度要求 $Ra3.2$,其本身就是重要加工对象。

(2) 图中要求加工通孔 $\phi11$。

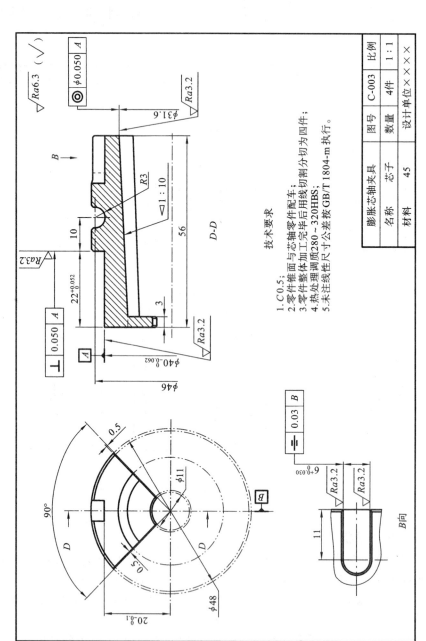

图 5.3.4 芯子零件图

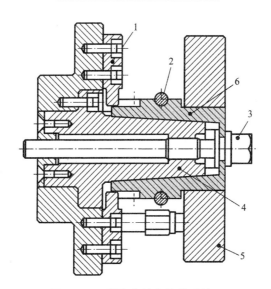

图 5.3.5　膨胀芯轴夹具装配关系
1—键块；2—弹簧；3—拉杆；4—芯轴；5—被夹工件；6—芯子

(3) 图中锥孔的锥度为 1∶10，大端尺寸 $\phi31.6$，锥长 53，查表得斜角为 $2°51'45''$，锥面相对于基准 A 有同轴度要求，粗糙度要求 $Ra3.2$，是另一重要加工对象。

(4) 图纸要求在外圆上加工出 $R3$ 的半圆形凹槽。

(5) 外圆上均布键槽四个，键槽宽 $6^{+0.030}_{0}$，槽底面相对轴线尺寸 $20^{0}_{-0.1}$，键槽两侧相对基准面 B 的对称度要求为 0.03，粗糙度要求 $Ra3.2$。

(6) 其他要求还有芯子的外圆 $\phi48$，$C0.5$，未注粗糙度要求 $Ra6.3$ 等。

2. 工艺分析

如图 5.3.5 所示为膨胀芯轴夹具装配关系，标了底纹的剖面线所示的即为芯子零件（均布在圆锥四周）。4 件芯子共同组成的内锥与芯轴配合，组成的外圆与被夹工件配合；通过调整拉杆的高度可控制芯子的开合，从而改变夹紧工件外圆的尺寸；为保证以上运动的可靠性，芯子外用弹簧箍紧，并通过可调整的键块与键槽间的相对运动来实现导向。

(1) 依据图中的各项要求，选择 45 钢棒料，切割下料，并通过调质处理达到图样中对材料的要求。

(2) 按图样要求为单件生产，加工精度为 IT9，选择普通车床、铣床、线切割机床和通用钳工设备即可完成加工。

(3) 零件外圆 $\phi48$、$\phi40^{0}_{-0.062}$、通孔 $\phi11$、锥孔、$R3$ 的半圆形凹槽、倒角和部分长度尺寸等内容在普通车床上即可实现加工。锥体斜角为 $2°51'45''$，可采用小刀架转位法的方式车出。$R3$ 的半圆形凹槽用成形车刀车出。

(4) 宽 $6_0^{+0.030}$ 的键槽选择立式铣床加工,分度头装夹并实现分度。
(5) 图中每两块芯子间的间隙为 1 mm,可选择线切割完成加工。
(6) 加工过程中应及时倒角、去毛刺。
(7) 零件的检验工作应在线切割前完成。

3. 工艺过程

芯子零件机械加工工艺过程如表 5.3.1 所示。

表 5.3.1　芯子零件机械加工工艺过程

工序	工序名称	工序内容	设备	工艺装备	工时
1	下料	材料为 45,棒料 $\phi55$ mm$\times$60 mm,1 根	带锯		15 min
2	粗车	夹毛坯外圆,伸出长 32;车端面;车外圆成 $\phi52$,长 25;粗车外圆 $\phi44$,长 20;掉头夹 $\phi44$,卡盘轻靠 20 端面;车另一端面,总长车至 58;车出外圆 $\phi52$;打中心孔、粗钻孔 $\phi8$;调整小托板斜度至 2°51′45″车圆锥,大端车至 $\phi27.5$,去毛刺,倒角	CA6132	三爪卡盘、45°与 90°外圆车刀、中心钻、$\phi8$ 麻花钻、$\phi20$ 平底钻内孔车刀、游标卡尺、钢板尺	90 min
3	热处理	调质处理,达到 280~320 HBS;打硬度计检验	热处理设备		
4	精车	夹右端外圆,车端面;车外圆 $\phi48$,长 33;半精车、精车外圆 $\phi40_{-0.062}^{\ 0}$,$22_{\ 0}^{+0.052}$ 端面;倒角。掉头夹 $\phi40_{-0.062}^{\ 0}$ 外圆(铜皮保护),找正后车另一端面保证总长 56;车出外圆 $\phi48$;车圆弧槽,保证 R3、10 和 $\phi46$;精车圆锥面,大端车至 $\phi31.6$,锥长 53;扩孔 $\phi11$;倒角	CA6132	三爪卡盘、90°外圆车刀、R3 圆弧成形车刀、$\phi11$ 扩孔钻头、内孔车刀、游标卡尺、芯轴零件	150 min
5	铣	铣出四个键槽,保证 $6_0^{+0.030}$,$20_{-0.1}^{\ 0}$,11 和对称度要求;去毛刺倒角	X5025	分度头、$\phi6$ 键槽铣刀、游标卡尺	30 min
6	钳	确定线切割的切割位置		分度头、高度游标尺、划针	10 min
7	检验	检查各外圆、内孔尺寸、形状位置精度、表面粗糙度		游标卡尺、R规、芯轴零件	
8	检验	检查各部分尺寸与精度			
9	线切割	按照图示要求将轴切为 4 块	DK7725	平口钳	120 min
10	检验				

5.4 机械制造综合训练

机械制造综合训练是面向机械类专业参训人员开出的综合性实践教学内容。参训人员经过前期的工程训练,已完成了车、铣、刨、钳、磨、铸、锻、钣金、热处理、齿形加工、特种加工、数控加工、快速制造、质量控制检测、装配等内容的实习,对各种加工方法有了初步的认识,了解了各种加工方法的加工范围和所能达到加工精度和表面粗糙度,具备了一定的工艺知识和操作技能。但由于这些工种都是独立完成的,参训人员缺乏零件与机械装置完整生产过程的概念。综合训练就是帮助参训人员系统掌握零件生产过程、生产工艺和生产管理,建立完整工程观念的一种实践性教学方法。

1. 综合训练的内容

在工程训练的后期,用四天左右的时间,让参训人员亲自体验生产的全过程,所有工作全部由参训人员自己动手完成,重点在于自己编制零件制造工艺、自己动手进行各工件的加工、检验、热处理、表面处理、装配及生产组织管理等。在综合训练中,零件的设计不纳入训练范围,突出工程训练以动手为主、掌握工艺知识为主、掌握组织管理为主的特点;让参训人员将前面单个工种实习的内容有机地串联起来,达到对整个生产及组织管理过程的认识统一,巩固和提高实习的效果。

2. 综合训练的组织过程

综合训练以小组为单位(一般8人左右为一组),其具体任务是按要求完成一套工装夹具的工艺设计、零件制造和装配任务。夹具的图样来源于生产实际。图样交付给各训练小组后,各组自行组织生产,指导教师仅在一些关键的技术环节和安全生产方面进行监督。最后各训练小组要交出符合图样要求的生产实用的夹具。该项训练内容的组织方式如下。

第一阶段:明确分工任务。

该阶段主要任务是明确工作对象,进行组内分工。各训练小组成员除开完成各自零件的加工制作外,还担任了一定的管理职务,各组具体情况为:组长一名,负责整个训练工作的开展,安全生产;工艺员一名,组织全组人员进行工艺讨论,工艺制定;调度员一名,负责小组内零件生产的调度、进度;检验员一名,负责零件各个工序的尺寸检验;装配员一名,组织参训人员进行整套零件装置的装配;课件制作员一名,负责制作训练总结的课件。

第二阶段:分析图样与成本预算。

在组长的组织下,各训练小组对装置的功能作用进行分析,掌握装配图与零件图,分析图中的尺寸公差、形位公差、表面粗糙度等要求,为工艺编制做准备。

第三阶段:工艺编制。

工艺员组织小组成员进行工艺编制。每个成员都要按照要求编制自己负责加工零件的工艺规程,并填写统一的工艺表格,如图 5.2.1 所示。制定工艺时,除了选择正确的加工方法,还必须统一考虑生产进度、生产设备的安排及生产成本和生产效率等。

第四阶段:零件生产。

按照填好的工艺过程卡片,参训人员自己到料库领取材料,进行零件加工生产。零件加工生产是机械制造综合训练的主体,参训人员在动手加工零件的同时,发现并修改前面编写工艺方案的不足;调度员、工艺员和检验员深入生产一线,全面掌控零件的加工进度、加工方法和生产质量等情况,并进行适时的调整。

第五阶段:装配与调试。

零件加工完毕,组员相互配合共同完成零件的装配与调试工作。

第六阶段:机械制造综合训练总结。

各组的生产装配工作完成以后,全体参训人员进行机械制造综合训练总结。总结仍然以组为单位,各组都选派代表上台交流本组在综合训练中的体会。按照要求,参训人员从零件的加工工艺、成本核算和车间的生产管理等各方面进行总结与汇报。通过总结,参训人员对机械制造的完整过程有了较为全面的了解,更重要的是了解了生产的组织形式和人的管理对生产效益的决定性作用。

附录 A 非机械专业实习安排建议(时间:2周)

序号	工 种	知识讲授/学时	示范讲解/学时	实践操作/学时	示范演示/学时	教学视频/学时	小计	备注
1	实习动员安全教育	2			1	1	4	必做
2	车工	1	1	4	0.5	0.5	7	必做
3	铣工		0.5	1.5	0.5	0.5	3	必做
4	刨工			2			2	选做
5	磨工			2			2	选做
6	钳工	0.5	1	8	0.5		10	必做
7	铸工		1	4.5	1	0.5	7	必做
8	锻压		0.25	3	0.25	0.5	4	选做
9	焊工		0.5	3	0.5		4	必做
10	数控加工	0.5	1	4.5	0.5	0.5	7	必做
11	特种加工	0.5	0.5	5.5		0.5	7	必做
12	热处理与表面处理	0.5	0.5	2.5		0.5	4	选做
13	非金属成形	0.5	0.5	2			3	选做
14	质量控制	0.5	0.5	1.5	0.5		3	选做
15	逆向工程	0.5	0.5	2			4	必做
16	讲座	4					4	选做
17	发动机装配	0.5	1	2		0.5	4	选做
18	理论测试	2					2	必做

注:本课程共计68学时,其中第4项刨工、第5项磨工、第8项锻压、第12项热处理与表面处理、第13项非金属成形、第14项质量控制、第16项讲座、17项发动机装配为选做内容,一般八项选三项。

附录B 机械专业实习安排建议(时间:4周)

序号	工 种	知识讲授/学时	示范讲解/学时	实践操作/学时	示范演示/学时	教学视频/学时	小计	备注
1	实习动员安全教育	2			1	1	4	必做
2	车工	2	2	9	0.5	0.5	14	必做
3	铣工		0.5	1.5	0.5	0.5	3	必做
4	刨工			2			2	选做
5	磨工			2			2	选做
6	钳工	0.5	1	8	0.5		10	必做
7	铸工		1	4.5	1	0.5	7	必做
8	锻压		0.25	3	0.25	0.5	4	选做
9	焊工		0.5	3	0.5		4	必做
10	数控加工	1	2	10	0.5	0.5	14	必做
11	特种加工	0.5	0.5	5.5		0.5	7	必做
12	热处理与表面处理	0.5	0.5	2.5		0.5	4	选做
13	非金属成形	0.5	0.5	2			3	选做
14	质量控制	0.5	0.5	1.5	0.5		3	选做
15	工艺规程编制	0.5	0.5	2			3	必做
16	CAD/CAM	1	2	11			14	必做
17	逆向工程	1	1	5			7	选做
18	装配	0.5	0.5	6			7	选做
19	军用维修方舱	0.5	0.5	3			4	必做
20	机械制造综合训练	1	1	19			21	必做
21	讲座	4					4	选做
22	理论测试	2					2	必做

注：本课程共计130学时，其中第4项刨工、第5项磨工、第8项锻压、第12项热处理与表面处理、第13项非金属成形、第14项质量控制、第17项逆向工程、第18项装配、第21项讲座为选做内容，九项选四项。

参考文献

[1] 国家质量技术监督局.GB/T19000—2000[S].
[2] 刘桂珍.质量控制[M].北京:国防工业出版社,2004.
[3] 宁广庆.机械制造质量控制技术基础[M].北京:北京航空航天大学出版社,2007.
[4] 施国洪.质量控制与可靠性工程基础[M].北京:化学工业出版社,2005.
[5] 张伯霖.高速切削技术及应用[M].北京:机械工业出版社,2002.
[6] 国家自然科学基金委员会,工程与材料科学部.机械与制造科学学科发展战略研究报告(2006—2010年)[M].北京:科学出版社,2006.
[7] 袁哲俊.精密和超精密加工技术[M].北京:机械工业出版社,2002.
[8] 杨江河.精密加工实用技术[M].北京:机械工业出版社,2006.
[9] 付水根.现代工程技术训练[M].北京:高等教育出版社,2008.
[10] 徐海枝.机械加工工艺编制[M].北京:北京理工大学出版社,2009.
[11] 金禧德.金工实习[M].北京:高等教育出版社,1994.
[12] 顾崇衔.机械制造工艺学[M].太原:山西科学技术出版社,1997.
[13] 张世昌.机械制造技术基础[M].北京:高等教育出版社,2007.
[14] 鞠鲁粤.机械制造基础[M].上海:上海交通大学出版社,2001.
[15] 贺小涛,等.机械制造工程训练[M].长沙:中南大学出版社,2006.
[16] 杨继全.快速成形技术[M].北京:化学工业出版社,2006.
[17] 王雅然.金属工艺学[M].北京:机械工业出版社,1999.
[18] (美)Richard R.Kibbe.机械制造基础机床分册(一)、(二)[M].张旭东,等译.北京:中国劳动社会保障出版社,2005.
[19] (美)Richard R.Kibbe.机械制造基础基础知识分册[M].张旭东,等译.北京:中国劳动社会保障出版社,2005.
[20] 徐滨士.再制造与循环经济[M].北京:科学出版社,2007.
[21] 钱易.工业性环境污染的防治[M].北京:中国科学技术出版社,1989.
[22] 邓丹星.环境保护与绿色技术[M].北京:化学工业出版社,2002.
[23] 陈志刚.现代工业安全[M].北京:中国石化出版社,2010.

[24] 马世宁.装备战场应急维修技术[M].北京:国防工业出版社,2009.

[25] 张国雄.三坐标测量机[M].天津:天津大学出版社,2005.

[26] 海克斯康技术(青岛)有限公司.实用坐标测量技术[M].北京:化学工业出版社,2007.

[27] 韩荣第.现代机械加工新技术[M].北京:电子工业出版社,2003.

[28] 王霄.逆向工程技术及其应用[M].北京:化学工业出版社,2004.

[29] 唐刚.数控加工编程与操作[M].北京:北京理工大学出版社,2006.

[30] 李学光.数控加工编程与实例[M].北京:国防工业出版社,2010.

[31] 瞿瑞波.数控加工工艺[M].北京:北京理工大学出版社,2010.

[32] 赵华.数控加工工艺与编程[M].北京:化学工业出版社,2007.

[33] 周济.数控加工技术[M].北京:国防工业出版社,2002.

[34] 袁宗杰.数控加工理论基础[M].北京:国防工业出版社,2010.

[35] 吕斌杰.数控加工中心(FANUC SIEMNS 系统)编程实例精粹[M].北京:化学工业出版社,2009.

[36] 明兴祖.数控加工综合实践教程[M].北京:清华大学出版社,2008.